常用办公软件
快速入门与提高

WPS Office 2022

办公应用入门与提高

刘子龙　陶凌梅　胡晓燕◎编著

清华大学出版社
北京

<h1 style="text-align:center">内 容 简 介</h1>

本书全面、详细地介绍 WPS Office 2022 中文版中 WPS 文字、WPS 表格、WPS 演示三大功能模块的特点、功能、使用方法和技巧。全书分为 18 章，具体内容有：WPS Office 2022 概述，WPS 文字的基本操作，简单编排文档，图文混排与表格应用，编排长文档，文档保护与共享，WPS 表格的基本操作，数据录入与美化，数据计算，数据的常规处理与分析，使用图表分析数据，审阅、打印工作簿，WPS 演示的基本操作，设计、美化幻灯片，制作文字幻灯片，制作图片型幻灯片，制作动感幻灯片，放映、发布演示文稿等。

本书实例丰富，内容翔实，操作方法简单易学，不仅适合对办公应用感兴趣的读者学习使用，也可供从事相关工作的专业人士参考。

本书附赠配套学习资料，内容为书中所有实例的源文件以及实例操作过程录屏动画，供读者在学习中使用，扫描二维码即可下载学习。

图书在版编目（CIP）数据

WPS Office 2022 办公应用入门与提高 / 刘子龙，陶凌梅，胡晓燕编著 . — 北京：清华大学出版社，2023.6
（常用办公软件快速入门与提高）

ISBN 978 - 7 - 302 - 63735 - 6

Ⅰ . ① W… Ⅱ . ① 刘… ② 陶… ③ 胡… Ⅲ . ① 办公自动化 – 应用软件 Ⅳ . ① TP317.1

中国国家版本馆 CIP 数据核字（2023）第 103827 号

责任编辑：秦 娜 赵从棉
封面设计：李召霞
责任校对：赵丽敏
责任印制：宋 林

出版发行：清华大学出版社
　　　　网　　址：http://www.tup.com.cn，http://www.wpbook.com
　　　　地　　址：北京清华大学学研大厦 A 座　　　　　　　邮　　编：100084
　　　　社 总 机：010-83470000　　　　　　　　　　　　　邮　　购：010-62786544
　　　　投稿与读者服务：010-62776969，c-service@tup.tsinghua.edu.cn
　　　　质量反馈：010-62772015，zhiliang@tup.tsinghua.edu.cn
印 装 者：三河市人民印务有限公司
经　　销：全国新华书店
开　　本：210mm×285mm　　　　印　　张：35　　　　字　　数：1086 千字
版　　次：2023 年 8 月第 1 版　　　　　　　　　　　印　　次：2023 年 8 月第 1 次印刷
定　　价：129.00 元

产品编号：101286-01

WPS Office 2022 是一套功能强大的办公应用程序，完美匹配 Windows 10 操作系统，用户可以在计算机和各类移动 PC 上获得完全相同的体验。

WPS Office 2022 针对不同的用户群体和应用设备提供了不同的版本，方便用户随时随地开始高效协同办公。例如，面向普通个体用户，有 Windows 版、Linux 版和 Mac 版；面向使用移动设备的人个用户，有 Android 版和 iOS 版；面向企业用户，有企业版 PC 端和企业版移动端。

本书以 Windows 版为蓝本，采用由浅入深、循序渐进的方式展开讲解，分别讲解了 WPS 文字、WPS 表格、WPS 演示这三个最重要的 WPS Office 软件分支。从基础的安装知识到实际办公运用，以合理的结构和经典的范例对最基本和实用的功能都进行了详细的介绍，具有极高的实用价值。通过本书的学习，读者不仅可以掌握 WPS Office 2022 的基本知识，还可以掌握一些 WPS Office 2022 在办公应用方面的技巧，提高日常工作效率。

一、本书特点

☑ 实用性强

本书的编者都是在高校从事计算机辅助设计教学研究多年的一线人员，具有丰富的教学实践经验与教材编写经验，有一些执笔者是国内 WPS Office 图书出版界知名的作者，前期出版的一些相关书籍经过市场检验很受读者欢迎。多年的教学工作使他们能够准确地把握学生的心理与实际需求。本书是编者在总结多年的设计经验以及教学心得体会的基础上，历经多年的精心准备编写而成的，力求全面、细致地展现 WPS Office 软件在办公应用领域的各种功能和使用方法。

☑ 实例丰富

本书的实例不管是数量还是种类，都非常丰富。从数量上说，本书结合大量的办公应用实例，详细讲解 WPS Office 的知识要点，让读者在学习案例的过程中潜移默化地掌握 WPS Office 软件的操作技巧。

☑ 突出提升技能

本书从全面提升 WPS Office 2022 实际应用能力的角度出发，结合大量的案例讲解如何利用 WPS Office 2022 软件进行日常办公，可以使读者了解 WPS Office 2022，并能够独立地完成各种办公应用。

本书中有很多实例本身就是办公应用案例，经过作者精心提炼和改编，不仅可以保证读者能够学好知识点，更重要的是能够帮助读者掌握实际的操作技能，同时培养办公应用的实践能力。

二、本书内容

全书共 18 章，全面、详细地介绍 WPS Office 2022 中文版的特点、功能、使用方法和技巧。具体内容有：WPS Office 2022 概述，WPS 文字的基本操作，简单编排文档，图文混排与表格应用，编排长文档，文档保护与共享，WPS 表格的基本操作，数据录入与美化，数据计算，数据的常规处理与分析，使用图表分析数据，审阅、打印工作簿，WPS 演示的基本操作，设计、美化幻灯片，制作文字幻灯片，制作图片型幻灯片，制作动感幻灯片，放映、发布演示文稿等。

三、本书服务

☑ 安装软件的获取

按照本书上的实例进行操作练习，以及使用 WPS Office 2022 时，需要事先在计算机上安装相应的软件。读者可从网络中下载相应软件，或者从软件经销商处购买。QQ 交流群也会提供下载地址和安装方法的教学视频，需要的读者可以关注。

☑ 手机在线学习

本书提供了极为丰富的学习配套资源，包括所有实例的源文件及相关资源以及实例操作过程录屏动画，可扫描书中二维码下载，供读者在学习中使用。

四、关于作者

本书主要由西北民族大学的刘子龙、陶凌梅和胡晓燕三位老师编写，其中刘子龙执笔编写了第 1~6 章，陶凌梅执笔编写了第 7~12 章，胡晓燕执笔编写了第 13~18 章。本书的编写和出版得到胡仁喜、杨雪静、孟培等的大力支持，值此图书出版发行之际，向他们表示衷心的感谢。同时，也深深感谢支持和关心本书出版的所有朋友。

书中主要内容来自编者多年来使用 WPS Office 的经验总结，也有部分内容取自国内外有关文献资料。虽然编者几易其稿，但由于时间仓促，加之水平有限，书中纰漏与失误在所难免，恳请广大读者批评指正。

编　者

2023 年 6 月

0-1　源文件

目 录

二维码目录

第 1 章

WPS Office 2022概述

本章导读

　　WPS Office 是金山软件股份有限公司自主研发的一款办公软件，功能操作按中国人的思维模式设计，简单易用，可以实现日常办公中最常用的文字编辑、表格处理、演示设计等多种功能。WPS Office 有很多显著的优点，例如内存占用率低、运行速度快、强大插件平台支持、免费海量在线存储空间及文档模板等，并能全面兼容 Microsoft Office 的各种文件格式。

学习要点

- ❖ WPS Office 2022 三大办公组件简介
- ❖ 启动与退出 WPS Office 2022 组件
- ❖ 配置 WPS Office 2022 的工作界面

1.1　WPS Office 2022 简介

WPS Office 2022 是金山软件推出的全新的文字处理系统（WPS），优化了界面和交互设计，全新的扁平化风格界面让人看起来更加舒适，增强了软件的易用性和用户体验，并给第三方的插件开发提供了便利。

WPS Office 2022 针对不同的用户群体和应用设备提供了不同的版本，方便用户随时随地开始高效协同办公。例如，面向普通个体用户，有 Windows 版、Linux 版和 Mac 版；面向使用移动设备的人个用户，有 Android 版和 iOS 版；面向企业用户，有企业版 PC 端和企业版移动端，如图 1-1 所示。

WPS Office	云办公	其他产品	技巧模板
Windows	金山文档（个人）	金山PDF	WPS学堂
Linux	金山数字办公(企业)	金山PDF 专业版	WPS认证
Mac	金山协作	WPS图片	稻壳模板
Android	金山日历	金山打字通	金山海报
iOS	金山会议	金山词霸	简历助手
企业版PC端		金山词霸 企业版	WPS考试宝典
企业版移动端		WPS开放平台	

图 1-1　WPS Office 2022 系列产品

WPS Office 2022 个人版对个人用户永久免费，主要包含 WPS 文字、WPS 表格、WPS 演示三大功能模块，不仅在文件格式上能无障碍兼容 Microsoft Word、Excel 和 PowerPoint 等，而且使用 Microsoft Office 可以轻松编辑 WPS 系列文档，它在界面功能上也与 Microsoft Office 相似，完全可以满足个人用户的日常办公需求。

WPS Office 企业版 PC 端是针对企业用户的办公软件产品，拥有高兼容性和强大的系统集成能力，能与主流中间件、应用系统无缝集成，可以平滑迁移企业办公中已有的电子政务平台和应用系统。

WPS Office 企业版移动端是运行于 Android、iOS 平台上的办公软件，占空间小、速度快、完美支持 Microsoft Office、PDF 等 47 种文档格式。WPS Office 企业版移动端能完美兼容 OA、ERP、财务等系统的移动端应用，并提供丰富的定制化功能，以满足企业个性化的应用需求。拥有完全自主知识产权的源码级文档安全机制，能保障文档在产生、协同、分享以及与其他应用系统通信过程中的安全，实现安全无忧的移动办公解决方案。

本书以 Windows 10 操作系统中的 Windows 版为蓝本，介绍 WPS Office 2022 在日常办公中的常用操作。

1.2　初识 WPS Office 2022

WPS Office 2022（以下简称 WPS 2022）个人版永久免费，用户可以很方便地下载安装。在金山 WPS 官网首页找到 "Window 版本"，单击下方的 "立即下载" 按钮，如图 1-2 所示，即可下载安装。

安装完成后，在桌面上可以看到 WPS 2022 应用程序的快捷图标，如图 1-3 所示。

如果用户使用过 WPS 2016 及之前的版本，就可以看出，WPS 2022 应用程序的快捷图标不再是三个（分别对应文字、表格和演示三大组件），而是将几个快捷方式整合成了一个桌面图标。也就是说，文字、表格和演示三大组件不再是独立的，而是一个应用程序中的三个功能模块。

图1-2   下载安装Window版   图1-3   生成桌面快捷方式

　　双击桌面快捷方式启动WPS 2022,进入应用程序界面,显示首页,如图1-4所示。WPS 2022新增如图1-4所示的首页以优化用户体验,用户在首页左侧窗格中可以很方便地找到常用的办公软件和服务;在中间窗格中可快速访问资源管理器和云端的文档,其中还显示最近使用的各类文档和各种工作状态的更新通知。

图1-4   WPS 2022应用程序界面

　　单击首页右上角的"登录开启高效办公"按钮,可使用手机号登录、微信登录、WPS扫码登录,还可以点击其他登录方式,如图1-5所示,然后使用账号密码或QQ、钉钉、教育云、微博、小米账号及第第三方企业码登录,如图1-6所示。

　　WPS 2022的工作界面默认为整合模式,文字、表格、演示等各个组件集成在一个界面中显示。在左侧窗格中单击"新建"命令,将在应用程序顶部插入一个"新建"选项卡,在选项卡顶部显示所有可用的功能组件：文字、表格、演示、PDF、设计、流程图、思维导图和表单。默认为"文字"界面，并提供丰富的模板供用户选择使用，如图1-7所示。

图 1-5 登录 WPS

图 1-6 登录账号

图 1-7 "新建"选项卡

提示：

WPS 2022 提供的模板大多面向稻壳会员免费，也有部分完全免费的模板。

在 WPS 2022 中打开多个文档类似于使用网页浏览器，各个文档在同一个程序窗口中以顶部标签进行区分，而不是打开多个文档窗口。单击顶部标签可以在文档之间进行切换。

此外，WPS 2022 提供了完整的 PDF 文档支持，用户可更快、更便捷地阅读文档、转换文档格式和编辑批注。

1.3　启动与退出

在使用 WPS 2022 编辑文档之前，需要先了解如何启动与退出 WPS 2022。

1.3.1　启动 WPS 2022

启动 WPS 2022 有以下几种常用的方法。
- ❖ 通过桌面快捷方式：双击桌面上的 WPS 2022 快捷图标。
- ❖ 从"开始"菜单栏启动：单击桌面左下角的"开始"按钮⊞，在"开始"菜单中单击 WPS 2022 应用程序图标。
- ❖ 从"开始"屏幕启动：在"开始"菜单栏中的 WPS 2022 应用程序图标上右击，选择将其固定到"开始"屏幕。然后在"开始"屏幕上单击对应的图标。
- ❖ 通过任务栏启动：在"开始"菜单中的 WPS 2022 应用程序图标上按下鼠标左键拖放到任务栏上，即可在任务栏上添加应用程序图标。然后双击任务栏上的应用程序图标。
- ❖ 通过文档启动：双击指定应用程序生成的一个文档。例如，双击后缀名为 docx 的文件，可启动 WPS 2022 的文字功能组件，并打开该文档。

1.3.2　退出 WPS 2022

如果不再使用 WPS 2022，可以退出该应用程序，以减少对系统内存的占用。退出 WPS 2022 有以下几种常用的方法。
- ❖ 单击应用程序窗口右上角的"关闭"按钮✕。
- ❖ 右击桌面任务栏上的应用程序图标，在弹出的快捷菜单中选择"关闭窗口"命令。
- ❖ 单击应用程序的窗口，按 Alt+F4 组合键。

1.4　配置工作环境

WPS 2022 提供了多套风格不同的界面，用户可以根据喜好更换应用程序的皮肤和界面模式。

1.4.1　更换皮肤

（1）单击首页右上角的"设置"按钮 ⚙设置，弹出如图 1-8 所示的下拉菜单。

（2）选择"皮肤中心"命令，在如图 1-9 所示的"皮肤中心"对话框中选择需要的皮肤；切换到"图标"选项卡，可以选择图标的样式外观。

如果希望定制个性化的界面外观，可以切换到如图 1-10 所示的"自定义外观"选项卡，设置窗口的背景颜色和图片，以及界面的字体和字号。

（3）设置完成后，单击"皮肤中心"对话框右上角的"关闭"按钮，结束应用设置。

图 1-8　"设置"下拉菜单

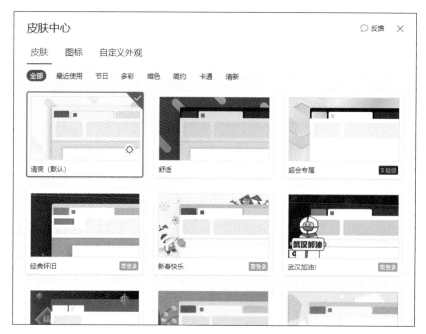

图 1-9 "皮肤中心"对话框

图 1-10 "自定义外观"选项卡

1.4.2 切换窗口管理模式

WPS 2022 默认使用整合界面模式,在推出优化界面的同时,也为老用户保留了 WPS 2016 及早期版本的多组件分离模式,用户可便捷地在新界面与经典界面之间进行切换。

(1)单击首页右上角的"设置"按钮 ,在弹出的下拉菜单中选择"配置和修复工具"命令,打开如图 1-11 所示的"WPS Office 综合修复 / 配置工具"对话框。

(2)单击"高级"按钮打开"WPS Office 配置工具"对话框,切换到如图 1-12 所示的"其他选项"选项卡,在"运行模式"区域单击"切换到旧版的多组件模式"。

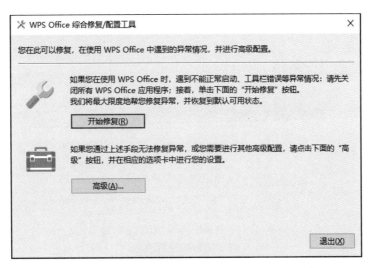

图 1-11 "WPS Office 综合修复 / 配置工具"对话框

图 1-12 "WPS Office 配置工具"对话框

（3）在如图 1-13 所示的"切换窗口管理模式"对话框中，可以查看"整合模式"与"多组件模式"的特点与区别。

"整合模式"在一个窗口中以文档标签区分不同组件的文档，支持多窗口多标签自由拆分与组合；"多组件模式"按文件类型分窗口组织文档标签，各个组件使用独立进程，但不同的工作簿仍然会在同一个界面中打开，无法设置为独立开启窗口，只能从顶部标签拖出文档进行分离。

（4）保存所有打开的 WPS 文档后，选择"多组件模式"单选按钮，然后单击"确定"按钮，将弹出一个对话框，提示用户重启 WPS 使设置生效，如图 1-14 所示。

（5）单击"确定"按钮关闭对话框，然后重启 WPS 2022。

图 1-13 "切换窗口管理模式"对话框

图 1-14 提示对话框

1.4.3 定制快速访问工具栏

快速访问工具栏位于程序主界面"文件"菜单和"开始"菜单中间,如图 1-15 所示,其中放置了几个常用的操作命令按钮。用户可以根据需要自定义快速访问工具栏,添加需要的命令按钮,删除不常用的按钮。

图 1-15 快速访问工具栏

下面以 WPS 文字组件为例,介绍在 WPS 2022 中定制快速访问工具栏的操作方法。

(1)打开应用程序窗口,单击快速访问工具栏右侧的"自定义快速访问工具栏"按钮,打开如图 1-16 所示的下拉菜单。

(2)在下拉菜单中勾选需要添加到快速访问工具栏中的命令选项,即可将选择的命令按钮添加到快速访问工具栏中;取消选中某个命令选项,可将对应的命令按钮从快速访问工具栏中删除。

右击要删除的命令按钮,在弹出的快捷菜单中选择"从快速访问工具栏删除"命令,如图 1-17 所示,也可以删除快捷按钮。

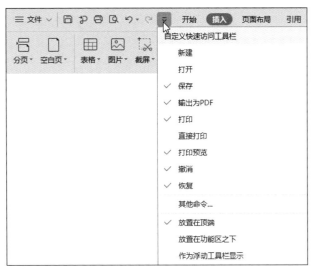

图1-16 "自定义快速访问工具栏"下拉菜单　　　　图1-17 使用快捷菜单删除快捷按钮

如果需要在快速访问工具栏上增加/删除多个命令，按照上面的步骤逐个增加/删除就显得比较烦琐了，而使用"选项"对话框可以轻松实现。

（1）单击快速访问工具栏右侧的"自定义快速访问工具栏"按钮，在弹出的下拉菜单中选择"其他命令"选项，打开"选项"对话框，并自动切换到"快速访问工具栏"分类。

（2）在"从下列位置选择命令"列表框中选择需要添加的命令，此时"添加"按钮变为可用状态，如图1-18所示。

图1-18 "选项"对话框

（3）单击"添加"按钮，即可将该命令添加到"当前显示的选项"列表框中。然后单击列表框右侧的"上移"按钮▲或"下移"按钮▼，调整命令按钮在快速访问工具栏中的排列位置。

> **提示：**
>
> 快速访问工具栏中的按钮按照列表框中由上到下的顺序从左向右排列。

（4）重复第（2）步和第（3）步的操作，添加其他命令按钮。

（5）如果需要同时删除多个快捷命令按钮，可以在"当前显示的选项"列表框中选择不需要的命令按钮，然后单击"删除"按钮。

（6）操作完成后单击"确定"按钮，即可在快速访问工具栏中添加或删除指定的命令按钮。

除了可以自定义快速访问工具栏中的命令，用户还可以根据使用习惯，调整快速访问工具栏在界面中的位置。

单击"自定义快速访问工具栏"按钮▽，在弹出的下拉列表中选择"放置在功能区之下"命令，即可将快速访问工具栏移到功能区下方，如图1-19所示。选择"作为浮动工具栏显示"命令，快速访问工具栏即可从功能区独立出来，可放置在界面的任何位置，如图1-20所示。

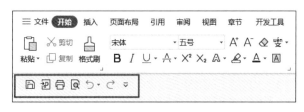

图1-19　快速访问工具栏显示在功能区下方　　　　图1-20　作为浮动工具栏显示

如果要恢复默认的显示位置，在"自定义快速访问工具栏"下拉菜单中选择"放置在顶端"命令即可。

1.4.4　自定义功能区

功能区位于菜单下方、文档编辑窗口上方，如图1-21所示，其中包含了WPS应用程序几乎所有的操作命令。用户可暂时隐藏功能区，以扩大文档编辑窗口；也可以自定义功能区，增加或减少菜单项和功能组。

图1-21　功能区

单击菜单栏右侧的"隐藏功能区"按钮︿，即可隐藏功能区，仅显示菜单栏，如图1-22所示。

图1-22　隐藏功能区的效果

此时，"隐藏功能区"按钮︿变为"显示功能区"按钮﹀，单击该按钮即可恢复功能区的显示。

如果要在菜单选项卡中添加命令按钮，可以执行以下操作。

（1）单击"文件"菜单命令，在弹出的下拉菜单中选择"选项"命令，打开"选项"对话框。单击左侧窗格中的"自定义功能区"命令，切换到如图1-23所示的"自定义功能区"选项设置面板。

（2）在"自定义功能区"下拉列表框下方的选项卡列表框中单击选项卡左侧的"展开"按钮❯展开选项卡，然后单击需要添加或删除命令按钮的功能组。

图 1-23　"自定义功能区"选项

如果选中选项卡名称左侧的复选框，则对应的选项卡将显示在功能区，否则不显示。

如果要删除某个命令，只需要展开对应的功能组后，选中该命令按钮，然后单击"删除"按钮。选中功能组后单击"删除"按钮，可以删除功能组中的所有命令按钮。

（3）在"从下列位置选择命令"列表框中选择要添加的命令，单击"添加"按钮，将指定的命令按钮添加到上一步指定的选项卡功能组。

（4）完成设置后，单击"确定"按钮关闭对话框。

答 疑 解 惑

1. 如何快速最大化 WPS 窗口？

答：双击 WPS 窗口的标题栏，即可快速最大化 WPS 程序窗口。

2. 编辑文档时，能否隐藏菜单功能区？

答：可以隐藏菜单功能区，最简单的方法是单击 WPS 窗口右上角的"隐藏功能区"按钮∧。

通过设置选项，也可以隐藏菜单功能区。

（1）在"文件"菜单选项卡中单击"选项"命令，打开"选项"对话框。

（2）在左侧窗格中选择"视图"选项，然后在右侧窗格底部的"功能区选项"区域，选中"双击选项卡时隐藏功能区"复选框。

（3）单击"确定"按钮关闭对话框。

此时，双击菜单选项卡，即可隐藏功能区；再次双击即可显示。

学习效果自测

选择题

1. WPS 2022（　　　）。

    A. 只能处理文字   B. 只能处理表格

    C. 可以处理文字、图形、表格等   D. 只能处理图片

2. 启动 WPS 2022 有多种方式，下列几种方式中错误的是（　　　）。

    A. 在桌面上单击 WPS 2022 快捷方式图标

    B. 在快速启动工具栏中单击 WPS 2022 快捷方式图标

    C. 在"开始"菜单的"程序"级联菜单中单击 WPS Office

    D. 在资源管理器中双击 WPS 文件

第 2 章

WPS文字的基本操作

本章导读

　　文字、演示和表格，堪称衡量职场人士核心竞争力的三大利器。WPS 2022 将这三大组件整合在一起，用户可以很便捷地在各个组件之间进行切换，从而提高工作效率。

　　本章主要介绍 WPS 2022 文字功能组件的一些基本操作，包括新建、保存、打开和关闭文档，选择合适的视图模式以更好地进行文字处理，对窗口进行拆分、并排比较、切换等操作。

学习要点

- ❖ 新建文字文档
- ❖ 打开、保存和关闭文档
- ❖ 输入文本、符号和公式
- ❖ 选取、移动和复制文本
- ❖ 新建窗口、拆分窗口和并排比较

2.1 创 建 文 档

输入和编辑文本的操作都是在文档中进行的，因此要进行文本操作，首先要新建文档。新建文档时可以新建一个空白的文档，也可以套用模板创建具备基本布局的文档。

2.1.1 新建空白文字文稿

空白文字文稿是指没有任何内容的文档，新建一个空白文字文稿有如下几种常用的方法。

（1）启动 WPS 2022 后，在首页的左侧窗格中单击"新建"命令，系统将创建一个标签名称为"新建"的标签选项卡，在功能区显示所有 WPS 功能组件，默认选中"文字"。

（2）在模板列表中单击"空白文档"按钮，如图 2-1 所示，即可创建一个文档标签为"文字文稿 1"的空白新文档，如图 2-2 所示。

再次新建文档，系统会以"文字文稿 2""文字文稿 3"……的顺序命名新文档。

图 2-1　选择"空白文档"

提示：　打开文字文稿后，单击快速访问工具栏中的"新建"按钮 ，或直接按快捷键 Ctrl+N，也可以创建新的空白文档。

标题栏位于程序窗口的顶部，右上角从左至右依次为工作区 / 标签列表、应用市场、登录状态和窗口控制按钮，如图 2-3 所示。

菜单功能区显示 WPS 2022 的菜单选项卡，每个菜单选项卡以功能组的形式管理相应的命令按钮。

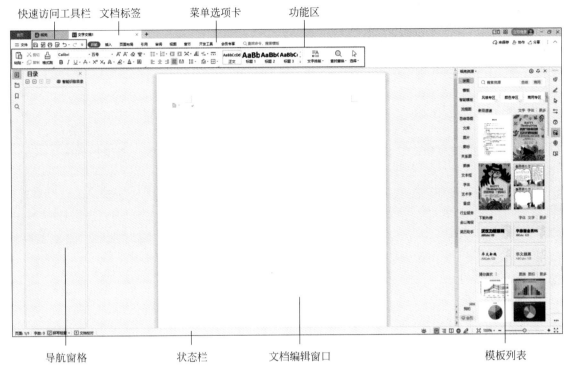

图 2-2　新建的空白文字文稿

图 2-3　标题栏上的功能按钮

> **提示：** 菜单选项卡的大多数功能组右下角都有一个称为功能扩展按钮的小图标↘，将鼠标指针指向该按钮时，可以预览到对应的对话框或窗格，如图 2-4 所示；单击该按钮，可打开相应的对话框或者窗格。

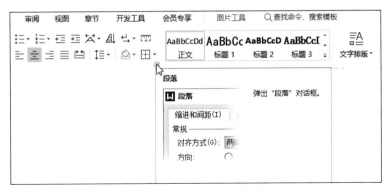

图 2-4　预览功能扩展对话框

文档编辑窗口是输入文字、编辑文本和处理图片的工作区域。

任务窗格位于编辑窗口右侧，包含一些实用的工具按钮，单击某按钮可展开相应的工具面板，再次单击可折叠。

状态栏位于窗口底部，用于显示当前文档的页数／总页数、字数、输入语言，以及输入状态等信息。右侧的视图切换按钮 ◉ 目 ≣ ⊞ ⊕ ✐ 用于选择文档的视图方式；显示比例调节工具 ⊡ 110% · — ⬤ + ⤢ 用于调整文档的显示比例。

2.1.2   使用模板创建文字文稿

除了通用型的空白文档外，WPS 还内置了多种文档模板。借助这些模板，用户可以创建比较专业的文档。

（1）在 WPS 2022 首页单击"新建"命令，在打开的"新建"选项卡的功能组件列表中选择"新建文字"选项。

（2）在模板列表中找到需要的模板，然后单击"查看全部"按钮，如图 2-5 所示。选择"只看免费"，如图 2-6 所示。

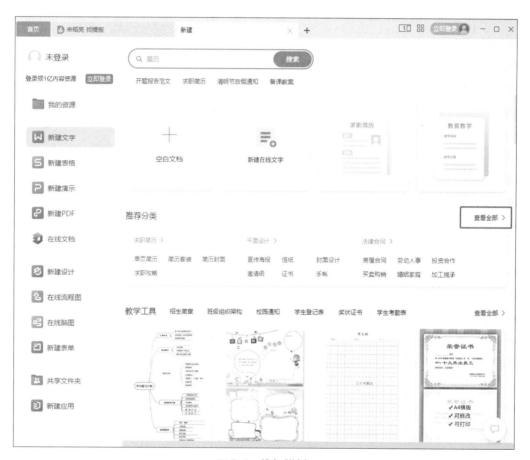

图 2-5   选择模板

如果还未登录 WPS 2022，则弹出登录界面；如果已经登录，开始下载模板后出现新模块，如图 2-7 所示。

如果选择的是稻壳会员免费的模板，模板上将出现"使用该模板"按钮，单击它即可进入下载界面。

如果免费提供的模板不符合需要，可以进入稻壳商城查找更多的模板。

（1）在 WPS 2022 首页的左侧窗格中单击"从模板新建"命令，或直接单击"稻壳商城"文档标签，即可进入稻壳商城。

稻壳商城是 WPS 的一个付费模板平台，包含丰富的文字、表格和演示模板。

（2）单击需要的模板，即可进入指定模板对应的下载界面。

图 2-6　"免费"模板

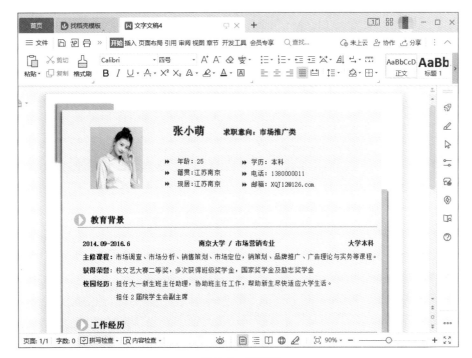

图 2-7　新模板

2.2　打开、保存和关闭文档

如果要编辑计算机中已有的文档，首先要将其打开，编辑完以后，还需将其保存和关闭。

2.2.1　打开文档

在 WPS 中打开文档有多种方法，常用的方法有以下几种。

（1）在 WPS 2022 首页的中间窗格中，会显示最近正在使用或者编辑过的文档，如图 2-8 所示。这些文档按时间顺序排列，双击需要的文档名称即可打开对应的文档。

图 2-8 首页显示最近访问的文件列表

（2）在 WPS 2022 首页的左侧窗格中单击"打开"命令，打开如图 2-9 所示的"打开"对话框。选择需要的文件后，单击"打开"按钮。

图 2-9 "打开"对话框

❖ 最近访问：最近打开或使用过的文档。

❖ WPS 云文档：打开存储到云端的文档。WPS 云文档是一个文档存储、共享和协作平台，支持多人同时编辑一个文档、文档内评论、历史还原等。

❖ 团队文档：打开上传到团队文档中的文档。使用团队文档可以将指定的文档分享给指定的多人查看。

❖ 计算机：在"打开"对话框中定位到资源管理器，选择文件并打开。

❖ 桌面：在"打开"对话框中定位到"桌面"文件夹，选择文件并打开。

❖ 我的文档：在"打开"对话框中定位到"我的文档"文件夹，选择文件并打开。

（3）进入文档的存放路径，然后双击文档图标；或右击文档，在弹出的快捷菜单中选择"打开"命令。

2.2.2　保存文档

在编辑文档时，及时保存文档是一个非常重要的习惯。在 WPS 2022 中，保存新建的文档与保存已保存过的文档有所区别。

在创建新文档时，WPS 会自动赋予文档一个默认名称，例如"文字文稿1"。为便于查找和区分文档，建议在保存文档时，为文档指定一个有意义的名称。

（1）在"文件"菜单选项卡中选择"保存"命令，或者单击快速访问工具栏上的"保存"按钮 ⬚，或直接按快捷键 Ctrl+S，打开如图 2-10 所示的"另存为"对话框。

图 2-10　"另存为"对话框

（2）选择保存文档的位置。

（3）如果需要对文档进行加密保护，单击"加密"按钮，在如图 2-11 所示的"密码加密"对话框中可以输入密码。

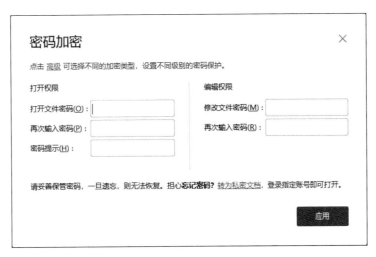

图 2-11　"密码加密"对话框

有关文档加密的具体操作将在第 6 章进行具体介绍。

（4）设置文档的名称、保存格式以及保存路径以后，单击"保存"按钮，即可保存文档。

提示： 　　如果在新建的文档第一行输入了文本，在保存文档时，"文件名"将自动填充文档第一行的内容。

对于已经保存过的文档，选择"文件"菜单选项卡中的"保存"命令，或者单击快速访问工具栏上的"保存"按钮🖫，或直接按快捷键 Ctrl+S，不会弹出"另存为"对话框，会在原有位置使用已有的名称和格式进行保存。

如果希望保存文档的同时保留修改之前的文档，可以在"文件"菜单选项卡中选择"另存为"命令，然后在打开的"另存为"对话框中修改保存路径或文件名称。

教你一招

更改文档默认的保存格式

如果习惯使用某种指定格式（例如 wps 或 docx）的文字文稿，可以将这种格式设置为 WPS 2022 中保存文档的默认格式。

（1）在"文件"菜单选项卡中单击"选项"命令，打开"选项"对话框。

（2）在左侧窗格中切换到"常规与保存"分类，然后在右侧窗格中单击"文件保存默认格式"下拉按钮，在弹出的下拉列表框中指定文件自动保存的格式，如图 2-12 所示。

（3）完成设置后，单击"确定"按钮关闭对话框。

图 2-12　选择文件保存的默认格式

2.2.3 关闭文档

关闭不需要的文档既可节约一部分内存，也可以防止误操作。关闭文档有以下几种常用的方法。

❖ 单击文档标签右侧的"关闭"按钮，如图2-13所示。

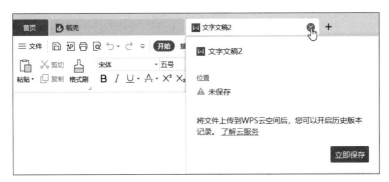

图 2-13 单击文档标签上的"关闭"按钮

❖ 在文档标签上右击，在弹出的快捷菜单中选择"关闭"命令，如图2-14所示。

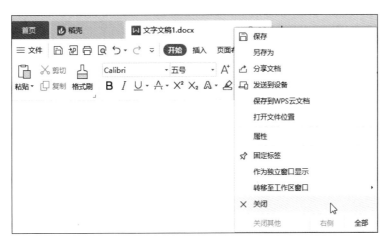

图 2-14 在快捷菜单中选择"关闭"命令

❖ 如果在快捷菜单中选择"关闭其他"命令，可以关闭除当前文档之外的其他文档；选择"右侧"选项，
  则可关闭当前文档标签右侧的文档。
❖ 在"文件"菜单选项卡中单击"退出"命令。

关闭文档时，如果没有对文档进行保存，系统会弹出提示框，询问用户是否保存文档。

2.3 录 入 文 本

作为一个文字处理组件，WPS拥有强大的文本输入与编辑功能，用户可以便捷地输入文本与常用符
号，对文本内容进行选择、复制、移动和删除等编辑操作。熟练掌握这些操作，是进行文字编辑、提升
办公效率的基础。

2.3.1 设置插入点

打开文字文稿后，在文档编辑区域会显示一个称为"插入点"的不停闪烁的光标"｜"，插入点即为
输入文本的位置。

WPS 2022 默认启用"即点即输"功能，也就是说，在文档编辑窗口中的任意位置单击，即可在指定位置开始输入文本。

提示：　如果要在文档空白处设置插入点，应双击。

如果习惯使用键盘操作，利用功能键和方向键也可以很方便地设置插入点。

（1）按键盘上的方向键，光标将向相应的方向移动。

（2）按 Ctrl+"←"键或 Ctrl+"→"键，光标向左或右移动一个汉字或英文单词。

（3）按 Ctrl+"↑"键或 Ctrl+"↓"键，光标移至本段的开始或下一段的开始。

（4）按 Home 键，光标移至本行行首；按 Ctrl + Home 键，光标移至整篇文档的开头位置。

（5）按 End 键，光标移至本行行尾；按 Ctrl + End 键，光标移至整篇文档的结束位置。

（6）按 Pg Up 键，光标上移一页；按 Pg Dn 键，光标下移一页。

2.3.2　设置输入模式

WPS 2022 提供了两种文本输入模式：插入和改写。灵活地使用这两种输入模式，可以提高文本录入效率。

右击状态栏，在弹出的快捷菜单中选择"改写"或"插入"命令，可在两种模式之间进行切换。

1. 插入模式

WPS 2022 默认开启"插入"模式，输入文字时，输入位置后面的文本内容自动后移。该模式常用于在文档中插入新的内容。

2. 改写模式

WPS 2022 默认关闭"改写"模式，且在状态栏上不显示输入模式图标。在状态栏上右击，在弹出的快捷菜单中选择"改写"命令，此时状态栏上显示输入模式图标，如图 2-15 所示。

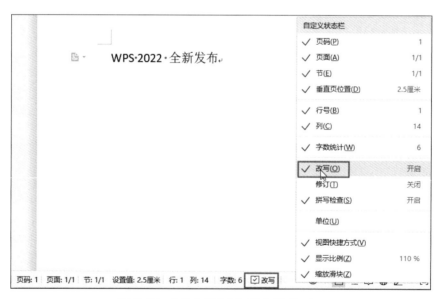

图 2-15　在状态栏上显示输入模式图标

单击状态栏上的输入模式图标 ，即可开启"改写"模式，此时图标变为 ，并自动选中插入点右侧的第一个字符。输入文本，输入的文字将逐个替代其后的文字。例如，将光标定位在图 2-15 所示的文本"2022"之前，在"改写"模式下输入 Office，将逐个替换原文本中的"2022 全新"，效果如图 2-16 所示。

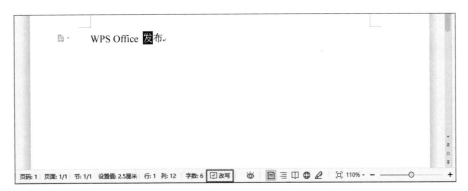

图 2-16　在"改写"模式下输入文本

由此可以看出，"改写"模式通常用于删除或替换文档中的某些文本。再次单击状态栏上的输入模式图标 ☑改写，即可关闭"改写"模式，此时图标变为 ☒改写。在状态栏上右击，在弹出的快捷菜单中选择"改写"命令，即可在状态栏上取消显示输入模式图标。

2.3.3　输入文字与标点

文字输入主要包括中文和英文输入。设置插入点之后，使用键盘即可在文档中输入文本。

如果输入的文本满一行，WPS 2022 将自动换行。如果不满一行就要开始新的段落，可以按 Enter 键换行，此时在上一段的段末会出现段落标记↵。

如果要输入的文本既有中文，又有英文，使用键盘或鼠标可以在中英文输入法之间灵活切换，并能随时更改英文的大小写状态。切换输入法常用的键盘快捷键如下。

❖ 切换中文输入法：Ctrl + Shift。

❖ 切换中英文输入法：Ctrl + Space（空格键）。

❖ 切换英文大小写：Caps Lock，或者在英文输入法小写状态下按住 Shift 键，可临时切换到大写（大写状态下可临时切换到小写）。

❖ 切换全角、半角：Shift + Space。

此外，单击任务栏中的输入法图标，弹出当前系统中安装的输入法列表，如图 2-17 所示。单击要使用的输入法，即可切换到指定的输入法，任务栏上的输入法图标也随之发生相应的变化。

标点所在的按键通常显示有两个符号，上面的符号是上档字符，下面的是下档字符。下档符号直接按键输入，如逗号（，）、句号（。）和分号（；）。输入上档符号则应按 Shift+ 符号键实现。例如，按 Shift+冒号符号键，可以输入一个冒号。

图 2-17　输入法列表

输入日期和时间

如果要在文档中输入当前日期或时间，除了手动输入，还可以通过"日期和时间"对话框进行设置。

（1）将光标放置在文档中需要插入时间或日期的位置。

（2）切换到"插入"菜单选项卡，单击"日期"命令按钮，弹出如图 2-18 所示的"日期和时间"对话框。

图 2-18 "日期和时间"对话框

（3）在"语言（国家/地区）"下拉列表框中选择日期和时间显示的语言类型。语言不同，"可用格式"列表框中显示的日期和时间格式也不相同。

（4）在"可用格式"列表框中选择日期和时间格式。

（5）设置完成后，单击"确定"按钮关闭对话框。

输入大写汉字数字

工作中经常会遇到将阿拉伯数字转换成大写汉字数字的情况，尤其是从事会计、审计、财务、出纳等工作的用户。利用 WPS 提供的"插入编号"功能，可实现阿拉伯数字与大写汉字数字的一键转换，具体操作步骤如下。

（1）在"插入"菜单选项卡中单击"插入编号"命令按钮，打开"插入编号"对话框。

（2）在"数字"文本框中输入数字，然后在"数字类型"列表框中选择大写汉字数字格式，如图 2-19 所示。

图 2-19 "插入编号"对话框

（3）单击"确定"按钮关闭对话框，即可看到转换结果。例如，在"数字"文本框中输入"3678"，在文档中显示的是"叁仟陆佰柒拾捌"。

上机练习——拟定《电梯使用安全须知》

练习目标　本节练习在空白文档中输入中英文混合的文本内容。通过对操作步骤的详细讲解，帮助读者掌握在文档中定位光标输入点，灵活切换中英文输入法和英文大小写状态的操作方法。

2-1　上机练习——拟定《电梯使用安全须知》

设计思路　新建一个空白的 WPS 文字文档，在文档中定位插入点，输入中文字体标题文本；再切换英文输入法和英文大小写快捷键，换行后输入英文文本的内容；再次换行后，调整输入法，输入数字和中文文本。最终效果如图 2-20 所示。

图 2-20　"电梯使用安全须知"文档

操作步骤

（1）启动 WPS 2022，新建一个空白的文字文档。单击快速访问工具栏上的"保存"按钮，以文件名"电梯使用安全须知"保存文档。

（2）切换到中文输入法，在光标闪烁的位置输入标题文本"电梯使用安全须知"，如图 2-21 所示。

图 2-21　输入标题

（3）按 Enter 键换行，然后按中英文输入法切换键 Ctrl+Space，切换到英文状态，并按英文大小写切换键 Caps Lock，输入英文大写字母 N，如图 2-22 所示。

图 2-22　输入英文大写字母

（4）再次按英文大小写切换键 Caps Lock，切换到英文小写状态，输入单词的剩余字母。然后按空格键，输入其他单词，如图 2-23 所示。

图 2-23　输入英文小写字母

（5）按 Enter 键换行，按 Ctrl+Space 键切换到中文输入法，输入中文文本和标点，如图 2-24 所示。

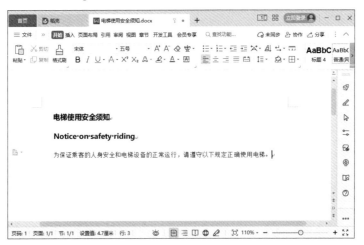

图 2-24　输入中文文本

（6）按 Enter 键换行，再按快捷键 Ctrl+Space 切换到英文输入法，按住 Shift 键输入字母 T，然后释放 Shift 键，输入小写英文字母和单词。输入完成后，按住 Shift 键和冒号所在按键，输入冒号，效果如图 2-25 所示。

图 2-25　输入英文文本和标点

（7）按 Enter 键换行，按快捷键 Ctrl+Space 切换到中文输入法，输入"1."，然后输入中文文本，如图 2-26 所示。

图 2-26　输入数字和中文字符

（8）参照步骤（6）和步骤（7）输入其他文本，然后单击快速访问工具栏上的"保存"按钮 保存文档，结果如图 2-20 所示。

2.3.4　插入特殊符号

在录入文本的过程中，经常会用到符号。有些特殊符号可以使用键盘直接输入，键盘无法输入的符号可以使用"符号"对话框插入。

（1）在"插入"菜单选项卡中单击"符号"按钮 ，在弹出的符号列表中可以看到一些常用的符号，如图 2-27 所示。单击需要的符号，即可将其插入文档中。

（2）如果符号列表中没有需要的符号，则单击"其他符号"命令，打开如图 2-28 所示的"符号"对话框。

（3）切换到"符号"选项卡，在"字体"下拉列表框中选择需要的一种符号的字体类型。

（4）在"子集"下拉列表框中选择字符代码子集选项。

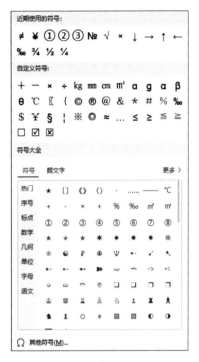

图 2-27　选择符号

图 2-28　"符号"对话框

（5）在"符号"列表框中单击选择需要的符号，然后单击"插入"按钮关闭对话框。

2.3.5　插入公式

WPS 2022 内置了公式编辑器，方便用户直接在 WPS 文档中输入、编辑数学公式。

（1）在文档中要插入公式的位置设置插入点，然后切换到"插入"菜单选项卡，单击"公式"按钮 ，即可打开公式编辑器，如图 2-29 所示。

图 2-29　公式编辑器

（2）使用公式编辑器提供的各种结构模板和符号输入公式。编辑公式时，文档中显示公式占位符，如图 2-30 所示。

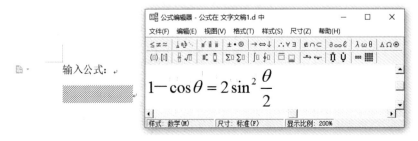

图 2-30　输入公式

（3）在公式编辑器的"文件"菜单中选择"更新"命令，文档中的公式占位符中显示输入的公式，如图 2-31 所示。

（4）单击公式编辑器右上角的"关闭"按钮，即可完成公式的编辑，并关闭对话框，结果如图 2-32 所示。

输入公式：

$$1-\cos\theta=2\sin^2\frac{\theta}{2}$$

图 2-31　更新输入的公式

输入公式：

$$1-\cos\theta=2\sin^2\frac{\theta}{2}$$

图 2-32　插入的公式

如果需要修改公式，双击文档中的公式，即可打开公式编辑器进行修改。

2.4　编 辑 文 本

在文档中录入文本后，通常还需要对文本进行各种编辑操作，例如复制、粘贴、移动和修改等。熟练掌握这些操作是高效编辑文档的基础。

2.4.1　选取文本

对文本进行编辑的前提是选取文本，在 WPS 2022 中选取文本的常用方式有以下几种。

❖ 选取单个词组：双击词组。

❖ 选取任意文本：将鼠标指针移到要选取的文本开始处，按下鼠标左键拖动到要选取文本的末尾释放。

❖ 选取段落：按住 Ctrl 键单击段落的任意位置。

❖ 选取连续的文本：将插入点放置在要选取的文本开始处，按住 Shift 键单击要选取文本的末尾。

❖ 选取不连续的文本：先拖动鼠标选中第一个文本区域，再按住 Ctrl 键，同时拖动鼠标选择其他不相邻的文本，选取完成后释放 Ctrl 键。

❖ 选择整篇文档：Ctrl + A。

❖ 纵向选取文本：按住 Alt 键的同时按下鼠标左键拖动。

选取的文本以灰底显示，例如选取不连续文本的效果如图 2-33 所示。

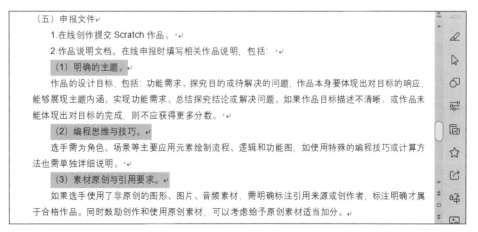

图 2-33　选取不连续的文本

使用快捷键选取文本

在文档中设置插入点后，配合使用键盘上的功能键和方向键也可很方便地选取文本区域，常用的快捷键组合如下。

❖ 选择插入点左、右的一个字符：Shift + "←"，Shift + "→"。
❖ 选择插入点上、下的一行文本：Shift + "↑"，Shift+ "↓"。
❖ 选择插入点左、右的一个单词：Shift + Ctrl + "←"，Shift + Ctrl + "→"。
❖ 选择插入点到所在行首、尾的文本：Shift + Home，Shift + End。
❖ 选择插入点到文档开始、结尾的文本：Shift + Ctrl + Home，Shift + Ctrl + End。

使用选取栏选取文本

选取栏是位于文档窗口左边界的白色区域。将鼠标指针移到选取栏上时，指针显示为 ⑂，插入点所在行对应的选取栏中显示"段落布局"按钮 ，如图 2-34 所示。

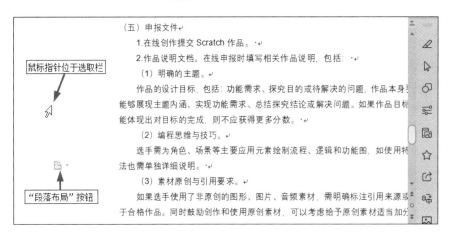

图 2-34 选取栏

利用选取栏可以很便捷地选择多行文本和段落。

❖ 选取一行文本：单击该行左侧的选取栏。
❖ 选取连续多行文本：将鼠标指针移到要选取的第一行文本对应的选取栏中，按下鼠标左键拖动到最后一行对应的选取栏释放。
❖ 选取一段：双击该段对应的选取栏，或在该段中的任意部分连续三击。
❖ 选取多段：在第一段左侧的选取栏中双击，然后按下鼠标左键拖动到最后一个段落。
❖ 选取整篇文档：按住 Ctrl 键单击文档中任意位置的选取栏。

2.4.2 移动与复制文本

在编辑文档的过程中，经常需要将某些文本移动或复制到其他位置。移动与复制文本的操作类似，不同的是执行移动操作后，文本仅在目标位置显示，原位置的文本消失；而执行复制、粘贴操作后，原位置和目标位置显示相同的内容。

在 WPS 2022 中移动文本的操作步骤如下。

通过剪切、粘贴操作来完成。对文本进行剪切后，原位置上的文本将消失不见，在新的位置上执行粘贴操作，原文本显示在新位置。具体操作如下。

（1）选取需要移动的文本。

（2）单击"开始"菜单选项卡中的"剪切"按钮 ✂ 剪切，或直接按组合键 Ctrl+X。

（3）在文档中单击设置插入点，然后单击"开始"菜单选项卡中的"粘贴"按钮 ，或直接按组合键 Ctrl+V。

在这里要提请读者注意的是，粘贴文本时可以选择粘贴类型，类型不同，粘贴的效果也不同。单击"粘贴"按钮下方的下拉按钮 ▾，弹出如图 2-35 所示的下拉菜单。

图 2-35　粘贴选项

❖ 保留源格式：粘贴后的文本保留其原来的格式，不受新位置格式的限制。

❖ 匹配当前格式：粘贴后的文本自动应用粘贴位置的格式。

❖ 只粘贴文本：只粘贴复制或剪切内容中的文本。

❖ 选择性粘贴：单击该命令，打开如图 2-36 所示的"选择性粘贴"对话框，可将剪贴板中的内容粘贴为多种格式的文本或图片。

❖ 设置默认粘贴：单击该命令，打开如图 2-37 所示的"选项"对话框，可设置默认的粘贴方式。

图 2-36　"选择性粘贴"对话框

如果要输入的内容与已有的内容相同，可通过复制、粘贴操作提高工作效率。

（1）选取要复制的文本。

（2）在"开始"菜单选项卡中单击"复制"按钮 复制，或直接按组合键 Ctrl+C。

（3）设置目标位置的插入点，然后单击"开始"菜单选项卡中的"粘贴"按钮，或直接按组合键 Ctrl+V。

图 2-37　"选项"对话框

2.4.3　删除文本

在编辑文本时，如果输入了错误或者多余的文字，应将其删除。选取要删除的文本，然后按 Delete 键或者 Backspace 键，即可删除选中的文本。

如果要删除少量的字符，可在设置插入点之后，按 Backspace 键删除插入点之前的一个字符；按 Delete 键删除插入点之后的一个字符。

提示：　按 Ctrl + Backspace 组合键可以删除插入点之前的一个单词或词组；按 Ctrl + Delete 组合键可以删除插入点之后的一个单词或词组。

2.5　查看文档

WPS 2022 提供了六种各具特点的视图模式，便于用户在不同的角度查看文档。如果要并排比较打开的多个文档，或是上下文对应修改同一个文档，利用 WPS 的窗口操作可以起到事半功倍的效果。

2.5.1　切换文档窗口

默认情况下，在 WPS 2022 中打开的多个文档会以标签选项卡的形式显示在同一个程序窗口中。单击文档标签，即可切换到对应的文档窗口。

如果打开的文档较多，使用标题栏右侧的"工作区 / 标签列表"按钮 可以很便捷地切换文件。"工作区 / 标签列表"按钮上显示的数字表明当前工作区打开的文档个数。

单击"工作区 / 标签列表"按钮，在打开的工作区面板中显示所有在 WPS 中打开的文档缩略图，当前活动文档高亮显示，如图 2-38 所示。

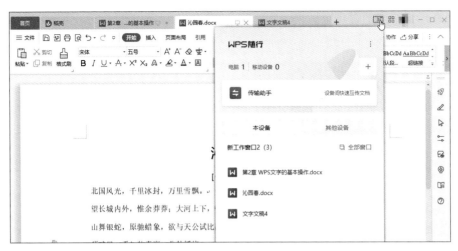

图 2-38　工作区面板

单击文档缩略图，即可切换到指定的文档。如果希望将某个文档窗口独立出来，可以将鼠标指针移到该文档的标签上，然后按下鼠标左键拖离程序窗口释放。此时，在该文档窗口的"工作区 / 标签列表"按钮上可以看到，当前工作区只有一个文档。单击"工作区 / 标签列表"按钮，可以看到 WPS 当前有两个工作区，活动工作区中只有一个文档，如图 2-39 所示。

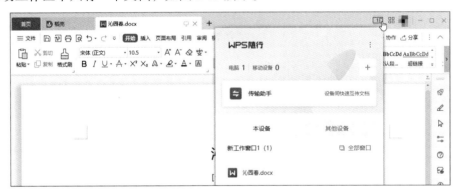

图 2-39　查看工作区中的文档列表 1

在工作区面板左侧窗格中单击其他工作区，可以看到对应工作区中的文档列表，如图 2-40 所示。

图 2-40　查看工作区中的文档列表 2

如果要将独立出来的文档窗口重新整合到一起，在文档标签上按下鼠标左键，拖动到要整合的文档窗口中释放即可。

2.5.2 切换文档视图

文档视图是指文档在屏幕中的显示方式，在"视图"菜单选项卡中可以看到 WPS 2022 提供的视图选项，如图 2-41 所示，单击某项即可进入对应的视图模式。在状态栏上也可以看到对应的视图功能按钮，如图 2-42 所示。

图 2-41　视图模式　　　　　　　　　　　　　　图 2-42　视图功能按钮

1. "全屏显示"模式

全屏显示文档，此时隐藏菜单功能区、状态栏和任务窗格，右上角显示缩放工具栏，如图 2-43 所示。

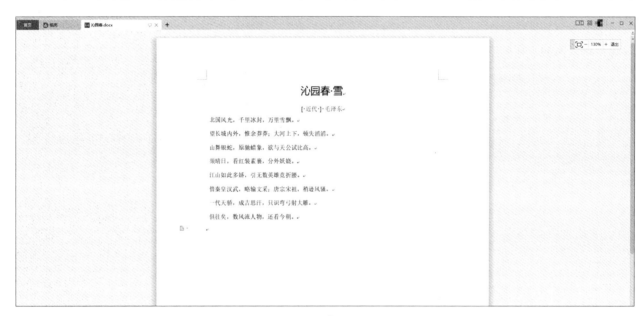

图 2-43　全屏显示

右上角的工具栏可以随意拖动，利用其中的缩放级别工具 − 120% + 可以调整文档的显示比例；单击"布满全屏"按钮，文档将放大到占满整个文档编辑窗口，再次单击恢复显示；单击工具栏上的"退出"按钮，或直接按 Esc 键可以退出全屏显示模式。

2. "阅读版式"模式

阅读版式是为方便阅读、浏览文档而设计的视图模式，该模式最大的特点就是利用最大的空间、最大限度地为用户提供优良的阅读体验。在阅读版式视图模式下，不能对文档内容进行编辑操作。

在阅读版式下，WPS 隐藏菜单功能区和任务窗格，提供"目录导航""显示批注""突出显示""查找"和"分栏设置"等便于查阅文档的工具按钮，如图 2-44 所示。

此外，"阅读版式"模式优化了阅读体验，页面左右两侧显示翻页按钮 ◁ 和 ▷，将鼠标指针移到翻页按钮上时，指针分别显示为 〈 和 〉，单击可以模拟书本进行翻页。

单击工具栏右侧的"退出阅读版式"按钮，即可退出"阅读版式"模式。

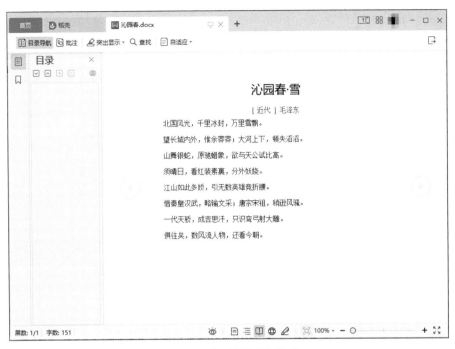

图 2-44 "阅读版式"模式

3. "写作模式"

写作模式是一种便于用户专注于写作的文档编辑模式,提供写作素材库、写作技巧和锦囊、文档加密、追踪历史版本、统计字数和稿费等实用功能。初次进入时会显示如图 2-45 所示的写作模式说明。

图 2-45 写作模式说明

单击写作模式说明右上角的"关闭"按钮进入"写作模式"。该模式与"页面"模式相似,不同的是功能区的功能按钮,如图 2-46 所示。单击功能区的"关闭"按钮退出"写作模式"。

图 2-46 "写作模式"下的功能区

4. "页面"模式

"页面"模式是 WPS 2022 默认的视图模式，该视图模式中显示的文档与打印效果一致，绝大多数的文档编辑操作都需要在此模式下进行。

5. "大纲"模式

大纲视图主要用于设置和显示文档标题的层级结构，如图 2-47 所示，并可以方便地折叠和展开各种层级的文档，常用于快速浏览和设置长文档的纲要。

图 2-47 "大纲"模式

单击功能区的"关闭"按钮退出"大纲"模式。

6. "Web 版式"模式

利用"Web 版式"模式可以直接查看文档在浏览器中的显示外观。在 Web 版式视图模式下，文档显示为一个不带分页符的长页面，不显示页眉、页码等信息。如果文档中含有超链接，超链接会显示为带下划线的文本。

2.5.3 调整显示比例

在查看或编辑文档时，放大文档能够更方便地查看文档局部内容，缩小文档可以在一屏内显示更多内容。在 WPS 2022 中调整文档显示比例常用的操作方法有以下几种。

1. 使用"显示比例"滚动条

WPS 程序窗口底部的状态栏右侧有一个"显示比例"滚动条，如图 2-48 所示。拖动滚动条上的滑块可以设置页面的显示比例；单击滑块左侧的"缩小"按钮 ━ ，文档显示比例减小 10%；单击滑块右侧的"放大"按钮 ╋ ，显示比例增大 10%。

此外，"缩小"按钮 ━ 左侧的数字为"缩放级别"按钮，表示文档内容当前的显示比例，单击该按钮可以打开如图 2-49 所示的"显示比例"下拉列表框，在这里可以设置文档的显示比例。

❖ 页宽：文档按照页面宽度进行缩放，使页面宽度与窗口宽度一致。

❖ 文字宽度：文档按照版心宽度进行缩放。

❖ 整页：缩放文档，在文档窗口中完整地显示一整页的内容。

❖ 百分比：自定义文档的显示比例。

2. 使用"显示比例"对话框

切换到"视图"菜单选项卡，单击"显示比例"按钮 ，打开如图 2-50 所示的"显示比例"对话框。

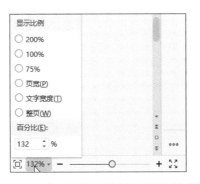

图 2-48　"显示比例"滚动条　　　图 2-49　打开"显示比例"下拉列表框　　　图 2-50　"显示比例"对话框

该对话框与"显示比例"下拉列表框内容相同。设置完后单击"确定"按钮，即可调整文档的显示比例。

> **提示：**
> 按住 Ctrl 键的同时向上滑动鼠标中键，可放大显示比例；向下滑动中键，可缩小显示比例。

2.5.4　为文档新建窗口

如果要编辑一个文档的多个部分，使用鼠标来回滚动文档比较麻烦，不容易定位。在 WPS 2022 中，可以为同一文档创建多个窗口，可以在不同窗口中编辑文档的不同部分。

（1）打开要编辑的文档后，在"视图"菜单选项卡中单击"新建窗口"按钮 ，WPS 将新建一个窗口。新建的窗口与原文档窗口除命名有所区别外，内容完全相同，如图 2-51 所示。

图 2-51　新建窗口

如果需要多个窗口进行编辑，再次单击"新建窗口"按钮 ，可再新建一个窗口。从图 2-51 中可以看出，新建窗口的文档标签自动在文档名称后添加"1""2""3"……这样的标号以区别同一文档的新建窗口。

（2）在不同的窗口中定位到不同的位置，然后进行编辑。

在任意一个窗口中进行的操作都会在其他窗口中实时更新。

（3）关闭新建的文档窗口，原文档名称自动恢复，在文档中可以看到在其他窗口中所作的相关修改。

2.5.5 拆分窗口

所谓拆分窗口，是指将一个文档窗口拆分为显示同一文档内容的两个子窗口，在这两个子窗口都可以编辑文档。采用这种方法能迅速地在文档的不同部分之间进行切换，它适用于对比查看长文档的不同部分。

（1）打开需要拆分的文档，在"视图"菜单选项卡中单击"拆分窗口"下拉按钮，弹出拆分方式下拉菜单，如图 2-52 所示。

（2）选择拆分窗口的方式。默认为"水平拆分"，将文档窗口拆分为上、下两个子窗口，如图 2-53 所示。如果选择"垂直拆分"命令，可将文档窗口拆分为左、右两个子窗口。

图 2-52 "拆分窗口"下拉菜单

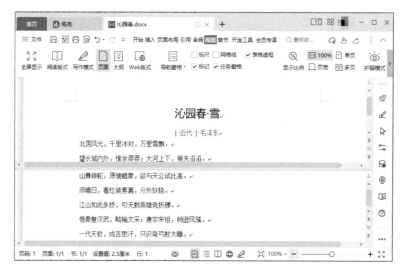

图 2-53 水平拆分窗口的效果

拖动窗格上的拆分线，可以调整子窗口的高度或宽度。

（3）分别拖动子窗口中的滚动条调整显示的内容，并进行编辑操作。在任意一个子窗口中进行的编辑会在文档中同步更新。

（4）如果不再需要拆分显示窗口，在"视图"菜单选项卡中单击"取消拆分"按钮即可。取消拆分窗口之后，子窗口将合并为一个完整的窗口，在文档中可以看到在任一子窗口中对文档进行的编辑操作。

2.5.6 并排比较文档

如果要比较两个或多个文档，查看文档的差异或修改，可以使用"并排比较"功能。

（1）打开要并排查看的两个文档，在其中一个文档窗口中切换到"视图"菜单选项卡。

（2）单击"并排比较"按钮，两个文档会以独立窗口的形式并排分布在屏幕中，以方便进行对比和查看，如图 2-54 所示。

提示： 如果打开了三个或以上的文档，单击"并排比较"按钮 将弹出如图 2-55 所示的"并排窗口"对话框，在打开的文档中可以选择一个要并排比较的文档。

默认情况下，使用滚轮可同步翻页并排查看的两个文档。如果要单独滚动其中一个文档，可在"视图"菜单选项卡中单击"同步滚动"按钮，取消该按钮的选中状态。

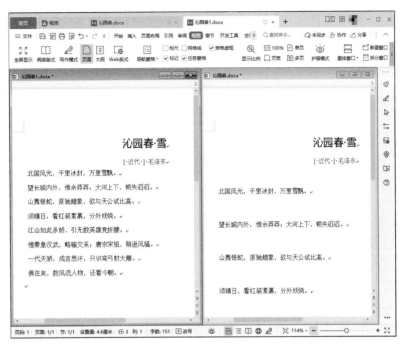

图 2-54　并排比较文档

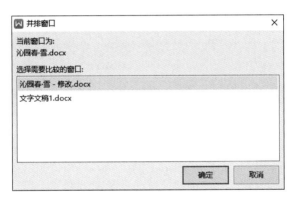

图 2-55　"并排窗口"对话框

　　如果在查看文档时，移动或调整了某个文档窗口的大小，单击"重设位置"按钮 重设位置，可重新分布并排比较的两个文档窗口，使它们平分屏幕窗口。

答 疑 解 惑

1. 定位光标是鼠标光标吗？

答：两者不一样。"定位光标"是在插入点闪烁的黑色竖线光标；"鼠标光标"则是指鼠标的指针。

2. 怎样使用鼠标复制或移动文本？

答：选中要移动的文本，将鼠标指针移到文本上按下鼠标左键拖动，拖动时显示一条黑色虚线指示移动的位置。移到目标位置时释放鼠标，即可将文本移动到目标位置。如果拖动的同时按住 Ctrl 键，可以在新位置复制文本。

3. 输入法的"全角"和"半角"有什么区别？

答：在半角状态下，一个英文字母、英文中的标点或阿拉伯数字只占一格（一个字节）的位置，汉字和中文标点占两格（两个字节）的位置。

在全角状态下，所有字符（包括汉字、英文字母、标点、阿拉伯数字）都占两格（两个字节）的位置。

学习效果自测

一、选择题

1. WPS 文字文档默认的扩展名是（　　　）。

    A.TXT　　　　　　　　B.DOC　　　　　　　　C.WPS　　　　　　　　D.BMP

2. 在 WPS 2022 文字窗口的状态栏中不能显示的信息是（　　　）。

    A. 当前选中的字数　　　　　　　　　　B. 改写状态

    C. 当前页面中的行数和列数　　　　　　D. 当前编辑的文件名

3. 在"文件"菜单选项卡中选择"打开"命令，则（　　　）。

    A. 只能打开后缀名为 wps 的文档　　　　B. 只能一次打开一个文件

    C. 可以同时打开多个文件　　　　　　　D. 打开的是 doc 文档

4. 在新建的 WPS 文档中，按下（　　　）组合键可以打开"另存为"对话框对文档进行保存。

    A.Ctrl+A　　　　　　　B.Shift+C　　　　　　　C.Ctrl+S　　　　　　　D.Shift+S

5. 在 WPS 2022 中输入文本时，当前输入的文字显示在（　　　）。

    A. 鼠标光标处　　　　B. 插入点　　　　C. 文件尾部　　　　D. 当前行尾部

6. 在汉字输入状态下，如果要切换到大写英文字母输入状态，应当按（　　　）键。

    A.Caps Lock　　　　　B.Shift　　　　　　C.Ctrl+Space　　　　　D.Ctrl+Shift

7. 在 WPS 2022 中按住（　　　）键的同时拖动鼠标左键，可以选择一个矩形文本块。

    A.Ctrl　　　　　　　　B.Shift　　　　　　　C.Alt　　　　　　　　D.Tab

8. 在 WPS 2022 中，执行两次"剪切"操作，则剪贴板中（　　　）。

    A. 仅有一次被剪切的内容　　　　　　　B. 仅有第二次被剪切的内容

    C. 有两次被剪切的内容　　　　　　　　D. 内容被清除

9. 要把相邻的两个段落合并为一个段落，可以执行的操作是（　　　）。

    A. 将插入点定位在前段末尾，单击"撤销"命令按钮

    B. 将插入点定位于前段末尾，按 Backspace 键

    C. 将插入点定位在后段开头，按 Delete 键

    D. 删除两个段落之间的段落标记

二、填空题

1. WPS 2022 提供了六种视图模式，分别是 _____、_____、_____、_____、_____ 和 _____。

2. 使用"_____"菜单选项卡中的命令按钮可以调整页面的显示比例。单击"_____"按钮，可使文档的宽度与编辑窗口的宽度相同；单击"_____"按钮，可在文档窗口中完整显示一个页面。

3. 在编辑文档时，在"窗口"菜单选项卡中单击"_____"按钮，WPS 将基于原文档内容创建一个内容完全相同的窗口。

4. 通过 _____ 窗口，可将当前文档窗口分割为两个独立的部分，不需进行屏幕切换，就可在文档的不同部分之间传递信息。

三、操作题

1. 新建一个 WPS 文字文稿，命名为"观沧海 .docx"，然后在其中输入诗词内容和标点，且标点符号在中文全角状态下输入。

2. 打开一个篇幅较长的文档，分别使用"新建窗口"和"拆分窗口"功能对文档进行编辑。

第 3 章

简单编排文档

本章导读

　　在文档中输入文本内容后，根据文档的用途和编制要求，通常还要调整页面布局、格式化文本和段落，例如对齐方式、缩进、段间距和行间距等，以及添加页眉、页脚和页码，从而使文本结构清晰、层次分明，易于阅读和理解。

学习要点

❖ 设置页面背景和水印
❖ 添加页眉和页脚
❖ 设置字符格式和段落格式
❖ 创建列表

3.1　调整页面布局

在制作文档时，首先应根据需要设置文档的页面方向、大小和页边距等属性，以免后期调整打乱文档版面。有些文档还会对每页显示的行数、每行显示的字数有要求，或需要添加水印或背景效果，这些设置直接影响文档的编排效果和外观。

3.1.1　设置页面规格

页面的方向分为横向和纵向，WPS默认的页面方向为纵向，用户可以根据需要进行调整。

（1）打开要设置页面属性的文档，在"页面布局"菜单选项卡中单击"纸张方向"下拉按钮 ，弹出如图3-1所示的下拉列表框。

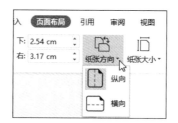

图3-1　"纸张方向"下拉列表框

（2）在下拉列表框中单击需要的纸张方向。设置的页面方向默认应用于当前节，如果没有添加分节符，则应用于整篇文档。如果要指定设置的纸张方向应用的范围，可以在"页面布局"菜单选项卡中单击功能扩展按钮 ↵（如图3-2所示），打开"页面设置"对话框。

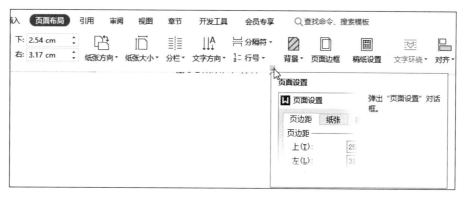

图3-2　功能扩展按钮

在"方向"区域选择需要的纸张方向，然后在"应用于"下拉列表框中选择要应用的范围，如图3-3所示。设置完成后，单击"确定"按钮关闭对话框。

接下来设置页面规格，也就是纸张尺寸。通常情况下，用户应该根据文档的类型要求或打印机的型号设置纸张的大小。

（1）打开要设置纸张大小的文档。

（2）在"页面布局"菜单选项卡中单击"纸张大小"按钮 ，在弹出的下拉列表框中可以看到WPS 2022预置了13种常用的纸张规格，如图3-4所示。

（3）单击需要的纸张规格，即可将页面修改为指定的大小。

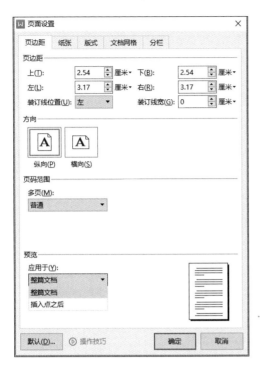

图 3-3　设置纸张方向和应用范围

图 3-4　"纸张大小"下拉列表

　　如果预置的纸张规格中没有需要的页面尺寸,可以单击"其他页面大小"命令,打开"页面设置"对话框。在"纸张大小"下拉列表框中选择"自定义大小",然后在下方的"宽度"和"高度"数值框中输入尺寸,如图 3-5 所示。在"应用于"下拉列表框中还可以指定纸张大小应用的范围。设置完成后,单击"确定"按钮关闭对话框。

图 3-5　自定义纸张大小

3.1.2 调整页边距

页边距是页面的正文区域与纸张边缘之间的空白距离，包括上、下、左、右 4 个方向的边距，以及装订线的距离。页边距的设置在正式的文档排版中十分重要，太窄会影响文档装订，太宽则不仅浪费纸张，而且影响版面美观。

（1）打开要设置页边距的文档。

（2）在"页面布局"菜单选项卡中单击"页边距"按钮，在弹出的页边距下拉列表框中可以看到，WPS 2022 内置了 4 种常用的页边距尺寸，如图 3-6 所示。

（3）单击需要的页边距设置，即可将指定的页边距设置应用于当前文档或当前节。

如果内置的页边距样式中没有合适的页边距尺寸，可以单击"自定义页边距"命令打开"页面设置"对话框，在"页边距"区域自定义上、下、左、右边距。如果文档要装订，还应设置装订线位置和装订线宽，如图 3-7 所示。在"应用于"下拉列表框中还可以指定边距的应用范围。

设置装订线宽可以避免装订文档时文档边缘的内容被遮挡。设置完成后，单击"确定"按钮关闭对话框。此时，在"页边距"下拉列表框中可以看到自定义的边距设置，如图 3-8 所示，可将该自定义边距应用于其他文档。

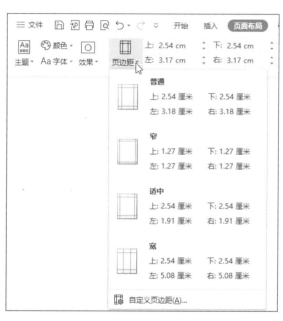

图 3-6　内置页边距列表

图 3-7　自定义页边距

图 3-8　页边距列表

3.1.3　设置文档网格

在 WPS 中,可以用水平方向的"行网格"和垂直方向的"字符网格"将文档分隔为多行多列的网格,以便于排版文字。设置文档网格后，可以将文字按指定的方向排列，限定每页显示的行数，以及每行容纳的字符数。

（1）打开文档，单击"页面布局"菜单选项卡中的功能扩展按钮 ⌐，打开"页面设置"对话框，并切换到如图 3-9 所示的"文档网格"选项卡。

图 3-9　"文档网格"选项卡

（2）在"文字排列"区域选择文字排列的方向。

（3）在"网格"区域指定文档网格的类型。

❖ 无网格：不限定每页多少行、每行多少个字符。

❖ 只指定行网格：只能指定每页最多的行数。

❖ 指定行和字符网格：可以指定每页的行数，以及每行的字符数。

❖ 文字对齐字符网格：输入的文本自动对齐字符网格。

（4）单击"绘图网格"按钮，在如图 3-10 所示的"绘图网格"对话框中设置文档内容的对齐方式、网格的间距，以及是否显示网格线。设置完成后，单击"确定"按钮关闭对话框。

在"网格起点"区域选中"使用页边距"复选框,表明网格线从正文文档区开始显示,否则从设定的"水平起点"和"垂直起点"处开始显示。

选中"在屏幕上显示网格线"复选框，可以在文档中显示网格线。默认同时显示水平和垂直网格线,如果希望只显示水平网格线,则取消选中"垂直间隔"复选框。要调整相邻水平网格线的高度就设置"水平间隔"；要调整相邻垂直网格线的宽度就设置"垂直间隔"。

提示：　　如果"垂直间隔"设置为1，则一个网格中只能输入一个字。如果希望在一个网格中输入两个、三个或多个字，可以把"垂直间隔"的值设置为2、3、……，依次类推。

图 3-10　"绘图网格"对话框

（5）在"页面设置"对话框中的"应用于"下拉列表框中指定文档网格应用的范围。

（6）单击"确定"按钮关闭对话框，完成操作。

3.1.4　设置页面背景

WPS 默认的页面背景颜色为白色，通过设置背景，可以使文档外观更加赏心悦目。

（1）在"页面布局"菜单选项卡中，单击"背景"下拉按钮，打开页面背景下拉菜单，如图 3-11 所示。

（2）在"主题颜色"和"标准色"区域单击任意一个色块，即可将选择的颜色作为背景颜色填充页面。

如果对系统提供的颜色不满意，可以单击"其他填充颜色"命令，打开如图 3-12 所示的"颜色"对话框选择颜色，或切换到"自定义"选项卡中自定义颜色。

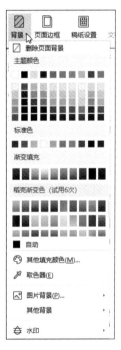

图 3-11　"背景"下拉菜单

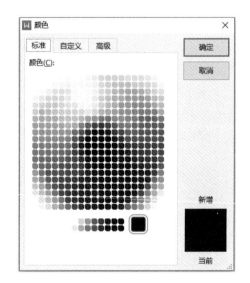

图 3-12　"颜色"对话框

如果要提取当前窗口中的某种颜色为背景色，应单击"取色器"命令，鼠标指针显示为滴管状。将指针移到要拾取的颜色区域，指针上方显示拾取的颜色，以及对应的 RGB 值，如图 3-13 所示。在要拾取的颜色上单击即可使用指定颜色填充页面。

（3）如果希望将一幅图片作为背景填充页面，可单击"图片背景"命令，在弹出的"填充效果"对话框中选择背景图片。

（4）如果希望为文档设置更加丰富的填充效果，如渐变、纹理或图案背景，则单击"其他背景"命令，在如图 3-14 所示的级联菜单中选择需要的效果，打开"填充效果"对话框进行设置。图 3-15 所示为其中的"渐变"选项卡。

图 3-13　使用取色器拾取颜色

图 3-14　"其他背景"级联菜单

图 3-15　"渐变"选项卡

❖ 渐变：创建同一种颜色不同透明度的过渡效果，或两种颜色逐渐过渡的颜色效果。

❖ 纹理：选择一种预置的纹理作为文档页面的背景。

❖ 图案：在预置的图案列表中选择一种基准图案，然后设置图案的前景色和背景色。

3.1.5 添加水印

添加水印是指将文本或图片以虚影的方式设置为页面背景，以标识文档的特殊性，例如密级、版权所有等。

（1）打开要添加水印的文字文稿。

（2）在"页面布局"菜单选项卡中单击"背景"下拉按钮，在弹出的下拉菜单中选择"水印"命令。或在"插入"菜单选项卡中单击"水印"按钮，打开如图 3-16 所示的下拉列表框。

从图 3-16 中可以看到，WPS 内置了一些常用的水印样式，单击即可直接应用。此外，系统还支持用户自定义水印样式、删除文档中已有的水印。

图 3-16 "水印"下拉列表框

（3）在"水印"下拉列表框中单击"自定义水印"区域的"点击添加"按钮，或单击"插入水印"命令，打开如图 3-17 所示的"水印"对话框。

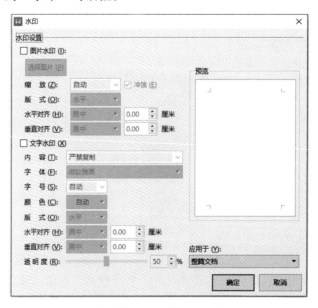

图 3-17 "水印"对话框

（4）在对话框中选择水印的类型，并详细定义水印的格式。

❖ 图片水印：设计图片样式的水印。选中该复选框后，单击"选择图片"按钮选择水印图片。在"缩放"列表中可以对图片进行缩放、设置版式和对齐方式。如果希望水印清晰显示，可以取消选中"冲蚀"复选框。

❖ 文字水印：设计文字水印。选中该复选框后，可以在"内容"下拉列表框中选择水印文字，也可以直接输入水印内容，然后设置文字的字体、字号、颜色、版式、对齐方式和透明度等效果。

（5）设置完成后，单击"确定"按钮关闭对话框，即可在文档中看到添加的水印效果。

上机练习——设置《公司薪酬管理制度》的页面布局

许多公司在拟定内部文件时，通常会添加水印以标识文档的特殊性，例如密级、流通范围等。本练习重点讲解文档页面的设置，通过对操作步骤的详细讲解，帮助读者掌握设置页面大小和边距，以及添加水印和背景纹理的操作方法。

3-1　上机练习——设置《公司薪酬管理制度》的页面布局

首先打开要设置页面布局和水印的文档，在"页面设置"对话框中设置纸张大小和页边距；然后自定义文本水印；最后给文档设置背景纹理。最终效果如图 3-18 所示。

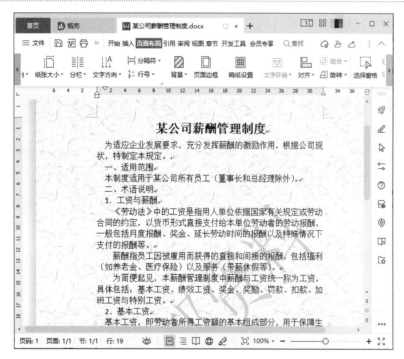

图 3-18　文档最终效果

操作步骤

（1）打开要设置页面属性的文档，如图 3-19 所示。

（2）在"页面布局"菜单选项卡中单击功能扩展按钮 ⏎，打开"页面设置"对话框。在"纸张"选项卡的"纸张大小"下拉列表框中选择 B5；在"页边距"选项卡中设置上、下边距为 3 厘米，如图 3-20 所示。设置完成后，单击"确定"按钮关闭对话框。

（3）在"页面布局"菜单选项卡中单击"背景"下拉按钮 ，在弹出的下拉菜单中选择"水印"命令，打开"水印"对话框。

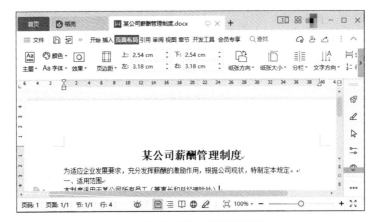

图 3-19 打开的文档初始效果

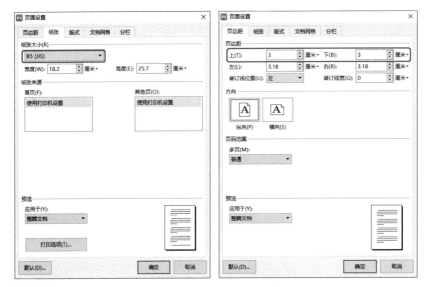

图 3-20 设置纸张大小和页边距

（4）选中"文字水印"复选框，在"内容"下拉列表框中输入"内部资料"；设置字体为"新宋体"，版式为"倾斜"，其他选项保留默认设置，如图 3-21 所示。

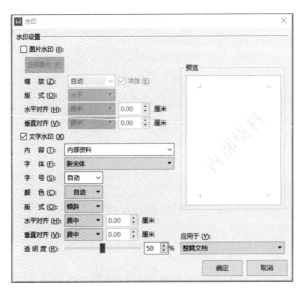

图 3-21 设置文字水印

（5）单击"确定"按钮关闭对话框，在文档中即可看到设置的水印效果，如图3-22所示。

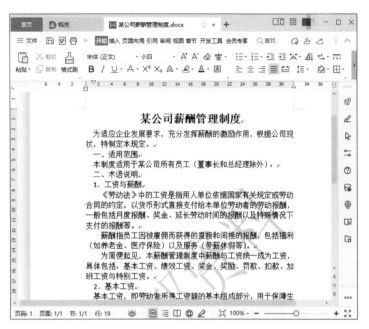

图3-22　添加的文字水印效果

（6）在"页面布局"菜单选项卡中单击"背景"下拉按钮，在弹出的下拉菜单中选择"其他背景"命令，然后在级联菜单中选择"纹理"命令，打开"填充效果"对话框。

（7）在"纹理"列表框中选择需要的纹理"纸纹2"，在"示例"区域可以查看纹理效果，如图3-23所示。

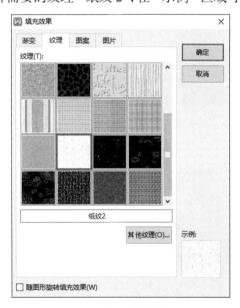

图3-23　选择纹理

（8）单击"确定"按钮关闭对话框，即可在文档中看到纹理效果，如图3-18所示。

3.1.6　使用主题快速调整页面效果

在WPS 2022中，不仅可以设置文档的背景颜色、边框和水印，还可以使用主题快速改变整个文档的外观。主题包括颜色方案、字体组合和页面效果。

（1）打开文档，在"页面布局"菜单选项卡中单击"主题"下拉按钮，在弹出的下拉列表框中可以看到 WPS 2022 预置的主题列表，如图 3-24 所示。

（2）单击需要的主题样式，可以看到文档中的文字自动套用主题中的字体格式，图形图表则套用主题中的颜色方案。

如果希望使用更为丰富的主题样式，可以分别设置主题颜色和主题字体。

（3）在"页面布局"菜单选项卡中单击"颜色"下拉按钮 颜色·，在弹出的主题颜色列表中可以选择一种配色方案。

（4）单击"字体"下拉按钮 字体·，在弹出的主题字体列表中可以选择一种字体方案。

（5）单击"效果"下拉按钮 效果·，可以在预置的效果列表中选择一种主题效果，如图 3-25 所示。

图 3-24 预置的主题列表

图 3-25 主题效果列表

3.2 设计页眉和页脚

页眉、页脚分别位于每一页的顶部和底部，通常用于显示文档的附加信息，如公司徽标、文档名称、版权信息，等等。插入的页眉、页脚内容会自动显示在每一页相应的位置，不需要每页都插入。

3.2.1 插入页眉和页脚

（1）打开要编辑页眉和页脚的文档。将鼠标指针移到页面顶端，WPS 显示提示信息"双击编辑页眉"，如图 3-26 所示。如果将指针移到页面底端，将显示"双击编辑页脚"。

图 3-26 显示提示信息

（2）双击页眉或页脚位置，或在"插入"菜单选项卡中单击"页眉和页脚"按钮 ，即可进入页眉、页脚编辑状态，并自动切换到"页眉页脚"菜单选项卡，如图 3-27 所示。

图 3-27　页眉编辑状态

（3）在"页眉页脚"菜单选项卡中，单击"页眉顶端距离"微调框中的 − 或 + 按钮，或直接输入数值调整页眉区域的高度；单击"页脚底端距离"微调框中的 − 或 + 按钮，或直接输入数值调整页脚区域的高度。

（4）在页眉、页脚中输入并编辑内容。可以输入纯文字，也可以在"页眉页脚"菜单选项卡中通过单击相应的按钮，插入横线、日期和时间、图片、域以及对齐制表位。

单击"页眉横线"按钮，在如图 3-28 所示的下拉列表框中可以选择横线的线型和颜色。单击"删除横线"命令，可取消显示横线。

单击"日期和时间"按钮，在如图 3-29 所示的"日期和时间"对话框中可以设置日期、时间的语言和格式。选中"自动更新"复选框，则插入的日期和时间会实时更新。

提示：

选择的语言不同，日期和时间的可用格式也会有所不同。

单击"图片"按钮，在如图 3-30 所示的下拉列表框中选择图片来源，可以是本地计算机上的图片，也可以通过扫描仪或手机获取图片，稻壳会员还可免费使用图片库中的图片。

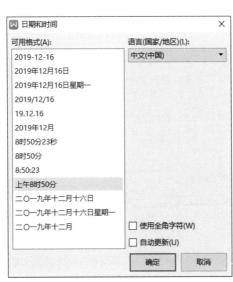

图 3-28　横线列表　　　　图 3-29　"日期和时间"对话框　　　　图 3-30　"图片"下拉列表框

单击"域"按钮，在如图3-31所示的"域"对话框中可以选择常用的域，也可手动编辑域代码，定制个性化的页眉、页脚内容。

单击"插入对齐制表位"按钮，在如图3-32所示的"对齐制表位"对话框中可以设置制表位的对齐方式和前导符。

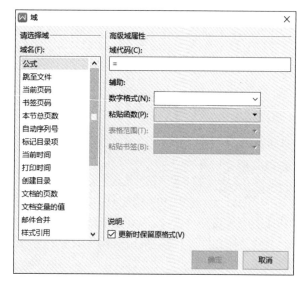

图 3-31 "域"对话框

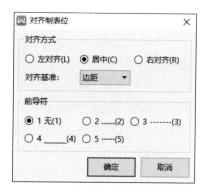

图 3-32 "对齐制表位"对话框

例如，在页眉中输入文本"公司管理制度"，插入双波浪线，设置制表位右对齐，然后插入时间的效果如图3-33所示。

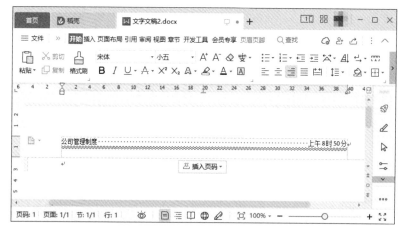

图 3-33 设置页眉的效果

插入的页眉内容可以像文档正文中的内容一样进行编辑修改和格式设置。

（5）完成页眉内容的编辑后，在"页眉页脚"菜单选项卡中单击"页眉页脚切换"按钮，文档自动转至当前页的页脚，如图3-34所示。

（6）按照步骤（4）编辑页眉的方法编辑页脚内容。

（7）如果对文档内容进行了分节或设置了首页的页眉、页脚不同，编辑完当前页面的页眉、页脚后，单击"显示前一项"按钮，可进入上一节的页眉或页脚；单击"显示后一项"按钮，可以进入下一节的页眉或页脚。

（8）完成所有编辑后，单击"页眉页脚"菜单选项卡中的"关闭"按钮，即可退出页眉、页脚的编辑状态。

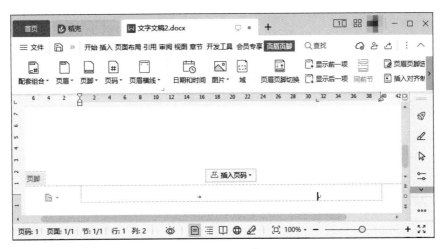

图 3-34　页脚

3.2.2　创建首页不同的页眉、页脚

为文档设置页眉、页脚后，默认情况下，所有页面在相同的位置显示相同的页眉、页脚。在编排长文档时，通常要求首页设置与其他页面不同的页眉、页脚样式，此时就需要设置页眉、页脚选项了。

（1）在文档页眉或页脚处双击进入编辑状态。

（2）在"页眉页脚"菜单选项卡中单击"页眉页脚选项"按钮，在弹出的"页眉/页脚设置"对话框中选中"首页不同"复选框，如图 3-35 所示。如果要在首页页眉中显示横线，则选中"显示首页页眉横线"复选框。

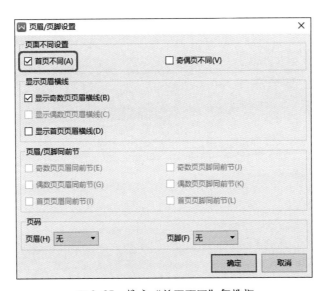

图 3-35　选中"首页不同"复选框

（3）设置完成后，单击"确定"按钮关闭对话框。此时，在首页的页眉和页脚区域会标注"首页页眉"和"首页页脚"，如图 3-36 所示。

（4）在"页眉页脚"菜单选项卡中，分别调整页眉区域和页脚区域的高度。然后在首页页眉中编辑页眉的内容。

（5）单击"页眉页脚切换"按钮，自动转至首页的页脚，编辑页脚内容。

（6）编辑完首页的页眉、页脚后，单击"显示后一项"按钮，可以进入下一页或下一节的页眉或页脚。

（7）完成所有编辑后，单击"页眉页脚"菜单选项卡中的"关闭"按钮 ⊠，退出页眉、页脚的编辑状态。

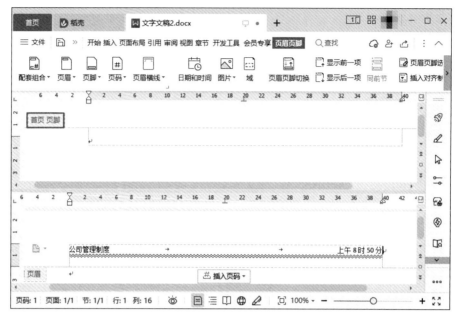

图 3-36　首页页脚

3.2.3　创建奇偶页不同的页眉、页脚

编排需要打印、装订的文档时，为便于浏览和定位，通常需要为奇偶页分别创建不同的页眉、页脚。

（1）打开文档，双击页眉或页脚处进入编辑状态。

（2）在"页眉页脚"菜单选项卡中单击"页眉页脚选项"按钮，在弹出的"页眉／页脚设置"对话框中选中"奇偶页不同"复选框，如图 3-37 所示。如果要在页眉中显示横线，则选中"显示奇数页页眉横线"复选框和"显示偶数页页眉横线"复选框。

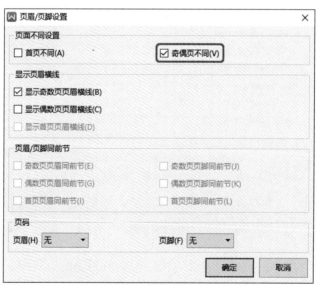

图 3-37　选中"奇偶页不同"复选框

（3）设置完成后，单击"确定"按钮关闭对话框。此时，在奇数页和偶数页的页眉和页脚区域会分别显示对应的标注信息，如图 3-38 所示。

（4）在"页眉页脚"菜单选项卡中，分别调整页眉区域和页脚区域的高度。然后在奇数页页眉中编辑页眉内容。

（5）单击"页眉页脚切换"按钮，自动转至当前页的页脚，编辑页脚内容。

（6）编辑完奇数页的页脚后，单击"显示后一项"按钮，可以进入偶数页的页脚进行编辑。

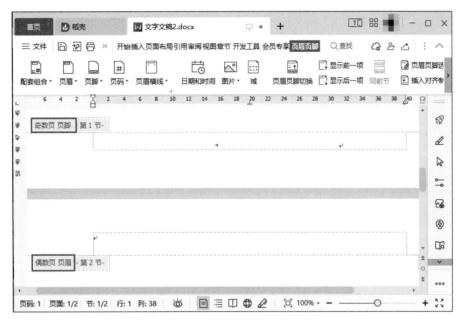

图 3-38　奇数页页脚和偶数页页眉

（7）编辑完偶数页的页脚后，单击"页眉页脚切换"按钮，自动转至偶数页的页眉，编辑页眉内容。

（8）完成所有编辑后，单击"页眉页脚"菜单选项卡中的"关闭"按钮，退出页眉、页脚的编辑状态。

3.2.4　插入页码

为文档插入页码一方面可以统计文档的页数，另一方面便于读者快速定位和检索。页码通常添加在页眉或页脚中。

（1）打开要插入页码的文档。切换到"插入"菜单选项卡，单击"页码"下拉按钮，弹出如图 3-39 所示的下拉列表框。

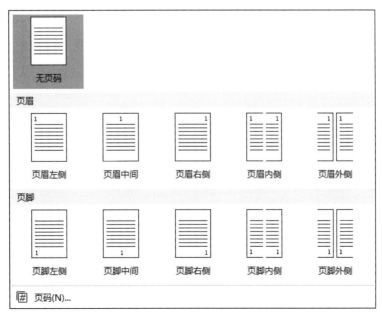

图 3-39　"页码"下拉列表框

（2）单击需要显示页码的位置，即可进入页眉、页脚编辑状态，在整篇文档所有页面的指定位置插入页码。

如果直接单击"页码"按钮，则默认在页脚中间插入编号为阿拉伯数字的页码，如图3-40所示。

图3-40　插入默认的页码

（3）单击"重新编号"下拉按钮，设置页码的起始编号，如图3-41所示。如果在文档中插入了分节符，可以设置当前节的页码是否续前节排列。

（4）单击"页码设置"按钮，在弹出的下拉列表框中修改页码的编号样式、显示位置以及应用范围，如图3-42所示。

图3-41　设置页码的起始编号　　　　图3-42　设置页码格式

插入的页码可以像文本一样进行格式编辑。

（5）如果要取消显示页码，应单击"删除页码"按钮，在弹出的下拉列表框中选择要删除的页码范围，如图3-43所示。

（6）设置完成后，单击"页眉页脚"菜单选项卡中的"关闭"按钮，退出页眉、页脚的编辑状态。

如果要修改页码，则双击页眉、页脚区域，按照步骤（3）~步骤（5）进行重新设置，或在"插入"菜单选项卡单击"页码"下拉按钮，在弹出的下拉列表框中选择"页码"命令，打开如图3-44所示的"页码"对话框进行修改。

在这里，可以修改页码的编号样式、显示位置、是否包含章节号、编号方式以及应用范围。

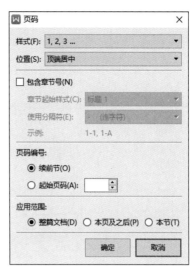

图 3-43　删除页码

图 3-44　"页码"对话框

上机练习——在《公司薪酬管理制度》中添加页眉、页脚

本节练习在拟定的《公司薪酬管理制度》中设置页眉、页脚，完善文档。通过对操作步骤的详细讲解，帮助读者掌握设置首页不同和奇偶页不同的页眉的方法，以及分别通过添加域和页码功能设置页码的操作。

3-2　上机练习——在《公司薪酬管理制度》中添加页眉、页脚

首先打开已设置页面大小和水印的文档，在"页面设置"对话框中设置页眉、页脚为奇偶页不同、首页不同；然后分别定义首页、偶数页和奇数页的页眉；接下来分别通过添加域和设置页码格式插入页码；最后修改水印的应用范围。最终效果如图 3-45 所示。

图 3-45　文档最终效果

操作步骤

（1）打开《公司薪酬管理制度》文档，在"页面布局"菜单选项卡中单击功能扩展按钮　，打开"页面设置"对话框。

（2）切换到"版式"选项卡，选中"奇偶页不同"和"首页不同"复选框，然后设置页眉、页脚距边界的距离都为2.5厘米，如图3-46所示。设置完成后，单击"确定"按钮关闭对话框。

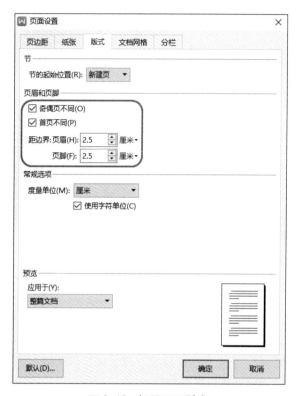

图 3-46　设置页面版式

（3）双击首页的页眉区域进入页眉编辑模式，输入页眉文本"内部资料　禁止外传"，如图3-47所示。

图 3-47　输入首页页眉文字

（4）选中输入的文本，在弹出的浮动工具栏中设置字体为"宋体"，加粗，对齐方式为"居中对齐"，如图3-48所示。

图 3-48　设置文本格式

（5）将光标放置在页眉中，在"页眉页脚"菜单选项卡中单击"页眉横线"下拉按钮，在弹出的横线样式列表中选择一种样式，如图3-49所示。

图3-49　设置页眉横线

（6）单击"显示后一项"按钮，进入偶数页页眉。在页眉编辑区域输入文本，然后选中文本，在浮动工具栏中设置字体为"华文行楷"，字号为"四号"，颜色为深蓝，如图3-50所示。

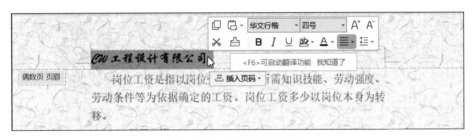

图3-50　设置偶数页页眉

（7）单击"显示后一项"按钮，进入奇数页页眉。在页眉编辑区域输入文本，然后选中文本，在浮动工具栏中设置字体为"微软雅黑"，字号为"五号"，颜色为深蓝，对齐方式为"右对齐"，如图3-51所示。

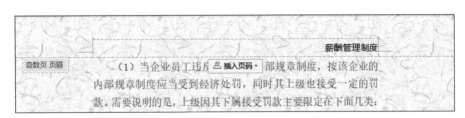

图3-51　设置奇数页页眉

（8）单击"页眉页脚切换"按钮，进入偶数页页脚。单击"插入页码"按钮，在弹出的设置面板中设置页码位置为"居中"，如图3-52所示。单击"确定"按钮关闭对话框，即可在页脚中间位置插入页码。

接下来使用域代码修改页码。

（9）选中插入的页码，输入"第页 共页"。然后将光标置于"第"右侧，在"页眉页脚"菜单选项卡中单击"域"按钮，在弹出的"域"对话框中选择域名为"当前页码"，如图3-53所示。

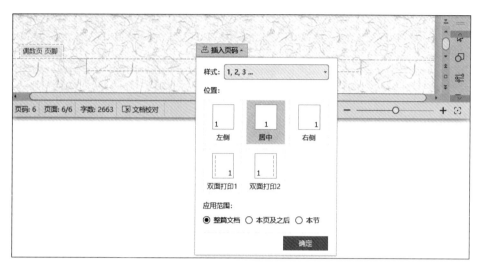

图 3-52　设置页码位置

图 3-53　选择域名"当前页码"

（10）单击"确定"按钮关闭对话框，即可在页脚中看到插入的页码，如图 3-54 所示。

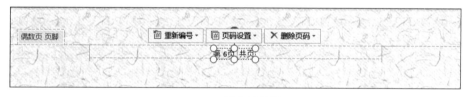

图 3-54　插入域的效果

（11）将光标置于页脚文字"共"右侧，在"页眉页脚"菜单选项卡中单击"域"按钮，在弹出的"域"对话框中选择域名为"文档的页数"，如图 3-55 所示。

（12）单击"确定"按钮关闭对话框，即可看到插入的域效果，如图 3-56 所示。

（13）在"页眉页脚"菜单选项卡中单击"显示前一项"按钮，进入奇数页页脚。单击"页码"下拉按钮，在弹出的下拉菜单中选择"页码"命令，打开"页码"对话框。

（14）在"样式"下拉列表框中选择页码样式为"第 1 页 共 × 页"，如图 3-57 所示，其余选项保留默认设置。

图 3-55　选择域名"文档的页数"

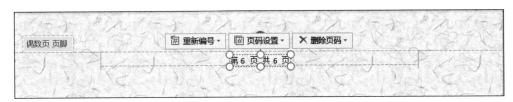

图 3-56　插入的域效果

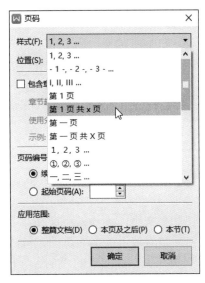

图 3-57　选择页码样式

（15）单击"确定"按钮关闭对话框，即可看到插入的页码效果，如图 3-58 所示。在"页眉页脚"菜单选项卡中单击"关闭"按钮，退出页眉、页脚编辑模式。

此时预览文档效果会发现，添加的水印只在奇数页显示，首页和偶数页不显示。

（16）将光标放置在奇数页中，在"页面布局"菜单选项卡中单击"背景"下拉按钮，在弹出的下拉菜单中选择"水印"命令，然后在级联菜单中选择"插入水印"命令，打开"水印"对话框。在"应用于"下拉列表框中选择"整篇文档"，如图 3-59 所示。设置完成后，单击"确定"按钮关闭对话框。

图 3-58　插入的页码效果

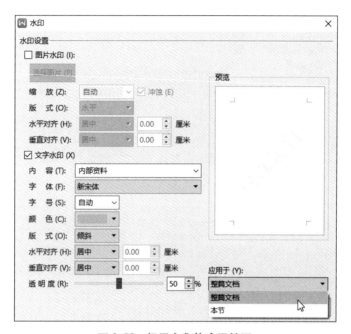

图 3-59　设置水印的应用范围

此时预览文档，可以看到文档的每一页都显示指定的文字水印、页眉和页码，如图 3-45 所示。

3.3　设置字符格式

字符的常用格式包括字体、字号、字形、颜色、效果、间距、边框和底纹等。通过设置字符格式，可以美化文档、突出重点。

3.3.1　设置字体、字号、字形

字体即字符的形状，分为中文字体和西文字体（通常英文和数字使用）。字号是指字体的大小，计量单位常用的有"号"和"磅"两种。字形是附加于文本的属性，包括常规、加粗、倾斜等。

（1）选中要设置字体的文本，在"开始"菜单选项卡的"字体"下拉列表框中可以选择字体，如图 3-60 所示。

（2）在"字号"下拉列表框中选择字号，如图 3-61 所示。

WPS 中的字号分为两种：一种以"号"为计量单位，使用汉字标示，例如"五号"，数字越小，字符越大；另一种以"磅"为计量单位，使用阿拉伯数字标示，例如"5.5"，磅值越大，字符越大。

提示：　　如果要输入字号大于"初号"或 72 磅的字符，可以直接在"字号"列表框中输入一个较大的数字（例如 120），然后按 Enter 键。

（3）如果要将字符的笔画线条加粗，可在"开始"菜单选项卡中单击"加粗"按钮 **B**。

此时，"加粗"按钮 **B** 显示为按下状态，再次单击恢复，同时选定的文本也恢复原来的字形。

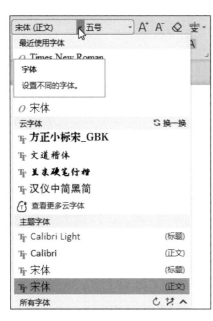

图 3-60 "字体"下拉列表框

图 3-61 "字号"下拉列表框

（4）如果希望将字符倾斜一定的角度，可在"开始"菜单选项卡中单击"倾斜"按钮 I 。

此时，"倾斜"按钮显示为按下状态，再次单击恢复，同时选定的文本也恢复原来的字形。

在编辑文档的过程中，如果选中了部分文本，选中文本的右上角将显示一个浮动工具栏，如图 3-62 所示，使用该工具栏也可以很方便地设置文本的字体、字号和字形。

图 3-62 浮动工具栏

快速设置中英文混排字体

如果一篇文档中既有英文也有中文，且中文和英文字体不一样，那么如果逐句逐段选中修改，势必会花费大量时间和精力。此时可利用"字体"对话框同时设置中文和英文字体。

（1）选定要改变字体的文本。如果要选中整篇文档中的文本，应按 Ctrl+A 组合键。

（2）将鼠标指针移到"开始"菜单选项卡"字体"功能组右下角的功能扩展按钮 ⌐ 上，如图 3-63 所示。

图 3-63 "字体"功能组扩展按钮

（3）单击功能扩展按钮 ⌐，打开如图 3-64 所示的"字体"对话框。

图 3-64　"字体"对话框

（4）在"中文字体"下拉列表框中选择需要的中文字体，在"西文字体"下拉列表框中选择需要的英文字体。

设置字体时，在"预览"区域可以查看设置的字体效果。

（5）设置完成后，单击"确定"按钮关闭对话框。

3.3.2　设置颜色和效果

在 WPS 中，不仅可以很方便地为文本设置显示颜色，还可以为文本添加阴影、映像、发光、柔化边缘等特殊效果。为了凸显某部分文本，还可以给文本添加颜色和底纹。

（1）选定要设置颜色效果的文本。

（2）在"开始"菜单选项卡单击"字体颜色"下拉按钮 A，弹出如图 3-65 所示的"字体颜色"下拉列表框，单击色块，即可以指定的颜色显示文本。

如果主题颜色和标准色中没有需要的颜色，可以单击"其他字体颜色"命令，打开"颜色"对话框选取或自定义颜色。或者单击"取色器"命令，在屏幕中选取需要的颜色。

（3）在"开始"菜单选项卡中单击"文字效果"按钮 A，在弹出的下拉列表框中选择需要的文字特效，如图 3-66 所示。

将鼠标指针移到某种特效上，将弹出对应的预设效果级联菜单，如图 3-67 所示，单击即可应用指定的效果。

如果希望自定义效果样式，单击"文字效果"下拉列表框底部的"更多设置"命令，在文档编辑窗口右侧将展开如图 3-68 所示的"属性"面板。在这里，用户可以按照需要自定义文本效果，切换到"填充与轮廓"选项卡，还可以设置文本的填充颜色和轮廓颜色。

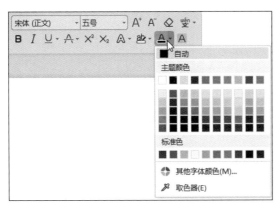

图 3-65　"字体颜色"下拉列表框

图 3-66　"文字效果"下拉列表框

图 3-67　"艺术字"级联菜单

（4）如果希望将选中的文本以某种颜色标示，像使用了荧光笔一样，可在"开始"菜单选项卡中单击"突出显示"下拉按钮，在如图 3-69 所示的颜色列表中选择一种颜色。

图 3-68　"属性"面板的"效果"选项卡

图 3-69　"突出显示"颜色列表

3.3.3 设置字符宽度、间距与位置

默认情况下，WPS 文档的字符宽度比例是 100%，同一行文本依据同一条基线进行分布。通过修改字符宽度、字符之间的距离与字符显示的位置，可以创建特殊的文本效果。

（1）选定要设置格式的文本。将鼠标指针移到"开始"菜单选项卡"字体"功能组右下角的功能扩展按钮┘上单击，打开"字体"对话框。

（2）切换到如图 3-70 所示的"字符间距"选项卡，在"缩放"下拉列表框中选择字符宽度的缩放比例。

如果下拉列表框中没有需要的宽度比例，可以直接输入所需的比例。在"预览"区域可以预览设置效果。

图 3-70 "字符间距"选项卡

（3）在"间距"下拉列表框中选择需要的间距类型。

字符间距是指文档中相邻字符之间的水平距离。WPS 2022 提供了"标准""加宽"和"紧缩"3 种预置的字符间距选项，默认为"标准"。如果选择其他两个选项，还可以在"磅值"数值框中指定具体值。

（4）在"位置"下拉列表框中选择文本的显示位置。

"位置"选项用于设置相邻字符之间的垂直距离。WPS 2022 提供了"标准""上升"和"下降"3 种预置选项。"上升"是指相对于原来的基线上升指定的磅值，"下降"是指相对于原来的基线下降指定的磅值。

（5）设置完成后，单击"确定"按钮关闭对话框，即可看到设置的字符效果。

3.4 设置段落格式

常用的段落格式包括段落的对齐方式、缩进与间距、边框和底纹等。合理的段落格式不仅可以增强文档的美观性，还可以使文档结构清晰，层次分明。利用如图 3-71 所示的"段落"功能组中的命令按钮可以很便捷地设置段落格式。

图 3-71 "段落"功能组

3.4.1　段落对齐方式

段落的对齐方式指段落文本在水平方向上的排列方式。

（1）选中要设置对齐方式的段落。

（2）在"开始"菜单选项卡的"段落"功能组中单击需要的对齐方式，如图 3-72 所示。

图 3-72　对齐方式

❖ 左对齐：段落的每一行文本都以文档编辑区的左边界为基准对齐。

❖ 居中对齐：段落的每一行都以文档编辑区水平居中的位置为基准对齐。

❖ 右对齐：段落的每一行都以文档编辑区的右边界为基准对齐。

❖ 两端对齐：段落的左、右两端分别与文档编辑区的左、右边界对齐，字与字之间的距离根据每一行字符的多少自动分配，最后一行左对齐。

❖ 分散对齐：这种对齐方式与"两端对齐"相似，不同的是，段落的最后一行文字之间的距离均匀拉开，占满一行。

3.4.2　设置段落缩进

段落缩进是指段落文本与页边距之间的距离。设置段落缩进可以使段落结构更清晰。

（1）选定要缩进的段落，单击"段落"功能组右下角的功能扩展按钮，弹出"段落"对话框。

（2）切换到如图 3-73 所示的"缩进和间距"选项卡，在"缩进"选项区域设置缩进方式和缩进值。

图 3-73　"缩进和间距"选项卡

❖ 文本之前：用于设置段落左边界距文档编辑区左边界的距离。正值代表向右缩进，负值代表向左缩进。

❖ 文本之后：用于设置段落右边界距文档编辑区右边界的距离。正值代表向左缩进，负值代表向右缩进。

❖ **特殊格式**：可以选择"首行缩进"和"悬挂缩进"两种方式。首行缩进用于控制段落第一行第一个字符的起始位置，悬挂缩进用于控制段落第一行以外的其他行的起始位置。

（3）设置完成后，单击"确定"按钮关闭对话框，即可看到缩进效果。

在"开始"菜单选项卡的"段落"功能组中，单击"减少缩进量"按钮▦或者"增加缩进量"按钮▦，可快速调整段落缩进量。

使用标尺调整段落缩进

如果对缩进的精度要求不高，使用水平标尺可快速设置段落的缩进方式及缩进量。

（1）在"视图"菜单选项卡中选中"标尺"复选框，在文档编辑窗口显示标尺。标尺以字符为单位。

（2）选中要修改缩进方式和缩进量的段落，单击水平标尺左侧的"制表位对齐方式"按钮，在弹出的下拉列表框中选择一种缩进方式，如图3-74所示。

（3）在水平标尺上单击，即可将选中段落按指定缩进方式缩进到指定的位置。

直接拖动水平标尺上的缩进滑块到合适的位置后释放，也可调整段落的缩进量。拖动首行缩进滑块▽，将以左边界为基准缩进第一行。拖动悬挂缩进滑块△，可以设置除首行以外的所有行的缩进。拖动左缩进滑块下方的小矩形▢，可以使所有行均匀向左缩进。拖动右缩进滑块△可以使所有行均匀向右缩进。

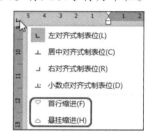

图 3-74　选择缩进方式

3.4.3　设置段落间距

段落间距包括段间距和行间距。段间距是指相邻两个段落前、后的空白距离，行间距是指段落中行与行之间的垂直距离。

（1）选定要设置段间距的段落，单击"段落"功能组右下角的功能扩展按钮◢，弹出"段落"对话框。

（2）切换到"缩进和间距"选项卡，在"间距"选项区域分别设置段前、段后和行之间的距离，如图3-75所示。

图 3-75　设置段落间距

❖ 段前：段落首行之前的空白高度。

❖ 段后：段落末行之后的空白高度。

❖ 单倍行距：可以容纳本行中最大的字体的行间距，通常不同字号的文本行距也不同。如果同一行中有大小不同的字体或者上、下标，WPS 则自动增减行距。

❖ 1.5 倍行距：行距设置为单倍行距的 1.5 倍。

❖ 2 倍行距：行距设置为单倍行距的 2 倍。

❖ 最小值：行距为能容纳此行中最大字体或者图形的最小行距。如果在"设置值"中输入一个值，那么行距不会小于此值。

❖ 固定值：行距等于在"设置值"文本框中设置的值。

❖ 多倍行距：行距设置为单位行距的倍数。

（3）设置完成后，单击"确定"按钮关闭对话框。

3.4.4　设置边框与底纹

为段落文本添加边框和底纹，不仅可以美化文档，还可以强调或分离文档中的部分内容，增强可读性。

（1）选中需要设置边框和底纹的段落。

（2）在"开始"菜单选项卡"段落"功能组中单击"边框"下拉按钮田·，在弹出的下拉列表框中选择"边框和底纹"命令，如图 3-76 所示。

（3）在如图 3-77 所示的"边框和底纹"对话框的"边框"选项卡中，设置边框的样式、线型、颜色和宽度。

图 3-76　"边框"下拉列表框

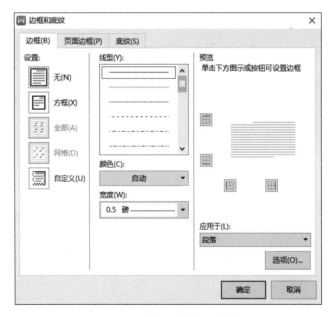

图 3-77　"边框和底纹"对话框

❖ 设置：选择内置的边框样式。选中"无"可以取消显示边框，选中"自定义"可以自定义边框样式。

❖ 线型：选择边框线的样式。

❖ 颜色：设置边框线的颜色。

❖ 宽度：设置边框线的粗细。

（4）如果在"设置"选项区域选择的是"自定义"，还应在"预览"区域单击段落示意图四周的边框线按钮囲（上）、囲（下）、囲（左）、囲（右）添加或取消对应位置的边框线。也可以直接单击预览区域中的段落示意图的上、下、左、右边添加或取消边框线，如图 3-78 所示。

图 3-78　在段落示意图四周单击添加边框线

（5）在"应用于"下拉列表框中选择边框的应用范围。如果选择"段落"，则在段落四周显示边框线；如果选择"文字"，则在文字四周显示边框线。

应用于段落的边框与应用于文字的边框效果如图 3-79 所示。

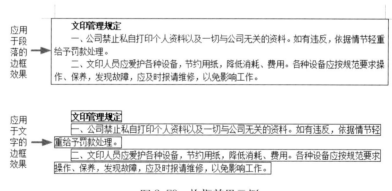

图 3-79　边框效果示例

（6）单击"选项"按钮打开如图 3-80 所示的"边框和底纹选项"对话框，设置边框和底纹与正文内容四周的距离。设置完成后，单击"确定"按钮返回到"边框和底纹选项"对话框。

接下来设置段落的底纹。

（7）在"边框和底纹"对话框中切换到如图 3-81 所示的"底纹"选项卡，设置底纹的填充颜色、图案样式和图案的前景色。

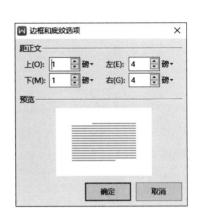

图 3-80　"边框和底纹选项"对话框

图 3-81　"底纹"选项卡

（8）在"应用于"下拉列表框中选择底纹要应用的范围。

应用于段落的底纹是衬于整个段落区域下方的一整块矩形背景，而应用于文字的底纹只在段落文本下方显示，没有字符的区域不显示底纹，如图 3-82 所示。

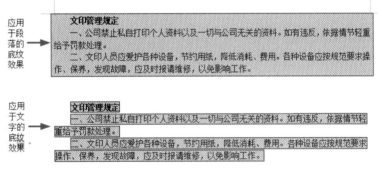

图 3-82　底纹效果示例

提示：　　　如果要设置仅应用于文字的灰色底纹，更简单的方法是选中文本后，在"开始"菜单选项卡的"字体"功能组单击"字符底纹"按钮 A。

（9）设置完成后，单击"确定"按钮关闭对话框，即可看到设置的边框和底纹效果。

上机练习——格式化《电梯使用安全须知》

本节练习设置《电梯使用安全须知》的字符和段落格式。通过对操作步骤的详细讲解，帮助读者掌握设置文本格式和下划线、调整段落缩进和行间距，以及添加段落边框的操作方法。

3-3　上机练习——格式化《电梯使用安全须知》

首先打开要进行格式化的文档，使用"字体"对话框设置中英文字体、字形和字号，以及下划线样式；然后使用"段落"对话框设置段落文本的缩进格式和行距；接下来使用"缩进"按钮调整英文段落的缩进；最后指定段落边框的样式和距正文的距离。最终效果如图 3-83 所示。

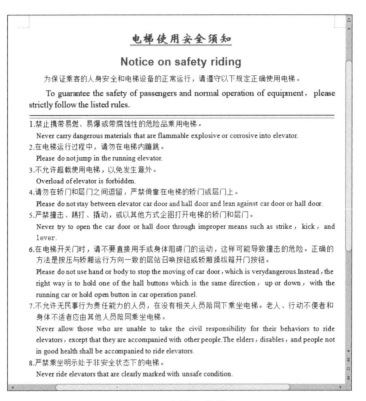

图 3-83　文档最终效果

操作步骤

（1）打开要进行格式化的文字文档，如图 3-84 所示。

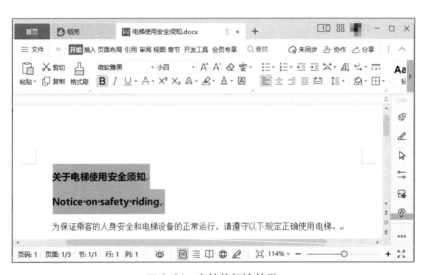

图 3-84　文档的初始效果

（2）选中文档的中英文标题，在"开始"菜单选项卡中单击"字体"功能组右下角的扩展按钮，打开
"字体"对话框。设置中文字体为"华文新魏"，西文字体为 Arial，字形"加粗"，字号为"三号"，字体
颜色为蓝色，下划线线型选择双实线，如图 3-85 所示。

（3）单击"确定"按钮关闭对话框，设置文本对齐方式为"居中"，可以看到选中的中英文标题文本
以指定的格式显示。选中英文标题，在"开始"菜单选项卡中单击"下划线"按钮，取消显示下划线，
效果如图 3-86 所示。

图 3-85   设置字体格式

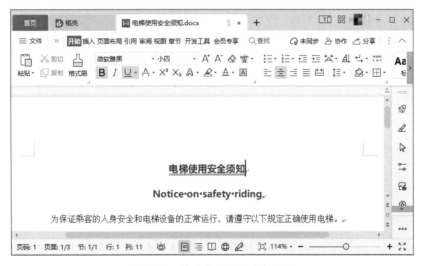

图 3-86   格式化标题文本的效果

（4）选中第一个段落的中英文文本，单击"段落"功能组右下角的扩展按钮 ⌐，弹出"段落"对话框。设置缩进格式为"首行缩进"，度量值为"2 字符"，行距为"单倍行距"。单击"确定"按钮关闭对话框，段落效果如图 3-87 所示。

（5）选中第二个中文段落，然后按住 Ctrl 键单击其他中文段落左侧的选取栏，选取要调整格式的所有中文段落，如图 3-88 所示。

（6）单击"段落"功能组右下角的扩展按钮 ⌐，弹出"段落"对话框。设置缩进格式为"悬挂缩进"，度量值为"1"字符，行距为"单倍行距"，如图 3-89 所示。

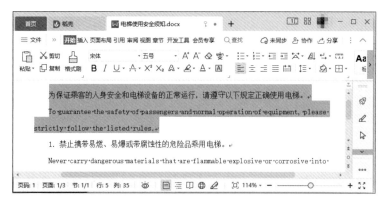

图 3-87　设置段落格式的效果

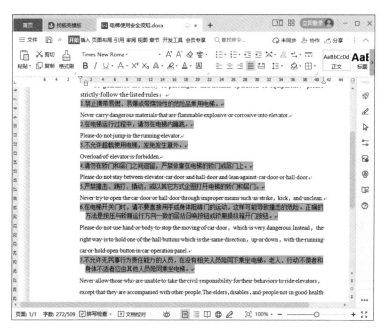

图 3-88　选取多个段落

图 3-89　设置段落格式

（7）单击"确定"按钮关闭对话框，段落效果如图 3-90 所示。

图 3-90　悬挂缩进的效果

（8）选中第二个英文段落，然后按住 Ctrl 键单击其他英文段落左侧的选取栏，选取要调整格式的所有英文段落。在"开始"菜单选项卡中单击"增加缩进量"按钮，调整选中段落的缩进，效果如图 3-91 所示。

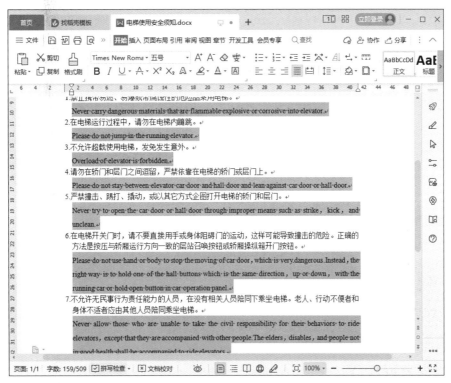

图 3-91　调整英文段落的缩进效果

（9）选中标题下的第一个英文段落，在"开始"菜单选项卡中单击"边框"下拉按钮，在弹出的下拉菜单中选择"边框和底纹"命令，打开"边框和底纹"对话框。选择"自定义"选项，选择线型和颜色后，单击底边框按钮，如图 3-92 所示。

（10）单击"选项"按钮，在弹出的"边框和底纹选项"对话框中设置边框距正文上、下的距离分别为"4"磅和"6"磅，如图 3-93 所示。

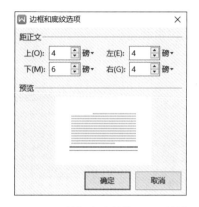

图 3-92　设置边框样式　　　　　　　　　图 3-93　"边框和底纹选项"对话框

（11）单击"确定"按钮关闭对话框，设置的边框效果如图 3-94 所示。

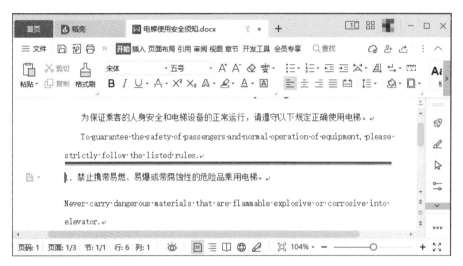

图 3-94　设置的边框效果

至此，文档格式化完成，最终效果如图 3-83 所示。

3.4.5　使用格式刷复制格式

"格式刷"是一种快速应用格式的实用工具，可以将指定的文本格式、段落格式快速复制到其他的文本和段落，避免大量的重复操作。

（1）选中要复制的格式所在的文本或者段落。

（2）在"开始"菜单选项卡"剪贴板"功能组中单击"格式刷"按钮。

此时，鼠标指针显示为刷子形状。

（3）按下鼠标左键在需要设置相同格式的文本上拖动。

（4）释放鼠标，上一步拖动鼠标选中的文本将应用相同的格式，格式刷退出复制状态。

如果要将同一格式应用到多个不相邻的文本区域或段落，可以双击"格式刷"按钮，然后分别在要应用格式的文本区域或段落中按下鼠标左键拖动。格式复制完成后，单击"格式刷"按钮或按 Esc 键，退出复制格式状态。

3.5　创 建 列 表

列表在文档中的用途十分广泛，可以对文档中具有并列关系和层次关系的内容进行组织，使文档的结构更加清晰、更具条理性。

列表主要分为符号列表和编号列表两种。符号列表适用于没有次序之分的多个项目，编号列表适用于有次序排列要求的多个项目。

3.5.1　使用项目符号

借助 WPS 的自动编号功能，只需在输入第一项时添加项目符号，输入其他列表项时将自动添加项目符号。

（1）在文档中选中列表的第一项，或将光标放置在第一项的文本中。如果已创建了多个列表项，则选中所有列表项。

（2）在"开始"菜单选项卡"段落"功能组中单击"项目符号"下拉按钮 ，弹出如图 3-95 所示的项目符号列表。

（3）在下拉列表框中单击需要的项目符号样式，即可在选定段落左侧添加指定的项目符号。

（4）按 Enter 键结束段落并换行，WPS 自动在下一段落开始处添加项目符号，如图 3-96 所示。

图 3-95　"项目符号"下拉列表框

图 3-96　自动添加项目符号

（5）在项目符号右侧输入列表的其他列表项，然后按 Enter 键输入下一项。

（6）所有列表项输入完成后，按 Enter 键另起一行，然后按 Backspace 键删除自动添加的最后一个项目符号，即可结束列表项的创建。

如果项目符号下拉列表中没有需要的符号样式，用户还可以自定义一种符号作为项目符号。

（1）在"项目符号"下拉列表框中选择"定义新项目符号"命令，打开如图 3-97 所示的"项目符号和编号"对话框。

（2）在符号列表中选择一种符号样式（不能选择"无"），单击"自定义"按钮打开如图 3-98 所示的"自定义项目符号列表"对话框。

（3）单击"字符"按钮弹出如图 3-99 所示的"符号"对话框，设置符号字体后，在符号列表框中选择需要的符号，单击"插入"按钮返回"自定义项目符号列表"对话框。

此时，在"自定义项目符号列表"对话框的符号列表中可以看到添加的符号，在"预览"区域可以看到项目符号的效果。单击"高级"按钮可以展开更多选项，如图 3-100 所示。

（4）根据需要设置项目符号和符号之后的文本的缩进位置。

（5）如果要修改项目符号和列表项的字体、颜色等格式，可单击"字体"按钮打开如图 3-101 所示的

"字体"对话框，在"复杂文种"选项区域设置项目符号的字形和字号；在"所有文字"选项区域设置项目符号的颜色。设置完成后，单击"确定"按钮返回"自定义项目符号列表"对话框。

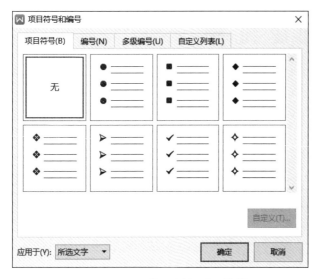

图 3-97 "项目符号和编号"对话框

图 3-98 "自定义项目符号列表"对话框

图 3-99 "符号"对话框

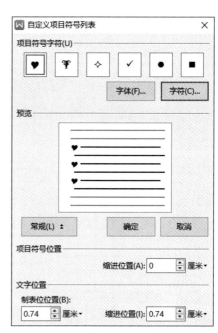

图 3-100 "自定义项目符号列表"更多选项对话框

（6）在"自定义项目符号列表"对话框中单击"确定"按钮返回到"项目符号和编号"对话框。在"应用于"下拉列表框中选择自定义的项目符号要应用的范围。

❖ 整个列表：将当前插入点所在的整个列表的项目符号都更改为自定义的符号。

❖ 插入点之后：将当前插入点之后的列表项的项目符号更改为自定义的符号。

❖ 所选文字：将所选文字所在的列表项的项目符号更改为自定义的符号。

（7）设置完成后，单击"确定"按钮关闭对话框，即可在文档中查看自定义的项目符号效果，如图 3-102 所示。

图 3-101   "字体"对话框

图 3-102   自定义的项目符号

3.5.2   创建编号列表

WPS 2022 默认启用自动编号功能，也就是说，输入文本时自动应用自动编号列表。因此，如果要输入多个具有并列关系的段落，可以在输入文本之前为其添加编号，在输入其他段落时可自动添加编号。

（1）在文档中输入列表的第一项之前，输入编号（例如（1）），然后输入第一个列表项的内容。

（2）在第一个列表项之后按 Enter 键，WPS 将自动对新建的段落进行编号，如图 3-103 所示。

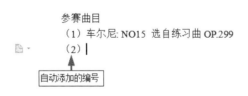

图 3-103   自动添加编号

（3）在编号右侧输入列表项，然后按 Enter 键输入下一项。

（4）所有列表项输入完成后，按 Enter 键另起一行，然后按 Backspace 键删除自动添加的最后一个项目符号，即可结束列表项的创建。

如果要将已创建的多个段落创建为编号列表，可以执行以下操作。

（1）选中要添加编号的所有段落。

（2）在"开始"菜单选项卡"段落"功能组中单击"编号"下拉按钮，弹出"编号"下拉列表框，如图 3-104 所示。

（3）在下拉列表框中的"编号"区域单击需要的编号样式，即可在选定段落左侧添加指定的编号。例如，选择大写字母编号样式的列表效果如图 3-105 所示。

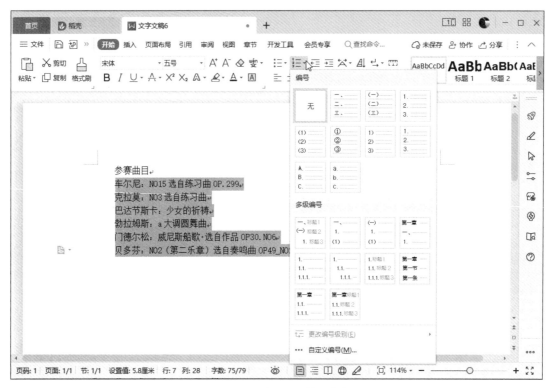

图 3-104 "编号"下拉列表框

　　与项目符号类似，除了 WPS 内置的编号样式，用户还可以自定义编号样式，满足排版需要。

（1）选中要添加自定义编号的段落。

（2）在"开始"菜单选项卡的"段落"功能组中单击"编号"下拉按钮，在弹出的下拉列表框中选择"自定义编号"命令，打开如图 3-106 所示的"项目符号和编号"对话框。

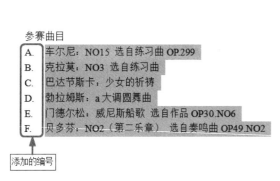

图 3-105　编号列表的效果

图 3-106　"项目符号和编号"对话框

　　（3）在编号列表中选择一种编号样式（不能选择"无"），然后单击"自定义"按钮打开如图 3-107 所示的"自定义编号列表"对话框。

　　（4）在"编号格式"文本框中根据需要在编号代码前面或后面输入必要的字符，修改编号的格式，然后在"编号样式"下拉列表框中选择一种编号样式，并设置起始编号，如图 3-108 所示。

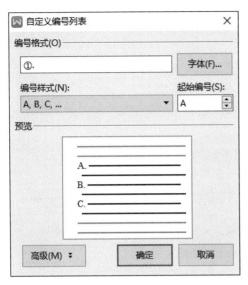
图 3-107　"自定义编号列表"对话框

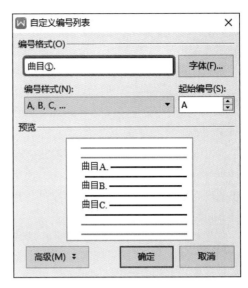
图 3-108　修改编号格式

如果要修改编号的字体、字号、颜色等格式，可单击"字体"按钮打开"字体"对话框进行设置。

 注意　修改编号格式时，不能删除其中的编号代码。

（5）如果要进一步设置编号的对齐方式和编号右侧的文本缩进，应单击"高级"按钮展开更多选项进行设置，如图 3-109 所示。

（6）设置完成后，单击"确定"按钮关闭对话框，即可看到自定义的编号列表效果，如图 3-110 所示。

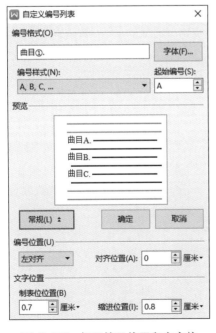
图 3-109　设置编号位置和文字位

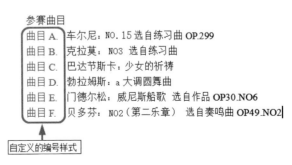
图 3-110　自定义的编号效果

如果文本段落前已经存在一组编号列表，对其他段落添加相同样式的编号时，默认继续前一组的编号。如果希望重新开始编号，可在要继续编号的段落上右击，然后在弹出的快捷菜单中选择"重新开始编号"命令。

3.5.3　定义多级列表

默认情况下，创建的项目列表和编号列表中所有列表项处于同一级别。对于有明显层次结构的段落，通过更改项目符号或编号级别可以创建多级列表，体现文档内容的层次感。

创建多级项目列表和多级编号列表的操作方法相同，下面以创建多级项目列表为例，讲解定义多级列表的具体步骤。

（1）选中要显示为一级列表项的段落，单击"项目符号"按钮 ≣ ，在弹出的下拉列表框中选择一种符号样式，效果如图 3-111 所示。

（2）选中要显示为二级列表项的段落，单击"项目符号"按钮 ≣ ，在弹出的下拉列表框中选择一种符号样式，效果如图 3-112 所示。

（3）保留二级列表项的选中状态，在"段落"功能组中单击"增加缩进量"按钮 ≣ ，选中的列表项将向右缩进，显示层次关系，如图 3-113 所示。

图 3-111　创建一级列表项　　　图 3-112　为二级列表项添加项目符号　　　图 3-113　增加缩进量的效果

（4）按照上述步骤创建其他层次级别的列表项。

此外，WPS 内置了丰富的多级编号样式，利用这些样式可以轻松创建专业的多级列表。

（1）选中要定义为多级列表的所有段落。

（2）单击"编号"按钮 ≣ ，在弹出的下拉列表框中的"多级编号"区域选择一种编号样式，选中的段落将自动创建为一级列表，如图 3-114 所示。

图 3-114　添加多级编号

（3）选中需要调整级别的段落，单击"编号"按钮 ≡，在弹出的下拉列表框中选择"更改编号级别"命令，从中选择二级选项。

此时，所选段落的级别调整为二级，其他段落的编号也随之更新，如图 3-115 所示。

（4）按照上述操作方法，定义三级列表，效果如图 3-116 所示。

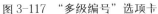

图 3-115　更改编号级别的效果　　　　　　　图 3-116　三级列表项的效果

除了可以套用 WPS 内置的多级编号样式外，用户还可以自定义多级列表。

（1）选中要创建为列表的段落，在"编号"下拉列表框中选择"自定义编号"命令。然后在打开的"项目符号和编号"对话框中切换到"多级编号"选项卡，如图 3-117 所示。

（2）在编号列表中选择一种编号样式（不能选择"无"），单击"自定义"按钮打开"自定义多级编号列表"对话框。然后单击"高级"按钮展开全部选项，如图 3-118 所示。

图 3-117　"多级编号"选项卡　　　　　　　图 3-118　"自定义多级编号列表"对话框

（3）在"级别"列表框中单击要更改样式的列表级别，然后在"编号格式"文本框中保持编号代码不变，在代码前面或后面输入字符。

（4）在"编号样式"下拉列表框中选择一种编号的样式，并设置起始编号。

（5）如果要调整编号字体格式，可单击"字体"按钮打开"字体"对话框进行设置。

（6）如果要修改编号和文本的缩进位置，应分别在"编号位置"和"文字位置"区域设置编号的对齐方式和缩进位置。

（7）如果要在编号之后添加分隔符，可在"编号之后"下拉列表框中选择需要的分隔符。

（8）设置完成后，在预览框中预览列表效果，单击"确定"按钮关闭对话框。

上机练习——《统计学》课程教学大纲

本节练习通过自定义多级编号创建多级列表。通过对操作步骤的详细讲解，帮助读者掌握自定义多级编号、调整列表缩进量的操作方法。

3-4　上机练习——《统计学》课程教学大纲

首先选中要创建为列表的段落，打开"自定义多级编号列表"对话框，分别设置第一级编号和第二级编号的格式、样式和位置；然后更改编号级别，显示第一级列表；接下来将同一级别的段落创建为项目列表；最后调整项目列表的缩进量。最终效果如图 3-119 所示。

《统计学》课程教学大纲

一、课程性质、目的与要求
二、教学内容
　　第一章　总论
　　　　❖　基本要求：了解统计的产生和发展过程、统计学的研究对象和研究方法；熟悉统计的涵义；准确理解并熟练掌握统计中的几个基本概念。
　　　　❖　重点：统计的涵义；统计的几个基本概念及其相互关系。
　　　　❖　难点：通过对统计学基本原理和基本概念的介绍，使学生们认识到统计是一种方法、工具，学会从统计的角度去认识事物，切实领会统计学的几个基本概念。
　　第二章　统计调查
　　第三章　统计整理
　　第四章　统计综合指标
　　第五章　时间数列与动态趋势分析
　　第六章　统计指数
　　第七章　抽样推断
　　第八章　相关与回归分析
三、实践环节或相关课程
四、课时分配
五、建议教材与教学参考书
六、教学形式与考核方式

图 3-119　文档最终效果

操作步骤

（1）打开文档，选中要创建为多级列表的段落，如图 3-120 所示。

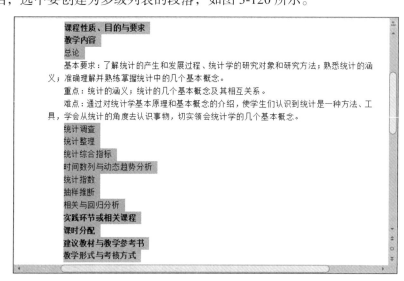

图 3-120　选中要创建为列表的段落

（2）在"开始"菜单选项卡中单击"编号"下拉按钮 ，在弹出的下拉菜单中选择"自定义编号"命令，打开"项目符号和编号"对话框。切换到"多级编号"选项卡，选中一种编号样式，如图 3-121 所示。

图 3-121 "项目符号和编号"对话框

（3）单击"自定义"按钮，弹出"自定义多级编号列表"对话框。在"级别"列表框中选中"1"，设置编号对齐位置的单位为"字符"，值为 2，其他选项保留默认设置，如图 3-122 所示。

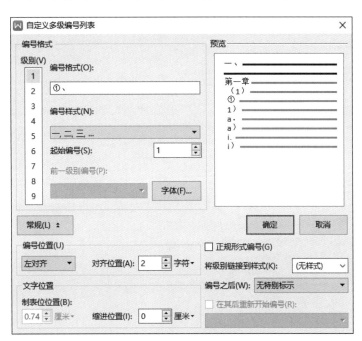

图 3-122 设置第一级编号的样式

（4）在"级别"列表框中选中"2"，修改编号格式和样式，指定"前一级别编号"为"级别 1"，编号对齐位置为 4 字符，编号之后为"制表符"，如图 3-123 所示。

（5）单击"确定"按钮关闭对话框，选中的文本段落自动全部套用同一级编号，如图 3-124 所示。

（6）选中要创建为一级列表的文本段落，在"开始"菜单选项卡中单击"编号"下拉按钮 ，在弹出的下拉菜单中选择"更改编号级别"命令，然后在级联菜单中选择一级编号样式，效果如图 3-125

所示。

（7）选中要添加项目符号的文本段落，在"开始"菜单选项卡中单击"项目符号"按钮 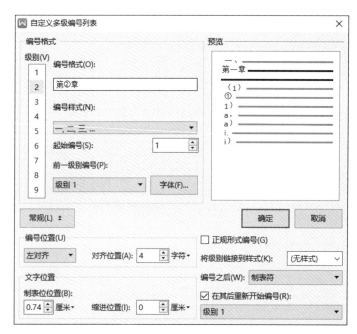 ，在弹出的符号列表中单击需要的项目符号，效果如图 3-126 所示。

图 3-123　设置第二级编号的样式

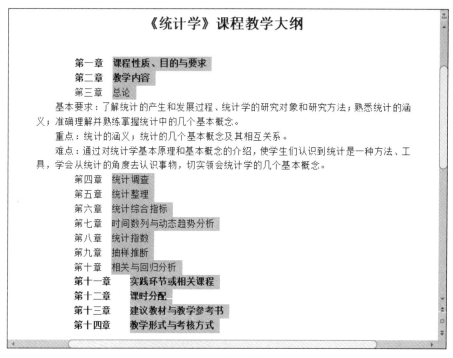

图 3-124　创建的多级列表

（8）在"开始"菜单选项卡中单击"增加缩进量"按钮 三次，调整项目列表的级别，将其显示为第三级列表，最终效果如图 3-119 所示。

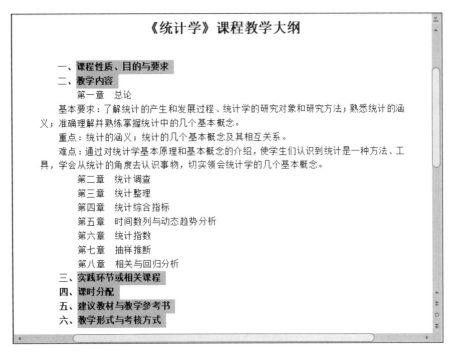

图 3-125　更改编号级别

图 3-126　创建项目列表

答 疑 解 惑

1. 使用"文档网格"的文档在打印时会显示网格吗？

答：文档网格只是在页面中显示，并不会打印出来。

2. 怎样删除页眉和页脚？

答：在页眉和页脚区域双击进入页眉、页脚编辑状态，删除所有的内容后，退出页眉、页脚编辑状态，即可删除页眉和页脚。

3. 如何快速更改文本字号？

答：选中要调整字号的文本，执行以下操作之一，可快速更改字号。

（1）按住组合键 Shift ＋ Ctrl 的同时按 ">"键，可以变大字号；按 "<"键，可以减小字号。

（2）使用组合键 Ctrl ＋ "]"放大字号，Ctrl＋ "["缩小字号。

（3）单击"字体"功能组中的"增大字号"按钮 A˙，或"减小字号"按钮 A˙。

4. 在文档中经常要用到同一种中文和英文字体，能不能将指定的字体设置为文档的默认字体？

答：打开一个文档，在"开始"菜单选项卡中单击"字体"功能组右下角的扩展按钮，打开"字体"

对话框。设置要使用的中文字体和西文字体后，单击对话框底部的"默认"按钮，弹出如图 3-127 所示的对话框。

图 3-127　提示对话框

如果希望后续创建的每一个文档都应用指定的字体格式，则单击"确定"按钮。

5. 在输入带有编号的文本段落时，不希望每次按 Enter 键都自动添加编号，怎么处理？

答：执行以下操作步骤，可在输入时取消自动编号。

（1）在"文件"菜单选项卡中单击"选项"命令，打开"选项"对话框。

（2）切换到"编辑"分类，在"自动编号"区域取消选中"键入时自动应用自动编号列表"复选框和"自动带圈编号"复选框。

（3）单击"确定"按钮关闭对话框。

学习效果自测

一、选择题

1. 在 WPS 文档中，如果要指定每页中的行数，可以通过（　　　）进行设置。

    A. 标尺　　　　　　　　B. 网格线　　　　　　　　C. 文档网格　　　　　　　　D. 无法设置

2. 在 WPS 2022 文字文档中，将一部分文本的字号修改为"三号"，字体修改为"隶书"，然后紧连这部分内容输入新的文字，则新输入的文字字号和字体分别为（　　　）。

    A. 四号 楷体　　　　　　B. 五号 隶书　　　　　　C. 三号 隶书　　　　　　D. 无法确定

3. 对于一段两端对齐的文字，只选定其中的几个字符，单击"居中对齐"按钮，则（　　　）。

    A. 整个段落均变成居中格式　　　　　　　　　B. 只有被选定的文字变成居中格式

    C. 整个文档变成居中格式　　　　　　　　　　D. 格式不变

4. 在 WPS 文字中，就中文字号而言，字号越大，表示字体越（　　　）。

    A. 大　　　　　　　　　B. 小　　　　　　　　　C. 不变　　　　　　　　　D. 都不是

5. 选中文本后，若要将文本的轮廓线加粗，则应（　　　）。

    A. 单击 **B** 按钮　　　　B. 单击 **A**· 按钮　　　　C. 单击 **A**⁺ 按钮　　　　D. 单击 **A** 按钮

6. 在 WPS 文字文稿中，选择了一个段落并设置段落首行缩进 1 厘米，则（　　　）。

    A. 该段落的首行起始位置距页面的左边距 1 厘米

    B. 文档中各个段落的首行都缩进 1 厘米

    C. 该段落的首行起始位置为段落的左缩进位置右边 1 厘米

    D. 该段落的首行起始位置为段落的左缩进位置左边 1 厘米

7. 下列有关格式刷的说法错误的是（　　　）。

    A. 在复制格式前需先选中原格式所在的文本

B. 单击格式刷只能复制一次，双击格式刷可多次复制，直到按 Esc 键为止

C. 格式刷既可以复制格式，也可以复制文本

D. 格式刷在"开始"菜单选项卡的"剪贴板"功能组中

8. 关于编辑页眉、页脚，下列叙述不正确的选项是（　　）。

A. 文档内容和页眉、页脚可在同一窗口编辑

B. 文档内容和页眉、页脚一起打印

C. 编辑页眉、页脚时不能编辑文档内容

D. 页眉、页脚中也可以进行格式设置

9. 使用 WPS 2022 编辑文本时，使用标尺不能改变（　　）。

A. 首行缩进位置　　　　B. 左缩进位置　　　　C. 右缩进位置　　　　D. 字体

10. 下列关于创建列表的说法错误的是（　　）。

A. 单击■按钮可降低选中的列表项层级

B. 单击■按钮可提高选中的列表项层级

C. 如果列表项没有先后次序，可以使用项目符号

D. 可以将图片自定义为项目符号

二、填空题

1. "页面设置"对话框有 _____、_____、_____、_____ 和 _____ 五个选项卡。

2. 在 WPS 文字的"_____"菜单选项卡中可以设置页面的水印、页面边框、页面颜色和背景图案等。

3. 如果要创建和编辑页眉、页脚，可以使用 WPS 文字的"_____"菜单选项卡中的"页眉页脚"按钮，也可以双击页面视图的页眉、页脚区域进入页眉、页脚的编辑状态。

三、操作题

新建一个空白的 WPS 文字文稿，输入或复制多段文字后，按以下要求进行编排：

（1）将标题字体设置为"华文行楷"，字形设置为"常规"，字号设置为"一号"，居中显示，段前、段后各 1 行。

（2）将正文"左缩进"设置为"2 字符"，行距设置为"25 磅"。

（3）将除去标题以外的所有正文加上方框边框，并填充灰色，–15% 底纹。

第 **4** 章

图文混排与表格应用

本章导读

　　"一图胜万言"，图是形象、直观地表达信息的强有力方式。WPS 2022 不仅具有强大的文字编辑功能，还具有便捷的图片、图形编辑功能，支持图片、形状、文本框、SmartArt 智能图形和图表等对象，通过设置图文布局，可以创建版面美观、图文并茂的文档。

　　表格是编辑文档时较常见的一种文字、数据组织形式。在 WPS 2022 中，文本与表格可以相互转换，灵活地在不同风格的版式之间进行切换。

学习要点

- ❖ 插入图片、形状和功能图
- ❖ 设置图文布局
- ❖ 创建智能图形
- ❖ 使用文本框
- ❖ 制作图表
- ❖ 修改表格结构和外观

4.1　应用图片与图形

　　图片与形状有很直观的视觉感染力,因此,在文档中适量地使用图片和图形对象,不仅可以美化文档,而且能增强文档的表现力,更好地表达文档内容传递的信息。

4.1.1　插入图片

　　在 WPS 2022 中,不仅可以插入本地计算机收藏的和稻壳商城提供的图片,还支持从扫描仪导入图片,甚至还可以通过微信扫描二维码连接到手机,插入手机中的图片。

　　(1)在文档中需要插入图片的位置单击,切换到"插入"菜单选项卡,单击"图片"下拉按钮 ,在如图 4-1 所示的下拉列表框中选择图片来源。

图 4-1　"图片"下拉列表框

　　❖ 本地图片:单击该按钮打开"插入图片"对话框,从中选择需要的图片,单击"插入"按钮,即可将图片插入到文档中。

　　❖ 扫描仪:单击该按钮打开如图 4-2 所示的"选择来源"对话框,如果已连接了扫描仪,在"来源"列表框中将显示扫描的图片。选择需要的图片后,单击"选定"按钮即可插入图片。

　　❖ 手机传图:单击该按钮打开如图 4-3 所示的"插入手机图片"对话框。使用手机微信扫描二维码连接成功后,即可从手机中选择图片插入文档。

　　(2)在"图片"下拉列表框中还可以看到面向稻壳会员推荐的图片,单击图片即可插入文档中。此外,WPS 2022 还提供了联机图片库,包含大量设计精美、构思巧妙的图片。在"图片"下拉列表框中单击"图片库"按钮,即可打开如图 4-4 所示的联机图片库。

　　如果是稻壳会员,可以免费使用"特权专区"中大量精美的图片;针对非会员,WPS 在"办公专区"提供了一些免费图片。将鼠标指针移到图片上,图片左下角显示"收藏"图标,右下角显示"插入图片"按钮,如图 4-5 所示,单击即可收藏或插入图片。

　　切换到"我的图片"选项卡,可以看到收藏和插入的图片。

图 4-2　"选择来源"对话框

图 4-3　"插入手机图片"对话框

图 4-4　图片库

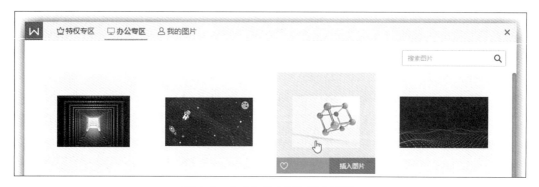

图 4-5　在"办公专区"选中图片

4.1.2　编辑和美化图片

　　在文档中插入的图片默认按原始尺寸或文档可容纳的最大空间显示，往往需要对图片的尺寸和角度进行调整，有时还要设置图片的颜色和效果，与文档风格和主题融合。

　　（1）选中图片，图片四周出现控制手柄，如图 4-6 所示，拖动控制手柄调整图片大小和角度。将鼠标指针移动到圆形控制手柄上，指针变成双向箭头时，按下鼠标左键拖动到合适位置释放，即可改变图片的大小。

图 4-6　选中图片显示控制手柄

 提示：

　　　　在图片四个角上的控制手柄上按下鼠标左键拖动，可约束比例缩放图片。

　　如果要精确地设置图片的尺寸，选中图片后，可在"图片工具"菜单选项卡"大小和位置"功能组（见图 4-7）中分别设置图片的高度和宽度。选中"锁定纵横比"复选框，可以约束宽度和高度比例缩放图片。如果要将图片恢复到原始尺寸，可单击"重设大小"按钮 重设大小。

　　单击"大小和位置"功能组右下角的扩展按钮，在弹出的"布局"对话框中也可以精确设置图片的尺寸和缩放比例，如图 4-8 所示。

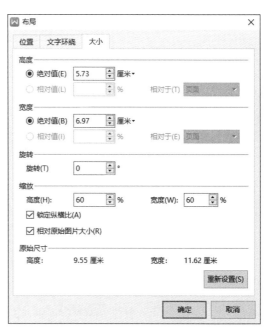

图 4-7　"大小和位置"功能组　　　　　　　　　　图 4-8　"布局"对话框

将鼠标指针移到旋转手柄  上，指针显示为 ↻，按下鼠标左键拖动到合适角度后释放，图片绕中心点进行相应角度的旋转，如图 4-9 所示。

如果要将图片旋转某个精确的角度，单击"大小和位置"功能组右下角的扩展按钮，打开如图 4-8 所示的"布局"对话框，在"旋转"选项区域输入角度即可。

如果要对图片进行 90° 倍数的旋转，可在"图片工具"菜单选项卡中单击"旋转"按钮 🔄，在弹出的下拉菜单中选择需要的旋转角度，如图 4-10 所示。

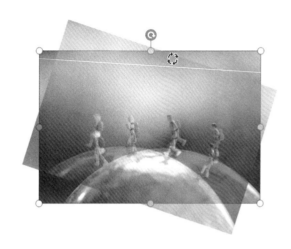

| 图 4-9 旋转图片 | 图 4-10 "旋转"下拉菜单 |

如果插入的图片中包含不需要的部分，要将其去掉，或者希望仅显示图片的某个区域，不需要启动专业的图片处理软件，使用 WPS 提供的图片裁剪功能就可轻松实现。

（2）选中图片，在"大小和位置"功能组中单击"裁剪"按钮 🔲，图片四周显示黑色的裁剪标志，右侧显示裁剪级联菜单，如图 4-11 所示。将鼠标指针移动某个裁剪标志上，按下鼠标左键拖动至合适的位置释放，即可沿鼠标拖动方向裁剪图片，如图 4-12 所示。确认无误后按 Enter 键或单击空白区域完成裁剪。

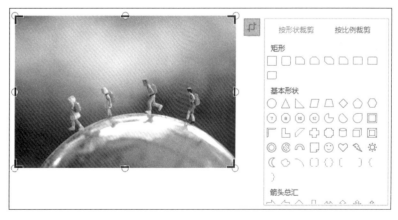

| 图 4-11 "裁剪"状态的图片 | 图 4-12 裁剪图片 |

如果要将图片裁剪为某种形状，则单击"裁剪"级联菜单中的形状，如图 4-13 所示，按 Enter 键或单击文档的空白区域完成裁剪。

如果要将图片的宽度和高度裁剪为某种比例，在"裁剪"级联菜单中切换到"按比例裁剪"选项卡，然后单击需要的比例，如图 4-14 所示，按 Enter 键或单击文档的空白区域完成裁剪。

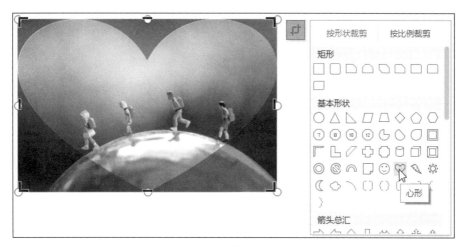

图 4-13   裁剪为形状

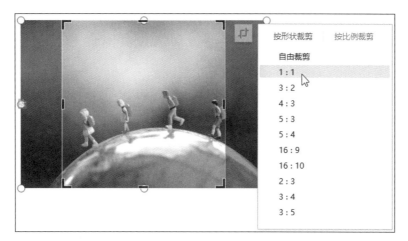

图 4-14   按比例裁剪

提示：

如果要调整裁剪区域，可在裁剪状态下，在图片上按下鼠标左键并拖动。

（3）选中图片，在"图片工具"菜单选项卡中，利用如图 4-15 所示的"设置形状格式"功能组的工具按钮修改图片的颜色效果。

图 4-15   "设置形状格式"功能组

如果要调整图片画面的明暗反差程度，则单击"增加对比度"按钮 或"降低对比度"按钮 。增加对比度，画面中亮的地方会更亮，暗的地方会更暗；降低对比度，则明暗反差会减小。

如果要调整图片画面的亮度，则单击"增加亮度"按钮 或"降低亮度"按钮 。

如果要将图片中特定颜色变为透明，则单击"设置透明色"按钮 ，当鼠标指针显示为 时，在要设置为透明的颜色区域单击。

如果要更改图片的颜色效果，例如显示为灰度、黑白，或冲蚀效果，单击"颜色"下拉按钮 ，在弹出的下拉菜单中选择相应的命令即可。

如果要为图片添加边框，则单击"图片轮廓"下拉按钮 ，在如图 4-16 所示的下拉菜单中可以设置图片轮廓的颜色、线型和粗细。

如果要为图片添加特效,则单击"图片效果"下拉按钮 ,在弹出的下拉菜单中选择需要的效果,如图 4-17 所示。

如果对内置的效果不满意，可以在下拉菜单中单击"更多设置"命令，打开如图 4-18 所示的"属性"面板修改效果参数。

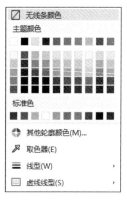

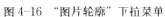

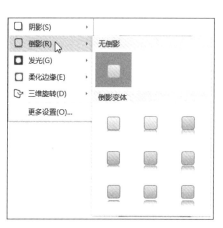

图 4-16 "图片轮廓"下拉菜单　　　图 4-17 "图片效果"下拉菜单　　　图 4-18 "属性"面板

如果要替换文档中的图片，但保留对图片的所有更改，例如大小、颜色、边框和效果设置，则单击"更改图片"按钮，在弹出的对话框中选择替换图片。

如果要取消对图片所做的所有更改，应单击"重设图片"按钮。

4.1.3 插入屏幕截图

在编辑文档时，有时需要截取打开的文件或屏幕。利用 WPS 提供的"屏幕截图"功能可以迅速截取屏幕图像，并直接将其插入文档中。

（1）在要插入截屏图片的位置单击，切换到"插入"菜单选项卡，单击"截屏"下拉按钮，弹出如图 4-19 所示的下拉菜单。

图 4-19 "截屏"下拉菜单

（2）如果要截屏的窗口不是当前活动窗口，选中"截屏时隐藏当前窗口"命令；如果要截取当前窗口或其中的区域，则选中"屏幕截图"命令。

此时，鼠标指针显示为彩色箭头，右下角显示指针当前位置的颜色值，选中窗口四周显示蓝色粗线边框，除当前选中区域外，屏幕中的其他区域被半透明灰色覆盖，如图 4-20 所示。

（3）如果要截取窗口，应将鼠标指针移到要截取的窗口上单击；如果要截取屏幕区域，则在区域起始位置按下鼠标左键拖动选取区域，如图 4-21 所示。

（4）选好屏幕区域后，释放鼠标，显示如图 4-22 所示的工具栏。利用该工具栏对截图进行编辑，例如在截图中绘制形状或输入文本，还可以将截图以 PDF 或图片格式进行保存。

（5）如果对截图满意，单击"完成"按钮，即可将截图插入文档中。如果要重新截屏，则单击"退出截图"按钮。

图 4-20 截屏状态

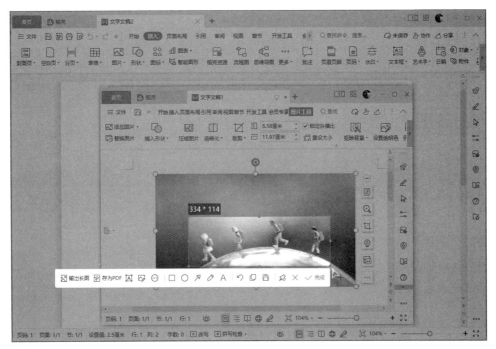

图 4-21 选中截取区域

图 4-22 截屏工具栏

4.1.4 设置文字环绕方式

　　默认情况下，图片以嵌入方式插入文档中，位置是固定的，不能随意拖动，而且文字只能显示在图片上方或下方，或与图片同行显示。若要自由移动图片，或希望文字环绕图片排列，可以设置图片的文字环绕方式。

（1）选中要设置文字环绕方式的图片，在图片右侧显示的快速工具栏中可以看到"布局选项"按钮，如图4-23所示。

（2）单击"布局选项"按钮 🖼️，在弹出的布局选项列表中可以看到，WPS提供了多种文字环绕方式，如图4-24所示，单击即可应用。单击"图片工具"菜单选项卡中的"环绕"下拉按钮 🖼️，也可以打开文字环绕下拉菜单，如图4-25所示。

图4-23 图片的快速工具栏

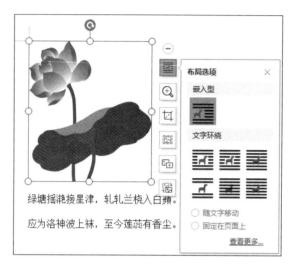

图4-24 布局选项

通过文字环绕方式图标按钮，可以大致了解各种环绕方式的效果。

❖ 嵌入型：图片嵌入某一行中，不能随意移动。

❖ 四周型环绕：文字以矩形方式环绕在图片四周。

❖ 紧密型环绕：文字根据图片轮廓形状紧密环绕在图片四周。当图片轮廓为不规则形状时，环绕效果与"穿越型环绕"相同，如图4-26所示。

图4-25 "环绕"下拉菜单

图4-26 "紧密型环绕"效果

❖ 衬于文字下方：图片显示在文字下方，被文字覆盖。

❖ 浮于文字上方：图片显示在文字上方，覆盖文字。

❖ 上下型环绕：文字环绕在图片上方和下方显示，图片左、右两侧不显示文字。

❖ 穿越型环绕：文字可以穿越不规则图片的空白区域环绕图片。

除"嵌入型"图片不能随意拖动改变位置外，其他几种环绕方式都可随意拖动，文字将随之自动调整位置。例如，拖动图4-26中的图片，文字环绕效果如图4-27所示。

图 4-27　移动图片后的"紧密型环绕"效果

上机练习——班级才艺展示小报

练习目标　本节练习制作一张班级才艺展示小报，通过对操作步骤的详细讲解，帮助读者掌握设置文档背景、插入图片、裁剪图片，以及设置文字环绕的操作方法。

4-1　上机练习——班级才艺展示小报

设计思路　首先设置文本段落的字体格式和行距、修改页面的方向和背景；然后插入图片，并将图片裁剪为形状，设置图片边框效果和文字环绕方式；最后将文本标题设置为艺术字，并修改艺术字的排列效果和文字环绕方式。最终效果如图 4-28 所示。

图 4-28　班级才艺展示小报最终效果图

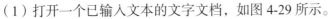
操作步骤

（1）打开一个已输入文本的文字文档，如图 4-29 所示。

（2）在"页面布局"菜单选项卡中单击"纸张方向"下拉按钮 📇，在弹出的下拉菜单中选择"横向"命令。

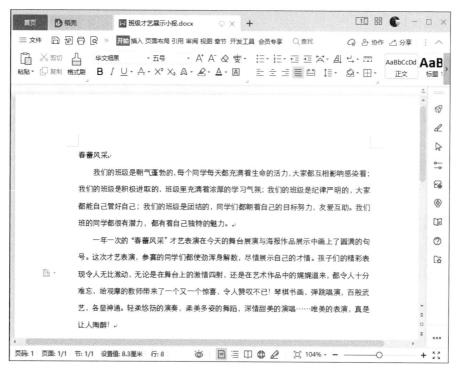

图 4-29　文档初始效果

（3）按 Ctrl+A 键选中所有文本，在"开始"菜单选项卡中设置字体为"华文细黑"，字号为"小四"，对齐方式为"两端对齐"，行距为"1.5"，如图 4-30 所示。

（4）切换到"页面布局"菜单选项卡，单击"背景"下拉按钮 ，在弹出的下拉菜单中选择"图片背景"命令，打开"填充效果"对话框。单击"选择图片"按钮，在弹出的对话框中选择背景图片并单击"打开"按钮，即可在"填充效果"对话框中查看背景效果，如图 4-31 所示。然后单击"确定"按钮关闭对话框。

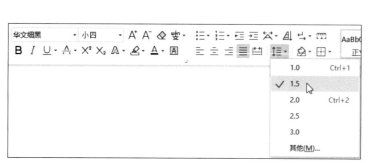

图 4-30　设置文本格式

图 4-31　设置背景图片

（5）在"插入"菜单选项卡中单击"图片"下拉按钮 ，在弹出的对话框中选择需要的图片，单击"打开"按钮。然后将鼠标指针移到图片变形框上的控制手柄上，按下鼠标左键拖动调整图片大小，如

图 4-32 所示。

图 4-32 插入并缩放图片

（6）在"图片工具"菜单选项卡中单击"裁剪"下拉按钮，然后在弹出的形状面板中单击"云形"，如图 4-33 所示。

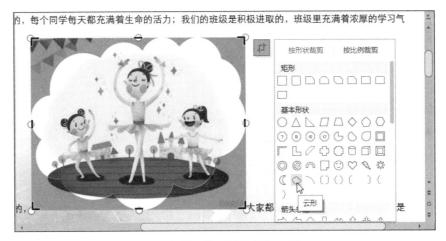

图 4-33 将图片裁剪为云形

（7）在"图片工具"菜单选项卡中单击"图片轮廓"下拉按钮，在弹出的下拉菜单中设置轮廓颜色为绿色，轮廓线粗细为 2.25 磅，效果如图 4-34 所示。

图 4-34 设置图片轮廓的效果

（8）在图片右侧的快速工具栏中单击"布局选项"按钮，在弹出的"布局选项"下拉列表框中设置文字环绕方式为"紧密型环绕"，如图4-35所示。

图4-35　设置图片的文字环绕方式

（9）按照步骤（5）~步骤（7）的操作方法插入、裁剪其他图片，并设置图片的轮廓样式和文字环绕方式。将左上角和右下角的图的环绕方式分别设置为"四周型环绕"和"紧密型环绕"的效果，如图4-36所示。

图4-36　插入的图片效果

（10）选中标题文本"春蕾风采"，在"插入"菜单选项卡中单击"艺术字"下拉按钮，在弹出的样式列表中选择第三行第一列的样式。然后在"文本工具"菜单选项卡中将字体修改为"方正舒体"，字号为"小初"，效果如图4-37所示。

（11）在"文本工具"菜单选项卡中单击"文本效果"下拉按钮，在弹出的下拉菜单中选择"转换"命令，然后在级联菜单中选择"波形2"，效果如图4-38所示。

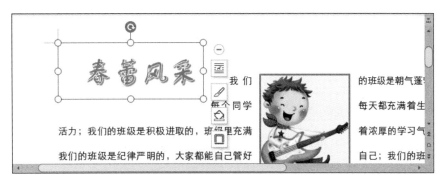

图 4-37 艺术字效果

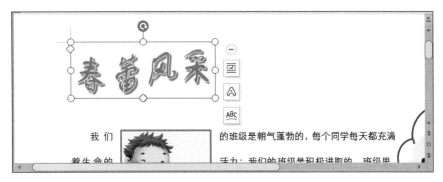

图 4-38 艺术字的转换效果

（12）在艺术字右侧的快速工具栏中单击"布局选项"按钮，在弹出的"布局选项"下拉列表框中设置文字环绕方式为"上下型环绕"，然后调整艺术字的位置和大小。最终效果如图 4-28 所示。

4.1.5 绘制形状

在制作文档时，有时需要绘制一些简单的图形或流程图。WPS 2022 提供了丰富的内置形状，可以一键绘制常用的图形，即使用户没有绘画经验，也能通过简单的组合、编辑顶点创建一些复杂图形。

（1）在"插入"菜单选项卡中单击"形状"下拉按钮，打开"形状"下拉列表，如图 4-39 所示。从图 4-39 中可以看到，WPS 2022 分门别类内置了八类形状，几乎囊括了常用的图形。

（2）形状既可以直接插入文档中，也可以插入绘图画布中。如果要直接在文档中插入形状，应单击需要的形状图标；如果要在绘图画布中绘制形状，则单击"新建绘图画布"命令，在文档中插入一块与文档宽度相同的画布，然后打开形状下拉列表，选择需要的形状图标。

提示：　　如果要在文档的同一位置插入多个形状，最好将它们放置在同一个绘图画布中。插入绘图画布中的多个形状可以形成一个整体，便于排版和编辑。

如果形状列表中没有需要的现成形状，用户还可以使用"线条"类别中的曲线、任意多边形和自由曲线绘制图形。

（3）当鼠标指针显示为十字形十时，在要绘制形状的起点位置按下鼠标左键拖动到合适大小后释放，即可在指定位置绘制一个指定大小的形状，如图 4-40 所示。如果直接单击，可以绘制一个默认大小的形状。

提示：　　拖动的同时按住 Shift 键，可以约束形状的比例，或创建规整的正方形或圆形。

图 4-39 "形状"下拉列表框　　　　图 4-40　绘制的形状

绘制形状后，WPS 2022 自动切换到"绘图工具"菜单选项卡，利用其中的工具按钮可以很方便地设置形状格式。

（4）选中形状，在"绘图工具"菜单选项卡的"设置形状格式"功能组中修改形状的效果，如图 4-41 所示。

WPS 2022 内置了一些形状样式，可以一键设置形状的填充和轮廓样式，以及形状效果。单击"形状样式"下拉列表框中的下拉按钮 ，在形状样式列表中单击一种样式，即可应用于形状。

单击"填充"下拉按钮 ，在弹出的下拉菜单中设置形状的填充效果。

单击"轮廓"下拉按钮 ，在弹出的下拉菜单中设置形状的轮廓样式。

单击"形状效果"下拉按钮 ，在弹出的下拉菜单中设置形状的外观效果。

利用形状右侧的快速工具栏中的工具按钮"形状样式"按钮 、"形状填充"按钮 和"形状轮廓"按钮 也可以很方便地设置形状格式。绘制的形状默认浮于文字上方，单击"布局选项"按钮 ，可以修改形状的文字环绕方式。

绘制形状后，通常还需要在形状中添加文本进行说明。

（5）在形状上右击，在弹出的快捷菜单中选择"添加文字"命令，即可在形状中输入文本，如图 4-42 所示。

图 4-41　"设置形状格式"功能组　　　　图 4-42　在形状中输入文本

在形状中添加文本后，菜单功能区自动切换到如图 4-43 所示的"文本工具"选项卡，利用其中的工具按钮可以对文本进行格式化，效果如图 4-44 所示。

图 4-43 "文本工具"选项卡　　　　　　　　　　　　图 4-44 格式化文本的效果

 在形状中添加文本以后，文本与形状形成一个整体。如果旋转或翻转形状，文字也会随之旋转或翻转。

（6）重复以上步骤，绘制其他形状。

连续绘制多个相同的形状

默认情况下，绘制一个形状后，即自动退出绘图模式。如果要绘制其他形状，就需要重新打开形状列表选择形状，然后绘制。如果要反复添加同一个形状，可以锁定绘图模式，避免多次执行重复操作。

（1）打开形状列表，在需要的形状上右击。

（2）在弹出的快捷菜单中选择"锁定绘图模式"命令，如图 4-45 所示。

此时，在文档中绘制一个形状后，不会自动退出绘图模式，从而可以连续多次绘制同一种形状。

（3）形状绘制完成后，按 Esc 键取消锁定。

图 4-45 锁定绘图模式

4.1.6 排列图形

在编排文档时，为保证文档整洁有序，往往还需要将文档中插入的多张图片或图形进行对齐和分布排列。分布图形是指平均分配各个图形之间的间距，分为横向分布和纵向分布两种。

 对齐图形时有两种参照物，一种是页面，即以页面的边界为基准对齐；另一种是图形，即以选中的多个图形中最左边、最右边、最顶端和最底端的图形为基准对齐，这是默认的对齐参照方式。本书中如果不特意说明，所说的对齐方式均指这种参照方式。

（1）按住 Ctrl 或 Shift 键选中要对齐的多个图形，选中的图形将显示在一个虚线框中，顶部显示对齐工具栏，如图 4-46 所示。

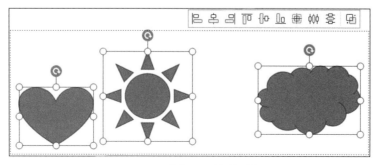

图 4-46 选择要对齐的对象

该工具栏中包含 7 种对齐方式和两种分布方式, 以及 "组合" 按钮⊞。

❖ 左对齐⊞: 所有选中的图形对象按最左侧对象的左边界对齐。

❖ 水平居中⊞: 所有选中的图形对象横向居中对齐。

❖ 右对齐⊞: 所有选中的图形对象按最右侧对象的右边界对齐。

❖ 顶端对齐⊞: 所有选中的图形对象按最顶端对象的上边界对齐。

❖ 垂直居中⊞: 所有选中的图形对象纵向居中对齐。

❖ 底端对齐⊞: 所有选中的图形对象按最底端对象的下边界对齐。

❖ 中心对齐⊞: 所有选中的图形对象的中心点与最左侧图形的中心点对齐。

❖ 横向分布⊞: 选定的三个或三个以上的图形对象在页面的水平方向上等距离排列。

❖ 纵向分布⊞: 选定的三个或三个以上的图形对象在页面的垂直方向上等距离排列。

如果要使用更多的对齐方式,可以单击 "绘图工具" 菜单选项卡中的 "对齐" 下拉按钮⊞,打开如图 4-47 所示的下拉菜单选择。

❖ 等高: 将选中的图形高度缩小到与其中的最小高度相同。

❖ 等宽: 将选中的图形宽度缩小到与其中的最小宽度相同。

❖ 等尺寸: 将选中的图形尺寸缩小到与其中的最小尺寸相同。

❖ 相对于页: 选中的图形对象将以整个页面为参照进行对齐。若没有选中该项, 则以选中的某个图形为参照对齐。

❖ 显示网格线: 在文档编辑区域显示网格线, 便于对齐图形。

❖ 绘图网格: 单击该项, 打开如图 4-48 所示的 "绘图网格" 对话框, 可以选择对象对齐的方式, 设置网格线的间距。

图 4-47 "对齐" 下拉菜单   图 4-48 "绘图网格" 对话框

默认情况下, 后添加的图形显示在先添加的图形上方, 如果文档中的图形对象发生重叠, 上方的图形将遮挡下方图形。通过调整图形的叠放层次, 可以创建不一样的排列效果。

(2) 选择要改变层次的绘图对象。如果绘图对象堆叠在一起, 不方便选择, 可以在 "排列" 功能组中单击 "选择窗格" 按钮⊞, 打开如图 4-49 所示的选择窗格。在这里, 可以查看当前文档中的所有对象, 单击某对象即可将其选中。

(3) 在 "绘图工具" 菜单选项卡中, 单击 "上移一层" 下拉按钮⊞上移一层 或 "下移一层" 下拉按钮⊞下移一层, 在如图 4-50 或图 4-51 所示的下拉菜单中选择需要的命令。

图 4-49　选择窗格

图 4-50　"上移一层"下拉菜单

图 4-51　"下移一层"下拉菜单

此外，利用"选择"窗格中的"上移一层"按钮 ▲ 或"下移一层"按钮 ▼ 也可以很方便地调整图形的叠放次序。单击对象右侧的 ◉ 按钮还可以修改对象在文档中的可见性。

 注意　　如果图形的环绕方式为"嵌入型"，则不能隐藏。

4.1.7　插入功能图

WPS 2022 内置了很多实用的插图功能，例如可以在文档中直接插入常用的条形码、二维码、几何图，甚至地图。

（1）在"插入"菜单选项卡中单击"功能图"下拉按钮 📠，弹出如图 4-52 所示的下拉菜单。

（2）选择需要的功能图类型，打开相应的对话框进行设置。

WPS 2022 支持 7 种条形码编码格式，以满足不同应用领域的需要，如图 4-53 所示。选择编码方式后，按照指定的格式在"输入"文本框中输入数字、字母和符号，即可自动生成对应的条形码。单击"插入"按钮，即可在文档中以图片形式插入条形码。

图 4-52　"功能图"下拉菜单

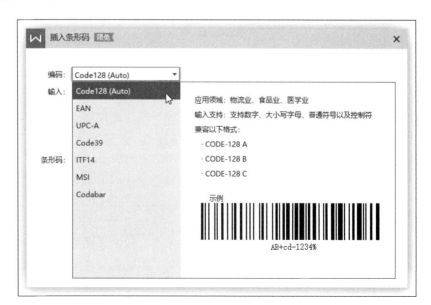

图 4-53　选择条形码的编码方式

使用二维码可以创建专属的名片和链接，在 WPS 中，不需要借助专门软件就可快速生成文本、网址、名片、Wi-Fi 和电话号码的二维码，如图 4-54 所示。创建二维码时，还能修改颜色设置、嵌入图片或文字、指定图案样式，以及根据喜好设置二维码的外边距、旋转度数、纠错等级和图片的像素。设置完成后，单击"确定"按钮即可插入生成的二维码。此时用手机扫码，可显示二维码内的信息。

图 4-54 "插入二维码"对话框

如果要在文档中插入代数图、运算图或统计图等数学图形，不需要烦琐的绘制过程或专业的制图工具，利用功能图中的"几何图"，只需要输入公式，即可自动生成对应的图形并插入文档。

如果要在文档中插入某个定位点的地图或乘车路线图，在"功能图"下拉菜单中选择"地图"命令，将在"插入地图"对话框中打开在线地图。用户只需要在搜索栏中输入特定地址，调节地图显示大小，然后单击"搜索"按钮 🔍，即可查看对应的地图；单击"路线"按钮 ↵，可查看公交、自驾车以及步行的路线图。单击"确定"按钮，即可在文档中插入指定位置的地图页面。

4.1.8 使用智能图形

所谓智能图形，也就是 SmartArt 图形，是一种能快速将信息之间的关系通过可视化的图形直观、形象地表达出来的逻辑图表。WPS 2022 提供了多种现成的 SmartArt 图形，用户可根据信息之间的关系套用相应的类型，只需更改其中的文字和样式即可快速制作出常用的逻辑图表。

（1）在"插入"菜单选项卡中单击"智能图形"按钮 智能图形，弹出如图 4-55 所示的"选择智能图形"对话框。

选择一种图形，在对话框右下角可以查看该图形的简要介绍。

（2）在对话框中选择需要的图形，单击"确定"按钮，即可在工作区插入图示布局，菜单功能区自动切换到"设计"菜单选项卡。例如，插入"重点流程"的效果如图 4-56 所示。

（3）单击图形中的占位文本，输入图示文本，效果如图 4-57 所示。

默认生成的图形布局通常不符合设计需要，因此需要在图形中添加或删除项目。

（4）选中要在相邻位置添加新项目的现有项目，然后单击项目右上角的"添加项目"按钮 品，在如图 4-58 所示的下拉菜单中选择添加项目的位置，即可添加一个空白的项目，如图 4-59 所示。

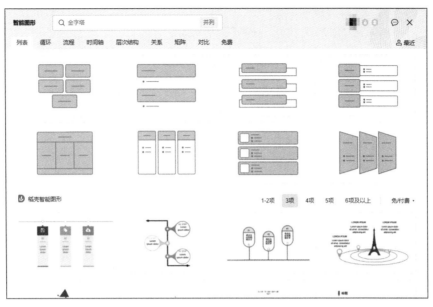

图 4-55　"选择智能图形"对话框

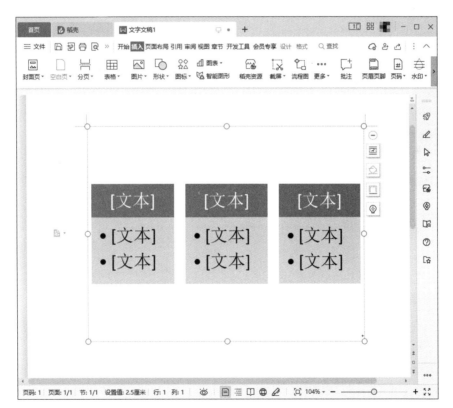

图 4-56　插入"重点流程"图形效果

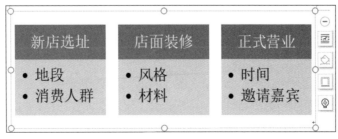

图 4-57　在图形中输入文本

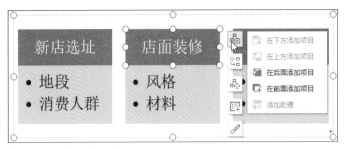

图 4-58 "添加项目"下拉菜单

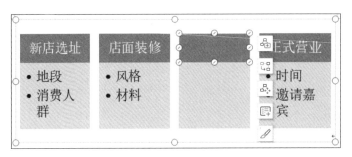

图 4-59 添加项目的效果

如果要删除图形中的某个项目，应在选中项目后按 Delete 键；如果要删除整个图形，则单击图形的边框，然后按 Delete 键。

创建智能图形后，还可以轻松地改变图形的配色方案和外观效果。

（5）选中图形，在"设计"菜单选项卡中单击"更改颜色"按钮 ，可以修改图形的配色；在"图形样式"下拉列表框中可套用内置的图形效果。

选中图形中的一个项目形状，单击右侧的"形状样式"按钮 ，也可以很方便地设置形状样式。

（6）切换到 SmartArt 工具的"格式"选项卡，在"艺术字样式"功能组中可以更改文本的显示效果，如图 4-60 所示。

图 4-60 设置图形样式的效果

创建智能图形后，可以根据需要升级或降级某个项目。

（7）选中要调整级别的项目形状，在"设计"菜单选项卡中单击"升级"按钮 升级 或"降级"按钮 降级 ，即可将选中的项目形状升高或降低一级，图形的整体布局也会根据图形大小而变化。

例如，将图 4-60 中最后一个子项目形状升高一级的效果如图 4-61 所示。

（8）如果要调整项目形状的排列次序，可在选中项目形状后，单击"上移"按钮 上移 或"下移"按钮 下移 。

WPS 2022 提供的智能图形比较有限，适用于制作一些简单的逻辑图表。如果要制作一些具有复杂关系的逻辑图，可以在"插入"菜单选项卡中单击"关系图"按钮 关系图 ，打开如图 4-62 所示的在线图示库，从中选择需要的关系图进行编辑。

图 4-61　项目形状升级的效果

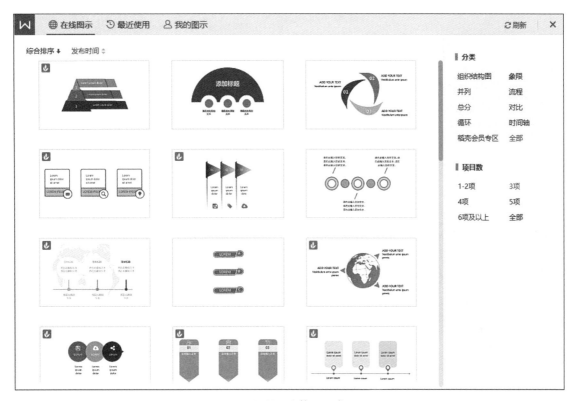

图 4-62　在线图示库

上机练习——童书馆新书推荐

 练习目标　　本节练习使用并列的关系图展示某童书馆推荐的新书。通过对操作步骤的详细讲解，帮助读者掌握设置插入关系图和二维码、修改关系图中的项目个数、自定义二维码属性、绘制形状、在形状中添加文字，以及设置形状样式和文本样式的操作方法。

4-2　上机练习——童书馆新书推荐

 设计思路　　首先设置页面的方向和边距，插入一种在线图示，并修改图示中的项目个数和文本；然后插入二维码，并自定义二维码的外观和布局选项；最后绘制形状，在形状中添加文字，并修改形状和文字的样式。最终效果如图 4-63 所示。

操作步骤

（1）新建一个空白的文字文档，在"页面布局"菜单选项卡中单击扩展按钮，打开"页面设置"对话框。在"页边距"选项卡中，设置页面方向为"横向"，上、下页边距为 3 厘米，左、右页边距为 1 厘米，如图 4-64 所示。设置完成后，单击"确定"按钮关闭对话框。

图 4-63　最终效果图

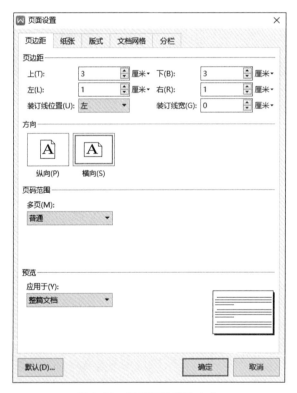

图 4-64　设置页边距和方向

（2）切换到"插入"菜单选项卡，单击"关系图"按钮 关系图 ，在弹出的在线图示列表框中，将鼠标指针移到一种并列关系的图示上，右下角显示"插入"按钮，如图 4-65 所示。

（3）单击"插入"按钮，即可插入指定的图示。将鼠标指针移到图示边框上的变形手柄上，指针显示为双向箭头时，按下鼠标左键并拖动，调整图示的大小，如图 4-66 所示。

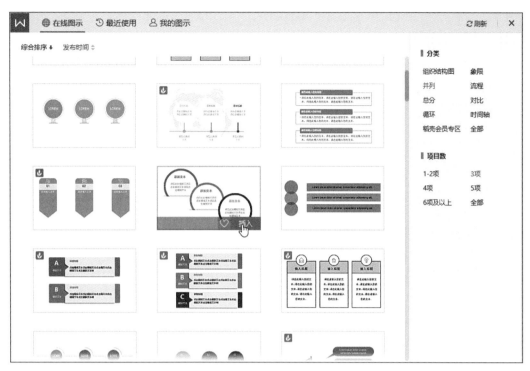

图 4-65　选择图示

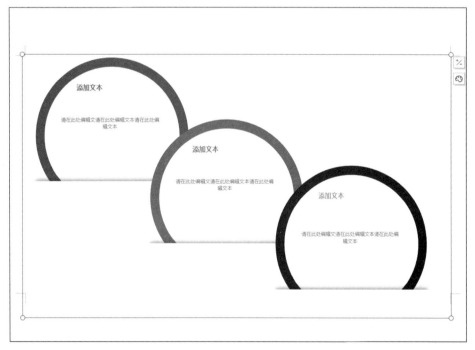

图 4-66　插入的图示

（4）单击图示右上角的"更改个数"按钮，在弹出的"更改个数"列表框中选择图示中需要的项目个数，本例选择 6 个项目。单击即可更改，效果如图 4-67 所示。

如果要修改图示的配色方案，单击图示右上角的"配色方案"按钮，在弹出的配色列表中可以选择一种预置的配色方案，本例保留默认配色，不作修改。

（5）在图示项目形状中分别输入文本，并修改标题文本的字体为"微软雅黑"，字号为"四号"；正文字体为"宋体"，字号为"小四"，效果如图 4-68 所示。

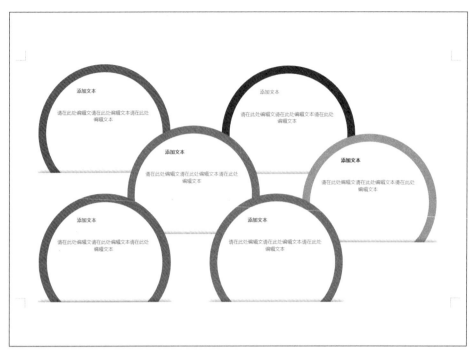

图 4-67　修改项目个数的效果

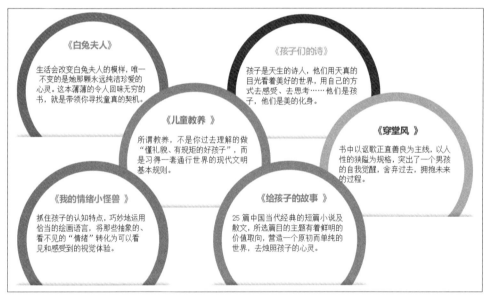

图 4-68　在图示中输入文本

（6）在"插入"菜单选项卡中单击"功能图"下拉按钮，在弹出的下拉菜单中选择"二维码"命令。然后在打开的"插入二维码"对话框左侧窗格中输入童书馆网址，在右侧窗格中切换到"嵌入Logo"选项卡，单击"点击添加图片"按钮，在弹出的对话框中选择需要的图片，并设置图片的轮廓效果为"圆角"，如图 4-69 所示。

（7）切换到"图案样式"选项卡，设置定位点的样式，如图 4-70 所示。

（8）设置完毕，单击"确定"按钮关闭对话框，即可在文档中以嵌入方式插入生成的二维码，如图 4-71 所示。

（9）单击二维码右侧的快速工具栏中的"布局选项"按钮，在弹出的布局选项列表中选择"浮于文字上方"选项，如图 4-72 所示。此时，二维码即可浮在关系图示上方。

图 4-69　设置二维码链接地址和 Logo

图 4-70　选择定位点样式

图 4-71　插入的二维码

图 4-72　设置二维码的文字环绕方式

（10）拖动二维码变形框顶角上的变形手柄，调整图片大小，然后拖放到文档右下角，如图 4-73 所示。

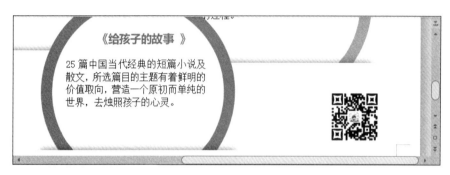

图 4-73　调整二维码大小和位置

（11）在"插入"菜单选项卡中单击"形状"下拉按钮 ，在"基本形状"列表中选择"文本框"。当鼠标指针显示为"十"字形时，按下鼠标左键拖动绘制文本框，然后在文本框中输入文本，如图 4-74 所示。

图 4-74　绘制形状并添加文本

（12）选中文本，在浮动工具栏中设置字号为"五号"，颜色为深蓝色。切换到"绘图工具"菜单选项卡，单击"轮廓"下拉按钮 ，在下拉菜单中选择"无线条颜色"命令；单击"填充"下拉按钮 ，在下拉菜单中选择"无填充颜色"命令，效果如图 4-75 所示。

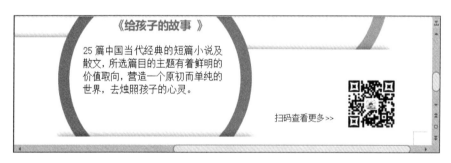

图 4-75　设置形状和文本的样式

（13）在"插入"菜单选项卡中单击"形状"下拉按钮 ，在"星与旗帜"列表中选择"五角星"。当鼠标指针显示为"十"字形时，按下鼠标左键拖动绘制形状，然后选中绘制的五角星，按住 Ctrl 键拖动，复制 3 个五角星，并填充不同的颜色，如图 4-76 所示。

（14）选中第一个五角星后右击，在弹出的快捷菜单中选择"添加文字"命令，输入文本。然后选中文本，在"文本工具"菜单选项卡中设置字体为"幼圆"，字号为"二号"，样式为"填充 – 黑色，文本 1，阴影"，如图 4-77 所示。

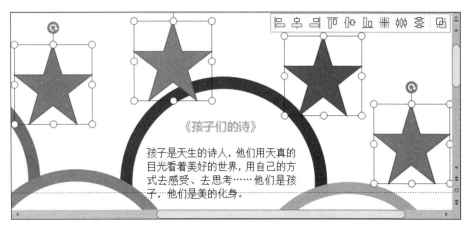

图 4-76　绘制形状

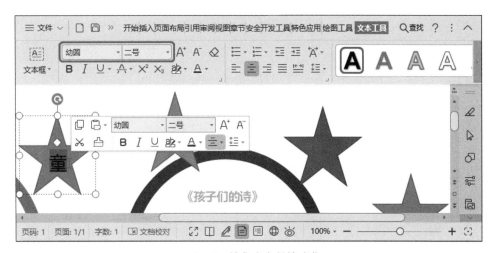

图 4-77　输入文本并格式化

（15）按照与步骤（14）相同的方法，在其他 3 个形状中添加文字，并设置文本格式。最终效果如图 4-63 所示。

4.1.9　创建数据图表

数据图表是用于数据分析，以图形的方式组织和呈现数据关系的一种信息表达方式，在文档中使用恰当的图表可以更加直观、形象地显示文档数据。

（1）在"插入"菜单选项卡单击"图表"按钮 ，打开如图 4-78 所示的"插入图表"对话框。

（2）在对话框的左侧窗格中选择一种图表类型，在右上窗格中选择需要的图表样式，然后单击"插入"按钮，即可在文档中插入图表，并自动打开"图表工具"菜单选项卡，如图 4-79 所示。

图表由许多图表元素构成，在编辑图表之前，读者有必要先认识一下图表的基本组成元素，如图 4-80 所示。

（3）在"图表工具"菜单选项卡中单击"编辑图表"按钮 ，将自动新建一个 WPS 表格文档，并自动填充预置数据，如图 4-81 所示。

（4）在 WPS 表格文档中编辑图表数据，WPS 文字窗口中的图表将随之自动更新。输入完成后，关闭表格窗口。

（5）选中图表，将鼠标指针移至图表四周的控制点上，当指针变为双向箭头时，按下鼠标左键拖动到合适的大小后释放，调整图表的大小。

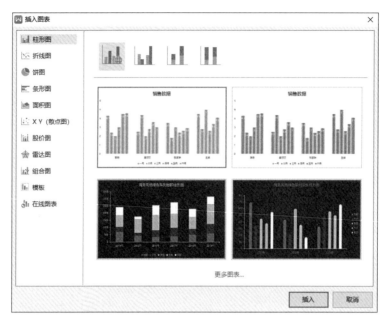

图 4-78 "插入图表"对话框

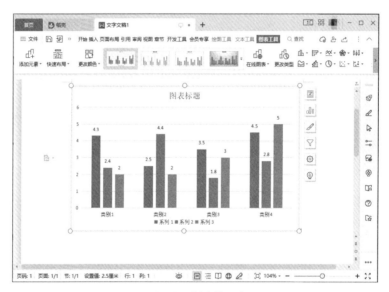

图 4-79 创建的图表

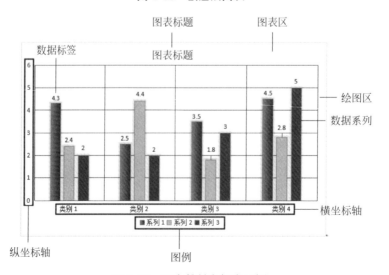

图 4-80 图表的基本组成示例

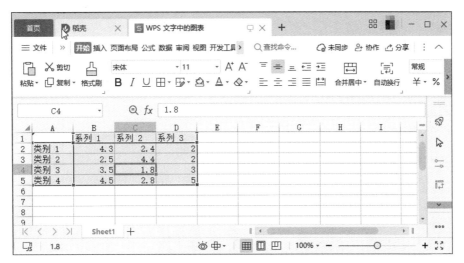

图 4-81 数据图表关联的表格

创建图表后，通常还需要修改图表的格式，使图表更美观、易于阅读。利用图表右侧的"图表元素"按钮 和"图表样式"按钮 ，可以很便捷地设置图表元素的布局和格式。

（6）如果希望在图表中添加或删除图表元素，可单击图表右侧的"图表元素"按钮 ，在弹出的图表元素列表中选中或取消选中图表元素对应的复选框，如图 4-82 所示。

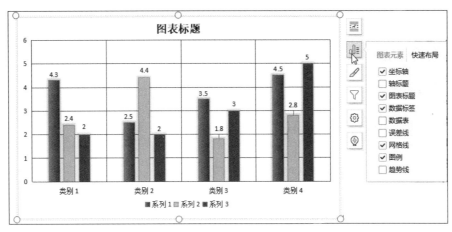

图 4-82 添加或删除图表元素

（7）单击图表右侧的"图表样式"按钮 ，打开下拉列表框，在"颜色"选项卡中可以选择一种内置的配色方案；在"样式"选项卡中单击需要的图表样式，即可应用到图表中，如图 4-83 所示。

在 WPS 中，不仅可以利用样式设置图表的整体效果，还可以分别调整各个图表元素的格式，创建个性化的图表。

（8）在图表中选中要修改格式的图表元素，然后单击图表右侧快速工具栏底部的"设置图表区域格式"按钮 ，打开如图 4-84 所示的"属性"任务窗格。

在"填充与线条"选项卡中可以设置图表元素的背景填充与边框样式；在"效果"选项卡中可以详细设置图表元素的效果；在"大小与属性"选项卡中可以设置图表元素的大小和相关属性。

单击"图表选项"下拉按钮，在弹出的下拉列表框中可以切换要设置格式的图表元素，如图 4-85 所示。切换到"文本选项"选项卡，可以设置图表中的文本格式。

使用图表展示数据优于普通数据表，不仅体现在数据表现方式直观、形象，而且能根据查阅需要筛选数据。

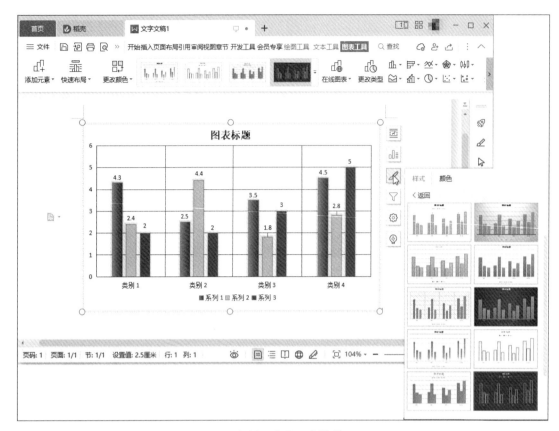

图 4-83 应用图表样式

图 4-84 "属性"任务窗格

图 4-85 切换图表选项

（9）单击图表右侧快速工具栏中的"图表筛选器"按钮，在如图 4-86 所示的下拉列表框中选择按数值或名称筛选，取消选中"（全选）"复选框，然后选中要筛选的数据项，单击"应用"按钮，即可在图表中仅显示指定的数据项。

例如，在"类别"区域仅选中"类别 2"复选框的筛选结果如图 4-87 所示。如果要恢复显示所有数据，则应选中"（全选）"复选框，然后单击"应用"按钮。

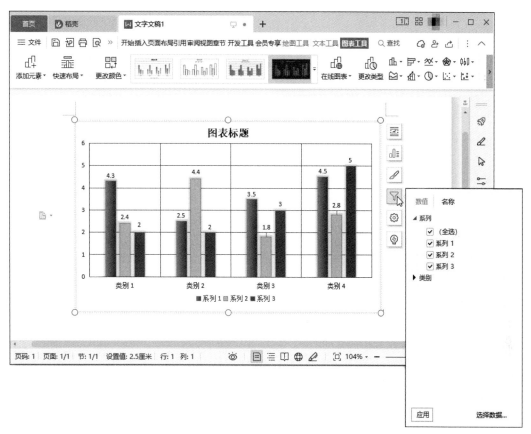

图 4-86　使用图表筛选器

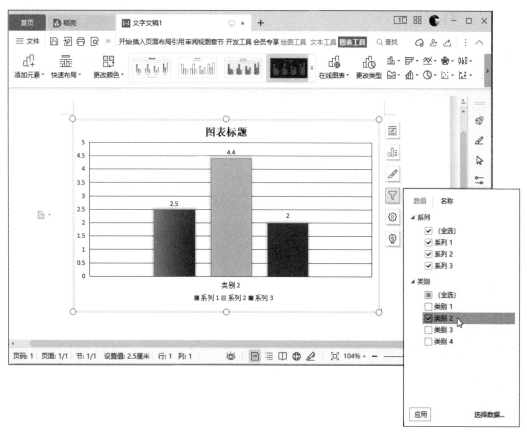

图 4-87　筛选结果

4.2 应用文本框与艺术字

文本框可以容纳文字、图片、图形等多种页面对象，可以像图片、图形一样添加填充和边框样式、设置布局方式，从而创建特殊的文本效果。

艺术字通过特殊效果突出显示文字，本质与形状和文本框的功能相同，常用于海报、广告宣传、贺卡等对视觉效果有较高要求的文档。

4.2.1 使用文本框

（1）在"插入"菜单选项卡中单击"文本框"下拉按钮 ，在如图 4-88 所示的下拉菜单中选择文本框类型。

"横向"和"竖向"是指文本框内容的排列方向；"多行文字"是指文本框可以自动容纳多行文本。

（2）选择类型后，鼠标指针显示为十字形＋，直接在文档中单击，或按下鼠标左键拖动到合适大小后释放，即可绘制一个文本框。

（3）在文本框中输入文本或者插入图片、图形等对象。

在文本框中输入文本时会发现不同类型的文本框的区别，"横向"和"竖向"文本框的大小是固定的，如果其中的内容超出了文本框的显示范围，超出的部分将不可见；而"多行文字"文本框则随其中内容的增加而自动扩展，以完全容纳所有内容。

如果在文本框中插入图片等非文本类型的内容，插入的内容将自动等比例缩小到文本框的宽度。

（4）选中文本框中的文本内容，利用"文本工具"菜单选项卡中的工具按钮可以设置字符格式和段落格式。选中文本框，利用右侧如图 4-89 所示的快速工具栏可以设置文本框的布局选项和外观效果。

图 4-88 "文本框"下拉菜单

图 4-89 文本框的快速工具栏

4.2.2 创建艺术字

在 WPS 中创建艺术字有两种方式：一种是为选中的文字套用一种艺术字效果；另一种是直接插入艺术字。

（1）选中需要制作成艺术字的文本。如果不选中文本，将直接插入艺术字。

（2）在"插入"菜单选项卡中单击"艺术字"按钮 ，打开如图 4-90 所示的艺术字下拉列表框。

"推荐"区域列出的是付费或面向稻壳会员免费的艺术字样式；"预设样式"区域列出的是 WPS 内置的艺术字样式。

（3）单击需要的艺术字样式，即可应用样式。

如果应用样式之前选中了文本，则选中的文本可在保留字体的同时，应用指定的字号和效果，且文本显示在文本框中，如图 4-91 所示。

图 4-90 "艺术字"下拉列表框

如果没有选中文本，则直接插入对应的艺术字编辑框，且自动选中占位文本"请在此放置您的文字"，如图 4-92 所示，输入文字替换占位文本，然后修改文本字体。

图 4-91 套用艺术字样式前、后的效果

图 4-92 插入的艺术字编辑框

创建艺术字后，还可以编辑艺术字所在的文本框格式。

（4）选中艺术字所在的文本框，利用快速工具栏中的"形状填充"按钮和"形状轮廓"按钮设置文本框的效果。单击"布局选项"按钮修改艺术字的布局方式。

（5）如果要创建具有特殊排列方式的艺术字，可在"文本工具"菜单选项卡中单击"文本效果"下拉按钮，在如图 4-93 所示的下拉菜单中选择"转换"命令，然后在级联菜单中选择一种文本排列方式。

例如，应用"弯曲"区域的"桥形"样式前、后的艺术字效果如图 4-94 所示。

图 4-93 "文本效果"下拉菜单

图 4-94 "桥形"转换效果

4.3 应用表格管理数据

表格是处理数据类文件的一种非常实用的文字组织形式，它不仅可以很有条理地展示信息，对表格中的数据进行计算、排序，而且能与文本互相转换，快速创建不同风格的版式效果。

4.3.1 创建表格

WPS 2022 提供了多种创建表格的方法，读者可以根据自己的使用习惯灵活选择。

（1）将插入点定位在文档中要插入表格的位置，然后在"插入"菜单选项卡中单击"表格"下拉按钮，弹出如图 4-95 所示的"表格"下拉菜单。

（2）选择创建表格的方式。在"表格"下拉菜单中可以看到，WPS 在这里提供了 4 种创建表格的方式，下面分别进行简要介绍。

① 如果要快速创建一个无任何样式的表格，可在下拉菜单中的表格模型上移动鼠标指定表格的行数和列数，选中的单元格区域显示为橙色，表格模型顶部显示当前选中的行列数，如图 4-96 所示。单击即可在文档中插入表格，列宽按照窗口宽度自动调整。

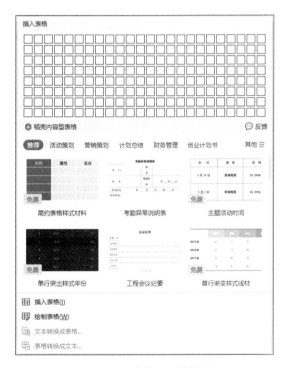

图 4-95 "表格"下拉菜单

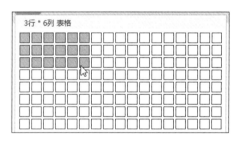

图 4-96 使用表格模型创建表格

② 如果希望创建指定列宽的表格，应在下拉菜单中单击"插入表格"命令，在如图 4-97 所示的"插入表格"对话框中分别指定表格的列数和行数，然后在"列宽选择"区域指定表格列宽。如果希望以后创建的表格自动设置为当前指定的尺寸，则选中"为新表格记忆此尺寸"复选框。设置完成后，单击"确定"按钮插入表格。

③ 如果希望快速创建特殊结构的表格，选择"绘制表格"命令，此时鼠标指针显示为铅笔形，按下鼠标左键并拖动，文档中将显示表格的预览图，指针右侧显示当前表格的行列数，如图 4-98 所示。释放鼠标，即可绘制指定行列数的表格。

在表格绘制模式下，在单元格中按下鼠标左键并拖动，就可以很方便地绘制斜线表头，或将单元格进行拆分。绘制完成后，单击"表格工具"菜单选项卡中的"绘制表格"按钮，即可退出绘制模式。

图 4-97 "插入表格"对话框

图 4-98 绘制表格

④ 如果希望创建一个自带样式和内容格式的表格，在"插入内容型表格"区域单击需要的表格模板图标即可。

（3）创建的无样式表格如图 4-99 所示。

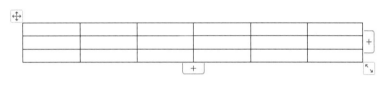

图 4-99 创建的无样式表格

表格中的每个单元格都可以看作一个独立的文档编辑区域，可以在其中插入或编辑页面对象，单元格之间用边框线分隔。

（4）拖动表格右下角的控制点 ↖，可以调整表格的宽度和高度。

创建表格时，表格的行高和列宽默认平均分布，在编辑表格内容时，通常要根据实际情况调整表格的行高与列宽。

将鼠标指针移到需要调整行高的行的下边框上，指针变为双向箭头 ↨时，按下鼠标左键并拖动，此时会显示一条蓝色的虚线标示拖放的目标位置，如图 4-100 所示。拖到合适的位置后释放鼠标，整个表格的高度会随着行高的改变而改变。

排序	号服	姓名	组别	决赛成绩	总成绩
1	W111	Jose	少儿组	296	602
2	W112	Lisa	少儿组	298	598

图 4-100 拖动鼠标调整行高

将鼠标指针移到列的左（或右）边框上，指针变成双向箭头 ↔时，按下鼠标左键并拖动到合适位置释放，可调整列宽。

提示： 　　调整列宽时，按住 Ctrl 键拖动鼠标，则边框右侧各列会均匀变化，而整个表格的总体宽度不变；按住 Shift 键拖动鼠标，则边框左侧一列的宽度发生变化，其余列宽保持不变，整个表格的总体宽度随之改变。

如果对表格尺寸的精确度要求较高，在"表格工具"菜单选项卡中单击"表格属性"按钮 表格属性，在如图 4-101 所示的对话框中可以精确设置表格宽度；切换到"行"和"列"选项卡，可以分别设置行高与列宽。设置完成后，单击"确定"按钮关闭对话框。

图 4-101 "表格属性"对话框

（5）在表格中输入所需的内容，其方法与在文档中输入内容的方法相似，只需将光标插入点定位到需要输入内容的单元格内，即可输入内容。

4.3.2 选取表格区域

选取表格区域是对表格或者表格中的部分区域进行编辑的前提。不同的表格区域选取操作也不同，熟练掌握选取操作是提升办公效率的基础。

1. 选取整个表格

将光标置于表格中的任意位置，表格的左上角和右下角将出现表格控制点。单击左上角的控制点⊕，或右下角的控制点↘，即可选取整个表格。

2. 选取单元格

❖ 选取单个单元格：直接在单元格中单击；或将鼠标指针置于单元格的左边框位置，当指针显示为黑色箭头➤时单击。

❖ 选取矩形区域内的多个连续单元格：在要选取的第一个单元格中按下鼠标左键并拖动到最后一个单元格释放；或选中一个单元格后，按住 Shift 键单击矩形区域对角顶点处的单元格。

❖ 选取多个不连续单元格：选中第一个要选择的单元格后，按住 Ctrl 键的同时单击其他单元格。

3. 选取行

❖ 选取一行：将鼠标指针移到某行的左侧，指针显示为白色箭头➹时单击。

❖ 选取连续的多行：将鼠标指针移到某行的左侧，指针显示为白色箭头➹时，按住鼠标左键向下或向上拖动。

❖ 选取不连续的多行：选中第一行后，按住 Ctrl 键在其他行的左侧单击。

4. 选取列

❖ 选取一列：将鼠标指针移到某列的顶部，指针显示为黑色箭头↓时单击。

❖ 选取连续的多列：将鼠标指针移到某列的顶部，指针显示为黑色箭头↓时，按住鼠标左键向前或向后拖动。

❖ 选取不连续的多列：选中第一列后，按住 Ctrl 键在其他列的顶部单击。

4.3.3 修改表格结构

在编辑表格内容时，时常需要插入或删除一些行、列或者单元格，或者合并、拆分单元格。下面分别简要介绍这些操作的步骤。

1. 插入、删除表格元素

（1）将光标定位于表格中需要插入行、列或者单元格的位置。

（2）在"表格工具"菜单选项卡中，利用如图 4-102 所示的功能按钮可方便地插入行或列。

如果要在表格底部添加行，可以直接单击表格底边框上的 └ + ┘ 按钮；如果要在表格右侧添加列，可直接单击表格右边框上的 + 按钮。

如果要插入单元格，可单击图 4-102 所示的功能组右下角的扩展按钮 ▣，在如图 4-103 所示的"插入单元格"对话框中选择插入单元格的方式。设置完成后，单击"确定"按钮关闭对话框。

图 4-102　功能按钮　　　　　　　　　　　图 4-103　"插入单元格"对话框

如果要删除单元格、行或列，则选中相应的表格元素之后，在如图 4-102 所示的功能按钮中单击"删除"下拉按钮 ▣，在如图 4-104 所示的下拉菜单中选择要删除的表格元素。选择"单元格"命令，在如图 4-105 所示的"删除单元格"对话框中可以选择填补空缺单元格的方法。

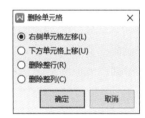

图 4-104　"删除"下拉菜单　　　　　　　　图 4-105　"删除单元格"对话框

提示： 选取单元格后，按 Delete 键只能删除该单元格中的内容，不会从结构上删除单元格。使用"删除单元格"对话框不仅可以删除单元格内容，也会在表格结构上删除单元格。

2. 合并单元格

（1）选中要进行合并的多个连续单元格。

（2）在"表格工具"菜单选项卡中单击"合并单元格"按钮 ▣，或者右击，在弹出的快捷菜单中选择"合并单元格"命令。

合并单元格后，原来单元格的列宽和行高合并为当前单元格的列宽和行高，如图 4-106 所示。

从图 4-106 可以看出，合并单元格后相邻两个单元格之间的边框线消失，因此，通过擦除单元格共用的边框线，也可以很方便地合并单元格。

排序	号服	姓名	组别	决赛成绩	总成绩
1	W111	Jose	少儿组	296	602
2	W112	Lisa	少儿组	298	598

排序	号服	姓名	组别	决赛成绩	总成绩
1	W111	Jose	少儿组	296	602
2	W112	Lisa	少儿组	298	598

图 4-106　合并单元格前、后的效果

（1）在"表格工具"菜单选项卡中单击"擦除"按钮，此时鼠标指针显示为橡皮擦形状。

（2）在要合并的两个单元格之间的边框线上按下鼠标左键并拖动，选中的边框线变为红色粗线，如图 4-107 所示。

排序	号服	姓名	组别	决赛成绩	总成绩
1	W111	Jose	少儿组	296	602
2	W112	Lisa	少儿组	298	598

图 4-107　擦除边框线

（3）释放鼠标，即可擦除边框线，共用该边框线的两个单元格合并为一个。

3. 拆分单元格

（1）选中要进行拆分的单元格。

（2）在"表格工具"菜单选项卡中单击"拆分单元格"命令按钮，或者右击，在快捷菜单中选择"拆分单元格"命令，弹出如图 4-108 所示的"拆分单元格"对话框。

（3）指定将选中的单元格拆分的行数和列数。

如果选择了多个单元格，选中"拆分前合并单元格"复选框，可以先合并选定的单元格，然后进行拆分。

（4）单击"确定"按钮关闭对话框，即可看到拆分效果。例如，将图 4-109 上图选中的单元格拆分为 2 行 2 列的效果如图 4-109 下图所示。

图 4-108　"拆分单元格"对话框

排序	号服	姓名	组别	决赛成绩	总成绩
1	W111	Jose	少儿组	296	602
2	W112	Lisa	少儿组	298	598

排序	号服		姓名	组别	决赛成绩	总成绩
1	W1 11		Jose	少儿组	296	602
2	W1 12		Lisa	少儿组	298	598

图 4-109　拆分单元格的效果

与合并单元格类似，通过在单元格中添加边框线，也可以拆分单元格。

（1）在"表格工具"菜单选项卡中单击"绘制表格"按钮，此时鼠标指针显示为铅笔形状。

（2）在要拆分的单元格中按下鼠标左键并拖动，将显示一条黑色的虚线，如图 4-110 所示。

如果在单元格左上角按下鼠标左键并拖动到右下角释放，可以绘制斜线表头。

（3）释放鼠标，即可添加一条边框线对单元格进行拆分。

（4）重复以上步骤拆分其他单元格。绘制完成后，单击"表格工具"菜单选项卡中的"绘制表格"按钮，退出绘制模式。

排序	号服	姓名	组别	决赛成绩	总成绩
1	W111	Jose	少儿组	296	602
2	W112	Lisa	少儿组	298	598

图 4-110　绘制边框线

4.3.4　格式化表格

创建表格后，通常还需要设置表格内容的格式，美化表格外观。

（1）选中整个表格，在弹出的快速工具栏中设置表格内容的文本格式，如图 4-111 所示。

图 4-111　设置表格文本格式

（2）切换到"表格工具"菜单选项卡，单击"对齐方式"下拉按钮 ，在弹出的下拉菜单中选择单元格内容的对齐方式。

（3）切换到如图 4-112 所示的"表格样式"菜单选项卡，设置表格的填充方式，然后在"表格样式"下拉列表框中单击，套用一种内置的表格样式。

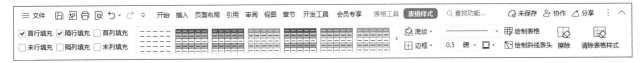

图 4-112　使用表格样式

如果内置的样式列表中没有理想的样式，可以选中表格元素后，单击"底纹"下拉按钮 设置底纹颜色；单击"边框"下拉按钮 ，自定义边框样式和位置。表格的底纹、边框设置方法与段落相同，在此不再赘述。

如果希望单元格中的内容不要紧贴边框线开始显示，或单元格之间显示空隙，可以分别设置单元格边距和间距。

（4）将光标置于表格的任一单元格中，在"表格工具"菜单选项卡中单击"表格属性"按钮，打开"表格属性"对话框。在"表格"选项卡中单击"选项"按钮，弹出如图 4-113 所示的"表格选项"对话框进行设置。

单元格边距是指单元格中的内容与单元格上、下、左、右边框线的距离。分别在"上""下""左""右"数值框中输入单元格各个方向的边距。

单元格间距则是指单元格与单元格之间的距离，默认为零。如果要设置单元格间距，则选中"允许调整单元格间距"复选框，然后输入数值。设置完成后，单击"确定"按钮完成操作。

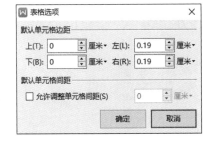

图 4-113　"表格选项"对话框

教你一招

表头跨页显示

默认情况下，同一表格占用多个页面时，表头（即标题行）只在首页显示，其他页面均不显示，因此会影响阅读。如果希望表格分页后，每页的表格自动显示标题行，可以进行如下操作。

（1）将光标置于表格的标题行中，在"表格工具"菜单选项卡中单击"表格属性"按钮，打开"表格属性"对话框。

（2）切换到"行"选项卡，在"选项"区域选中"在各页顶端以标题行形式重复出现"复选框，如图 4-114 所示。

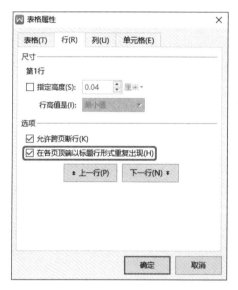

图 4-114 选中 "在各页顶端以标题行形式重复出现"复选框

如果允许表格一行中的内容在超出显示范围时，超出的内容自动在下一页以新的一行显示，应选中"允许跨页断行"复选框。

（3）设置完成后，单击"确定"按钮关闭对话框。

注意 标题行重复只能用于 WPS 自动插入的分页符，对于手动插入的分页符不会有预期的效果。

上机练习——会议记录表

练习目标 本节练习制作一张会议记录表，通过对操作步骤的详细讲解，帮助读者掌握创建表格、选定表格元素、修改表格结构，以及调整行高和列宽的操作方法。

4-3 上机练习——会议记录表

设计思路 首先插入一个多行多列的表格，通过合并和拆分单元格操作创建基本布局；然后选择多个有有相同格式的单元格，设置单元格中文本的字体和字号，以及对齐方式；最后在表格底部添加一行单元格。最终效果如图 4-115 所示。

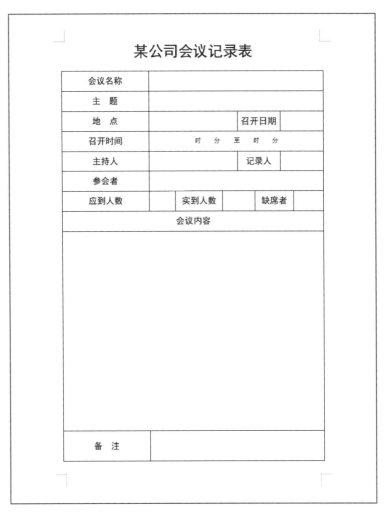

图 4-115　会议记录表

操作步骤

（1）新建一个空白的文字文档，输入文档标题文本。选中文本，设置字体为"黑体"，字号为"小一"，段落对齐方式为"居中"，如图 4-116 所示。

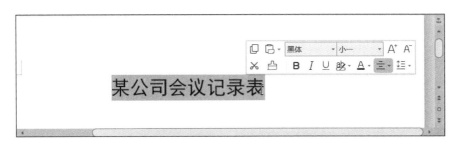

图 4-116　输入标题文本并格式化

为使标题文本与表格之间有一定间距，可以设置文本的段后距。

（2）选中文本，单击"开始"菜单选项卡"段落"功能组右下角的扩展按钮 ，打开"段落"对话框。在"间距"选项区域，设置文本的段后间距为"1"行，如图 4-117 所示。然后单击"确定"按钮关闭对话框。

（3）将光标定位在文本右侧，按 Enter 键换行。切换到"插入"菜单选项卡，单击"表格"下拉按钮，在弹出的下拉菜单中选择"插入表格"命令，然后在弹出的对话框中设置表格行数为"9"，列数为

"3",如图 4-118 所示。单击"确定"按钮,即可插入指定行数和列数的表格。

图 4-117 设置段后间距

图 4-118 "插入表格"对话框

(4)选中第一行第二列和第三列的单元格,在"表格工具"选项卡中单击"合并单元格"按钮,将选中的两列单元格合并为一个单元格。采用同样的方法,合并第二行第二列和第三列、第四行第二列和第三列、第六行第二列和第三列,以及第八行、第九行,效果如图 4-119 所示。

(5)在第一行第一列的单元格中按下鼠标左键向下拖动到第七行第一列单元格释放,然后按下 Ctrl键,在第八行左侧单击,即可选中多个单元格。在弹出的浮动工具栏中设置单元格内容的字体为"黑体",字号为"四号",对齐方式为"居中对齐",如图 4-120 所示。

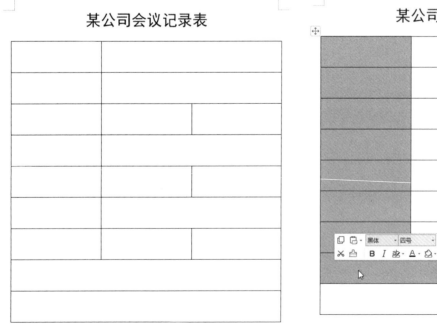

图 4-119 合并单元格后的效果

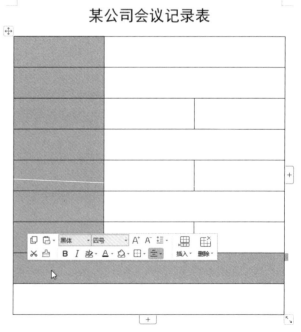

图 4-120 选中多个单元格并设置格式

（6）单击表格左上角的控制点![control]选中整个表格,在浮动工具栏中单击"居中对齐"按钮。然后在"开始"菜单选项卡中单击"段落"功能组右下角的扩展按钮![btn],打开"段落"对话框。在"间距"选项区域将段后间距修改为"0"行,然后在单元格中输入文本,如图4-121所示。

某公司会议记录表

会议名称		
主 题		
地 点		
召开时间		
主持人		
参会者		
应到人数		
会议内容		

图 4-121 在单元格中输入文本

接下来根据要填入的内容拆分单元格。

（7）选中第三行第三列的单元格,在"表格工具"菜单选项卡中单击"拆分单元格"按钮![拆分单元格],在弹出的"拆分单元格"对话框中,设置拆分后的列数为"2",行数为"1"。单击"确定"按钮,即可将选中的单元格拆分为两列单元格。采用同样的方法,将第五行第三列拆分为两个单元格,如图4-122所示。

某公司会议记录表

会议名称			
主 题			
地 点			
召开时间			
主持人			
参会者			
应到人数			
会议内容			

图 4-122 拆分单元格的效果

（8）选中第七行第二列和第三列的单元格,单击"拆分单元格"按钮,在弹出的"拆分单元格"对话框中,设置拆分后的列数为"5"。单击"确定"按钮,即可将选中的两列单元格拆分为五列单元格,如图4-123所示。

（9）在单元格中输入文本,将鼠标指针移到第三行第二列单元格右侧的边框线上,指针显示为双向箭头时,按下鼠标左键向左拖动,调整单元格的列宽。采用同样的方法,根据单元格中将填入的内容调整其他单元格的列宽,结果如图4-124所示。

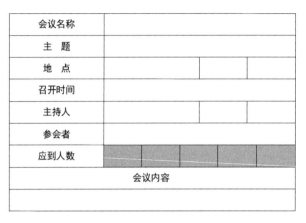

某公司会议记录表

会议名称	
主　题	
地　点	
召开时间	
主持人	
参会者	
应到人数	
会议内容	

图 4-123　拆分单元格的效果

某公司会议记录表

会议名称			
主　题			
地　点		召开日期	
召开时间			
主持人		记录人	
参会者			
应到人数		实到人数	缺席者
会议内容			

图 4-124　调整单元格列宽后的效果

（10）选中第一行第二列单元格，在"开始"菜单选项卡中设置字体为"宋体"，字号为"五号"，对齐方式为"居中对齐"。然后双击"格式刷"按钮，在除最后一行以外的其他空白单元格中双击。复制格式后，在第四行第二列单元格中输入文本，如图 4-125 所示。

某公司会议记录表

会议名称			
主　题			
地　点		召开日期	
召开时间	时　分　至　时　分		
主持人		记录人	
参会者			
应到人数		实到人数	缺席者
会议内容			

图 4-125　设置单元格格式并输入文本

（11）将鼠标指针移到表格最后一行的下边框上，指针变为双向箭头时按下鼠标左键向下拖动，调整单元格高度，效果如图 4-126 所示。

（12）将光标定位在最后一行单元格右侧，按 Enter 键，将自动在单元格下方添加一行高度与之相同的单元格。按照上一步的方法调整单元格的行高，效果如图 4-127 所示。

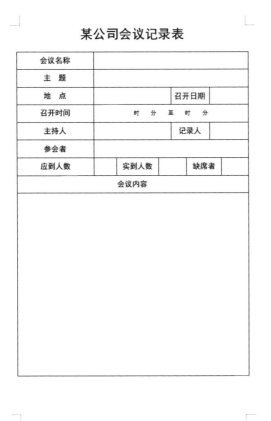

图 4-126　调整单元格高度

图 4-127　插入行并调整行高

（13）选中最后一行单元格，单击"拆分单元格"按钮，在弹出的"拆分单元格"对话框中，设置拆分后的列数为"2"。然后设置单元格内容的格式，并输入文本，最终效果如图 4-115 所示。

4.3.5　表格与文本相互转换

在 WPS 2022 中，可以将文本转换成表格，也可以把编辑好的表格转换成文本。

1. 将文本转换成表格

（1）选中要转换为表格的文本，并将要转换为表格行的文本用段落标记分隔，要转换为列的文本用分隔符（逗号、空格、制表符等其他特定字符）分开。如图 4-128 所示，每行用段落标记符隔开，列用制表符分隔。

注意　　　将文本转换为表格之前，必须先格式化文本，否则 WPS 不能正确识别表格的行、列分隔，从而发生错误。如果要以逗号分隔文本内容，则逗号必须在英文状态下输入。如果连续的两个分隔符之间没有输入内容，则转换成表格后，两个分隔符之间的空白将转换成一个空白的单元格。

（2）切换到"插入"菜单选项卡，单击"表格"下拉按钮，在弹出的下拉菜单中选择"文本转换成表格"命令，弹出如图 4-129 所示的"将文字转换成表格"对话框。

序号 → 品牌 → 商品名→ 单价 → 购买地点↵
1 → A → 茶叶 → 180→XX 超市↵
2 → B → 速溶咖啡 → 69 → XX 便利店↵
3 → C → 酸奶 → 89 → XX 鲜果店↵

图 4-128 待转换的文本   图 4-129 "将文字转换成表格"对话框

（3）设置表格尺寸和文字分隔位置。

❖ 表格尺寸：WPS 根据段落标记符和列分隔符自动填充"行数"和"列数"，用户也可以根据需要进行修改。

❖ 文字分隔位置：选择将文本转换成行或列的位置。选择段落标记指示文本要开始的新行的位置；选择逗号、空格、制表符等特定的字符指示文本分成列的位置。

（4）单击"确定"按钮关闭对话框，即可将选中文本转换成表格，如图 4-130 所示。

序号↵	品牌↵	商品名↵	单价↵	购买地点↵
1↵	A↵	茶叶↵	180↵	XX 超市↵
2↵	B↵	速溶咖啡↵	69↵	XX 便利店↵
3↵	C↵	酸奶↵	89↵	XX 鲜果店↵

图 4-130 文字转换成表格的效果

使用文本转换的表格与直接创建的表格一样，可以对其进行表格的所有相关操作。

2. 将表格转换为文本

将表格转换为文本，可以将表格中的内容按顺序提取出来，但是会丢失一些特殊的格式。

（1）在表格中选定要转换成文字的单元格区域。如果要将所有表格内容转换为文本，应选中整个表格，或将光标定位在表格中。

（2）切换到"表格工具"菜单选项卡，单击"转换成文本"按钮 转换成文本，打开如图 4-131 所示的"表格转换成文本"对话框。

（3）根据需要选择单元格内容之间的分隔符。

❖ 段落标记：以段落标记分隔每个单元格的内容。

❖ 制表符：以制表符分隔每个单元格的内容，每行单元格的内容为一个段落。

❖ 逗号：以逗号分隔每个单元格的内容，每行单元格的内容为一个段落。

❖ 其他字符：输入特定字符分隔各个单元格内容。

❖ 转换嵌套表格：将嵌套表格中的内容也转换为文本。

（4）单击"确定"按钮关闭对话框，即可看到表格转换成文本的效果。例如，选择自定义符号">"为分隔符的转换效果如图 4-132 所示。

序号>品牌>商品名>单价>购买地点↵
1>A>茶叶>180>XX 超市↵
2>B>速溶咖啡>69>XX 便利店↵
3>C>酸奶>89>XX 鲜果店↵

图 4-131 "表格转换成文本"对话框   图 4-132 表格转换为文本的效果

4.3.6 计算表格数据

WPS 提供了使用公式计算表格数据的功能，可输入简单的公式进行计算，也可以使用 WPS 2022 自带的函数进行较为复杂的计算。

（1）选中要输入公式的单元格，该单元格也是存放计算结果的位置。

（2）在"表格工具"菜单选项卡中单击"公式"按钮 ，弹出如图 4-133 所示的"公式"对话框。

（3）在"公式"文本框中输入公式，或从"粘贴函数"下拉列表框中选择一个内置的函数。

输入的公式应以"＝"开头，要引用的单元格使用单元格地址（即单元格的"列编号＋行编号"的形式）表示，参数之间用逗号分隔。例如"=SUM(A2,B3)"表示计算 A2 单元格与 B3 单元格的和。如果参数是连续的单元格区域，可以用冒号分隔首尾的两个单元格表示，例如"=SUM(B2:E4)"表示以 B2 和 E4 单元格为对角点形成的矩形区域的和。

> **注意** 在使用 LEFT、RIGHT、ABOVE 作为参数计算时，如果对应的左侧，右侧、上面的单元格有空白单元格，将从最后一个不为空且是数字的单元格开始计算。如果要计算的单元格内存在异常的对象（如文本）时，将自动忽略这些对象。

（4）在如图 4-134 所示的"数字格式"下拉列表框中选择计算结果的格式。

图 4-133 "公式"对话框

图 4-134 选择数字格式

各种格式的意义简要介绍如表 4-1 所示。

表 4-1 数字格式意义

数字格式	数字格式意义
0	保留到整数位，例如：123.45 显示为 123
0.00	保留到小数点后两位，例如：100.111 显示为 100.11
#,##0	每三位整数添加一个逗号分隔，例如：1000000 显示为 1,000,000
#,##0.00	每三位整数添加一个逗号分隔，并保留两位小数，例如：1000000.1 显示为 1,000,000.10
￥#,##0.00	以货币格式显示，例如：1000000 显示为￥1,000,000.00
0%	以百分数形式显示，例如：100 显示为 100%
0.00%	以百分数显示并保留两位小数，例如：100.111 显示为 100.11%
中文小写数字	将数字保留到整数位，并转换为中文小写数字
中文大写数字	将数字保留到整数位，并转换为中文大写数字
人民币大写	将数字保留到整数位，转换为大写，并根据小数位数，在末尾添加"元整"或"角整"

各种中文数字格式的效果如图 4-135 所示。

（5）设置完成后，单击"确定"按钮得到计算结果。

 注意   使用公式计算得到的结果以"域"的形式显示在单元格中，如果表格中的数据发生了变化，只要按 F9 键更新域，计算结果将自动更新。

此外，如果要作为参数计算的单元格相邻，可以选中这些单元格后，在"表格工具"菜单选项卡中单击"快速计算"下拉按钮 ▦快速计算▾，在如图 4-136 所示的下拉菜单中选择计算函数，WPS 将自动在选中区域下方或右侧新建一行或一列显示计算结果。

初赛成绩	决赛成绩	总成绩	格式
29.6	28.9	五十八	中文小写数字
29.6	28.9	伍拾捌	中文大写数字
29.6	28.9	五十八	中文大写数字 2
29.6	28.9	伍拾捌元伍角整	人民币大写

图 4-135　中文数字格式的效果

图 4-136　"快速计算"下拉菜单

4.3.7　排序表格数据

在实际应用中，有时需要对表格中的数据进行排序，例如查看班级成绩排名。利用 WPS 2022 可以最多使用 3 个关键字对数据进行排序。

（1）将光标置于需要排序的表格中，在"表格工具"菜单选项卡中单击"排序"按钮 📊，打开如图 4-137 所示的"排序"对话框。

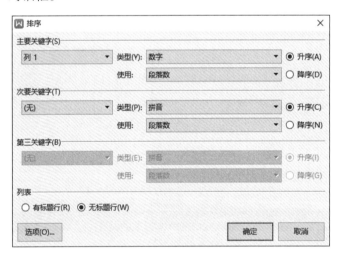

图 4-137　"排序"对话框

（2）在"列表"区域设置关键字的显示方式，以及标题行是否参与排序。

选择"有标题行"单选按钮，在关键字下拉列表框中显示表格各列标题作为关键字；否则显示为默认的列号，且标题行也参与排序。

 提示：   如果表格设置了"重复标题行"，则不能设置"列表"选项。

（3）设置排序关键字、排序依据和排序方式。

WPS 在排序时按主要关键字、次要关键字和第三关键字的优先顺序进行排序，如果关键字的值相同，则依据下一级关键字进行排序。

排序的依据可选择数字、笔划、日期和拼音。

（4）设置完成后，单击"确定"按钮完成操作。

答 疑 解 惑

1. 在利用鼠标调整图片大小时，拖动图片 4 个角的控制点与拖动 4 边中线处的控制点有什么不同？

答：拖动 4 个角上的控制点可以等比例缩放大小；拖动 4 边中线处的控制点只能改变图片的高度或者宽度。

2. 在 WPS 2022 中截取屏幕时，如果想放弃截图该怎么办？

答：按 Esc 键退出截图状态。

3. 怎样调整与图表相关联的 WPS 表格数据区域？

答：在 WPS 表格窗口的预置数据区域右下角可以看到一个蓝色的标记，该标记的位置标示图表中的数据范围。将鼠标指针移到蓝色标记上，指针显示为双向箭头时，按下鼠标左键并拖动可调整数据区域的范围，如图 4-138 所示。

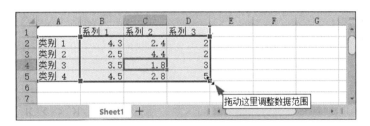

图 4-138　调整数据区域

4. 如果希望表格列宽根据单元格内容的多少或窗口大小自动调整，怎么设置？

答：将光标定位在表格中，在"表格工具"菜单选项卡中单击"自动调整"按钮，在弹出的下拉菜单中选择"根据内容调整表格"或"适应窗口大小"命令。

如果希望表格中的所有行高（或列宽）相同，则选择"平均分布各行"（或"平均分布各列"）命令。

学习效果自测

一、选择题

1. 在 WPS 2022 文字文档中，插入的图片只能放在文字的（　　　）。

　A. 左右　　　　　　　　B. 上下　　　　　　　　C. 中间　　　　　　　　D. 以上均可

2. 在形状列表中选中了"矩形"，按下鼠标左键并拖动的同时按下（　　　）键可以绘制正方形。

　A.Ctrl　　　　　　　　B.Shift　　　　　　　　C.Alt　　　　　　　　D.Ctrl+Alt

3. 在 WPS 文字中，添加在形状中的文字（　　　）。

　A. 会随着形状的缩放而缩放　　　　　　　B. 会随着形状的旋转而旋转

　C. 会随着形状的移动而移动　　　　　　　D. 以上 3 项都正确

4. 下面有关文本框的说法，正确的是（　　　）。

　A. 不可与文字叠放　　　　　　　　　　　B. 有三种类型的文本框

　C. 会随着框内文本内容的增多而自动扩展　D. 文字环绕方式只有 3 种

5. 下列关于表格的说法错误的是（　　　）。

    A. 使用表格模型能创建任意行或列的表格

    B. 利用"插入表格"菜单命令可以指定表格的行列数

    C. 可以按行或列将一个表格拆分为两个表格

    D. 单击左上角的控制点 ✛ 可以选取整个表格

6. 选择某个单元格后，按 Delete 将（　　　）。

    A. 删除该单元格　　　　　　　　　　　　B. 删除整个表格

    C. 删除单元格所在的行　　　　　　　　　D. 删除单元格中的内容

7. 使用 WPS 文字制作了一份会员通讯录，如果希望能快速定位到某位会员的联系方式，可以选择的排序依据是（　　　）。

    A. 笔划　　　　　　　　B. 数字　　　　　　　　C. 日期　　　　　　　　D. 拼音

8. 在 WPS 文字中，选定表格的一列，再执行"剪切"命令，则（　　　）。

    A. 该列各单元格中的内容被删除，变成空白

    B. 该列的边框线被删除，但保留文字

    C. 该列被删除，表格减少一列

    D. 该列不发生任何变化

9. 在 WPS 文字中，对于一个多行多列的空表格，如果当前插入点在表格中部的某个单元格内，按 Tab 键，则（　　　）。

    A. 插入点移至右边的单元格中　　　　　　B. 插入点移至左边的单元格中

    C. 插入点移至下一行第一列单元格中　　　D. 在当前单元格内输入一个制表符

二、填空题

1. 在 WPS 文字中，通过单击图片右侧显示的快速工具栏中的"＿＿＿＿＿"按钮可以设置图片的文字环绕方式。

2. 在 WPS 文字中，如果要将图片效果设置为灰度，可通过单击"＿＿＿＿＿"菜单选项卡中的"＿＿＿＿＿"下拉按钮，在弹出的下拉菜单中选择"灰度"命令实现。

3. 在文本框中输入文本时，"＿＿＿＿＿"和"＿＿＿＿＿"文本框的大小是固定的，文本内容超出文本框的显示范围时，超出的部分不可见；"＿＿＿＿＿"文本框则随其中内容的增加而自动扩展，以完全容纳所有内容。

第 5 章

编排长文档

本章导读

　　针对篇幅较长的文档，WPS 2022 提供了实用的编辑、管理工具，可以帮助用户快速理清文档层次和脉络。例如，使用大纲视图组织文档的纲要，使用书签定位文档，使用目录整理长篇文档的结构，使用样式简化文档格式的编排流程，使用引用添加附加信息和快速参考，等等。

学习要点

- ❖ 组织长文档的结构
- ❖ 使用分隔符划分章节
- ❖ 应用样式统一格式
- ❖ 插入目录和引用

5.1 组织文档结构

长文档通常结构复杂，各级标题交错，用户一般不容易把握文档的结构。使用大纲视图能以提纲的形式分级显示各级标题和正文，文档结构一目了然。切换到页面视图，使用导航窗格可以查看文档结构，便于编辑文档正文。

5.1.1 为标题设置大纲级别

WPS 提供了 9 级标题样式，可以很方便地将文档中的标题设置为不同的级别，直观地显示文档的层次结构。

（1）在"视图"菜单选项卡中单击"大纲"按钮，切换到大纲视图。

（2）选中要设置大纲级别的段落，在"大纲级别"下拉列表框中选择需要的级别，如图 5-1 所示。

图 5-1　选择大纲级别

从图 5-1 中可以看到，WPS 提供了 9 级标题级别和一个正文级别，最高的级别为"1 级"，最低的级别为"正文文本"。

（3）使用与上一步相同的方法设置其他标题的大纲级别。设置完成后，可以看到不同级别的标题有不同的缩进值。级别越高，向右缩进越小，同级标题缩进对齐，如图 5-2 所示，文档的层次结构一目了然。每个标题左侧显示一个符号，⊕ 表示在该标题包含正文或级别更低的标题， □ 表示该标题不包含正文或级别较低的标题， □ 表示该级内容为正文文本。

（4）在大纲中选择要进行编辑的标题。单击标题左侧的符号，可选中包含该标题在内的子标题和正文；如果仅选择一个标题，不包括其中的子标题和正文，可以将鼠标指针移到标题左侧的空白处单击。

（5）更改标题的级别。在"大纲"菜单选项卡中单击"提升"按钮↰或"降低"按钮↳，可将选中的标题层次级别提高或降低一级；单击"降低至正文"按钮↳可将标题降级为正文，单击"提升至标题 1"按钮↰可将正文升级为标题 1。也可以在"大纲级别"下拉列表框中直接选择标题的级别。

此外，通过调整标题的缩进量也可以便捷地更改标题的级别。将鼠标指针移到标题左侧的符号上，指针显示为四向箭头✛时，按下鼠标左键横向拖动，此时会显示一条灰色的竖线和蓝色的数字框标示到达的缩进位置和标题级别，如图 5-3 所示，拖动到合适的位置释放即可。

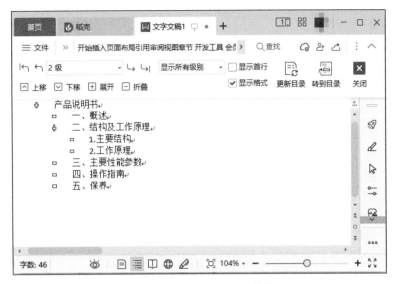

图 5-2　不同级别标题的缩进效果

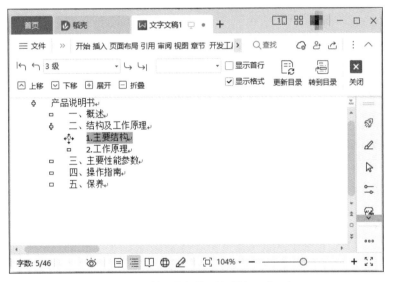

图 5-3　使用鼠标拖动调整标题级别

（6）调整同级标题的排列次序。选中要移动的标题或内容，在"大纲"菜单选项卡中单击"上移"按钮 上移 或"下移"按钮 下移 。

（7）设置完成后，在"大纲"菜单选项卡中单击"关闭"按钮 关闭 ，即可退出大纲视图。

5.1.2　更改显示级别

创建文档大纲后，可以根据需要隐藏低级别的标题，仅显示某几级的标题结构。

（1）切换到大纲视图，在"显示级别"下拉列表框中可以选择要在大纲中显示的级别，如图 5-4 所示。

此时，只有所选级别及更高级别的标题显示在大纲中，其余内容则隐藏。包含隐藏内容的标题下方显示一条灰色的横线。

如果选择"显示所有级别"选项，则在大纲视图中显示包括正文在内的所有内容。

提示：

如果选中"显示首行"复选框，则多行段落文本只显示第一段的首行。大纲中的内容默认显示应用的文本格式，取消选中"显示格式"复选框可以取消显示内容的字符格式。

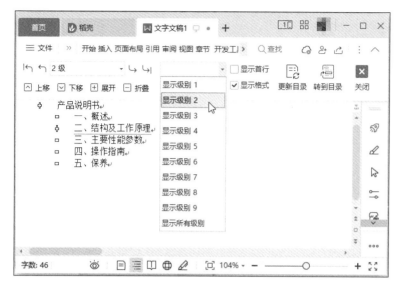

图 5-4 "显示级别 2"的大纲效果

（2）双击下方显示有横线的标题，或选中标题后单击"展开"按钮，可以显示对应标题下隐藏的内容。对应地，双击要隐藏内容的标题，或选中标题后单击"折叠"按钮，可以隐藏对应标题的下属内容。

5.1.3 使用导航窗格

在"页面"视图中，利用导航窗格可以很方便地查看文档的层次结构。

（1）切换到"页面"视图，在"视图"菜单选项卡中单击"导航窗格"下拉按钮，弹出如图 5-5 所示的下拉菜单。

（2）在下拉菜单中选择导航窗格的显示位置。例如，选择"靠左"的显示效果如图 5-6 所示。

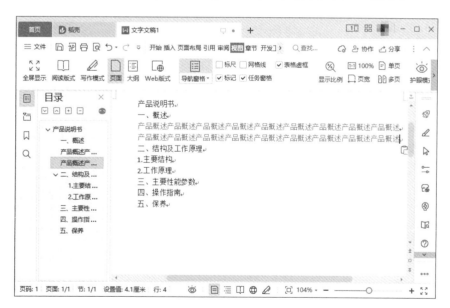

图 5-5 "导航窗格"下拉菜单

图 5-6 导航窗格靠左显示

（3）根据需要在导航窗格中选择功能面板。

导航窗格默认显示文档的目录，利用左侧的任务栏，可以在目录、章节、书签和查找替换面板之间进行切换。

在"目录"面板中可以查看整个文档的标题结构,单击某个标题可以在文档中迅速定位到对应的位置。单击标题左侧的"折叠"按钮 ∨ 或"展开"按钮 〉,可折叠或展开标题的下属内容。

"章节"面板以页面缩略图的形式显示文档内容,单击某个页面的缩略图,可以快速定位到指定的页面。

"书签"面板按名称或位置显示文档中的所有书签,单击某个书签,可快速跳转到指定的位置。

"查找和替换"面板用于在文档中查找、批量替换在搜索栏中输入的关键字,并以黄色加亮突出显示查找结果所在位置,如图 5-7 所示。单击某个查找结果,也可快速定位到指定位置。

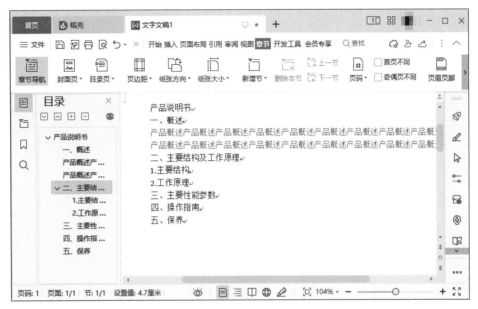

图 5-7　定位搜索结果

（4）如果要在目录中新增一个目录项,应选中一个与新目录项邻近的目录项,右击,在如图 5-8 所示的快捷菜单中选择添加目录项的位置和类型,即可在选中的目录项上方或下方新增一个目录项占位行,对应的文档位置也新增一行用于输入目录项,如图 5-9 所示。

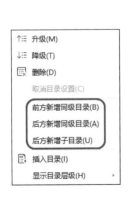

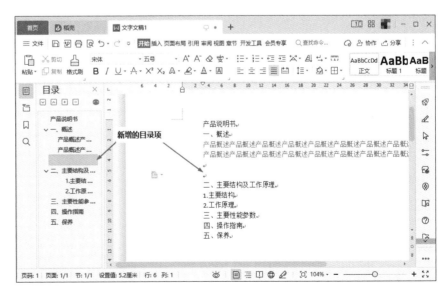

图 5-8　目录项的右键快捷菜单　　　　　　　　图 5-9　新增目录项

如果要在当前目录项下方新增一个与之同级的目录项,可以直接单击"目录"面板顶部的"新增同级目录项"按钮 ⊞。

上机练习——《创业计划书》提纲

本节练习制作《创业计划书》的提纲，通过对操作步骤的详细讲解，帮助读者掌握在大纲视图中更改标题的大纲级别的操作方法。

5-1 上机练习——《创业计划书》提纲

首先切换到大纲视图，设置各级标题的大纲级别；然后自定义编号格式，定义三级文本的编号样式；最后为四级标题文本添加编号，创建列表。最终效果如图 5-10 所示。

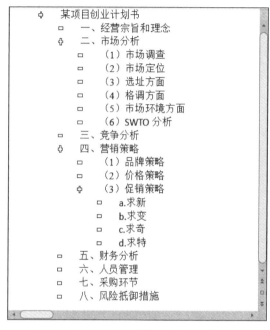

图 5-10 《创业计划书》提纲最终效果图

操作步骤

（1）打开一个已创建各级标题文本的文字文档，在"视图"菜单选项卡中单击"大纲"按钮 ，切换到大纲视图，文档效果如图 5-11 所示。

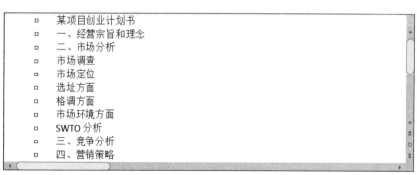

图 5-11 文档初始效果

（2）选中文档标题，在"大纲级别"下拉列表框中选择"1级"，其他标题文本自动向右缩进，左侧显示符号 □ ，表示该级内容为上一级文本的正文，如图 5-12 所示。

图 5-12　设置 1 级标题文本的效果

（3）按住 Ctrl 键选中要设置为 2 级标题的文本，在"大纲级别"下拉列表框中选择"2 级"，选中标题的下方、同级标题上方的文本自动向右缩进，显示为 2 级标题的正文，如图 5-13 所示。

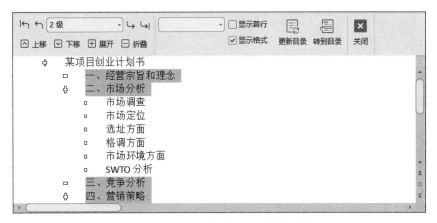

图 5-13　设置 2 级标题文本的效果

（4）按住 Ctrl 键选中要设置为 3 级标题的文本，在"大纲级别"下拉列表框中选择"3 级"。如果选中的标题文本不包含正文或是较低级别的标题，则标题文本左侧显示符号 □ ，如图 5-14 所示。

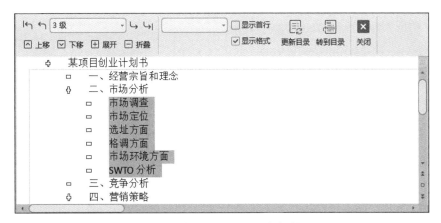

图 5-14　设置 3 级标题文本的效果

（5）按住 Ctrl 键选中要设置为 4 级标题的文本，在"大纲级别"下拉列表框中选择"4 级"，如图 5-15 所示。

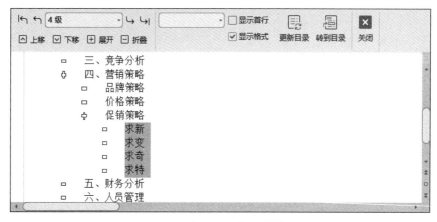

图 5-15　设置 4 级标题的效果

　　至此，大纲级别设置完成。接下来自定义编号列表，定义 3 级文本的编号样式。

　　（6）选中要添加编号的标题文本，在"开始"菜单选项卡中单击"编号"下拉按钮⚏，在弹出的下拉菜单中选择"自定义编号"命令，打开"项目符号和编号"对话框。在"编号"选项卡中选中一种编号样式，如图 5-16 所示。

　　（7）单击"自定义"按钮，打开"自定义编号列表"对话框。在"编号格式"文本框中，将英文括号修改为中文括号。然后单击"高级"按钮展开更多选项，设置文字的缩进位置为"2 字符"，如图 5-17所示。

图 5-16　选择编号样式

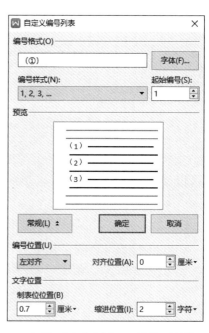

图 5-17　"自定义编号列表"对话框

　　（8）单击"确定"按钮关闭对话框，可以看到选中的标题文本左侧自动添加编号，如图 5-18 所示。

　　（9）选中创建的列表，在"开始"菜单选项卡中单击"格式刷"按钮⚏，将格式复制到其他标题文本，列表将继续前一列表的编号。在列表上右击，在弹出的快捷菜单中选择"重新开始编号"命令，效果如图 5-19 所示。

　　（10）选中第 4 级文本，在"开始"菜单选项卡中单击"编号"下拉按钮⚏，在弹出的下拉菜单中选择一种编号样式，效果如图 5-20 所示。

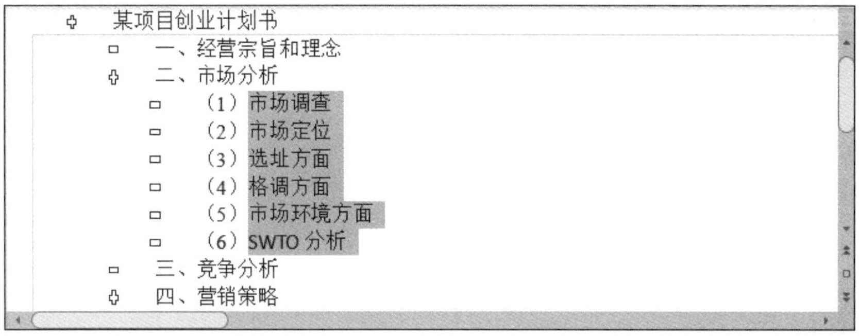

图 5-18　自定义编号列表的效果

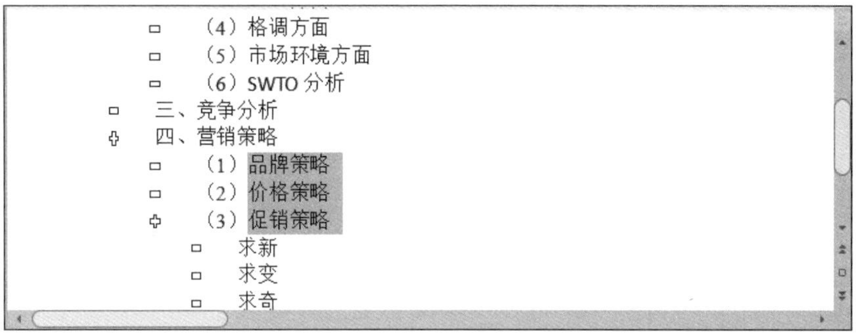

图 5-19　复制编号格式的效果

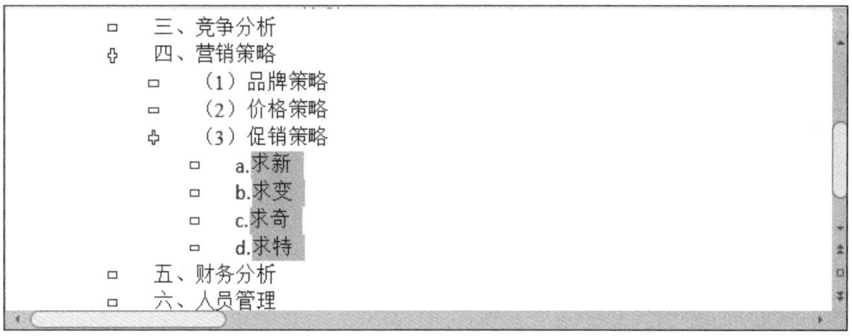

图 5-20　创建编号列表

至此，提纲创建完成，最终效果如图 5-10 所示。

5.1.4　智能识别目录

在查阅长文档时，如果希望能尽快了解文档的大纲结构，使用 WPS 提供的智能识别目录功能可能会有惊喜。

（1）打开导航窗格，在"目录"面板中单击右上角的"智能识别目录"按钮 智能识别目录 ，弹出如图 5-21 所示的"WPS 文字"对话框。

该对话框中显示当前文档的内容，并询问用户是否启用 WPS AI 助手识别目录。

（2）单击"确定"按钮，即可在导航窗格中显示自动生成的目录。

提示：　智能识别目录的主要原理是识别文档中的关键字，例如第 1 章、第 2 章、……，以及中文和阿拉伯数字，然后在此基础上进行分类。因此，如果希望智能识别的目录能达到预期效果，可以去除文档格式后，对文档进行初步的数字标记，再进行智能识别。

（3）智能识别的结果通常不能达到预期效果，还要进行手动整理。

　　如果应显示为目录的标题没有识别出来，可以在对应的内容行上右击，在弹出的快捷菜单中选择"设置目录级别"命令，然后在级联菜单中选择目录级别，如图 5-22 所示。选择"普通文本"可将标题降级为正文文本，不在目录中显示。

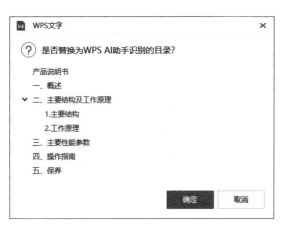

图 5-21　"WPS 文字"对话框

图 5-22　设置目录级别

5.2　使用分隔符划分章节

　　长篇文档通常包含多个并列或层级的组成部分，在编排这类文档时，合理地进行分页和分节能使文档结构更清晰。将文档内容分页或分节后，还可以在不同的内容部分采用不同的页面布局和版面设置。

5.2.1　使用分页符分页

　　分页符用于标记一页终止并开始下一页。默认情况下，文档内容超出页面能容纳的行数时，会自动进入下一页。如果希望文档中指定位置之后的内容在新的一页开始显示，可以利用分页符进行精准分页。

　　（1）将光标定位在需要分页的位置，在"插入"菜单选项卡中单击"分页"下拉按钮，弹出如图 5-23 所示的下拉菜单。

　　（2）选择"分页符"命令，或直接按快捷键 Ctrl+Enter，即可在指定位置显示分页符标记，如图 5-24 所示。分页符前、后的页面属性默认保持一致。

图 5-23　"分页"下拉菜单

图 5-24　插入"分页符"的效果

分栏符通常用于分栏文档中，将分栏符之后的内容移至另一栏显示。如果文档为单栏，则效果与分页符相同。

使用换行符可以从指定位置强制换行，并在换行位置显示换行标记↓。换行符前后的文本段落仍属于同一个段落。

5.2.2　使用分节符分节

使用分节符可以将文档内容按结构分为不同的"节"，在不同的"节"使用不同的页面设置或版式。

（1）将光标定位在文档中需要分节的位置。

（2）在"插入"菜单选项卡中单击"分页"下拉按钮，在弹出的下拉菜单中选择需要的分节符。

❖ 下一页：插入点之后的内容作为新节内容移到下一页。

❖ 连续：插入点之后的内容换行显示，但可设置新的格式或版面，通常用于混合分栏的文档。

❖ 偶数页：插入点之后的内容转到下一个偶数页开始显示。如果插入点在偶数页，将自动插入一个空白页。

❖ 奇数页：插入点之后的内容转到下一个奇数页开始显示。如果插入点在奇数页，将自动插入一个空白页。

插入分节符后，上一页的内容结尾处显示分节符的标记。如果要删除分节符，可将光标定位在分节符左侧，然后按 Delete 键。

利用"章节"菜单选项卡中如图 5-25 所示的"新增节"下拉菜单，也可以很方便地创建分节符。单击"删除本节"按钮，可删除当前光标定位点所在的节内容以及分节符标记；单击"上一节"或"下一节"按钮，可将光标定位点移到上一节或下一节的开始位置。

图 5-25　"新增节"下拉菜单

5.3　应用样式统一格式

在编排长文档时，为保证文档的风格统一，通常要求对许多的文字和段落设置相同的格式。如果逐一设置或者通过格式刷复制格式，不仅费时、费力、易出错，而且一旦要进行格式更改，就要全部重新设置，这无疑是一项很庞杂的工作。通过定义样式可以简化文档编排流程，减少重复性的操作，只需要修改样式，应用样式的文本或段落会自动更新，从而高效地制作高质量的文档。

5.3.1　套用样式

简单地说，样式是应用于文档页面对象的一组格式集合。通过样式可以对选中的页面对象一键应用多种格式。

WPS 2022 内置了几种标题样式和正文样式，在"开始"菜单选项卡"样式和格式"功能组的"样式"下拉列表框中就可看到，如图 5-26 所示。单击某样式即可应用到选中的文本或段落。

利用"样式和格式"任务窗格也可以很方便地使用样式。

（1）选择要应用某种内置样式的段落（可以是多个段落），单击图 5-26 所示的"样式和格式"功能组右下角的扩展按钮，在文档编辑窗口右侧显示如图 5-27 所示的"样式和格式"任务窗格。

在"请选择要应用的格式"列表框中可以看到，每个样式名称的右侧都显示了一个符号，这些符号用于指明样式的类型。符号↵表明是段落样式；a 表明是字符样式。

（2）在"请选择要应用的格式"列表框中单击需要的样式即可应用到所选文本或段落。

如果要清除应用于文本或段落的样式，应在选中文本或段落后，在"样式和格式"任务窗格中单击"清除格式"按钮。

图 5-26 "样式和格式"功能组　　　　　　图 5-27 "样式和格式"任务窗格

5.3.2 自定义样式

如果觉得内置的样式没有新意，希望创建个性化的格式，可以自定义新样式。

（1）在"样式和格式"任务窗格中单击"新样式"按钮，或在"样式和格式"功能组中单击"新样式"按钮，在下拉菜单中选择"新样式"命令，弹出如图 5-28 所示的"新建样式"对话框。

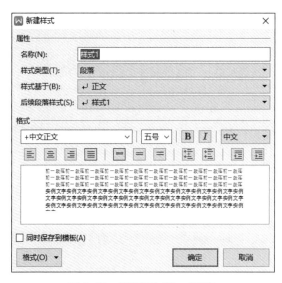

图 5-28 "新建样式"对话框

（2）根据需要在"属性"区域设置新样式的类型；在"格式"区域设置字体格式和段落格式。

❖ 名称：输入新样式的样式名。在样式库中将以该名称显示当前新建的样式。

❖ 样式类型：选择样式的适用范围是段落还是字符。

❖ 样式基于：指定一个内置样式作为基准创建新样式。

注意　　　　一旦在"样式基于"下拉列表框中选择了一种基准样式，则以后修改该样式的格式时，新建样式的格式也会随之发生变化。

❖ 后续段落样式：指定应用当前样式的段落的后续段落的样式。

❖ 同时保存到模板：将新样式添加到当前使用的模板中，以后基于这个模板建立的新文档都可以使用这种样式。

❖ 格式：单击此按钮弹出如图 5-29 所示的下拉菜单，利用其中的命令可以分别设置样式的字体、段落、制表位、边框、编号、快捷键和文本效果。

（3）完成设置后，单击"确定"按钮关闭对话框，即可在"样式"下拉列表框中看到创建的样式。

图 5-29　"格式"下拉菜单

5.3.3　修改样式

用户在编排文档的过程中，可以根据需要修改已应用的某种样式，修改样式后，所有应用该样式的文本自动更新。

（1）在文档中选中一处应用样式的文本，该样式将在"样式和格式"任务窗格中自动处于选中状态。

（2）在要修改的样式上右击，在弹出的快捷菜单中选择"修改"命令，如图 5-30 所示。

（3）在如图 5-31 所示的"修改样式"对话框中修改格式。

图 5-30　选择"修改"命令

图 5-31　"修改样式"对话框

（4）修改完成以后，单击"确定"按钮关闭对话框，文档中应用了该样式的文本格式也随之发生变化。

在"样式"任务窗格中单击"管理样式"按钮 ，如图 5-32 所示，打开如图 5-33 所示的"管理样式"对话框，在"编辑"选项卡的"选择要编辑的样式"列表框中选择要修改的样式，单击"修改"按钮，同样可以打开如图 5-31 所示的"修改样式"对话框进行样式修改。

对于文档中多余的、无用的样式，可以删除。在"样式和格式"任务窗格中找到要删除的样式，右击，在弹出的快捷菜单中选择"删除"命令，弹出如图 5-34 所示的提示对话框询问是否要删除。单击"确定"按钮即可删除样式。

删除样式后，文档中已应用该样式的文本将自动清除该样式对应的格式。

图 5-32　单击"管理样式"按钮

图 5-33　在"管理样式"对话框中修改样式

图 5-34　删除样式的提示对话框

上机练习——设置《创业计划书》的格式

 　　本节练习自定义各级标题的样式，从而统一《创业计划书》大纲的格式设置。通过对操作步骤的详细讲解，帮助读者掌握新建样式、应用样式的操作方法。

5-2　上机练习——设置《创业计划书》的格式

 　　首先创建一级标题文本的字体、字号、对齐方式，并选中标题文本应用样式；然后使用类似的方法创建二级文本和三级文本的样式；最后新建列表样式，修改四级文本的格式。最终效果如图 5-35 所示。

操作步骤

（1）切换到"页面"视图，打开要设置格式的文字文档，如图 5-36 所示。

（2）在"开始"菜单选项卡中单击"新样式"按钮，打开"新建样式"对话框。设置样式名称为"一级文本"，样式基于"标题 1"，字体为"黑体"，字号为"二号"，字形加粗，对齐方式为"居中对齐"，如图 5-37 所示。

（3）单击"确定"按钮关闭对话框。选中文档标题，在"样式"下拉列表框中选择新建的样式"一级文本"，选中文本即可应用指定的样式，如图 5-38 所示。

接下来新建样式，定义二级标题的文本格式。

（4）按住 Ctrl 键选中所有二级标题文本，在"开始"菜单选项卡中单击"新样式"按钮，打开"新建样式"对话框。设置样式名称为"二级文本"，样式基于"标题 2"，字体为"微软雅黑"，字号为"三号"，字形加粗，对齐方式为"两端对齐"，如图 5-39 所示。

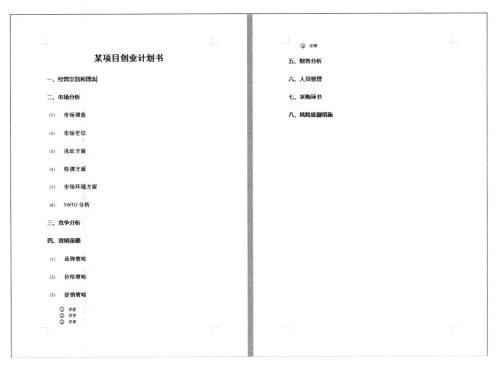

图 5-35　最终效果图

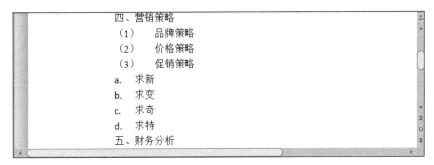

图 5-36　文档的初始效果

图 5-37　新建一级标题的样式

图 5-38 应用样式的效果

图 5-39 定义二级标题的样式

（5）单击"确定"按钮关闭对话框，选中的标题文本即可应用定义的样式，如图 5-40 所示。

图 5-40 应用样式的二级标题效果

（6）选中部分三级标题文本，在"开始"菜单选项卡中单击"新样式"按钮，打开"新建样式"对话框。设置样式名称为"三级文本"，样式基于"标题 3"，字体为"华文中宋"，字号为"四号"，对齐方式为"左对齐"。然后单击"增加缩进量"按钮两次，调整文本的缩进位置，如图 5-41 所示。

（7）单击"确定"按钮关闭对话框，即可看到选中的标题文本应用指定的样式，如图 5-42 所示。然后选中其他三级标题文本，在"样式"下拉列表框中选择新建的样式"三级文本"。

接下来自定义编号格式，将四级标题文本创建为编号列表。

（8）选中四级文本，在"开始"菜单选项卡中单击"新样式"按钮，打开"新建样式"对话框。设置样式名称为"列表 1"，样式基于"列表"，字体为"宋体"，字号为"五号"，对齐方式为"两端对齐"，

图 5-41　定义三级标题的样式

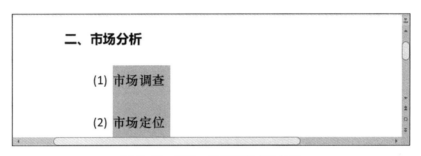

图 5-42　应用三级标题样式的效果

行距为"单倍行距"，如图 5-43 所示。

（9）单击"格式"按钮，在弹出的下拉菜单中选择"编号"命令，打开"项目符号和编号"对话框。在"编号"选项卡中选中带圈的数字编号，如图 5-44 所示。

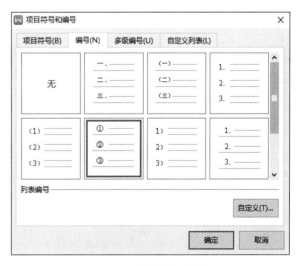

图 5-43　定义列表样式　　　　　　　　　　图 5-44　选择编号样式

（10）单击"自定义"按钮打开"自定义编号列表"对话框，然后单击"高级"按钮展开更多选项，设置文字的缩进位置为"2 字符",如图 5-45 所示。

（11）单击"确定"按钮关闭对话框，即可看到选中的文本应用了指定的编号样式，如图 5-46 所示。

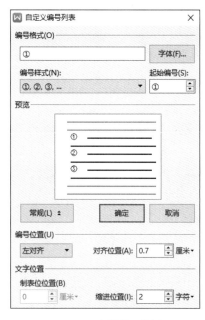

图 5-45 定义编号样式

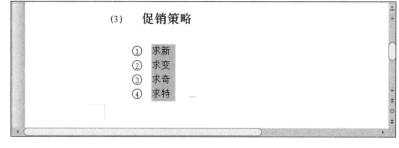

图 5-46 应用编号样式的效果

至此，实例制作完成，文档的最终效果如图 5-35 所示。

5.4 添加引用

在编排长篇文档时，通常要创建目录以便查阅，摘录文档中的术语或主题并标明出处以便检索，或添加引用文献的标注以尊重他人的版权。这些看似烦琐的操作在 WPS 2022 中都能通过使用引用迎刃而解。

5.4.1 插入文档目录

对于长篇文档来说，目录是文档不可或缺的重要组成部分，它可帮助用户快速把握文档的提纲要领，定位到指定章节。

 注意 WPS 通过识别文档中的标题级别创建目录。因此，如果大纲级别为"正文文本"，或大纲级别低于目录要包含的级别时，相应的标题不会被提取到目录中。

（1）选中需要显示在目录中的标题，切换到"开始"菜单选项卡，在如图 5-47 所示的"样式"下拉列表框中选择相应级别的标题样式。

（2）将光标定位在要插入目录的位置，切换到"引用"菜单选项卡，单击"目录"下拉按钮，弹出如图 5-48 所示的下拉列表框。

（3）WPS 内置了几种目录样式，单击即可插入指定样式的目录。单击"自定义目录"命令，可打开如图 5-49 所示的"目录"对话框，自定义目录标题与页码之间的分隔符、显示级别和页码显示方式。

"显示级别"下拉列表框用于指定在目录中显示的标题的最低级别，低于此级别的标题不会在目录中显示。

如果选中"使用超链接"复选框，目录项将显示为超链接，单击它则跳转到相应的标题内容。

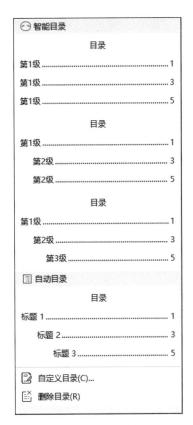

图 5-48 "目录"下拉列表框

图 5-47 "样式"下拉列表框

　　如果要将目录项的级别和标题样式的级别对应起来,可单击"选项"按钮,打开如图 5-50 所示的"目录选项"对话框进行设置。

　　(4)设置完成后,单击"确定"按钮,即可插入目录。此时,按住 Ctrl 键单击目录项,即可跳转到对应的位置。

　　如果对目录的结构或内容进行了修改,应更新目录,使目录结构与文档结构保持一致。

　　(5)在目录中右击,在弹出的快捷菜单中选择"更新域"命令,或直接按功能键 F9,打开如图 5-51 所示的"更新目录"对话框。

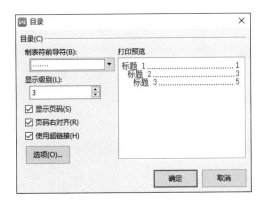

图 5-49 "目录"对话框

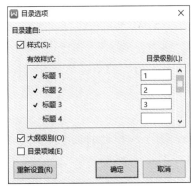

图 5-50 "目录选项"对话框

图 5-51 "更新目录"对话框

　　(6)如果文档的目录结构没有改动,可以选择"只更新页码"单选按钮;如果修改了文档结构,则选择"更新整个目录"单选按钮,同时更新目录的标题和页码。设置完成后,单击"确定"按钮关闭对话框。

5.4.2　使用题注自动编号

如果文档中包含大量的图片、图表、公式、表格，手动添加编号会非常耗时，而且容易出错。如果后期又增加、删除或者调整了这些页面元素的位置，那么还需要重新编号排序。使用题注功能可以为多种不同类型的对象添加自动编号，修改后还可以自动更新。

（1）选择需要插入题注的对象，在"引用"菜单选项卡单击"题注"按钮，打开如图 5-52 所示的"题注"对话框。

此时，"题注"文本框中自动显示题注类别和编号，不要修改该内容。

（2）在"标签"下拉列表框中选择需要的题注标签，"题注"文本框中的题注类别自动更新为指定标签。

如果下拉列表框中没有需要的标签，可以单击"新建标签"按钮，在弹出的"新建标签"对话框的"标签"文本框中输入新的标签。

（3）在"位置"下拉列表框中选择题注的显示位置。

（4）题注由标签、编号和说明信息 3 部分组成，如果不希望在题注中显示标签，应选中"题注中不包含标签"复选框。

（5）单击"编号"按钮打开"题注编号"对话框，在如图 5-53 所示的"格式"下拉列表框中选择编号样式，然后设置编号中是否包含章节编号。

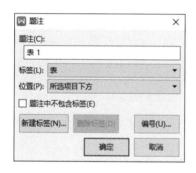

图 5-52　"题注"对话框

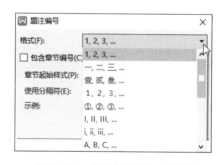

图 5-53　"题注编号"对话框

（6）设置完成，单击"确定"按钮关闭对话框，即可在指定位置插入题注。对于插入文档中的题注，可以像普通文档一样设置格式和样式。

如果在文档中插入新的题注，则所有同类标签的题注编号将自动更新。如果删除了某个题注，在快捷菜单中选择"更新域"命令，或直接按 F9 键可以更新所有题注。

如果要更改题注的标签类型，可以先选中一个需要更改的题注，然后打开"题注"对话框进行修改。

5.4.3　添加脚注和尾注

脚注一般显示在页面底部，用于注释当前页中难以理解的内容；尾注通常出现在整篇文档的末尾，用于说明引用文献的出处。

脚注和尾注都由注释标记和注释文本两部分组成，注释标记是标注在需要注释的文字右上角的标号，注释文本是详细的说明文本。

1. 添加脚注

（1）将光标定位在需要插入脚注的位置，在"引用"菜单选项卡中单击"插入脚注"按钮，WPS 将自动跳转到该页的底端，显示一条分隔线和注释标记。

（2）输入脚注内容，如图 5-54 所示。

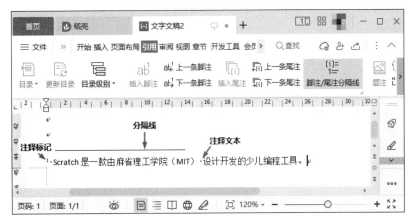

图 5-54　插入脚注

（3）输入完成后，在插入脚注的文本右上角显示对应的脚注注释标号。将鼠标指针移到标号上，指针显示为 ，并自动显示脚注文本提示，如图 5-55 所示。

（4）重复上述步骤，在 WPS 文档中添加其他脚注。添加的脚注会根据脚注在文档中的位置自动调整顺序和编号。

（5）如果要修改脚注的注释文本，直接在脚注区域修改文本内容即可。

（6）如果要修改脚注格式和布局，应在"引用"菜单选项卡中单击"脚注和尾注"功能组右下角的扩展按钮，在如图 5-56 所示的"脚注和尾注"对话框中修改脚注显示的位置、注释标号的样式、起始编号、编号方式和应用范围。

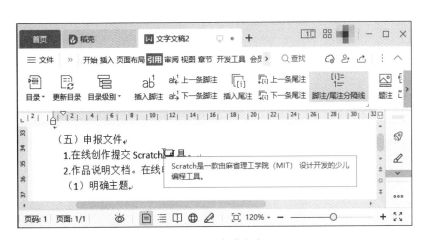

图 5-55　查看脚注

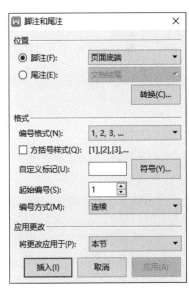

图 5-56　"脚注和尾注"对话框

如果希望将一种特殊符号作为脚注的注释标号，可单击"符号"按钮，在弹出的"符号"对话框中选择符号。

（7）如果要删除脚注，在文档中选中脚注标号后，按 Delete 键即可。

提示：

删除脚注后，WPS 会自动调整脚注的编号，无须手动调整。

2. 添加尾注

（1）将光标置于需要插入尾注的位置。

（2）在"引用"菜单选项卡中单击"插入尾注"按钮 ，WPS 将自动跳转到文档的末尾位置，显示一条分隔线和一个注释标号。

（3）直接输入尾注内容。输入完成后，将鼠标指针指向插入尾注的文本位置，自动显示尾注文本提示。

与脚注类似，在一个页面中可以添加多个尾注，WPS 会根据尾注注释标记的位置自动调整顺序并编号。如果要修改尾注标号的格式，可以打开如图 5-56 所示的"脚注和尾注"对话框进行设置。

5.4.4 创建交叉引用

交叉引用就是在文档中的一个位置引用其他位置的题注、尾注、脚注、标题等内容，以便快速定位或相互参考。

（1）将光标定位在需要创建交叉引用的位置，在"引用"菜单选项卡中单击"交叉引用"按钮 交叉引用，打开如图 5-57 所示的"交叉引用"对话框。

图 5-57 "交叉引用"对话框

 注意　在创建交叉引用之前，文档中必须有要引用的项目（例如题注、标题、脚注等）。

（2）在"引用类型"下拉列表框中选择要引用的类型，包括标题、书签、脚注、尾注、图表、表、公式和图。

（3）在"引用内容"下拉列表框中选择引用的内容。

不同的引用类型对应的引用内容也不同。例如：编号项可以引用段落编号、文字或页码；标题可以引用标题文字，也可以引用标题编号或页码。

（4）如果希望引用的内容以超链接的形式插入文档中，单击直接跳转到引用的内容，选中"插入为超链接"复选框。

（5）在"引用哪一个编号项"列表框中选择一个可以引用的引用项。

 提示：　选择的引用类型不同，该列表框顶部显示的文字也不一样。例如选择"标题"，则显示为"引用哪一个标题"。

（6）设置完成后，单击"插入"按钮即可在指定位置插入一个交叉引用。单击"关闭"按钮关闭"交叉引用"对话框。

　　此时，按住 Ctrl 键单击文档中的交叉引用，即可跳转至引用指定的位置。

　　如果要修改交叉引用，应在选定要改动的交叉引用后，再次打开"交叉引用"对话框，修改引用类型和内容，重新选择引用项，然后单击"插入"按钮。

上机练习——在《行为主义学习理论》中添加引用

本节练习在文档中为图片添加题注，为人名添加脚注，并创建交叉引用建立图文的链接。通过对操作步骤的详细讲解，帮助读者进一步熟悉插入题注、脚注的方法，学会灵活利用"脚注和尾注"对话框修改脚注格式的步骤，掌握通过交叉引用实现图文快速定位的具体操作。

5-3　上机练习——在《行为主义学习理论》中添加引用

首先选中要添加题注的图片，利用"题注"对话框指定题注的标签和样式，在图片下方插入图片的文字说明；然后为选中的人名添加脚注，并利用"脚注和尾注"对话框修改脚注的格式；最后利用"交叉引用"对话框设置引用类型、引用内容和要引用的题注，实现图文的参考链接以及自动更新。文档首页的最终效果如图 5-58 所示。

行为主义学习理论

　　行为主义学习理论诞生于 20 世纪初，是在反对结构主义心理学的基础上发展起来的，代表人物有巴甫洛夫、桑代克、斯金纳、班杜拉等。行为主义学习理论"重视与有机体生存有关的行为的研究，注意有机体在环境中的适应行为，重视环境的作用"。

　　1 巴甫洛夫[1] 的经典条件反射

　　俄国著名的生理学家巴甫洛夫通过用狗作为实验对象（如图 1 所示），提出了广为人知的条件反射。

图 1　巴甫洛夫的经典条件反射

　　（1）保持与消退。

　　巴甫洛夫发现，在动物建立条件反射后继续让铃声与无条件刺激（食物）同时呈现，狗的条件反射行为（唾液分泌）会持续地保持下去。但当多次伴随条件刺激物（铃声）的出现而没有相应的食物时，则狗的唾液分泌量会随着实验次数的增加而自行减少，这便是反应的消退。

　　教学中，有时教师及时的表扬会促进学生暂时形成某一良好的行为，但如果过了一些时候，当学生在日常生活中表现出良好的行为习惯而没有再得到教师的表扬，这一行为很有可能会随着时间的推移而逐渐消退。

　　[1] 伊万·彼德罗维奇·巴甫洛夫（英文：Ivan Petrovich Pavlov，1849 年 9 月 26 日—1936 年 2 月 27 日），俄国生理学家、心理学家、医师、高级神经活动学说的创始人，高级神经活动生理学的奠基人，条件反射理论的建构者。1904 年因在消化系统生理学方面取得的开拓性成就，获得诺贝尔生理学与医学奖。

图 5-58　文档首页的最终效果

操作步骤

　　（1）打开要添加引用的文字文档，选择要添加题注的图片，如图 5-59 所示。

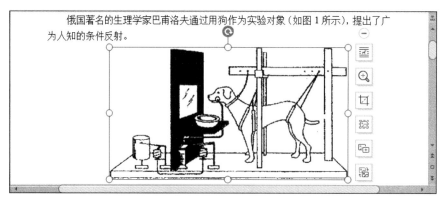

图 5-59　要插入题注的图片

（2）切换到"引用"菜单选项卡，单击"题注"按钮 题注 打开"题注"对话框。设置"标签"为"图"，"位置"为"所选项目下方"，"题注"文本框中自动显示为"图 1"。在题注编号后面输入两个空格，然后输入图片的说明文字，如图 5-60 所示。

（3）单击"确定"按钮关闭对话框，即可在选中的图片下方插入题注，如图 5-61 所示。

图 5-60　设置图 1 题注

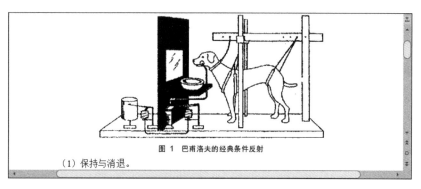

图 5-61　插入图 1 题注

（4）选中第二张要插入题注的图片，在"引用"菜单选项卡中单击"题注"按钮 题注 打开"题注"对话框。可以看到题注编号自动继排。在题注编号后面输入两个空格，然后输入图片的说明文字，如图 5-62 所示。

（5）单击"确定"按钮关闭对话框，即可在选中的图片下方插入题注，如图 5-63 所示。

图 5-62　设置图 2 题注

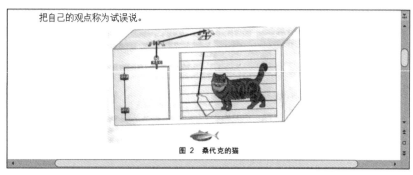

图 5-63　插入图 2 题注

（6）按照步骤（4）和步骤（5）的方法，插入其他图片的题注，如图 5-64 所示。

接下来为人名添加脚注。

（7）将光标定位在要插入脚注的位置，如图 5-65 所示的"班杜拉"右侧。

图 5-64　设置其他图片题注

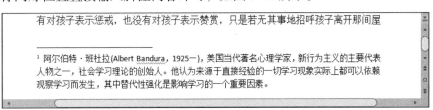

图 5-65　定位光标插入点

（8）在"引用"菜单选项卡中单击"插入脚注"按钮 ，光标自动跳转到该页面的底部，并显示脚注编号。在光标闪烁位置直接输入脚注内容即可，如图 5-66 所示。

图 5-66　输入脚注内容

（9）输入完成后，在插入脚注的位置也可以看到脚注编号，将鼠标指针移到添加了脚注的文本位置，将自动显示脚注内容，如图 5-67 所示。

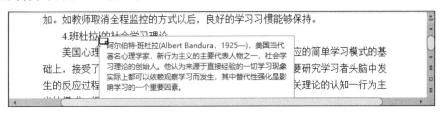

图 5-67　在文档中查看脚注

（10）按照步骤（7）和步骤（8）的方法插入其他脚注，脚注编号根据脚注在文档中的位置自动更新。

例如，在上一步添加脚注的文本之前添加脚注，新添加的脚注编号自动更新为"1"，如图 5-68（a）所示，之前添加的脚注编号自动更新为"2"，如图 5-68（b）所示。

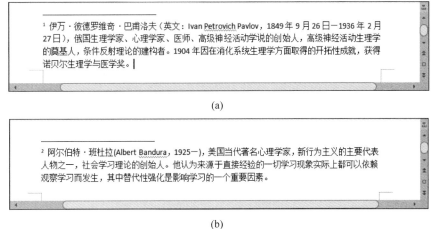

(a)

(b)

图 5-68　脚注编号自动更新

默认的脚注编号样式不够醒目，接下来修改脚注的格式。

（11）在"引用"选项卡中，单击"脚注／尾注分隔线"按钮右下角的功能扩展按钮⌐，打开"脚注和尾注"对话框。在"格式"选项区域选中"方括号样式"复选框，其余选项保留默认设置，如图5-69所示。

图5-69　"脚注和尾注"对话框

（12）单击"应用"按钮返回文档，可以查看脚注的效果，如图5-70（a）和（b）所示。

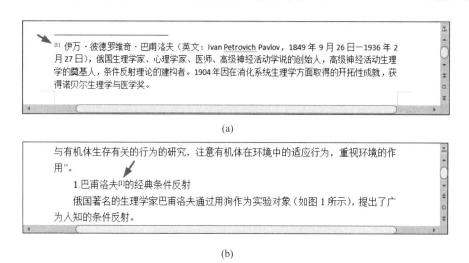

(a)

(b)

图5-70　修改脚注格式的效果

接下来在文档中添加交叉引用，实现文本和对应图片的参考链接。

（13）将光标定位在要插入交叉引用的位置。例如，要删除图5-70（b）中的"图1"，将光标定位在"如"右侧，如图5-71所示。

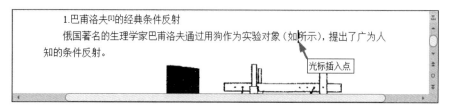

图5-71　定位插入点

（14）在"引用"菜单选项卡中单击"交叉引用"按钮，打开"交叉引用"对话框。在"引用类型"下拉列表框中选择"图"，"引用内容"选择"只有标签和编号"，然后在"引用哪一个题注"列表框中选择第一个题注，如图 5-72 所示。

图 5-72　"交叉引用"对话框

（15）单击"插入"按钮，即可在光标插入点插入指定类型和内容的交叉引用，如图 5-73 所示。

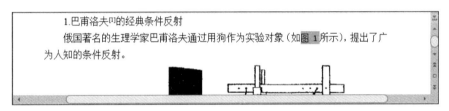

图 5-73　插入交叉引用

此时，单击"取消"按钮关闭"交叉引用"对话框，按住 Ctrl 键单击交叉引用，可跳转至指定的引用位置。

（16）按照步骤（13）～步骤（15）的方法插入其他交叉引用，可以看到插入的交叉引用的标签编号随着引用的题注编号自动更新。

至此，实例制作完成，文档的最终效果如图 5-58 所示。

5.4.5　应用书签

所谓创建书签，就是为文档中指定的位置或对象赋予一个名称，便于在文档中快速定位。

（1）在要插入书签的位置单击，或者选中要添加书签的文本、段落、图形图片或标题等页面对象。

（2）在"插入"菜单选项卡单击"书签"按钮，打开如图 5-74 所示的"书签"对话框。

如果文档中已创建了书签，则"书签名"文本框下方的列表框中会显示已创建的书签列表，可以选择"名称"或"位置"方式对书签进行排序。

（3）在"书签名"文本框中输入书签名称，然后单击"添加"按钮，即可在指定位置添加一个书签，并关闭对话框。

注意

　　　如果选择一个已创建的书签，单击"添加"按钮后，将在新位置插入书签，删除原来位置的书签。

默认情况下，WPS 文档中不显示书签标记。如果要查看文档中的书签，应打开导航窗格。

（4）在"视图"菜单选项卡中单击"导航窗格"按钮，在文档窗口中显示导航窗格。然后单击左侧工具栏中的"书签"按钮，即可切换到如图 5-75 所示的"书签"任务窗格查看书签。

图 5-74 "书签"对话框

图 5-75 "书签"任务窗格

（5）单击书签名称，或在书签名称上右击，在如图 5-76 所示的快捷菜单中选择"跳转到书签位置"命令，即可跳转到指定的位置。

如果文档中的书签较多，利用图 5-76 所示的快捷菜单可以按名称或位置排序书签、重命名和删除书签。选择"显示书签标记"命令，则文档中所有的书签都显示灰色的"[]"形书签标记，以方便识别，如图 5-77所示。

图 5-76 快捷菜单

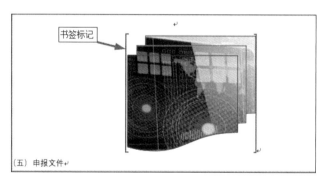

图 5-77 显示书签标记

（6）重复步骤（1）~步骤（3）添加其他书签。

答 疑 解 惑

1. 分页符与分节符有什么区别?

答：分页符与分节符的区别在于，分页符只能用于精确分页；而分节符既能精确分页，还能创建可以单独设置的节，从而实现同一文档多种纸张尺寸、纸张方向横竖混排、多种页眉页脚、多种分栏样式等效果。

2. 如何删除脚注或尾注的分隔线?

答：在"引用"菜单选项卡中单击"脚注 / 尾注分隔线"按钮，取消选中状态。

3．在 WPS 文字文档中修改了文档结构，创建的目录为什么没有更新？

答：在文档中插入的目录是以域的形式插入的，所以当引用的内容有变化时，应选中要更新的内容，然后按 F9 键更新域。如果更新域后出现"错误，未找到引用源！"的提示，则检查是否删除了引用对象。

4．怎样将其他文档中的样式复制到当前文档中？

答：使用与复制文本相同的方式，可以复制样式。分别打开源文档和目标文档，在源文档中，选中需要复制的样式所应用的任意一个段落（必须含有段落标记↵），按 Ctrl+C 组合键复制，在目标文档中按 Ctrl+V 组合键粘贴，所选段落文本将以带格式的形式粘贴到目标文档，从而实现了样式的复制。如果目标文档中含有同名的样式，那么执行粘贴操作后，新样式不会覆盖旧样式，目标文档中依然会使用旧样式。

5．在创建书签时，对书签的名称有什么要求？

答：书签的名称可以包含数字、字母、文字和符号，但不能以数字开头，不能包含空格。

学习效果自测

一、选择题

1．在 WPS 2022 中，制作提纲通常使用（　　　）视图。
　　A．写作　　　　　　　　B．Web 版式　　　　　　C．大纲　　　　　　D．页面

2．编辑文档时，如果需要对某处内容添加注释信息，可通过插入（　　　）实现。
　　A．脚注　　　　　　　　B．书签　　　　　　　　C．注释　　　　　　D．题注

3．在文档中使用（　　　）功能，可以标记某个范围或位置，为以后在文档中定位位置提供便利。
　　A．题注　　　　　　　　B．书签　　　　　　　　C．尾注　　　　　　D．脚注

二、填空题

1．使用 _____ 分隔符可将插入点之后的内容作为新节内容移到下一页；使用 _____ 分隔符可将插入点之后的内容换行显示，但可设置新的格式或版面。

2．在 WPS 中创建目录时，依据标题的 _____ 判断各标题的层级。

第 6 章

文档保护与共享

本章导读

　　随着云计算、互联网等技术的高速发展,效率低下、占用空间的"本地"化办公逐渐显得不合时宜, 而以智能化为特色的云端办公因其安全性和便利性越来越受青睐。WPS 2022 提供了文档的保护和共享功能, 用户可在保护文档安全的基础上, 利用 WPS 云协作实现跨平台、跨设备的高效协同办公。

学习要点

❖ 加密保护文档
❖ 限制编辑
❖ 团队协作
❖ 添加修订与批注

6.1　保　护　文　档

如果我们不希望他人或未授权的用户查看保存的文档,可以对文档加密,进行保护。在 WPS 2022 中,对文档进行加密主要有两种方式,一种是使用 WPS 账号加密,另一种是使用密码保护。如果希望保护个人著作权,还可以对文档进行认证。

6.1.1　使用 WPS 账号加密

使用 WPS 账号加密是指使用登录 WPS 的账号对文档进行加密。加密后的文档只有使用加密者本人的账号或被授权的用户才可以打开,其他人没有权限打开。

（1）在"文件"菜单选项卡中选择"文档加密"命令,打开如图 6-1 所示的级联菜单。

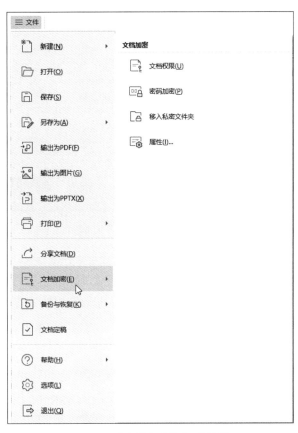

图 6-1　"文档加密"级联菜单

（2）根据需要在级联菜单中选择文档加密的方式。例如,单击"账号加密"命令,打开如图 6-2 所示的"文档权限"对话框。

在"审阅"菜单选项卡中单击"文档加密"按钮 也可以打开"文档权限"对话框。

（3）在"文件"菜单选项卡中选择"文档加密"命令,单击"密码加密",即可对文档进行加密,如图 6-3 所示。

此时,文档标签右侧显示加密标记 ,将鼠标指针移到该标记上,可以查看该文档的保存路径和保存时间,如图 6-4 所示。

如果文档没有保存在 WPS 云端,单击右下角的"立即上传"按钮,可以将文档转换为云文档进行安全备份,以便实时追踪版本记录、跨设备访问。

对文档加密后,加密者还可以指定某些用户有权限打开文档。

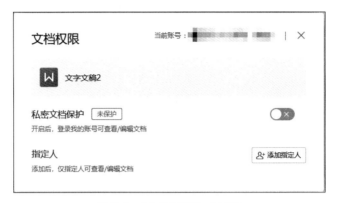

图 6-2 "文档权限"对话框

图 6-3 密码加密

图 6-4 文档信息

（4）如果使用微信账号加密文档，并授权给某些微信好友，可单击"微信好友授权"命令，弹出"添加指定人"对话框，如图 6-5 所示。

（5）使用手机中的微信扫描二维码进入"金山文档"，在弹出的界面中可以指定要授权的人数和权限，如图 6-6 所示。

（6）设置人数和权限后，单击"确定"按钮进入确认界面，如图 6-7 所示。

图 6-5 "添加指定人"对话框

图 6-6 设置入数和权限

图 6-7 确认界面

（7）单击"选择指定人"按钮，在弹出的界面中选择要授予权限的好友，单击"完成"按钮，显示如图 6-8 所示的消息发送界面。根据需要填写留言，或直接单击"发送"按钮，给指定的好友发送文档链接。

（8）如果需要给其他用户授权，在"文档加密"级联菜单中单击"文档权限"命令，单击"私密文档保护"与"修改指定人"，打开如图 6-9 所示的"文档权限"对话框。

图 6-8 消息发送界面

图 6-9 "文档权限"对话框

（9）单击"添加/删除授权"按钮，在如图 6-10 所示的界面中可以通过搜索或输入手机号、邮箱添加个人用户，或创建团队、搜索团队名称为团队授权。

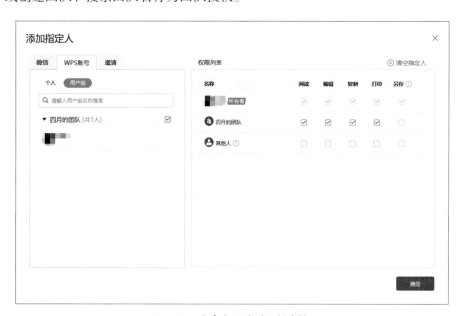

图 6-10 为个人用户或团队授权

（10）用户添加完成后，单击"确定"按钮返回如图 6-9 所示的"文档权限"对话框。为各个用户指定权限后，单击"应用"按钮返回"文档权限"对话框。

在"密码加密"界面将"打开权限"下方的 3 个文本框中的密码全部删除，并单击"应用"按钮，即可完成文档密码取消的全部操作，如图 6-11 所示。

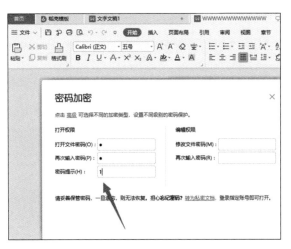

图 6-11　删除密码对话框

（11）当文档解密后，菜单栏的"钥匙"消失即完成操作。

提示：

使用 WPS 账号加密的文档，只有加密者本人有权限解除加密状态。

6.1.2　使用密码加密

使用密码加密，是指通过为文档设置不同级别的密码对文档进行保护。

（1）在"文件"菜单选项卡中选择"文档加密"命令，在级联菜单中选择"密码加密"命令，打开如图 6-12 所示的"密码加密"对话框。

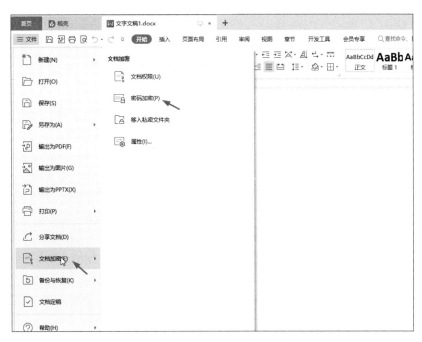

图 6-12　"密码加密"对话框

（2）单击加密说明中的"高级"链接，在如图 6-13 所示的"加密类型"对话框中选择加密类型。然后单击"确定"按钮返回"文档权限"对话框。

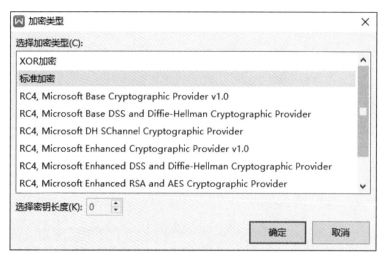

图 6-13　"加密类型"对话框

（3）设置文档的打开权限和编辑权限，为防止忘记密码，还可以设置密码提示，如图 6-14 所示。

图 6-14　设置密码

（4）单击"应用"按钮关闭对话框。此时，在文档标签中可以看到加密标记 🔑。

如果要取消密码保护，只需再次打开"文档权限"对话框，清除密码文本框中的密码，然后单击"应用"按钮。

6.1.3　文档认证

文档认证主要是为了保护个人著作权，它可以有效地预防他人篡改文档。WPS 的文档认证功能使用金山数据云链技术实现，生成全网唯一的文件 DNA，一旦修改将及时提醒文档原作者。

（1）在"审阅"菜单选项卡中单击"文档认证"命令，弹出如图 6-15 所示的文档认证界面。

在"安全"菜单选项卡中单击"文档认证"按钮，可以直接进入文档认证界面。

如果是初次使用 WPS 的文档认证功能，将自动弹出认证须知，如图 6-16 所示。如果用户不希望每次认证文档时都弹出该对话框，应保留复选框"使用文档认证过程中不再提示此信息"的选中状态，然后单击"我知道了"按钮。

（2）单击"开始认证"按钮，即可开始认证过程。

（3）单击提示对话框右上角的"关闭"按钮返回"文档认证"对话框。此时，可以看到文档全网唯一的文件 DNA，如图 6-17 所示。

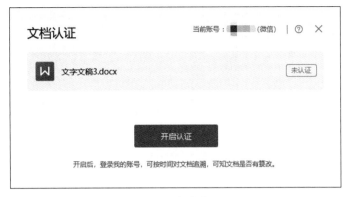

图 6-15　文档认证界面

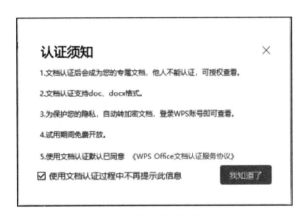

图 6-16　认证须知

此时，文档标签上显示认证标记☑，将鼠标指针移到该标记上，可查看文档的保存路径和时间，左下角的图标表明文档已自动转为加密文档，如图 6-18 所示。在状态栏上也可以看到文档的保护和认证标志，如图 6-19 所示。

图 6-17　文档认证信息

图 6-18　查看文档信息

注意　文档认证后会成为认证者的专属文档，登录 WPS 账号即可查看，他人不能认证。

如果修改了已认证的文档，认证将失效，并在状态栏上显示"已篡改"，如图 6-20 所示。此时，需要对文档重新进行认证。

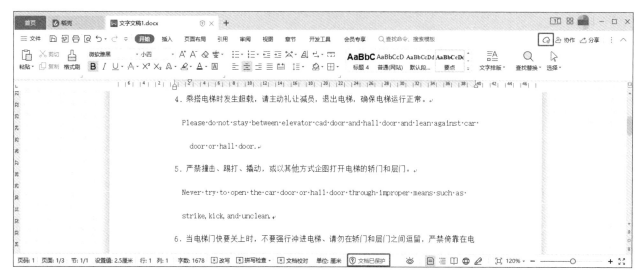

图 6-19　已认证的文档

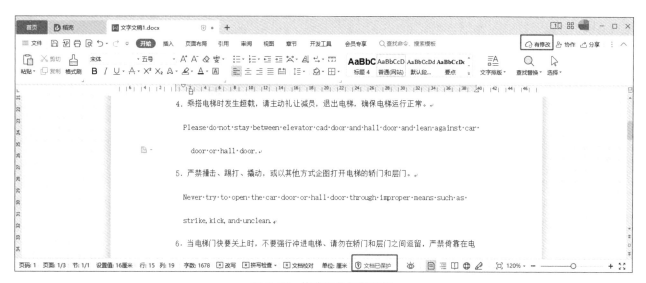

图 6-20　修改已认证的文档

6.1.4　限制编辑

　　如果文档要共享给他人查看，但不希望他人修改文档的某些格式或内容，可以利用"限制编辑"功能保护文档。

　　（1）切换到"审阅"菜单选项卡，单击"限制编辑"按钮，在文档窗口右侧打开如图 6-21 所示的"限制编辑"任务窗格。

　　（2）如果允许其他用户编辑文档的内容，但不允许修改文档格式，应选中"限制对选定的样式设置格式"复选框，然后单击"设置"按钮，在如图 6-22 所示的"限制格式设置"对话框中设置限制编辑的样式。

　　在"显示"下拉列表框中可以筛选当前文档使用的样式、内置样式、自定义样式。然后在"当前允许使用的样式"列表框中选择要限制格式的样式，单击"限制"按钮　限制(L) >　或"全部限制"按钮　全部限制(R) >>　添加到"限制使用的样式"列表框中。如果要解除某些样式的编辑限制，应在选中样式后，单击"允许"按钮　< 允许(A)　或"全部允许"按钮　<< 全部允许(O)　。

图 6-21 "限制编辑"任务窗格

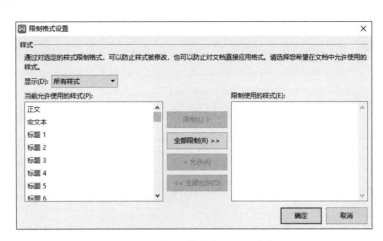

图 6-22 "限制格式设置"对话框

设置完成后单击"确定"按钮，弹出如图 6-23 所示的对话框，单击"是"按钮关闭对话框。

（3）如果要进一步设置文档的保护方式，应在"限制编辑"任务窗格中选中"设置文档的保护方式"复选框，然后选中一种保护方式，选项下方会显示该保护方式的简要说明以及操作方法，如图 6-24 所示。

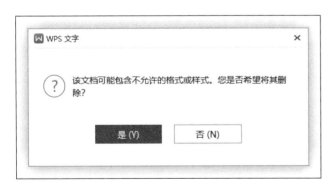

图 6-23 "WPS 文字"对话框

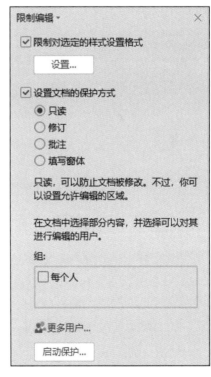

图 6-24 设置文档的保护方式

❖ 只读：允许其他用户查看文档，但不允许对文档进行任何编辑操作。也可以对某些用户指定允许编辑区域。

❖ 修订：允许其他用户修改文档，修改记录以修订形式显示。

❖ 批注：只允许在文档中插入批注，也可以对某些用户指定允许编辑区域。

❖ 填写窗体：只能在窗体域中填写内容，不能进行其他编辑操作。

窗体域通常用于合同、试卷、登记表、统计表、申报表之类的文档，设置"填写窗体"的限制后，填表者只能在指定的区域进行填写，不能改动文档的其他部分。

注意 如果文档中没有创建任何窗体，使用"填写窗体"方式对文档进行保护，则该文档的任何区域都不能更改，只能查看。

（4）单击"启动保护"按钮 启动保护... ，在如图 6-25 所示的"启动保护"对话框中输入保护密码，单击"确定"命令按钮关闭对话框。

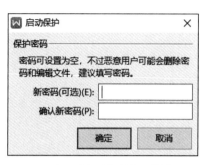

图 6-25 "启动保护"对话框

此时，在"限制编辑"任务窗格中可以看到文档的限制编辑说明，状态栏上显示"编辑受限"。如果对文档中的样式设置了格式限制，在"开始"菜单选项卡中可以看到大部分的命令按钮呈禁用状态，如图 6-26 所示。

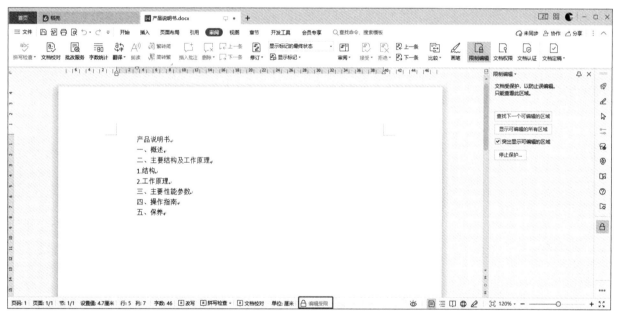

图 6-26 编辑受限的文档效果

如果要取消对文档的编辑限制，可在"限制编辑"任务窗格中单击"停止保护"按钮 停止保护... ，弹出如图 6-27 所示的"取消保护文档"对话框。输入保护密码，单击"确定"按钮，即可解除编辑限制。

图 6-27 "取消保护文档"对话框

上机练习——保护《求职简历》

本节练习将求职简历的保护方式设置为"填写窗体"，也就是只能在窗体控件中进行编辑，文档的其他区域处于受保护状态，不能进行编辑。通过对操作步骤的讲解，帮助读者了解在文字文档中使用窗体控件、限制文档的编辑区域的操作方法。

6-1 上机练习——保护《求职简历》

首先打开要设置保护区域的文档；然后在可编辑的区域分别插入纯文本内容控件、日期选取器内容控件、图片内容控件、格式文本内容控件等窗体控件。创建窗体之后，打开"限制编辑"窗格设置保护方式，并输入保护密码。文档的最终效果如图6-28所示。

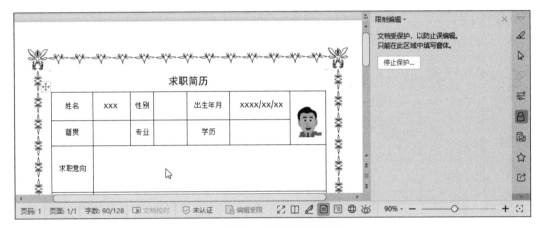

图6-28 文档的最终效果

操作步骤

（1）打开要设置保护区域的文字文档。

（2）将光标定位在要填写姓名的位置，单击"开发工具"选项卡，在"控件"功能组中单击"纯文本内容控件"按钮，添加的控件中显示"单击此处输入文字"的提示字符，如图6-29所示。在此控件中输入姓名。

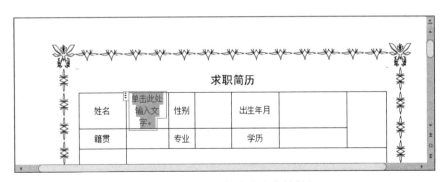

图6-29 添加"纯文本内容控件"

（3）将光标定位在要填写日期的位置，单击"日期选取器内容控件"按钮，插入一个"日期选取器"控件。单击控件右下角的下三角按钮，弹出一个日历，通过日历可选定输入日期，如图6-30所示。

（4）将光标定位在要粘贴照片的位置，单击"图片内容控件"按钮，插入一个图片内容控件，然后适当调整图片控件的大小和单元格的行高。将鼠标指针移到控件上，显示"点击此处插入图片"的提示信息，如图 6-31 所示。

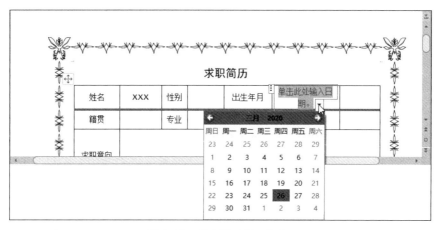

图 6-30 使用日历填写日期

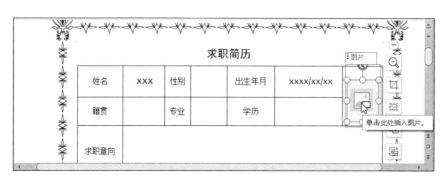

图 6-31 添加图片内容控件

（5）单击图片内容控件，即可打开"更改图片"对话框，选择需要的图片。插入的图片自动调整为图片内容控件的大小，如图 6-32 所示。

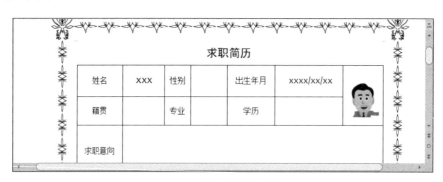

图 6-32 在图片内容控件中插入图片

（6）将光标定位在"教育经历"右侧的单元格中，在"开发工具"菜单选项卡中单击"格式文本内容控件"按钮 🄰 ，在单元格中添加一个格式文本内容控件，如图 6-33 所示。然后在控件中输入文本。

（7）切换到"审阅"菜单选项卡，单击"限制编辑"按钮 ，在文档编辑窗口右侧打开"限制编辑"窗格。选中"设置文档的保护方式"复选框，然后在选项列表中选中"填写窗体"单选按钮，如图 6-34 所示。

（8）单击"启动保护"按钮，打开如图 6-35 所示的"启动保护"对话框。依次在"新密码"和"确认新密码"文本框中输入相同的保护密码。

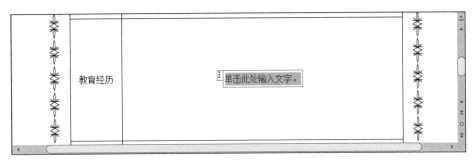

图 6-33　插入格式文本内容控件

（9）单击"确定"按钮关闭对话框。此时，在"限制编辑"窗格中可以看到"文档受保护，以防止误编辑。只能在此区域中填写窗体。"的提示信息，如图 6-36 所示。

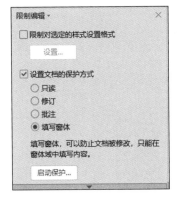  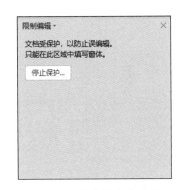

图 6-34　设置文档的保护方式　　　图 6-35　"启动保护"对话框　　　图 6-36　"限制编辑"窗格

（10）返回文档，在状态栏上可以看到"编辑受限"的标记。在文档中移动鼠标，可以看到只有插入的控件区域可以编辑，其他内容不可编辑，如图 6-28 所示。

6.2　共 享 文 档

WPS 云协作基于云储存和云计算技术，能在保证文档安全的前提下，提供跨平台、跨设备、跨团队共享协作和协同办公环境，实现随时、随地、高效、安全的办公服务。

6.2.1　分享文档

在 WPS 2022 中，通过将文档上传到 WPS 云端，不仅可实现文档的安全备份，以便实时追踪文档版本记录和跨设备访问，还能将制作好的 WPS 文档分享给 QQ、微信好友或联系人。前提是必须有可应用的网络环境。

（1）登录 WPS 账号后，打开要共享的文档，在"开始"菜单选项卡中单击"分享文档"按钮，即可自动将文档上传到 WPS 云服务器。上传完成后，生成共享链接并自动复制，如图 6-37 所示。

（2）如果要为共享的文档设置密码，可单击"设置密码"按钮，WPS 将自动生成一个密码并复制，如图 6-38 所示。

（3）默认情况下，获取文档链接的好友只能查看共享的文档，如果希望好友能编辑文档，应选中"允许好友编辑"复选框。

（4）如果要设置链接分享的范围和有效期，应单击"更多"按钮，在如图 6-39 所示的对话框中进行设置。设置完成后，单击左上角的"返回"按钮返回到"WPS 云文档 – 分享文档"对话框。

图 6-37　复制文档链接

图 6-38　设置文档密码

图 6-39　设置链接分享范围和有效期

（5）使用微信扫描对话框右上角的二维码指定要分享的好友，即可共享文档。

　　分享文档后，切换到 WPS 首页，在左侧窗格中单击"云文档"打开"金山文档"界面。在左侧窗格中单击"共享"选项，即可查看共享的或收到的共享文件，如图 6-40 所示。

图 6-40　查看共享文件列表

6.2.2　团队协作

　　借助 WPS 的团队协作功能，企业用户可构建内部通讯录，并根据不同的人员职责，赋予不同的文档办公权限，从而实现小组协同办公，协作撰写办公文档，而且撰写的所有历史记录都会实时保存。即使团队成员身处世界各地，也能及时高效地完成团队协作。

　　（1）切换到 WPS 首页，在左侧窗格中单击"团队"选项打开"金山文档"界面。在左侧窗格中单击"我的云文档"选项，在文档列表中选择团队文件夹，即可查看该团队中的文件列表，如图 6-41 所示。

图 6-41　团队文件夹

（2）单击"上传文件"按钮，可以将本地计算机中的文件或文件夹上传到云文档，或者将云端文件添加到团队文件夹。上传后，在团队文件夹中可以看到上传的文件，如图 6-42 所示。

图 6-42　上传团队文件

（3）单击"添加成员"按钮，在如图 6-43 所示的界面中可邀请 QQ、微信好友，或从联系人中添加团队成员。单击"设置"按钮，在如图 6-44 所示的对话框中可设置成员加入时是否需要审核、加入后的权限和邀请链接的有效期。

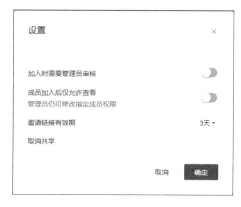

图 6-43　添加团队成员　　　　　　　　　　图 6-44　"设置"对话框

（4）设置完成后，单击"确定"按钮返回上一级对话框。单击右上角的"关闭"按钮返回到团队文件夹。单击文件可以将其打开，进行查看或编辑；单击文件右侧的⋯按钮，在如图 6-45 所示的菜单中可以对文档执行多种操作，例如设置团队成员的编辑权限、查看历史版本、设置为星标文件等。

（5）正常编辑后保存，即可实现云端同步更新。

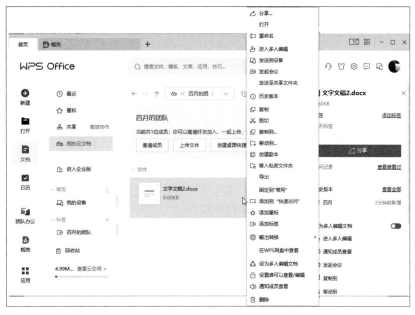

图 6-45　团队文档的编辑操作

6.3　审　阅　文　档

在编辑文档时，使用修订功能可以记录文档的修改信息，方便比较和查看文档的修改记录。

6.3.1　修订文档

（1）打开文档，切换到"审阅"菜单选项卡，单击"修订"下拉按钮，在如图 6-46 所示的下拉菜单中选择"修订"命令。"修订"按钮呈选中状态表明进入修订状态。

（2）对文档内容进行修改、编辑。WPS 默认显示标记的最终状态，修订的文本行左侧显示一条竖线，添加或删除的文本下方显示下划线。如果删除或改写了文本，则修订文本处会显示一条虚线，在文档右侧显示修订用户名和具体修改内容，如图 6-47 所示。

图 6-46　"修订"下拉菜单

图 6-47　修订状态下的文档

如果要更改修订标记的显示状态，可以在"审阅"菜单选项卡的"显示以供审阅"下拉列表框中完成，如图 6-48 所示。

❖ 显示标记的最终状态：显示文档修改之后的状态，并用修订标记标示被修改的内容，如图 6-47 所示。

❖ 最终状态：显示修订完成后的文档状态，不显示修订标记。

图 6-48 "显示以供审阅"下拉列表框

❖ 显示标记的原始状态：显示文档未经过修改之前的状态，并用修订标记标示被修改的内容，如图 6-49 所示。

❖ 原始状态：显示修订之前的文档状态，不显示修订标记。

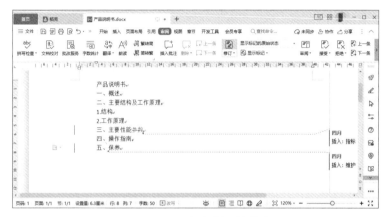

图 6-49 显示标记的原始状态

（3）完成所有修订工作后，单击"修订"下拉按钮，在如图 6-46 所示的下拉菜单中选择"修订"命令。取消"修订"按钮的选中状态，即可退出修订状态。

6.3.2 设置修订格式

在修订状态下，用户可以自定义修订标记的颜色，以与他人或不同的修改时间进行区分。还可以根据阅读习惯设置标记的显示方式。

（1）在"审阅"菜单选项卡中单击"修订"下拉按钮，在下拉菜单中选择"修订选项"命令，打开如图 6-50 所示的"选项"对话框，显示修订选项。

图 6-50 修订选项

（2）根据需要设置插入和删除修订标记的样式和颜色，以及修订行标记的显示位置和颜色。

（3）切换到"用户信息"选项卡，修改用户名和缩写后，选中"在修订中使用该用户信息"复选框，可以更改在修订状态下显示的用户信息，如图 6-51 所示。

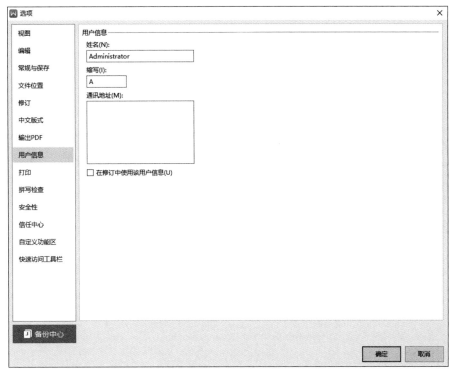

图 6-51　修改用户信息

（4）设置完成后单击"确定"按钮关闭对话框。文档中的修订标记将以指定的格式显示。

（5）WPS 默认在批注框中显示修订内容，如果要修改修订的显示方式，可在"审阅"菜单选项卡中单击"显示标记"下拉按钮 显示标记，在弹出的下拉菜单中选择"使用批注框"命令，然后在级联菜单中选择需要的显示方式，如图 6-52 所示。

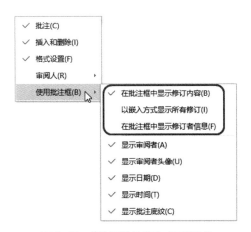

图 6-52　"使用批注框"级联菜单

❖ 在批注框中显示修订内容：所有批注和修订以批注框的形式显示。

❖ 以嵌入方式显示所有修订：所有批注和修订以嵌入的形式显示在文档中，将鼠标指针移到批注或修订内容上时，显示批注或修订信息，如图 6-53 所示。

❖ 在批注框中显示修订者信息：使用批注框显示修订者所做的修订操作，如图 6-54 所示。

图 6-53　以嵌入方式显示所有修订

图 6-54　在批注框中显示修订者信息

6.3.3　审阅修订

用户在查阅修订的文档后，可以根据需要接受或拒绝修订。如果接受修订，则文档会保存为修改之后的状态；如果拒绝修订，则文档会保存为修改之前的状态。

（1）在"审阅"菜单选项卡中单击"审阅"下拉按钮，在弹出的下拉菜单中可以筛选指定审阅人或审阅时间的修订记录，如图 6-55 所示。

如果在"审阅窗格"命令的级联菜单中选择"垂直审阅窗格"命令，在文档编辑窗口右侧可显示如图 6-56 所示的审阅窗格。利用该窗格可以很方便地查看、筛选修订记录。

（2）将光标定位在某条修订中。如果要接受该条修订，则在"审阅"菜单选项卡中单击"接受"下拉按钮，在如图 6-57 所示的下拉菜单中选择"接受修订"命令。执行该命令后，修订标记消失，对应的文本显示为修改后的状态。

图 6-55　"审阅"下拉菜单　　　图 6-56　审阅窗格　　　图 6-57　"接受"下拉菜单

如果要接受对文档所做的所有更改，应在下拉菜单中选择"接受对文档所做的所有修订"命令。

利用文档中的修订框也可以很方便地审阅修订。将鼠标指针移到修订文本对应的修订框上，显示"接受修订"按钮 ✔ 和"拒绝修订"按钮 ✕，如图 6-58 所示，单击即可应用。

图 6-58　使用修订框进行审阅

（3）如果要拒绝该条修订，应在"审阅"菜单选项卡中单击"拒绝"下拉按钮，在如图 6-59 所示的下拉菜单中选择"拒绝所选修订"命令。执行该命令后，修订标记消失，对应的文本显示为修改前的状态。

如果要拒绝对文档所做的所有更改，应在下拉菜单中选择"拒绝对文档所做的所有修订"命令。

图 6-59　"拒绝"下拉菜单

（4）在"审阅"菜单选项卡中单击"下一条"按钮或"上一条"按钮，查找并选中下一条或上一条修订，按照步骤（2）或步骤（3）接受或拒绝修订。

6.3.4 添加批注

使用批注可以在文档中附加注释、说明、建议、意见等信息。批注由批注标记、连线以及批注框构成。

（1）选中要添加批注的文本，切换到"审阅"菜单选项卡，单击"插入批注"按钮 。

默认情况下，WPS 以"在批注框中显示修订内容"的方式显示批注，选中的文本显示在批注标记中，窗口右侧自动添加一个批注框，通过连线与批注标记连接，如图 6-60 所示。

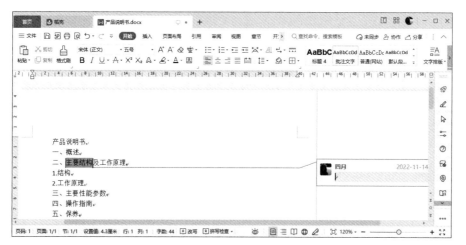

图 6-60　插入批注

（2）在批注框中输入批注文本，即可创建批注。

（3）如果要修改批注的显示方式，应单击"显示标记"下拉按钮 ，在弹出的下拉菜单中选择"使用批注框"命令，然后在级联菜单中选择需要的显示方式。

与修订类似，用户还可以自定义批注框的样式。

（4）在"审阅"菜单选项卡中单击"修订"下拉按钮，在弹出的下拉菜单中选择"修订选项"命令，在如图 6-61 所示的"选项"对话框中设置批注标记的颜色、批注框的显示方式、宽度和边距等。

图 6-61　"选项"对话框

（5）设置完成后单击"确定"按钮关闭对话框。

6.3.5　答复与解决批注

在审阅文档中，可以对文档的批注进行答复。如果某个批注中提出的问题已经得到解决，可以将批注设置为"解决"状态。

将鼠标指针移到需要进行处理的批注框内，单击右上角的"编辑批注"按钮 ≡ ，在如图 6-62 所示的下拉菜单中选择一种处理方式。

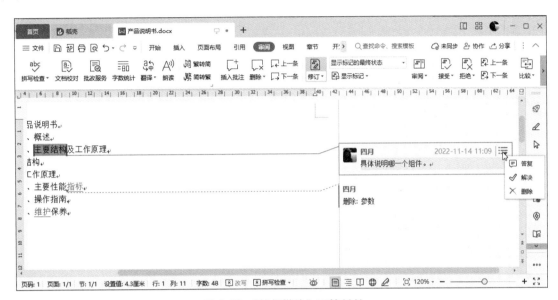

图 6-62　"编辑批注"下拉菜单

如果选择"答复"命令，则批注框中显示答复者用户名和时间，直接输入答复内容即可，如图 6-63 所示。

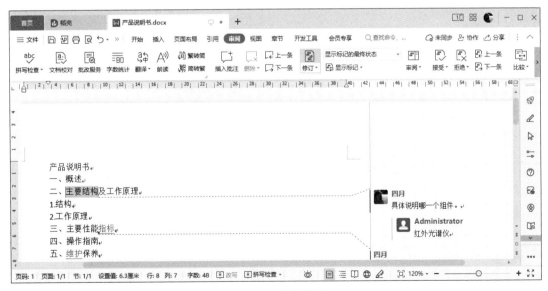

图 6-63　答复批注

如果批注中提出的问题已经得到了解决，则单击"解决"命令，批注内容灰显，右侧显示"已解决"，如图 6-64 所示，不可再对批注内容进行编辑操作。

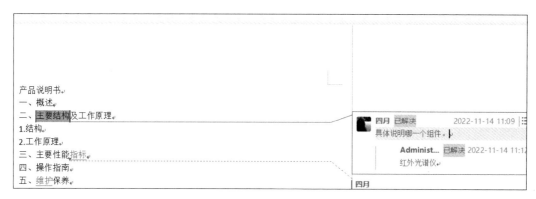

图 6-64 解决批注

如果要重新激活该标注，单击批注框右上角的"编辑批注"按钮 ≡，在弹出的下拉菜单中选择"取消解决"命令即可。

答 疑 解 惑

在 WPS 2022 中，怎样设置文档重要部分内容不可修改？

答：将文档的保护方式设置为"只读"，可防止文档内容被修改。

（1）选中要限制编辑的文档内容，在"安全"菜单选项卡中单击"限制编辑"按钮 ，在文档窗口右侧打开"限制编辑"窗格。

（2）选中"设置文档的保护方式"复选框，然后选择"只读"单选按钮。

（3）如果允许某些用户编辑选中的文档部分，应单击"更多用户"选项，在如图 6-65 所示的"添加用户"对话框中输入用户名称。输入完成后，单击"确定"按钮关闭对话框。

图 6-65 "添加用户"对话框

（4）单击"启动保护"按钮，在弹出的对话框中设置保护密码，然后单击"确定"按钮关闭对话框。

学习效果自测

一、填空题

1. 在 WPS 2022 中，对文档进行加密主要有两种方式，一种是使用_____，另一种是_____。如果希望保护个人著作权，还可以对文档进行_____。

2. 使用 WPS 账号加密是指使用登录 WPS 的账号对文档进行加密。加密后的文档只有使用_____的账号或_____才可以打开，其他人无权限打开。

3. 使用 WPS 的_____功能可以生成文档全网唯一的_____，能有效预防他人篡改文档，保护个人著作权。

二、操作题

1. 将文档"观沧海 .docx"使用 WPS 账号加密，并授予一个微信好友编辑文档的权限，两个微信好友阅读文档的权限。

2. 打开文档"观沧海 .docx"，设置插入和删除修订标记的样式和颜色，然后修改文档。

3. 在文档"观沧海 .docx"中选中标题，添加批注，注明作者简介。

第 7 章

WPS表格的基本操作

本章导读

　　作为一款电子表格应用组件，WPS表格能够集数据、图形、图表于一体，进行数据处理、分析和辅助决策，广泛应用于管理、统计、金融等众多领域。本章将详细介绍利用WPS表格组件管理工作簿和工作表的基本操作方法。

学习要点

- ❖ 熟悉WPS表格的工作界面
- ❖ 创建工作簿
- ❖ 创建、删除、隐藏工作表
- ❖ 复制和移动工作表
- ❖ 掌握单元格的各种操作

7.1　初识 WPS 表格

"工欲善其事，必先利其器"，在学习 WPS 表格的基本操作之前，读者有必要先熟悉 WPS 表格的工作环境，以及基本的文件操作。

7.1.1　WPS 表格的工作界面

（1）启动 WPS 2022 后，在首页左侧窗格中单击"新建"命令，系统将打开一个标签名称为"新建"的界面选项卡，在功能区显示的 WPS 功能组件列表中单击"表格"按钮 。

（2）在模板列表中单击"新建空白文档"图标按钮，如图 7-1 所示，即可创建一个文档标签为"工作簿1"的空白文档，如图 7-2 所示。

图 7-1　单击"新建空白文档"图标按钮

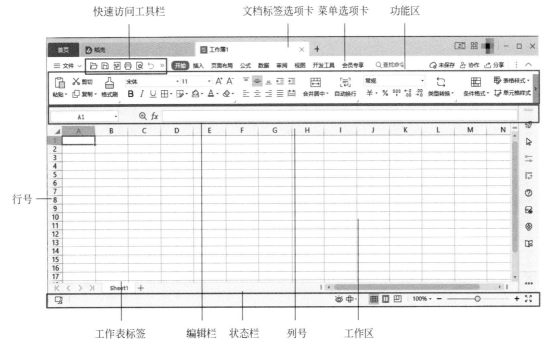

图 7-2　WPS 表格的工作界面

与 WPS 文字相同，WPS 表格的菜单功能区以功能组的形式管理相应的命令按钮。大多数功能组右下角都有一个称为功能扩展按钮的图标▪，将鼠标指针指向该按钮时，可以预览到对应的对话框或窗格，如图 7-3 所示；单击该按钮，可打开相应的对话框或者窗格。

图 7-3　预览功能扩展对话框

编辑栏用于显示活动单元格的名称和使用的公式或内容，由名称框和编辑区两部分组成，如图 7-4 所示。

图 7-4　编辑栏

名称框用于定义单元格或单元格区域的名称。如果单元格没有定义名称，则在名称框中显示活动单元格的地址名称（例如 A1）。如果选中的是单元格区域，则名称框显示单元格区域左上角的地址名称。

编辑区用于显示活动单元格的内容或使用的公式。单元格的宽度不能显示单元格的全部内容时，通常在编辑区中编辑内容。

工作区是编辑表格和数据的主要工作区域，左侧显示行号，顶部为列号，绿框包围的单元格为活动单元格，底部的工作表标签用于标记工作表的名称，白底绿字的标签为当前活动工作表的标签。

状态栏位于应用程序窗口底部，左侧用于显示与当前操作有关的状态信息，右侧为视图方式、"缩放级别"按钮及缩放滑块，如图 7-5 所示。

除了可以拖动"缩放"滑块调整工作表的显示比例外，还可以单击"缩放级别"下拉按钮，在如图 7-6所示的下拉列表框中自定义显示比例。

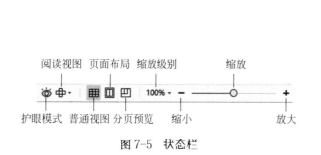

图 7-5　状态栏

图 7-6　"缩放级别"下拉列表框

7.1.2　区分工作簿和工作表

初次接触电子表格的用户通常容易混淆工作簿与工作表的概念，将两者混为一谈。下面简要介绍一下电子表格中的一些基本概念，以及工作簿与工作表的关系和区别。

工作簿是电子表格文件，WPS 表格文件的后缀名为 et（Excel 支持的格式为 xls 或 xlsx）。工作簿的名称以文档标签的形式显示在工作窗口顶部，例如图 7-7 中的"工作簿 1"。

工作表由排列成行和列的单元格组成，是工作簿中用于存储和管理数据的二维表格。工作表的名称显示在表格底部的工作表标签上，例如图 7-7 中的 Sheet1、Sheet2、Sheet3。单击工作表标签，可以在工作表之间进行切换，当前活动工作表的标签显示为白底绿字。

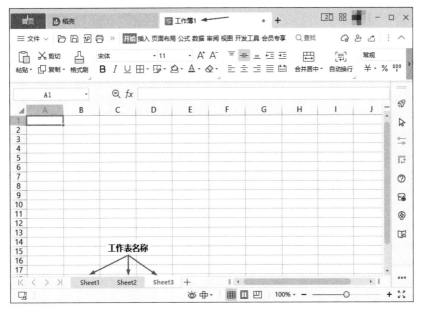

图 7-7　工作簿与工作表的关系

一个工作簿中最多可以包含 255 张工作表，每张工作表中可以存储不同类型的数据。工作簿可看作一个专门存放各种数据表的文件册，而工作表则是存放在其中的一张张数据表。

单元格是工作表中纵横排列的长方形"存储单元"，是组成工作表的最小单位。为便于区分和引用，每个单元格都有一个固定的地址，地址采用"列编号字母 + 行编号数字"的形式命名，如图 7-8 所示。

如果合并表格中的单元格，则该单元格以合并前的单元格区域左上角的单元格地址进行命名，表格中的其他单元格的命名不受合并单元格的影响，如图 7-9 所示。

	A	B	C	D	
1	A1	B1	C1	D1	⋯
2	A2	B2	C2	D2	⋯
3	A3	B3	C3	D3	⋯
4	A4	B4	C4	D4	⋯
5	A5	B5	C5	D5	⋯
	⋮	⋮	⋮	⋮	

图 7-8　单元格编址示例

	A	B	C	D	
1	A1	B1	C1	D1	⋯
2	A2	B2	C2		⋯
3	A3	B3			⋯
4	A4	B4			⋯
5	A5	B5	C5	D5	⋯
	⋮	⋮	⋮	⋮	

图 7-9　合并单元格编址示例

7.2　工作簿的基本操作

掌握工作簿的基本操作是进行各种数据管理操作的基础。

7.2.1　新建工作簿

在 WPS 2022 中新建工作簿的常用方法有两种，一种是创建空白的工作簿；另一种是基于内置模板创建工作簿。

（1）启动 WPS 2022 后，在首页的左侧窗格中单击"新建"命令，系统将创建一个标签名称为"新建"的标签选项卡，在功能区单击"表格"选项，显示如图 7-10 所示的表格模板列表。

从图 7-10 中可以看到，除了空白文档，WPS 还内置了多种专业表格模板。

（2）在模板列表中单击"新建空白文档"按钮，即可创建一个文档标签为"工作簿 1"的空白新文档。

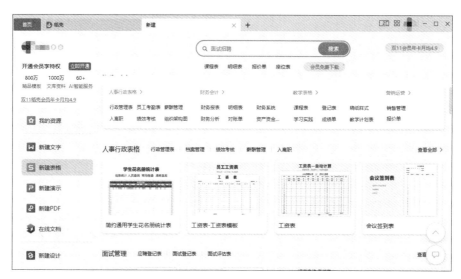

图 7-10 "表格"模板列表

提示：　打开一个工作簿后，单击快速访问工具栏中的"新建"按钮，或直接按快捷键 Ctrl+N，也可以创建新的空白文档。

如果希望创建具备格式和布局的表格，可以在模板列表中找到需要的模板，然后单击"免费使用"按钮或"使用该模板"按钮，即可开始下载模板，并创建相应的工作簿。稻壳会员还可以进入稻壳商城查找、使用更多的模板。

7.2.2　打开、保存和关闭工作簿

如果要编辑工作表中的数据，首先应打开存储在本地硬盘或网络上的工作簿。在 WPS 表格中打开、保存和关闭工作簿的操作与文字文稿的操作相同。本节不再赘述。

提示：　如果要一次打开多个工作簿，可在"打开"对话框中单击一个文件名，按住 Ctrl 键单击要打开的其他文件；如果这些文件是相邻的，可以按住 Shift 键单击最后一个文件，然后单击"打开"按钮。

打开文本文件

如果在一个文本文件中使用分隔符号或固定宽度分隔数据项，录入表格数据后，使用 WPS 表格可以将其中的数据转换为表格数据进行分析，操作步骤如下。

（1）在 WPS 表格工作界面按快捷键 Ctrl+O 弹出"打开"对话框，定位到要打开的文本文件，然后单击"打开"按钮，弹出如图 7-11 所示的对话框，进入"文本导入向导"的第 1 步。

（2）单击"下一步"按钮进入如图 7-12 所示的向导界面，选择分列数据使用的分隔符号。

（3）单击"下一步"按钮进入向导第3步，设置每列数据的类型，如图7-13所示。

（4）单击"完成"按钮，即可新建一个工作簿，并在一个工作表中显示文本文件的数据，如图7-14所示。

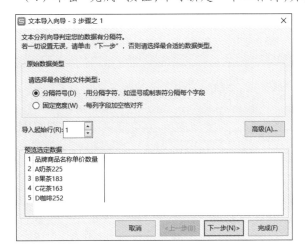

图7-11 "文本导入向导"第1步

图7-12 "文本导入向导"第2步

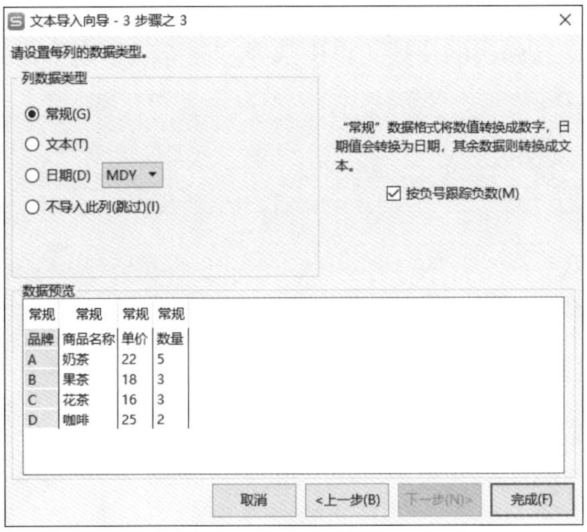

图7-13 "文本导入向导"第3步

图7-14 打开的文本文件

7.3 工作表的基本操作

工作表是进行数据处理和分析的数据源，工作表中常用的基本操作包括插入和删除、移动与复制，以及隐藏和查看表格数据。

7.3.1 插入和删除工作表

默认情况下，新建的工作簿只包含1个工作表Sheet1。如果要在1个工作簿中创建多个不同形式的数据表，就要插入工作表。

单击工作表标签右侧的"新建工作表"按钮 ＋ ，即可在当前活动工作表右侧插入一个新的工作表。新工作表的名称依据活动工作簿中工作表的数量自动命名，如图7-15所示。

如果要同时插入多个工作表，可以在工作表标签上右击，在弹出的快捷菜单中选择"插入"命令，打开如图7-16所示的"插入工作表"对话框。

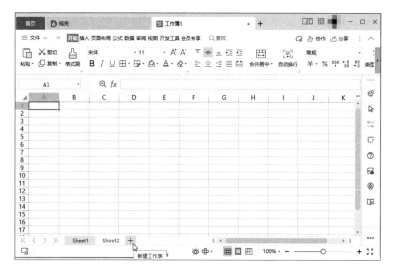

图 7-15　单击"新建工作表"按钮插入工作表

图 7-16　"插入工作表"对话框

利用该对话框可以指定要插入的工作表数目，以及插入位置。设置完成后单击"确定"按钮，即可在指定位置插入指定数目的工作表。

如果要删除工作表，可以右击要删除的工作表标签，在弹出的快捷菜单中选择"删除工作表"命令。

注意　删除的工作表不能通过"撤销"命令恢复。

修改新建工作簿内含的工作表个数

如果希望每次创建新的工作簿时，工作簿中自动包含指定数目的工作表，可以执行以下操作。

（1）在"文件"菜单选项卡中单击"选项"命令，在弹出的"选项"对话框中切换到"常规与保存"选项卡。

（2）在"新工作簿内的工作表数"右侧的数值框中输入新建的工作簿初始包含的工作表数目，如图 7-17 所示。

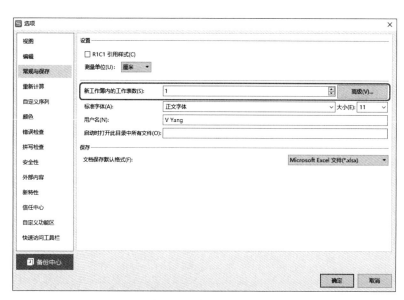

图 7-17　设置新工作簿内含的工作表数

（3）单击"确定"按钮关闭对话框。创建新的工作簿时，新建的工作簿将包含指定数目的工作表。

7.3.2　选择工作表

要对工作表进行编辑，首先应选中工作表。单击工作表的名称标签，即可进入对应的工作表。

如果要选择多个连续的工作表，可以选中一个工作表之后，按下 Shift 键单击最后一个要选中的工作表。

如果要选择不连续的多个工作表，可以选中一个工作表之后，按下 Ctrl 键单击其他要选中的工作表。

如果要选中当前工作簿中所有的工作表，可以在任意一个工作表标签上右击，在弹出的快捷菜单中选择"选定全部工作表"命令。

快速切换工作表

如果工作簿中包含的工作表较多，希望快速定位到其中的一个工作表，可以执行以下操作。

（1）单击工作表标签栏右侧的"切换工作表"按钮 ，弹出"活动文档"对话框，如图 7-18 所示。

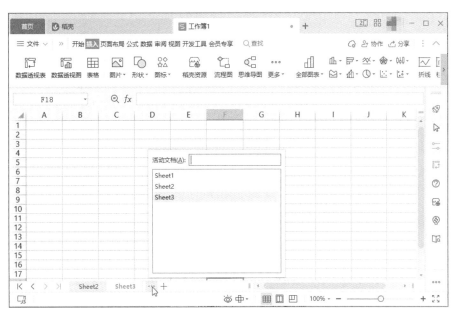

图 7-18　切换工作表

（2）在工作表列表框中单击要激活的工作表，或者在"活动文档"文本框中输入工作表名称的关键字，然后单击需要的工作表，即可自动切换到指定的工作表。

7.3.3　重命名工作表

WPS 自动为创建的工作表分配的名称（例如 Sheet1、Sheet2、Sheet3）不容易区分。为每个工作表指定一个具有意义的名称，可以在众多的工作表中便捷地查找、识别工作表。

修改工作表的名称常用的方法有以下两种：

（1）双击工作表名称标签，输入新的名称后按 Enter 键。

（2）在工作表名称标签上右击，在弹出的快捷菜单中选择"重命名"命令。输入新名称后按 Enter 键。

设置默认的工作表名称

新建工作簿时，WPS 会自动为创建的工作簿分配名称"工作簿 1""工作簿 2""工作簿 3"……创建工作表时，默认自动为工作表分配名称 Sheet1、Sheet2、Sheet3……如果希望新建的工作簿和工作表使用相同的前缀，可以执行以下操作。

（1）在"文件"菜单选项卡中单击"选项"命令，在弹出的"选项"对话框中切换到"常规与保存"选项卡。

（2）在"新工作簿内的工作表数"右侧单击"选项"按钮，打开如图 7-19 所示的"选项"对话框。

（3）分别指定工作簿和工作表的前缀，然后单击"确定"按钮关闭对话框。

图 7-19　"选项"对话框

7.3.4　移动和复制工作表

如果要在同一个工作簿中制作多个相同或相似的工作表，或者使用另一个工作簿中的工作表，使用复制和移动操作可以达到事半功倍的效果。在 WPS 表格中移动或复制工作表的方法有多种，下面简要介绍两种常用的方法，读者可根据操作习惯和要求灵活选用适当的方法。

1. 使用鼠标拖放

如果要在同一个工作簿中快速移动或复制工作表，可以使用鼠标拖动工作表标签实现。

选中要移动的工作表标签，按下鼠标左键拖动，鼠标指针显示为 形状，当前选中工作表标签的左上角出现一个黑色倒三角标志，如图 7-20 所示。当黑色倒三角显示在目标位置时释放鼠标左键，即可将工作表移动到指定的位置。

如果拖放的同时按住 Ctrl 键，则鼠标指针显示为 形状，当前选中工作表标签的左上角出现一个黑色倒三角标志，如图 7-21 所示。当黑色倒三角显示在目标位置时释放鼠标左键，即可在指定位置生成当前选中工作表的一个副本。

图 7-20　按住鼠标左键拖动工作表标签

图 7-21　按住鼠标左键和 Ctrl 键拖动工作表标签

2. 使用"移动或复制工作表"对话框

如果要在不同的工作簿中移动或复制工作表，使用"移动或复制工作表"对话框会比较方便。

（1）在要移动或复制的工作表名称标签上右击，从弹出的快捷菜单中选择"移动或复制工作表"命令，打开如图 7-22 所示的对话框。

（2）在"工作簿"下拉列表框中选择要接收工作表或工作表副本的工作簿。默认显示为当前工作簿的名称，因此如果要在同一工作簿中移动或复制，可跳过这一步。

（3）在"下列选定工作表之前"列表框中选择工作表的目标位置。

（4）如果要复制工作表，则选中"建立副本"复选框。

（5）单击"确定"按钮关闭对话框。

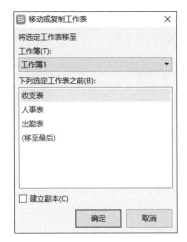

图 7-22 "移动或复制工作表"对话框

提示：　　　如果目标工作簿中有与移动或复制的工作表同名的工作表，WPS 将自动在移动或复制的工作表名称后添加编号，使其命名唯一。

上机练习——管理退货统计表

　　　　本节练习使用复制和移动操作管理退货统计表。通过对操作步骤的详细讲解，帮助读者进一步掌握创建工作簿和工作表、重命名工作表，以及使用快捷菜单和鼠标拖动的方式复制和移动工作表的操作方法。

7-1　上机练习——管理退货统计表

　　　　首先创建两个工作簿，分别存放同一月份不同时间段的退货信息；然后分别通过快捷菜单和鼠标拖动的方法复制工作表；最后将其中一个工作表移动到另一个工作簿中。

操作步骤

（1）新建一个空白工作簿，双击工作表 Sheet1 的名称标签，重命名为"5 月退货记录"，然后输入数据，如图 7-23 所示。

	A	B	C	D	E
1	5月份退货统计表				
2	接收日期	产品名称	退货原因	退货数量	备注
3	5月7日	集成电路	不通讯	8	
4	5月7日	减压阀	漏气	35	
5	5月9日	传感器	气量小	20	
6	5月12日	传感器	芯片损坏	18	
7	5月12日	火花塞	漏油	6	
8	5月12日	耐压夹布胶管	胶管分层	120	
9	5月14日	减压阀	电磁阀失效	40	

5月退货记录 ＋

图 7-23　新建"5 月退货记录"工作表

（2）在快速访问工具栏上单击"保存"按钮 ，在弹出的"另存为"对话框中选择保存位置，输入文件名称"5 月份退货统计表"，然后单击"保存"按钮，保存工作簿。

（3）在快速访问工具栏上单击"新建"按钮□，新建一个空白的工作簿。将 Sheet1 工作表重命名为"5 月退货记录补充"，并输入数据，如图 7-24 所示。

图 7-24　新建"5 月退货记录补充"工作表

（4）在快速访问工具栏上单击"保存"按钮□，在弹出的"另存为"对话框中选择保存位置，输入文件名称"5 月份退货补充"，然后单击"保存"按钮，保存工作簿。

接下来通过复制工作表，建立工作表"5 月退货记录"的一个副本。

（5）打开工作簿"5 月份退货一览表"，将鼠标指针移到工作表"5 月退货记录"的名称标签上，按下 Ctrl 键的同时，按下鼠标左键将其拖动到工作表标签右侧，释放鼠标和 Ctrl 键，在工作表"5 月退货记录"的右侧即可生成一个名为"5 月退货记录（2）"的工作表，如图 7-25 所示。

图 7-25　复制工作表的效果

（6）在工作表"5 月退货记录（2）"的名称标签上双击，输入新名称"5 月退货记录备份"后，按Enter 键重命名工作表，如图 7-26 所示。

图 7-26　重命名工作表

（7）打开工作簿"5 月份退货补充"，在工作表"5 月退货记录补充"的名称标签上右击，在弹出的快捷菜单中选择"移动或复制工作表"命令，打开对应的对话框。设置新工作表的位置为"移至最后"，然后选中"建立副本"复选框，如图 7-27 所示。

图 7-27　"移动或复制工作表"对话框

（8）单击"确定"按钮，即可在工作表"5 月退货补充"右侧生成一个名为"5 月退货补充（2）"的副本。在工作表"5 月退货补充（2）"的名称标签上右击，在弹出的快捷菜单中选择"重命名"命令，然后输入新名称"5 月退货记录补充备份"。输入完成后按 Enter 键，结果如图 7-28 所示。

	A	B	C	D	E	F	G	H	I
1	接收日期	产品名称	退货原因	退货数量	备注				
2	5月17日	耐压夹布胶管	胶管分层	40					
3	5月19日	火花塞	漏油	12					
4	5月19日	传感器	气量小	20					
5	5月24日	传感器	漏气	10					
6	5月25日	节气门总成	齿轮断裂	3					

图 7-28　复制工作表的效果

接下来，将两个工作簿中部分工作表进行合并。

（9）打开工作簿"5 月份退货补充"，在工作表"5 月退货记录补充备份"的名称标签上右击，在弹出的快捷菜单中选择"移动或复制工作表"命令，打开"移动或复制工作表"对话框。

（10）在"将选定工作表移至工作簿"下拉列表框中选择"5 月份退货一览表 .xlsx"，在"下列选定工作表之前"列表框中选择"5 月退货记录备份"，不选中"建立副本"复选框，如图 7-29 所示。

图 7-29　选择要移动的目标位置

（11）单击"确定"按钮，即可将工作表"5月退货记录补充备份"移动到工作簿"5月份退货一览表"中的指定位置，如图7-30所示。

图7-30　在不同工作簿中移动工作表的效果

此时，工作簿"5月份退货补充"中的工作表"5月退货记录补充备份"消失。

7.3.5　隐藏工作表

如果不希望他人查看工作簿中的某个工作表，或在编辑工作表时避免对重要的数据进行误操作，可以隐藏工作表。

在要隐藏的工作表名称标签上右击，在弹出的快捷菜单中选择"隐藏"命令，即可隐藏对应的工作表，其名称标签也随之隐藏。

 注意　并非任何情况下都可以隐藏工作表。如果工作簿的结构处于保护状态，就不能隐藏其中的工作表。

如果要取消隐藏，可右击任一工作表名称标签，在弹出的快捷菜单中选择"取消隐藏"命令，在如图7-31所示的"取消隐藏"对话框中选择要显示的工作表，单击"确定"按钮关闭对话框。

图7-31　"取消隐藏"对话框

提示：　隐藏工作表在一定程度上可以使工作表免于被查看或修改，但隐藏的工作表仍然处于打开状态，其他工作表仍然可以使用其中的数据。如果希望工作表中的数据不被随意引用或篡改，可以对工作表或工作表的部分区域进行保护。相关操作将在第12章进行介绍。

7.3.6　查看工作表

WPS 2022支持采用多种视图方式查看工作表，可方便地以不同视角查看表格数据。在WPS表格的状态栏上可看到 3 种查看工作表的常用视图。在"视图"菜单选项卡中可以选择更多的视图方式，如图 7-32 所示。

图 7-32　"视图"菜单选项卡

❖ 普通⊞：默认的显示方式，适用于屏幕预览和处理，表格的大多数操作都在该视图中进行。

❖ 分页预览⊞：显示工作表的分页位置，如图 7-33 所示。

	C	D	E	F	G	H	I
8	ST1012A070/4501121	22U7	5000	已完成	12月24日		
9	ST1012A070/4501121	22U7	10000	已完成	1月4日		
10	ST1012A070/4501121	22U7	5600	已完成	1月12日		
11	ST1012A067/4501121	23U1（蓝）	2000	已完成	12月29日		
12	ST1012A068/4501121	23U1（黑）	3000	未完成			

图 7-33　分页预览模式

❖ 自定义视图⟦☐⟧：自定义视图名称和显示方式。单击该按钮打开如图 7-34 所示的"视图管理器"对话框，可指定工作表以某种既定的视图显示；单击"添加"按钮，在如图 7-35 所示的"添加视图"对话框中可定义视图的名称和显示内容。

图 7-34　"视图管理器"对话框

图 7-35　"添加视图"对话框

❖ 全屏显示⟦⟧：全屏显示工作表，不包括标题栏和菜单功能区。按 Esc 键退出全屏模式。

❖ 阅读模式⊞：以某种颜色突出显示与当前选中单元格同一行和同一列的数据，如图 7-36 所示。

	A	B	C	D	E	F
14	12月16日	安阳华川	ST1012A075/4501121	22U7（白）	26900	未完成
15	12月16日	长沙思创	ST1012A076/4501121	23U1（红）	12700	未完成
16	12月16日	长沙思创	ST1012A077/4501121	23U1（蓝）	5800	未完成
17	12月16日	长沙思创	ST1012A078/4501121	23U1（黑）	10800	未完成
18	12月23日	安阳华川	ST1012A091/BLS-1412	3256	4000	未完成

图 7-36　阅读模式

7.3.7　拆分和冻结窗格

如果工作表中的数据比较庞杂，来回拖动窗口底部或右侧的滚动条查看数据时，经常会遇到能看见上面或左边的标题却看不见下面或右边的数据的情况，在对照、比较表格数据时非常不便。利用拆分窗口和冻结窗格功能，这个问题可以迎刃而解。

1. 拆分窗口

利用"拆分窗口"功能可将工作表拆分为 4 个相对独立的窗口，在不隐藏行或列的情况下，将相隔很远的行或列移到邻近的地方，以便对照编辑数据。

（1）在要拆分的工作表中选中一个单元格。

（2）在"视图"菜单选项卡中单击"拆分窗口"按钮，选中单元格的左上角显示两条相互垂直的绿色拆分框线，将工作表拆分为 4 个可以单独滚动的窗格，如图 7-37 所示。

	C	D	E	F	G
7	ST1012A024/4501113	19U7（白）	8300	已完成	1月4日
8	ST1012A070/4501121	22U7	5000	已完成	12月24日
9	ST1012A070/4501121	22U7	10000	已完成	1月4日
10	ST1012A070/4501121	22U7	5600	已完成	1月12日
11	ST1012A067/4501121	23U1（蓝）	2000	已完成	12月29日
12	ST1012A068/4501121	23U1（黑）	3000	未完成	

图 7-37 拆分成 4 个窗格

（3）拖动各个窗口的滚动条查看数据。例如，将第 15 行的数据移到第 14 行数据之上的效果如图 7-38 所示。

	C	D	E	F	G
13	ST1012A069/4501121	23U1（红）	2000	未完成	
14	ST1012A075/4501121	22U7（白）	26900	未完成	
15	ST1012A076/4501121	23U1（红）	12700	未完成	
14	ST1012A075/4501121	22U7（白）	26900	未完成	
15	ST1012A076/4501121	23U1（红）	12700	未完成	
16	ST1012A077/4501121	23U1（蓝）	5800	未完成	

图 7-38 使用拆分窗口查看数据

如果要取消拆分，可在"视图"菜单选项卡中单击"取消拆分"按钮；或者将鼠标指针移到拆分框线上，指针显示为双向箭头或时，双击拆分框线。

2. 冻结窗格

如果在滚动工作表时，希望某些行或列始终显示在可视区域，可以将这些行或列冻结。被冻结的部分通常是标题行或列，也就是表头部分。

（1）选中要冻结的行和列交叉处的单元格的右下方单元格。例如，要冻结第 1 行和第 1 列，则选中 B2 单元格。

（2）在"视图"菜单选项卡中单击"冻结窗格"按钮，弹出如图 7-39 所示的下拉菜单。

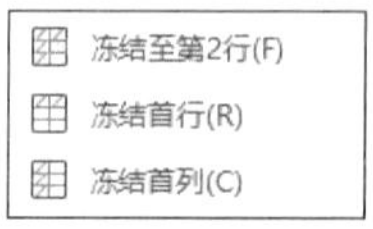

冻结至第2行(F)

冻结首行(R)

冻结首列(C)

图 7-39 "冻结窗格"下拉菜单

注意　该下拉菜单中的第一项命令会根据当前选中的单元格位置自动变化。例如，选中 A1 单元格时显示为"冻结窗格"；选中 D5 单元格时显示为"冻结至第 4 行 C 列"。

（3）根据需要选择要冻结的范围。选中的单元格左上方显示两条相互垂直的绿色拆分线，将窗口拆分为四部分。例如，冻结至第 4 行 C 列的效果如图 7-40 所示。

图 7-40　冻结窗格

提示： 如果仅冻结行或列，则仅显示一条水平或垂直的拆分线。

此时，无论怎样拖动滚动条，冻结的行和列（例如图 7-40 中的第 4 行和 C 列）都会固定显示在窗口中。

如果要撤销被冻结的窗口，应在"冻结窗格"下拉菜单中选择"取消冻结窗格"命令。

7.4　单元格的基本操作

工作表中行和列相交形成的方格称为单元格，作为电子表格存储信息的基本单位，单元格的相关操作在数据处理和分析中至关重要，读者应熟练掌握。

7.4.1　选取单元格

在编辑 WPS 表格数据时，对单元格的操作针对的都是当前选中的单元格或区域。下面简要介绍选取单元格或区域常用的操作。

- ❖ 选取单个单元格：单击相应的单元格，或利用方向键移动到相应的单元格。
- ❖ 选取连续的矩形单元格区域：单击选定该区域顶点处的一个单元格，当鼠标指针显示为空心十字形 ✛ 时，按下鼠标左键拖动到最后一个单元格释放；或先选定该区域顶点处的一个单元格，然后按住 Shift 键单击对角顶点处的单元格。
- ❖ 选取不相邻的单元格或区域：先选定一个单元格或区域，然后按住 Ctrl 键选定其他的单元格或区域。
- ❖ 选取当前工作表中的所有单元格：单击工作表左上角的"全选"按钮 ◣。
- ❖ 选取整行或整列：单击行号或列号。
- ❖ 取消选定区域：单击任意一个单元格。

快速查看选中的行列数

按下鼠标左键拖动选取多行多列的单元格区域时，在编辑栏左侧的名称框中可以查看已选中的行列数，如图 7-41 所示。其中，4R×3C 表示选中了 4 行 3 列。

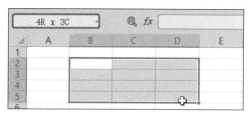

图 7-41　选中单元格区域

释放鼠标左键，名称框中显示的将是当前选中区域左上角的单元格地址。

7.4.2　插入与删除单元格

WPS 工作表中的单元格数量是固定的，不会因为插入单元格变多，也不会因为删除单元格而减少。换句话说，在工作表中插入或删除单元格的操作实质上是移动或填补单元格。

在要插入单元格的位置右击，在弹出的快捷菜单中选择"插入"命令，然后在级联菜单中选择单元格插入的方式，如图 7-42 所示。

图 7-42　右键快捷菜单

❖ 插入单元格：在活动单元格左侧或上方插入一个新单元格。

 提示：　如果选定单元格区域后右击，使用右键快捷菜单中的"插入单元格"命令可插入与选定单元格数目相同的单元格。

❖ 插入行：在选定单元格上方插入指定数目的空行。
❖ 插入列：在选定单元格左侧插入指定数目的空列。

如果要删除单元格或区域，可在要删除的单元格或区域右击，在弹出的快捷菜单中选择"删除"命令，然后在如图 7-43 所示的级联菜单中选择需要删除单元格的方式。

如果希望只删除单元格中录入的数据，保留单元格的格式或批注，可以在如图 7-43 所示的快捷菜单中选择"清除内容"命令，或直接按 Delete 键。

提示：　删除单元格是从工作表中移除单元格，并移动周围的单元格填补删除后的空缺。清除单元格则仅删除单元格中的内容、格式或批注，保留单元格。

如果要清除单元格中的格式、批注，可以在"开始"菜单选项卡中单击"格式"下拉按钮，在弹出的下拉菜单中选择"清除"命令，然后在如图 7-44 所示的级联菜单中选择要清除的内容。

图 7-43 "删除"级联菜单

图 7-44 "清除"级联菜单

7.4.3 移动或复制单元格

移动单元格是指把某个单元格（或区域）的内容从当前的位置删除，放到目标位置；而复制单元格是指在保留单元格内容、格式和位置不变的前提下，在目标位置生成一个与之相同的副本。

要在同一个工作表中移动或复制单元格，最简单的方法是用鼠标拖动。选定要移动或复制的单元格，将鼠标指针移到选定区域的边框，指针显示为 时按下鼠标左键拖动到目标位置释放，即可将选中的区域移到指定位置。例如，将 A4：C5 单元格区域移到 A9：C10 的效果如图 7-45 所示。

拖动鼠标的同时按住 Ctrl 键，可以复制单元格或区域，如图 7-46 所示。

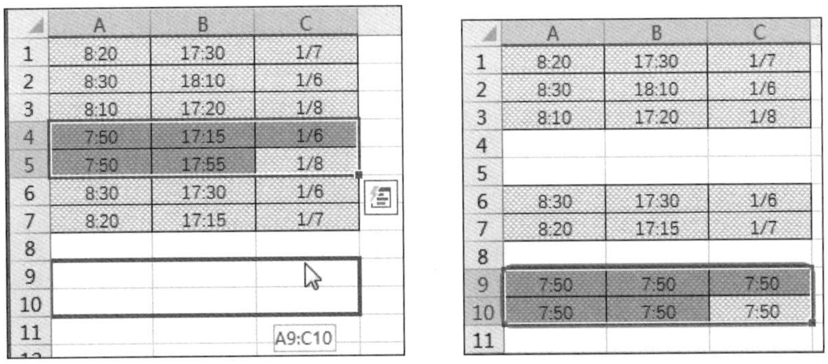

图 7-45 移动单元格区域的效果

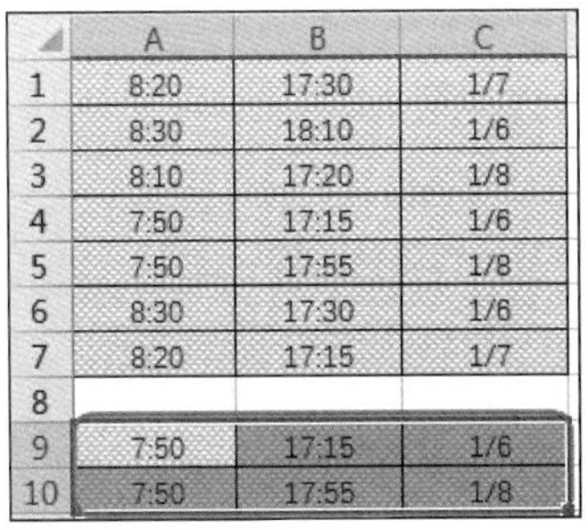

图 7-46 复制单元格区域的效果

如果要将选定区域移动或复制到其他工作表，可以选定区域后单击"剪切"按钮 或"复制"按钮 ，然后打开目标工作表，在要粘贴单元格区域的位置单击"粘贴"按钮 。

提示：　选择粘贴区域时，可以只选择区域中的第一个单元格，也可以选择与剪切区域完全相同的区域。否则会弹出"剪切区域与粘贴的形状不同"的警告提示。

7.4.4 合并单元格

WPS 表格中的单元格默认大小一样，排列规整。如果希望某些单元格占用多行或多列，可以将一个矩形区域中的多个单元格合并为一个单元格。

（1）选择要合并的多个连续的单元格，且这些单元格组成一个矩形区域。

（2）在"开始"菜单选项卡中单击"合并居中"下拉按钮，弹出如图 7-47 所示的下拉菜单。

图 7-47　合并单元格下拉菜单

❖ 合并居中：将选择的多个单元格合并为一个较大的单元格，仅保留单元格区域左上角单元格中的内容，且居中显示。

❖ 合并单元格：将所有选中的单元格合并为一个单元格，仅保留单元格区域左上角单元格中的内容，且按原有的对齐方式显示。

❖ 合并内容：将所有选中的单元格合并为一个单元格，保留所有单元格中的内容并自动换行。如果合并前的单元格区域包含多列（如图 7-48 所示），则合并后的部分内容会隐藏，如图 7-49 所示。此时将鼠标指针移到合并后的单元格中，即可查看所有内容，如图 7-50 所示。如果取消"自动换行"按钮的选中状态，可将单元格中的多行内容合并为一行，如图 7-51 所示。

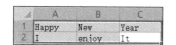

图 7-48　合并前的单元格区域

图 7-49　合并内容的效果

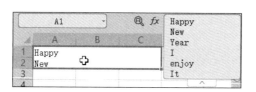

图 7-50　查看单元格中的内容

图 7-51　取消自动换行的效果

❖ 按行合并：分别将选中区域的每一行进行合并，仅保留每一行最左侧单元格中的数据。

❖ 跨列合并：在不合并单元格区域的情况下，将各列内容居中显示。

（3）选择需要的合并方式。

如果要取消合并单元格，应选中合并后的单元格，在"开始"菜单选项卡中单击"合并居中"下拉按钮，在下拉菜单中选择"取消单元格合并"命令，如图 7-52 所示。

图 7-52　取消合并单元格

　　取消合并之后，单元格将被拆分为合并之前的样子。如果合并后的单元格中仅保留了最左侧或左上角单元格中的数据，则取消合并后，其他单元格中的数据会丢失。

如果选择"拆分并填充内容"命令，可将单元格中的内容按行拆分，并填充到各列，如图 7-53 所示。

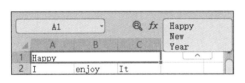
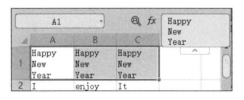

图 7-53　拆分并填充内容前、后的效果

7.4.5　调整行高与列宽

WPS 工作表中的所有单元格默认具有相同的行高和列宽，如果要在单元格中放置不同大小和类型的内容，就需要调整行高和列宽。

如果对行高与列宽的要求不高，可以利用鼠标拖动进行调整。

（1）将鼠标指针移到行号的下边界上，指针显示为纵向双向箭头 ✛ 时，按下鼠标左键拖动到合适位置释放，可改变指定行的高度。

（2）将鼠标指针移到列标的右边界上，指针显示为横向双向箭头 ✛ 时，按下鼠标左键拖动到合适位置释放，可改变指定列的宽度。

　提示：　　双击列标题的右边界，可使列宽自动适应单元格中内容的宽度。如果要一次改变多行或多列的高度或宽度，只需要选中多行或多列，然后用鼠标拖动其中任何一行或一列的边界即可。

如果希望精确地指定行高和列宽，可以使用菜单命令进行设置。

（1）选中要调整行高或列宽的单元格。

（2）在"开始"菜单选项卡中单击"行和列"下拉按钮，在如图 7-54 所示的下拉菜单中选择需要的命令。

图7-54 "行和列"下拉菜单

如果要调整行高,应单击"行高"命令打开"行高"对话框设置行高的单位与数值,如图 7-55 所示。如果希望 WPS 根据输入的内容自动调整行高,应单击"最适合的行高"命令。

如果要调整列宽,应单击"列宽"命令打开"列宽"对话框设置列宽的单位与数值,如图 7-56 所示。如果希望 WPS 根据输入的内容自动调整列宽,应单击"最适合的列宽"命令。

如果希望将工作表中的所有列宽设置为一个固定值,应单击"标准列宽"命令,在如图 7-57 所示的"标准列宽"对话框中设置列宽数值和单位。

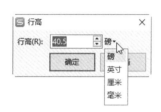

图7-55 "行高"对话框

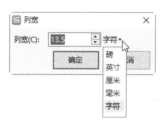

图7-56 "列宽"对话框

图7-57 "标准列宽"对话框

 注意 　如果在执行"标准列宽"命令之前调整了列宽,则对应列的宽度不会变化。

答 疑 解 惑

1. 工作簿和工作表有什么关系?

答:工作簿是 WPS 表格文件,一个工作簿由一个或多个工作表组成。工作表是存储数据的电子表格,属于工作簿,存在于工作簿之中。

2. 在不取消原有选定区域的前提下,如何增加或减少选定的单元格?

答:按下 Shift 键的同时单击需要包含在新选定区域的最后一个单元格。

3. 在工作表中不显示行和列标题,怎样使其显示?

答:在"文件"菜单选项卡中单击"选项"命令打开"选项"对话框,切换到"视图"分类,在"窗口选项"区域选中"行号列标"复选框,然后单击"确定"按钮关闭对话框。

4. 怎样复制单元格的格式?

答:复制单元格的格式有以下两种常用的方法。

(1)选中需要复制的源单元格后,单击"开始"菜单选项卡中的"格式刷"按钮,然后用带有格式刷的光标选择目标单元格。

(2)复制源单元格后,选中目标单元格,在"开始"菜单选项卡中单击"粘贴"下拉按钮,在弹出的下拉菜单中选择"保留源格式"命令。或者单击"选择性粘贴"命令打开如图 7-58 所示的"选择性粘贴"对话框，选中"格式"单选按钮。设置完成后单击"确定"按钮关闭对话框。

图 7-58　"选择性粘贴"对话框

5. 可以在同一个工作簿中同时移动多个工作表吗？

答：可以。选定多个工作表之后，采用移动单个工作表的方法，可以同时移动多个选中的工作表到其他位置。如果移动之前这些工作表是不相邻的，移动后它们将被放在一起。

6. 拆分窗口与冻结窗格有什么区别？

答：拆分窗口可以在不隐藏行或列的情况下，将相隔很远的行或列移动到邻近的地方，以便更准确地输入数据。通常用于编辑列数或者行数特别多的表格。

冻结窗格是为了在移动工作表可视区域的时候，始终保持某些行或列在可视区域，以便对照或操作。被冻结的部分往往是标题行或列，也就是表头部分。

7. 为什么执行"标准列宽"命令后，有些列的宽度并没有发生变化？应该怎么解决？

答：在执行"标准列宽"命令之前手动调整过宽度的列不会发生变化。可以使用"格式刷"复制具有标准列宽的单元格格式，然后在要修改列宽的列标上单击。

学习效果自测

一、选择题

1. 在 WPS 表格的"文件"菜单选项卡中选择"打开"命令，（　　　）。
   A. 打开的是工作簿　　　　　　　　　　　B. 打开的是数据库文件
   C. 打开的是工作表　　　　　　　　　　　D. 打开的是图表

2. 下列关于"新建工作簿"的说法正确的是（　　　）。
   A. 新建的工作簿会覆盖原先的工作簿　　　B. 新建的工作簿在原先的工作簿关闭后出现
   C. 可以同时出现两个工作簿　　　　　　　D. 可以使用 Shift+N 命令新建工作簿

3. 在 WPS 中，如果要保存工作簿，可按组合键（　　　）。
   A. Ctrl+A　　　　　　B. Ctrl+S　　　　　　C. Shift+A　　　　　　D. Shift+S

4. 在 WPS 表格中，工作表是由行和列组成的二维表格，行号和列标分别用（　　　）表示。
   A. 数字和数字　　　　B. 数字和字母　　　　C. 字母和字母　　　　D. 字母和数字

5. 在 WPS 表格中，单元格地址是指（　　　）。
   A. 每一个单元格的大小　　　　　　　　　B. 单元格所在的工作簿

C. 单元格所在的工作表　　　　　　　　D. 单元格在工作表中的位置

6. 在编辑栏中显示的是（　　）。

A. 删除的数据　　　　　　　　　　　　B. 当前单元格的数据

C. 被复制的数据　　　　　　　　　　　D. 没有显示

7. 下列关于"删除工作表"的说法正确的是（　　）。

A. 不允许删除工作表　　　　　　　　　B. 工作表删除后可以恢复

C. 删除工作表后，不可以恢复　　　　　D. 删除工作表仅删除其中的数据

8. 如果要在工作表中选择一整列，可以（　　）。

A. 单击行标题　　　B. 单击列标题　　　C. 单击"全选"按钮　　D. 单击单元格

9. 在 WPS 表格中，要选取连续的单元格，可以单击区域中的第 1 个单元格，按住（　　）键再单击最后一个单元格。

A. Ctrl　　　　　　　B. Shift　　　　　　C. Alt　　　　　　　D. Tab

10. 在 WPS 表格中，若在工作表中插入一行，则一般插在当前行的（　　）。

A. 左侧　　　　　　　B. 上方　　　　　　C. 右侧　　　　　　D. 下方

11. 在 WPS 表格中，在（　　）菜单选项卡中可切换工作表视图。

A. 开始　　　　　　　B. 页面布局　　　　C. 审阅　　　　　　D. 视图

12. 下列方法不能防止某个工作表被编辑修改的是（　　）。

A. 隐藏工作表　　　B. 密码保护工作表　　C. 保护工作簿　　　D. 移动工作表

二、判断题

1. 在 WPS 表格中移动工作表时，可以一次移动多个工作表，且这些工作表不必相邻。（　　）

2. 在 WPS 表格中可以更改工作表的名称和位置。（　　）

3. 隐藏工作表后，就不能再使用该工作表中的数据了。（　　）

4. 在 WPS 表格中只能清除单元格中的内容，不能清除单元格的格式。（　　）

三、填空题

1. 默认情况下，在 WPS 表格中新建工作簿时，会自动生成 _____ 个工作表。

2. _____ 是一个二维表格，主要用于录入原始资料、存储统计信息、创建图表等。

3. WPS 表格的工作表中，列标记是 _____，行标记是 _____。

4. 将鼠标指针移到一个工作表标签上按下鼠标左键，按 Ctrl 键拖动标签到新位置，执行 _____ 操作；如果拖动过程中不按 Ctrl 键，则执行 _____ 操作。

5. 对工作表 Sheet1 进行 _____ 操作后，将在工作簿中自动添加一个名为 Sheet1(2) 的工作表。

6. _____ 工作表可以减少屏幕上显示的工作表，避免对重要的数据和机密数据的误操作。

7. 在 WPS 表格中，如果希望滚动窗口时，工作表的首行始终在窗口中可见，可以通过 _____ 实现。

四、操作题

1. 熟悉 WPS 2022 表格的工作界面。

2. 打开一个工作簿，执行以下操作。

（1）为其中的一个工作表创建副本，并进行密码保护。

（2）新建一个工作表，对其中的单元格进行复制、移动、删除等操作。

（3）在工作表中插入行、列和单元格。

第 8 章

数据录入与美化

本章导读

在表格中录入数据是进行数据展示与分析的前提。录入数据的操作很简单，如果读者能熟练掌握数据录入的方法与技巧，不仅能达到事半功倍的效果，减少数据输入的错误，而且便于后期数据的维护和管理。

数据录入完成后，通常还应进行格式化，以使表格具有清晰的格式和美观的样式，便于理解和查阅。

学习要点

- ❖ 输入各种类型的数据
- ❖ 快速填充相同或有序的数据
- ❖ 验证输入数据的有效性
- ❖ 使用样式美化表格
- ❖ 设置单元格的格式

8.1 录入数据

WPS 表格支持多种数据类型，不同类型的数据还能以多种格式显示。熟练掌握常用数据类型的输入方法与技巧，对提高数据准确性和提升办公效率至关重要。

8.1.1 输入文本

工作表中通常包含文本，例如汉字、英文字母、数字、空格以及使用键盘能输入的其他合法符号。

（1）单击要输入文本的单元格，然后在单元格或编辑栏中输入文本，如图 8-1 所示。

WPS 表格具有"记忆式键入"功能，用户输入开始的字符后，它能根据工作表中已输入的内容自动完成输入。例如，在单元格 C2 中输入 H，会自动填充"appy"，如图 8-2 所示。

图 8-1　输入文本

图 8-2　记忆式输入

如果输入的文本超过了列的宽度，将自动进入右侧的单元格显示，如图 8-3 所示。如果右侧相邻的单元格中有内容，则超出列宽的字符自动隐藏，如图 8-4 所示。调整列宽到合适宽度，即可显示全部内容。

图 8-3　文本超宽时自动进入右侧单元格

图 8-4　超出列宽的字符自动隐藏

> **提示：** 默认情况下，单元格中的文本不会自动换行。如果要输入多行文本，可以按 Alt+Enter 键换行。

（2）文本输入完成后，按 Enter 键或单击编辑栏上的"输入"按钮 ✓ 结束输入。在"常规"格式下，文本在单元格中默认左对齐。

（3）如果要修改单元格中的内容，应单击单元格，在单元格或编辑栏中选中要修改的字符后，按 Backspace 键或 Del 键将其删除，然后重新输入。

（4）按照步骤（1）～步骤（3）在其他单元格中输入文本。

默认情况下，输入的数据均为"常规"格式（即通用格式），用户可以根据需要修改数据的格式。

（5）选中要修改格式的单元格，切换到"开始"菜单选项卡，在如图 8-5 所示的"数字格式"下拉列表框中选择"文本"命令。

教你一招

同时在多个工作表中输入相同数据

选中多个工作表之后，只要在任意一个选择的工作表中输入数据（或设置格式），其他选中工作表的相同单元格中会出现相同的数据（或相同的格式）。

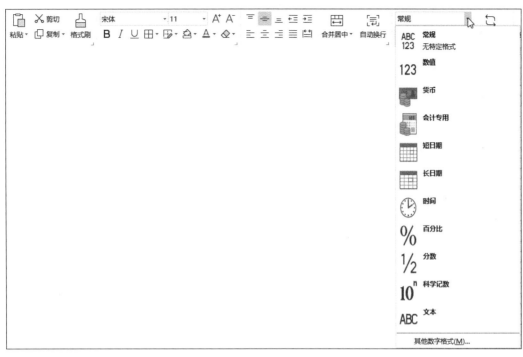

图 8-5　"数字格式"下拉列表框

8.1.2　输入数字

在单元格中输入数字的方法与输入文本相同，不同的是数字默认在单元格中右对齐。

（1）选中单元格，在单元格中输入数字。

提示：　　如果要输入分数，应先输入 0 及一个空格，然后输入分数，例如 "0 3/4"。如果不输入 0，Excel 会将输入的分数当作日期处理，例如输入 "3/4" 后按 Enter 键，单元格中显示为 "3 月 4 日"，编辑栏中显示为当前的年份及日期。

（2）设置数据格式。

选中要设置格式的单元格，切换到"开始"菜单选项卡，利用如图 8-6 所示的"数字"功能组中的功能按钮可以非常方便地格式化数字。

❖ 中文货币符号⊙：用中文货币符号和数值共同表示全额。如果单元格中的数值为负数，则货币符号和数值将显示在括号中，并显示为红色，如图 8-7 所示。

提示：　　负数之所以显示为红色，是因为默认情况下，货币的负数格式为（$1,234），且显示为红色。具体显示格式可以在"单元格格式"对话框中进行设置。

❖ 会计专用▦：该选项位于"中文货币符号"⊙右侧的下拉菜单中，功能也是为单元格中的数值添加中文货币符号，且货币符号靠左对齐，如图 8-8 所示的 B3 和 C3 单元格。

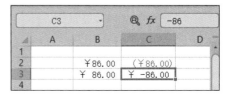

图 8-6　"数字"功能组　　　　图 8-7　为数值添加中文货币符号　　　　图 8-8　使用会计数字格式

注意 "中文货币"格式与"会计专用"格式都是使用货币符号和数字共同表示金额。它们的区别在于，"中文货币"格式中货币符号与数字符号是一体的，统一右对齐；"会计专用"格式中货币符号左对齐，而数字右对齐，从而可以对一列数值进行小数点对齐。

❖ 百分比样式 %：用百分数表示数字。
❖ 千位分隔样式 ⁰⁰⁰：以逗号分隔千分位数字。
❖ 增加小数位数 ⁺⁰⁄₀：增加小数点后的位数。
❖ 减少小数位数 ⁰⁰⁄₀：减少小数点后的位数。

如果要对数据格式进行更多设置,可单击如图 8-6 所示的"数字"功能组右下角的扩展按钮 ↘ 打开"单元格格式"对话框。在"数字"选项卡中可设置多种数据类型的格式。例如，"货币"类型的选项如图 8-9 所示，可以指定数值的小数位数、货币符号，以及负数的显示方式。

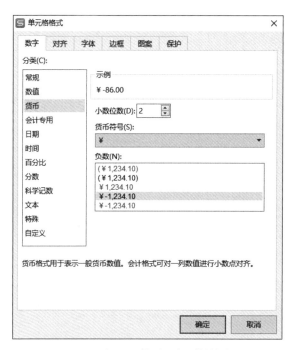

图 8-9 设置"货币"类型的格式

输入以 0 开头的数据

在单元格中输入以 0 开头的数字编号时，WPS 自动去除非零数字之前的 0。例如，输入 0001，会自动转换为 1。通过将数据格式修改为"文本"，或在输入数字编号时以撇号开头，可以解决这个问题。

此时，在单元格右侧显示一个黄色的警告标志。将光标移到警告标志上，显示一条信息，提示用户此单元格中的数字为文本格式，或者前面有撇号，如图 8-10 所示。

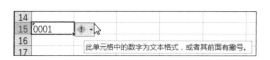

图 8-10 提示信息

单击警告标志，在弹出的下拉菜单中也可以看到"以文本形式存储的数字"说明，如图 8-11 所示。

图 8-11　单击警告标志打开下拉菜单

输入中文大写金额

WPS 表格支持在单元格中直接输入金额的中文大写，可以给从事财务、会计行业的用户提供极大的便利和用户体验。

（1）选中要输入中文大写金额的单元格或区域，右击，在弹出的快捷菜单中选择"设置单元格格式"命令，打开"单元格格式"对话框。

（2）在"分类"列表框中选择"特殊"选项，然后在右侧的"类型"列表框中选择"人民币大写"，如图 8-12 所示。

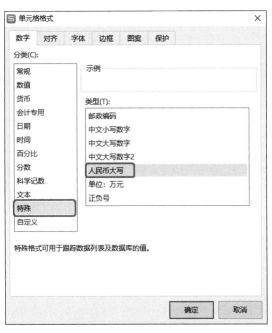

图 8-12　设置数字类型

（3）单击"确定"按钮关闭对话框。在单元格中输入数字，按 Enter 键，即可在单元格中以中文大写格式显示金额，如图 8-13 所示。

图 8-13　以中文大写格式显示金额

在指定区域内自动切换单元格

默认情况下，在一个单元格中完成输入后，按 Enter 键将自动向下移动到下一个单元格。如果要在一个单元格区域中按行输入多行多列数据，就需要频繁地切换单元格。在 WPS 2022 中用户可指定光标移动的方向，在输入数据时自动切换单元格。

（1）选中要输入数据的单元格区域，单击"文件"菜单选项卡中的"选项"命令打开"选项"对话框。

（2）在左侧窗格中选择"编辑"分类，在右侧窗格的"编辑设置"选项区中选中"按 Enter 键后移动"复选框，然后在"方向"下拉列表框中选择按 Enter 键后光标移动的方向，如图 8-14 所示。

图 8-14 "选项"对话框

（3）单击"确定"按钮关闭对话框。

此时，在选定区域的一个单元格中输入数据后按 Enter 键，将自动在选定区域沿指定方向跳转到下一个单元格。依次类推，光标将在选定的单元格区域内依次导航。在最后一个单元格中输入数据后按 Enter 键，光标将回到单元格区域的第一个单元格。

8.1.3 自定义数字格式

在录入数据时，用户还可以自定义数字格式。

（1）选择要设置格式的单元格或区域后右击，在弹出的快捷菜单中选择"设置单元格格式"命令，打开"单元格格式"对话框。

（2）在"分类"列表框中选择"自定义"选项，切换到如图 8-15 所示的自定义选项界面。

（3）在"类型"列表框中选择一种数字格式代码进行编辑，以创建所需格式。数字位置标识符的含义如下：

❖ "#"：只显示有意义的数字。

图 8-15　自定义选项

❖ "0"：显示数字，如果数字位数少于格式中的零的个数，则显示无意义的零。
❖ "?"：为无意义的零在小数点两边添加空格，以便使小数点对齐。
❖ ","：作为千位分隔符或者将数字以千倍显示。

设置数字显示颜色

如果要设置格式中的颜色，可以在该部分对应位置用方括号输入颜色的名称。例如："[蓝色]￥-#.000"。

示例如表 8-1 所示。

表 8-1　用数字位置标识符建立格式代码示例

原始数据	格式代码	显示数值
6789.53	#####	6789.5
9.5	#.000	9.500
.625	0.#	0.6
56 或 56.252	#.0#	56.0 或 56.25
66.598、506.23、3.6	???.???	小数点对齐
5.25	#???/???	为 51/4
75000	#,###	75,000
69000	#,	69
21100000	0.0,,	21.1

注意　如果某一数字小数点右侧的位数大于所设定格式中位置标识符的位数，则该数字将按位置标识符位数进行四舍五入。

8.1.4 输入日期和时间

在 WPS 表格中，日期和时间都可被当作数字进行计算、处理。

（1）选中单元格，直接输入日期，或使用斜杠、破折号与文本的组合输入日期。

例如，在单元格中输入如下的内容都可以输入 2022 年 9 月 26 日：

22-9-26，22/9/26，22-9/26

提示：
> 按 Ctrl+"；"键可以在单元格中插入当前日期。

在 WPS 中，输入的日期和时间都将自动由常规的数字格式转换为系统默认的日期格式进行显示。例如，以上述三种方式输入的日期在 Windows 10 中均显示为"2022/9/26"。

提示：
> 缺省显示方式由 Windows 有关日期的设置决定，可以在操作系统的"控制面板"中进行更改，具体方法可查阅 Windows 的相关资料。

（2）在单元格中输入时间。小时、分钟、秒之间用冒号分隔。

WPS 默认把输入的时间当作上午时间（AM），例如，输入"9:45:25"会被视为上午 9 点 45 分 25 秒。如果在时间后面加一个空格，然后输入 PM 或 P，即可输入下午时间，如图 8-16 所示。

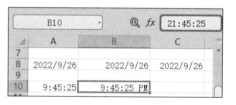

提示：
> 按 Ctrl+Shift+"；"键，可以在单元格中插入当前的时间。

图 8-16 插入下午时间

如果要在单元格中同时插入日期和时间，则日期和时间之间用空格分隔。

（3）选中单元格后右击，在弹出的快捷菜单中选择"设置单元格格式"命令打开"单元格格式"对话框。切换到如图 8-17 所示的"日期"选项界面，在"类型"列表框中可以选择日期的显示格式。

图 8-17 设置日期格式

提示:

"类型"列表框中的日期仅为示例日期,并非单元格中显示的日期。

(4)在左侧"分类"列表框中选择"时间",在"类型"列表框中选择一种时间显示格式。

(5)设置完成后,单击"确定"按钮关闭对话框。

上机练习——个人日常支出记账表

本节练习制作一个简易的日常支出记账表,通过对操作步骤的详细讲解,帮助读者掌握在 WPS 表格中输入文本、数字、日期和时间常用的几种方法,以及设置数字格式的操作步骤。

8-1 上机练习——个人日常支出记账表

首先新建一个工作簿,设置各列单元格的数字格式、对齐方式;然后合并第一行的部分单元格,输入文本并设置文本格式;最后在单元格中以多种方式输入日期、文本、数字和时间。最终效果如图 8-18 所示。

	A	B	C	D
1	费用支出记账管理表			
2	**日期**	**项目**	**金额**	**备注说明**
3	2022年3月1日	早餐	¥ 5.00	
4	2022年3月1日	买菜	¥ 56.00	
5	2022年3月2日	午餐	¥ 12.00	
6	2022年3月3日	加油	¥ 280.00	
7	2022年3月4日	水果	¥ 45.00	
8	2022年3月5日	打车	¥ 25.00	
9	2022年3月6日	衣服干洗	¥ 20.00	5:30 PM
10	2022年3月7日	电话费	¥ 100.00	
11	2022年3月8日	鲜花	¥ 120.00	

图 8-18 日常支出记账表

操作步骤

(1)新建一个空白的工作簿,在工作表中的 A2:D2 单元格区域依次输入文本,如图 8-19 所示。

(2)选中 A 列到 D 列,在"开始"菜单选项卡中单击"行和列"下拉按钮,在弹出的下拉菜单中选择"行高"命令,然后在打开的"行高"对话框中设置行高为 20 磅,如图 8-20 所示。

	A	B	C	D
1				
2	日期	项目	金额	备注说明
3				
4				

图 8-19 在单元格中输入文本

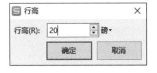

图 8-20 设置行高

(3)选中 A 列,在"数字格式"下拉列表框中选择"长日期";选中 B 列,设置数字格式为"文本";选中 C 列,设置数字格式为"会计专用"。

提示:

会计格式可对一列数值进行货币符号和小数点对齐。

（4）选中 A 列、B 列和 D 列，在"开始"菜单选项卡中单击"水平居中"按钮，如图 8-21 所示，使单元格中的内容都水平居中。

（5）选中 A2：D2 单元格区域，在"开始"菜单选项卡中单击"加粗"按钮 **B**，然后在"数字格式"下拉列表框中选择"文本"。

（6）选中 A1：D1 单元格区域，在"开始"菜单选项卡中单击"合并居中"按钮 ，合并单元格区域，然后在单元格中输入文本，如图 8-22 所示。

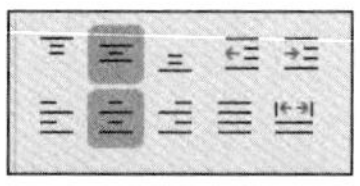

图 8-21　设置单元格内容的对齐方式

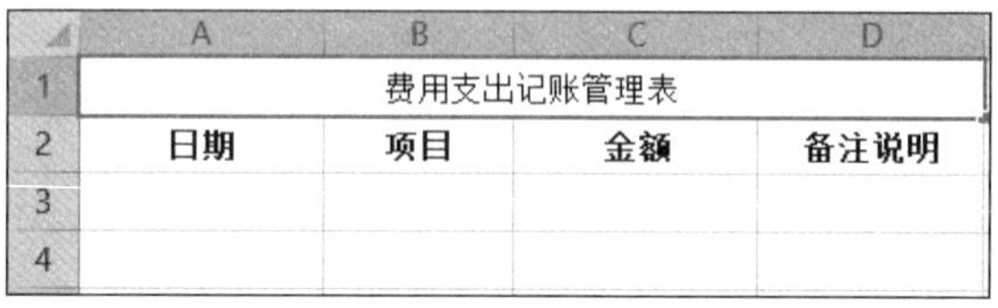

图 8-22　合并单元格区域并输入文本

（7）选中合并单元格中的文本，在浮动工具栏中设置字体为"幼圆"，字号为 16，字形加粗，颜色为深蓝色，如图 8-23 所示。然后调整单元格的行高。

图 8-23　设置文本格式

（8）单击 A3 单元格，在单元格中输入"2022/3/1"，按 Enter 键或单击其他单元格，可以看到输入的内容自动转换为日期格式，如图 8-24 所示。

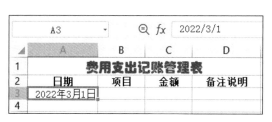

图 8-24　输入日期

（9）在 B3 单元格中输入文本，然后在 C3 单元格中输入数字 5，可以看到输入的内容自动以会计专用格式显示，如图 8-25 所示。

图 8-25　输入数字

（10）选中 A4 单元格，在单元格中输入"2022-3-1"，然后单击编辑栏上的"输入"按钮 ，可以看到输入的内容以长日期格式显示，如图 8-26 所示。

（11）在其他单元格中输入数据。选中 D9 单元格，在单元格中输入"5:30 P"，按 Enter 键，可以看到输入的时间自动显示为"5:30 PM",在编辑栏中可以看到时间显示为"17:30:00",如图 8-27 所示。

图 8-26 输入日期

图 8-27 输入时间

(12)按照与上述步骤同样的方法,输入其他表格数据,最终结果如图 8-18 所示。

8.2 高效填充数据

WPS 表格提供了便捷的键盘快捷键和实用的填充手柄,可帮助用户在某个单元格区域高效地输入大量相同的数据或具有某种规律的数据。

8.2.1 快速填充相同数据

在选中的单元格区域填充相同的数据有多种方法,下面简要介绍几种常用的操作。

1. 使用快捷键快速填充

(1)选择要填充相同数据的单元格区域,输入要填充的数据,如图 8-28 所示。

要填充数据的区域可以是连续的,也可以是不连续的。

(2)按组合键 Ctrl+Enter,即可在选中的单元格区域填充相同的内容,如图 8-29 所示。

图 8-28 选中单元格区域并输入数据

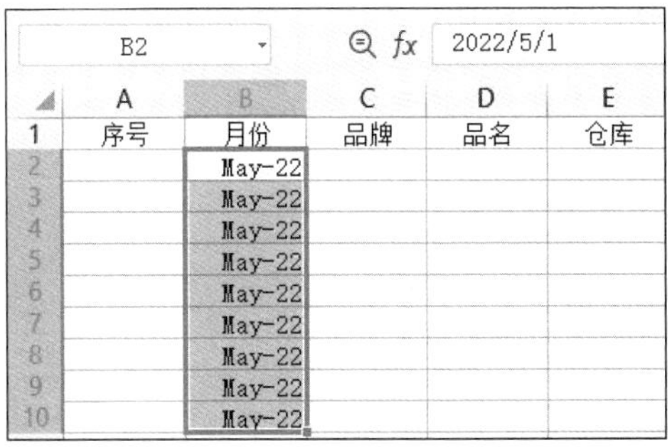

图 8-29 填充相同数据

2. 拖动填充手柄快速填充

(1)选中已输入数据的单元格,将鼠标指针移到单元格右下角的绿色方块(称为"填充手柄")上,指针显示为黑色十字形十,如图 8-30(a)所示。

(2)按下鼠标左键拖动选择要填充的单元格区域,释放鼠标,即可在选择区域的所有单元格中填充相同的数据,如图 8-30(b)所示。

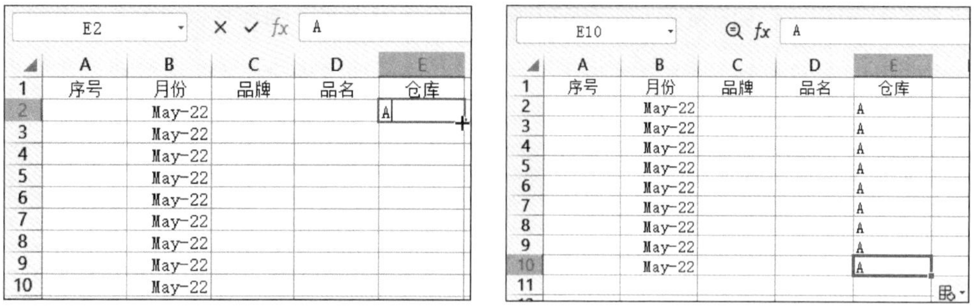

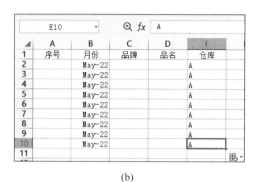

图 8-30 填充相同数据

使用填充手柄在单元格区域填充数据后，在最后一个单元格右侧显示"自动填充选项"按钮，单击该按钮，在如图 8-31 所示的下拉菜单中可以选择填充方式。

图 8-31 "自动填充选项"下拉菜单

 提示: 在单元格区域填充的数据类型不同，"自动填充选项"下拉菜单中显示的选项也会有所差异。

3. 利用"填充"命令快速填充

利用"填充"命令可以指定填充的方向。

（1）选中已输入数据的单元格，按下鼠标左键并拖动，选中要填充相同数据的单元格区域，如图 8-32 所示。

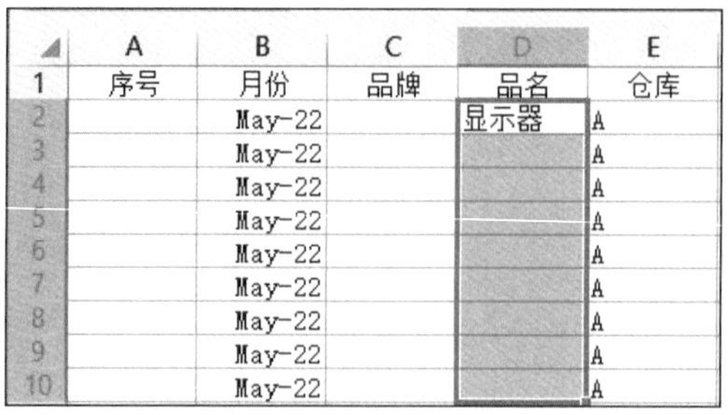

图 8-32 选中填充区域

（2）切换到"开始"菜单选项卡，单击"行和列"下拉按钮，在弹出的下拉菜单中选择"填充"命令，然后在如图 8-33 所示的级联菜单中选择填充方式，即可在选定的区域填充相同的数据，如图 8-34 所示。

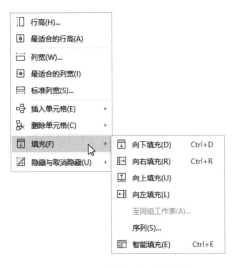

图 8-33 “填充”级联菜单

	A	B	C	D	E
1	序号	月份	品牌	品名	仓库
2		May-22		显示器	A
3		May-22		显示器	A
4		May-22		显示器	A
5		May-22		显示器	A
6		May-22		显示器	A
7		May-22		显示器	A
8		May-22		显示器	A
9		May-22		显示器	A
10		May-22		显示器	A

图 8-34 填充相同数据

教你一招：

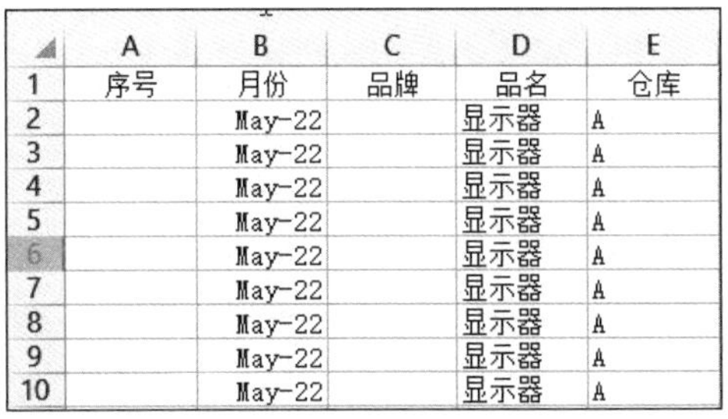

快速填充单元格区域

如果要将一行数据及格式复制到下方的多行，可以执行以下操作。

（1）选定要复制的数据行以及要粘贴数据的单元格区域。要复制的数据应处于单元格区域的首行，如图 8-35 所示。

（2）按组合键 Ctrl+D，即可将选定范围内首行的单元格内容和格式复制到下方的单元格区域中，如图 8-36 所示。

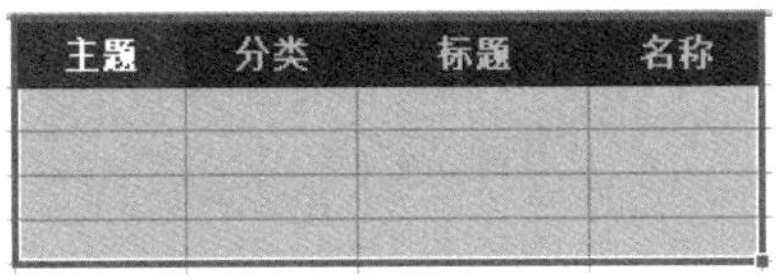

图 8-35 选中单元格区域

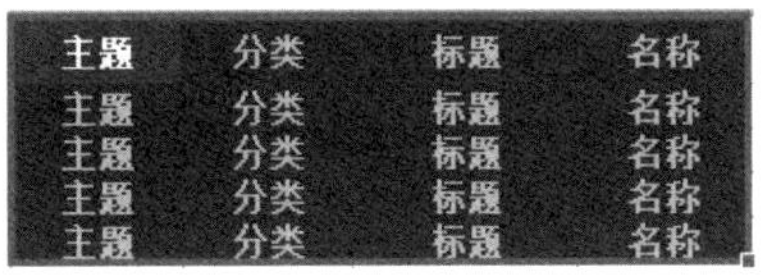

图 8-36 复制效果

8.2.2 快速填充数据序列

在 WPS 表格中，通常把具有相关信息的有规律的数据集合称为一个序列，例如星期、月份、季度等。利用填充手柄和菜单命令可以很便捷地填充数据序列。

（1）选择一个单元格，输入序列中的初始值，然后选择包含初始值的单元格区域，作为要填充的区域，如图 8-37 所示。

	A	B	C	D	E
1	序号	月份	品牌	品名	仓库
2	1001	May-22		显示器	A
3		May-22		显示器	A
4		May-22		显示器	A
5		May-22		显示器	A
6		May-22		显示器	A
7		May-22		显示器	A
8		May-22		显示器	A
9		May-22		显示器	A
10		May-22		显示器	A

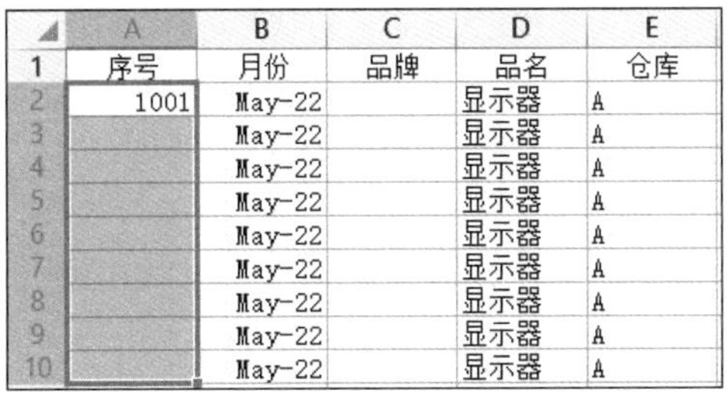

图 8-37 选择要填充的区域

（2）在"开始"菜单选项卡中单击"填充"按钮 ，然后在级联菜单中选择"序列"命令，弹出如图 8-38 所示的"序列"对话框。

（3）在"序列产生在"区域指定是沿行方向进行填充，还是沿列方向进行填充。

（4）在"类型"区域选择序列的类型。

❖ 等差序列：相邻两项相差一个固定的值，这个值称为步长值。

❖ 等比序列：相邻两项的商是一个固定的值。

❖ 日期：自动填入日期序列，可以设置为以日、工作日、月或年为单位。

❖ 自动填充：根据初始值决定填充项。如果初始值是文字后跟数字的形式，拖动填充柄，则每个单元格填充的文字不变，数字递增。

❖ 预测趋势：由初始值按照最小二乘法生成序列，忽略步长值。

（5）在"步长值"文本框中输入一个正数或负数，作为序列项变化的单位量。

（6）在"终止值"文本框中指定序列的最后一个值。

（7）设置完成后，单击"确定"按钮即可创建一个序列。

例如，使用步长值为 3 的等差序列沿列填充选中区域的结果如图 8-39 所示。

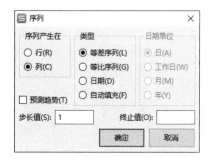

图 8-38 "序列"对话框   图 8-39 序列填充效果

提示：　如果填充的初始数据以数字开头，使用填充手柄填充数据时，数字部分默认填充步长值为 1 的等差序列，文本部分保持不变。按下鼠标左键拖动的同时按下 Ctrl 键，可填充相同的数据。

教你一招

自定义填充序列

如果要录入的一系列数据没有规律，但经常要按固定的顺序录入，例如按学号排列的学生姓名、班次等，可将这些数据项定义为一个填充序列。

（1）在"文件"菜单选项卡中单击"选项"命令，在打开的"选项"对话框中切换到"自定义序列"选项界面。

（2）在"自定义序列"列表框中单击"新序列"，然后在"输入序列"列表框中输入自定义的序列项。各个序列项以 Enter 键进行分隔，如图 8-40 所示。

也可以在单元格区域输入序列，单击"从单元格导入序列"文本框右侧的 按钮，在工作表中选择序列。

（3）输入完毕后单击"添加"按钮，将输入的序列添加到"自定义序列"列表框中。然后单击"确定"按钮关闭对话框。

（4）在工作表中选择一个单元格输入序列中的初始值，然后在单元格右下角的填充手柄上按下鼠标左键并拖动，即可在选择的单元格区域中填充自定义的序列，如图 8-41 所示。

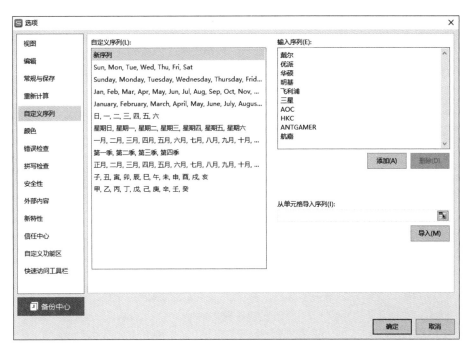

图 8-40　输入序列

	A	B	C	D	E
1	序号	月份	品牌	品名	仓库
2	1001	May-22	戴尔	显示器	A
3	1004	May-22	优派	显示器	A
4	1007	May-22	华硕	显示器	A
5	1010	May-22	明基	显示器	A
6	1013	May-22	飞利浦	显示器	A
7	1016	May-22	三星	显示器	A
8	1019	May-22	AOC	显示器	A
9	1022	May-22	HKC	显示器	A
10	1025	May-22	ANTGAWER	显示器	A

图 8-41　填充自定义序列

上机练习——办公物品管理台账

本节练习制作办公物品管理台账，通过对操作步骤的详细讲解，帮助读者掌握使用填充手柄、快捷键以及"填充"命令填充数据序列和相同数据的方法。

8-2　上机练习——办公物品管理台账

首先打开要填充数据的工作表，利用填充手柄填充递增的序号和相同的物品名称；然后分别利用快捷键和"向下填充"命令，在不相邻的单元格中填充相同数据；最后填充工作表的其他单元格。最终效果如图 8-42 所示。

操作步骤

（1）打开要填充数据的工作表，如图 8-43 所示。

（2）选中单元格 A3，在单元格中输入数字"1"，然后将鼠标指针移到单元格右下角，指针显示为黑色十字形十时，按下鼠标左键拖动到 A22 单元格释放。可以看到拖动的单元格区域自动填充递增序列，如图 8-44 所示。

此时，单击填充区域右下角的"自动填充选项"按钮，在弹出的下拉菜单中可以看到填充方式为"以序列方式填充"，如图 8-45 所示。

	序号	物品名称	数量	领用人	领用时间	数量	结余	备注
	办公物品管理台账							
3	1	记事本	50	Vivian	3月5日	5	45	研发一组
4	2	记事本	45	John	3月5日	3	42	
5	3	记事本	42	Jesmin	3月5日	10	32	设计部
6	4	记号笔	20	Tom	3月12日	10	10	
7	5	工字钉	10	Jason	3月16日	8	2	
8	6	工字钉	22	Peter	3月17日	2	20	
9	7	记号笔	10	Vivian	3月22日	8	2	
10	8	工字钉	20	Shally	3月24日	5	15	
11	9	记号笔	32	Jerry	3月24日	10	22	
12	10	工字钉	15	Jan	3月25日	1	14	

图 8-42　办公物品管理台账

	序号	物品名称	数量	领用人	领用时间	数量	结余	备注
	办公物品管理台账							
3								
4								
5								

图 8-43　工作表的初始状态

图 8-44　使用填充手柄填充递增序列

（3）在 B3 单元格中输入"记事本"，将鼠标指针移到 B3 单元格右下角的填充手柄上，按下鼠标左键并拖动到 B5 单元格，在填充手柄右下角可以看到拖动的单元格区域自动填充相同内容，如图 8-46所示。

图 8-45　查看自动填充选项

	办公物品管理台账							
2	序号	物品名称	数量	领用人	领用时间	数量	结余	备注
3	1	记事本						
4	2							
5	3							
6	4	记事本						
7	5							

图 8-46　使用填充手柄进行填充

（4）释放鼠标，即可在 B4 和 B5 单元格中填充 B3 单元格中的内容。然后在其他单元格中输入数据，如图 8-47 所示。

	A	B	C	D	E	F	G	H
1				办公物品管理台账				
2	序号	物品名称	数量	领用人	领用时间	数量	结余	备注
3	1	记事本	50	Vivian	3月5日	5	45	研发一组
4	2	记事本	45	John	3月5日	3	42	
5	3	记事本	42	Jesmin	3月5日	10	32	设计部
6	4							

图 8-47　在单元格中输入内容

（5）单击 B6 单元格，按住 Ctrl 键单击 B9 和 B11 单元格，选中不相邻的单元格区域。然后在 B11 单元格中输入"记号笔"，如图 8-48 所示。

	A	B	C	D	E	F	G	H
5	3	记事本	42	Jesmin	3月5日	10	32	设计部
6	4							
7	5							
8	6							
9	7							
10	8							
11	9	记号笔						
12	10							

图 8-48　选中不相邻单元格区域并输入文本

（6）按 Ctrl+Enter 组合键，即可在选定的不相邻单元格中填充相同的数据，如图 8-49 所示。

	A	B	C	D	E	F	G	H
5	3	记事本	42	Jesmin	3月5日	10	32	设计部
6	4	记号笔						
7	5							
8	6							
9	7	记号笔						
10	8							
11	9	记号笔						
12	10							

图 8-49　填充不相邻的单元格区域

（7）单击 B12 单元格，按住 Ctrl 键单击 B10、B8 和 B7 单元格，然后在 B7 单元格中输入"工字钉"，如图 8-50 所示。

	A	B	C	D	E	F	G	H
5	3	记事本	42	Jesmin	3月5日	10	32	设计部
6	4	记号笔						
7	5	工字钉						
8	6							
9	7	记号笔						
10	8							
11	9	记号笔						
12	10							

图 8-50　选中不相邻单元格区域并输入文本

（8）在"开始"菜单选项卡中单击"填充"按钮 _{填充}，然后在级联菜单中选择"向下填充"命令，即可在选定的区域填充相同的数据，如图 8-51 所示。

	A	B	C	D	E	F	G	H
5	3	记事本	42	Jesmin	3月5日	10	32	设计部
6	4	记号笔						
7	5	工字钉						
8	6	工字钉						
9	7	记号笔						
10	8	工字钉						
11	9	记号笔						
12	10	工字钉						

图 8-51　填充不相邻的单元格区域

（9）在单元格区域 C6：H12 输入数据，最终效果如图 8-42 所示。

8.2.3　使用智能填充

如果要填充的一列数据没有什么规律，但可以由已有的数据提取或合并，或通过添加、修改已有数据列的部分内容得到，那么，利用 WPS 表格的"智能填充"功能可根据表格已录入的示例数据，自动分析输入结果与原始数据之间的关系，进行一键高效填充。

（1）在要填充的数据列中录入初始数据，如图 8-52 所示的 D2 单元格。

（2）在"开始"菜单选项卡中单击"行和列"下拉按钮，在弹出的下拉菜单中选择"填充"命令，然后在级联菜单中选择"智能填充"命令，或直接按 Ctrl+E 键，相关的单元格中即可自动填充相应的内容，如图 8-53 所示。

	A	B	C	D
1				
2		华为	nova 6	华为nova 6
3		华为	Mate 30	
4		小米	Mix 4	
5		中兴	AXON 10	

图 8-52　录入初始数据

	A	B	C	D
1				
2		华为	nova 6	华为nova 6
3		华为	Mate 30	华为Mate 30
4		小米	Mix 4	小米Mix 4
5		中兴	AXON 10	中兴AXON 10

图 8-53　智能填充

利用智能填充功能还可以提取某列数据中的部分内容。例如，在 E2 单元格中输入手机的型号系列（如图 8-54 所示），在"数据"菜单选项卡中单击"智能填充"按钮，或直接按 Ctrl+E 组合键，即可提取所有数据记录中的型号，如图 8-55 所示。

	A	B	C	D	E
1					
2		华为	nova 6	华为nova 6	nova
3		华为	Mate 30	华为Mate 30	
4		小米	Mix 4	小米Mix 4	
5		中兴	AXON 10	中兴AXON 10	

图 8-54　输入初始值

	A	B	C	D	E
1					
2		华为	nova 6	华为nova 6	nova
3		华为	Mate 30	华为Mate 30	Mate
4		小米	Mix 4	小米Mix 4	Mix
5		中兴	AXON 10	中兴AXON 10	AXON

图 8-55　智能填充结果

8.2.4　利用记录单录入数据

记录单是 WPS 表格提供的一种输入数据的简捷方法，可以一次输入一个完整的信息行（称作"记录"）。使用记录单添加记录时，每一列必须有列标题，WPS 将依据这些标题生成记录单中的字段。

（1）在单元格区域输入列标题，并选中对应的单元格区域，如图 8-56 所示。

（2）在"数据"菜单选项卡中单击"记录单"按钮，弹出如图 8-57 所示的空白记录单，标题栏显示当前工作表的名称，选定区域的文本作为字段标题。

图 8-57　空白记录单

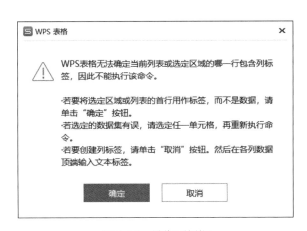

图 8-56　输入记录单的列标题

如果在步骤（1）没有选中所有的标题单元格，将弹出如图 8-58 所示的警告对话框，单击"确定"按钮可将选定区域的首行作为标签。

（3）在标题字段右侧的文本框中分别输入数据，如图 8-59 所示。如果要撤销所做的修改，应单击"还原"按钮，然后重新输入。

图 8-58　警告对话框

图 8-59　录入数据

（4）单击"新建"按钮，或按 Enter 键，即可将输入的记录添加到工作表中（如图 8-60 所示），并且记录单显示为空，等待输入下一条记录。

（5）按照与步骤（4）相同的方法，添加其他记录。数据录入完成后，单击记录单中的"关闭"按钮，即可关闭记录单。

如果对添加的记录不满意，可以进行修改或删除操作。

（6）选中数据表中的任意一个单元格，单击"记录单"按钮 记录单 打开数据表中的第一条数据对应的记录单，如图 8-61 所示。

（7）拖动记录单中的滚动条，或单击"上一条""下一条"按钮找到需要修改的记录。

提示：　单击滚动条两端的滚动箭头，可以逐条浏览记录；单击箭头之间的滚动条，每次可移动 10 条记录。

图 8-61　记录单

图 8-60　使用记录单录入的数据

（8）在标题字段右侧的文本框中修改数据，按 Enter 键更新记录，并移到下一条记录。如果要删除记录，应选中要删除的记录，单击"删除"按钮，在弹出的提示框中单击"确定"按钮即可。

　使用记录单删除的记录将被永久删除，不能通过"撤销"命令恢复。

（9）完成修改或删除后，单击"关闭"按钮更新显示的记录并关闭记录单。

8.2.5　批量修改数据

在数据项较多的工作表中编辑数据时，可以使用查找工具快速定位需要的数据，然后利用替换工具批量修改数据。

（1）在"开始"菜单选项卡中单击"查找"下拉按钮，在弹出的下拉菜单中选择"查找"命令，弹出"查找"对话框，如图 8-62 所示。单击"选项"按钮展开选项列表。

（2）如果要查找指定格式的单元格，应单击"格式"按钮，在如图 8-63 所示的下拉菜单中选择一种格式。"查找"对话框将自动隐藏，鼠标指针显示为。在工作表中单击某个数据单元格，"查找"对话框恢复显示，且"格式"按钮左侧显示选中单元格的格式预览。

图 8-62　"查找"对话框

图 8-63　"格式"下拉菜单

（3）在"查找内容"文本框中输入要查找的内容；在"范围"下拉列表框中选择查找范围，然后根据需要设置查找时是否区分大小写和全/半角。

（4）单击"查找下一个"按钮，WPS 将自动选中查找到的第一个数据；再次单击"查找下一个"按钮，则定位到下一个符合要求的数据；单击"查找全部"按钮，将在对话框的底部列出查找到的全部结果，如图 8-64 所示。单击查找结果，即可在工作表中选中相应的单元格。

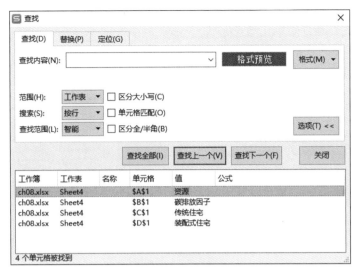

图 8-64　显示查找结果

（5）单击"替换"选项卡，切换到如图 8-65 所示的"替换"对话框，如果要替换格式，应单击"格式"按钮，在弹出的下拉菜单中选择要替换的格式，然后在工作表中单击替换格式所在的单元格；如果工作表中还没有要替换的格式，应在下拉菜单中选择"设置格式"命令，打开"替换格式"对话框设置格式。

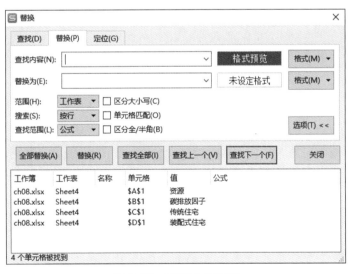

图 8-65　"替换"对话框

（6）在"替换为"文本框中输入要替换的内容。

（7）单击"替换"按钮，则查找到的第一个符合条件的数据将被替换。再次单击"替换"按钮，则第二个符合条件的数据被替换。

（8）单击"全部替换"按钮，替换选定范围中所有匹配的内容。

8.3　限定输入有效数据

在 WPS 表格中，可以设置单元格数据的有效性，限制输入数据的类型及范围，以避免在参与运算的单元格中输入错误的数据。

8.3.1　设置有效性条件

（1）选中要设置有效性条件的单元格或区域。

（2）在"数据"菜单选项卡中单击"有效性"下拉按钮 ，在弹出的下拉菜单中选择"有效性"命令，打开如图 8-66 所示的"数据有效性"对话框。

（3）在"允许"下拉列表框中指定允许输入的数据类型，如图 8-67 所示。

图 8-66　"数据有效性"对话框

图 8-67　有效性条件列表

❖ "整数"和"小数"：只允许输入数字。

❖ "序列"：仅能输入指定的数据序列项。

❖ "日期"和"时间"：只允许输入日期或时间。

选择"序列"选项后，对话框底部将显示"来源"文本框，用于输入或选择有效数据序列的引用，如图 8-68 所示。如果工作表中存在要引用的序列，单击"来源"文本框右侧的 按钮，可以缩小对话框（如图 8-69 所示），以免对话框阻挡视线。单击 按钮可恢复对话框。

> **！注意**　在"来源"文本框中输入序列时，各个序列项必须用英文逗号隔开。

图 8-68　输入序列

图 8-69　缩小对话框

❖ "文本长度"：限制在单元格中输入的字符个数。

（4）如果允许的数据类型为整数、小数、日期、时间或文本长度，还应在"数据"下拉列表框中选择数据之间的操作符，并根据选定的操作符指定数据的上限或下限（某些操作符只有一个操作数，如等于），或同时指定二者，如图 8-70 所示。

图 8-70 设置数据范围

（5）如果允许单元格中出现空值，或者在设置上下限时使用的单元格引用或公式引用基于初始值为空值的单元格，应选中"忽略空值"复选框。

（6）如果希望从定义好的序列列表中选择数据填充单元格，应选中"提供下拉箭头"复选框。

（7）设置完成后，单击"确定"按钮关闭对话框。

此时，在设置允许值为序列的单元格右侧会显示下拉按钮，单击该按钮，可以在弹出的序列项列表中选择需要填充的数据，如图 8-71 所示。如果在限定数据范围为 0~100 的单元格中输入不在该范围内的数据，会弹出如图 8-72 所示的错误提示，提示用户修改或删除错误值。

图 8-71 选择序列值

图 8-72 错误提示

8.3.2 设置有效性提示信息

在单元格中输入数据时，如果能显示数据有效性的提示信息，就可以帮助用户输入正确的数据。

（1）选中要设置有效性条件的单元格或区域。

（2）在"数据"菜单选项卡中单击"有效性"下拉按钮，在弹出的下拉菜单中选择"有效性"命令，打开"数据有效性"对话框。然后切换到"输入信息"选项卡，如图 8-73 所示。

（3）如果希望在选中单元格时显示提示信息，应选中"选定单元格时显示输入信息"复选框。

（4）如果要在信息中显示黑体的提示信息标题，应在"标题"文本框中输入所需的文本。

（5）在"输入信息"文本框中输入要显示的提示信息，如图 8-74 所示。

图 8-73 "输入信息"选项卡

（6）单击"确定"按钮完成设置。选中指定的单元格时，会弹出如图 8-75 所示的提示信息，提示用户输入正确的数据。

图 8-74 输入标题和信息

图 8-75 选中单元格时显示提示信息

8.3.3 定制出错警告

默认情况下，在设置了数据有效性的单元格中输入错误的数据时，弹出的错误提示只是告知用户输入的数据不符合限制条件，用户有可能并不知道具体的错误原因。WPS 允许用户定制出错警告内容，并控制用户响应。

（1）选中要定制出错警告的单元格或区域，然后在"数据有效性"对话框中切换到如图 8-76 所示的"出错警告"选项卡。

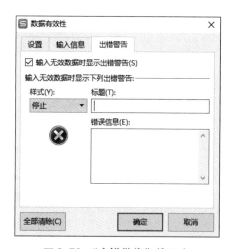

图 8-76 "出错警告"选项卡

（2）选中"输入无效数据时显示出错警告"复选框。

（3）在"样式"下拉列表框中选择出错警告的信息类型。

❖ 停止：默认的信息类型，在输入值无效时显示提示信息，且在错误被更正或取消之前禁止用户继续输入数据。

❖ 警告：在输入值无效时询问用户是否确认输入有效并继续其他操作。

❖ 信息：在输入值无效时显示提示信息，用户可保留已经输入的数据。

（4）如果希望信息中包含标题，则在"标题"文本框中输入标题。

（5）如果希望在信息中显示特定的提示文本，应在"错误信息"文本框中输入所需的文本，按 Enter

键可以换行，如图 8-77 所示。

（6）单击"确定"按钮关闭对话框。在指定单元格中输入无效数据时，将弹出指定类型的错误提示。例如，"警告"样式的错误提示如图 8-78 所示，按 Enter 键确认输入。

图 8-77　输入出错信息

图 8-78　输入数据错误时警告

上机练习——公司费用支出记录表

本节练习制作一个公司费用支出记录表，通过对操作步骤的详细讲解，帮助读者掌握自定义数据格式、设置数据的有效范围的方法，以及分别通过引用单元格区域和输入序列项，指定数据序列的操作方法。

8-3　上机练习——公司费用支出记录表

首先打开要进行填充的数据表，自定义序号的数据格式；然后设置数据有效性，指定月份、日期的范围；接下来分别通过引用单元格区域和手动输入序列项，定义数据的有效序列；最后取消包含多种数据有效性的单元格区域的有效性条件，并输入数据。记录表最终的效果如图 8-79 所示。

序号	月	日	费用类别	产生部门	支出金额	摘要	负责人
公司费用支出记录表							
001	2	1	招聘培训	人事部	￥ 650.00	招聘新员工	A
002	2	2	办公费用	财务部	￥ 8,000.00	采购电脑	C
003	2	8	餐饮费	企划部	￥ 600.00		E
004	2	10	差旅费	销售部	￥ 1,200.00		B
005	2	12	业务拓展	销售部	￥ 3,500.00	广告投放	F
006	2	16	设备修理	研发部	￥ 1,600.00		C
007	2	20	会务费	企划部	￥ 3,200.00		G
008	2	25	会务费	研发部	￥ 3,800.00		H
009	2	28	办公费用	人事部	￥ 200.00	采购记事本	A
010	3	1	差旅费	企划部	￥ 1,800.00		S
011	3	2	设备修理	研发部	￥ 3,800.00		W
012	3	5	业务拓展	销售部	￥ 5,000.00		T
013	3	7	福利	人事部	￥ 4,800.00	采购福利品	A
014	3	9	会务费	销售部	￥ 1,200.00		X
015	3	10	招聘培训	人事部	￥ 680.00	采购培训教材	A
016	3	12	差旅费	研发部	￥ 2,200.00		Z
017	3	18	餐饮费	财务部	￥ 450.00		B
018	3	22	办公费用	企划部	￥ 320.00		N
019	3	26	设备修理	销售部	￥ 260.00		M
020	3	28	差旅费	财务部	￥ 1,080.00		J

图 8-79　费用支出记录表

操作步骤

（1）打开要输入数据的工作表，如图 8-80 所示。

	A	B	C	D	E	F	G	H
1				公司费用支出记录表				
2	序号	月	日	费用类别	产生部门	支出金额	摘要	负责人
3								
4								
5								

图 8-80　工作表的初始状态

本例中的序号格式采用三位数的格式，因此首先设置序号的数字格式。

（2）选中单元格区域 A3：A22，在"开始"菜单选项卡中，单击"数字格式"下拉列表框右下角的功能扩展按钮，打开"单元格格式"对话框。在"分类"列表框中选择"自定义"选项，然后在"类型"文本框中输入 000，如图 8-81 所示。

图 8-81　自定义数据格式

（3）单击"确定"按钮关闭对话框，然后在 A3 单元格中输入数字 1，输入完成后，可以看到输入的数字自动转换为指定的格式，显示为 001，如图 8-82 所示。

	A	B	C	D	E	F	G	H
1				公司费用支出记录表				
2	序号	月	日	费用类别	产生部门	支出金额	摘要	负责人
3	001							
4								
5								

图 8-82　输入数字

（4）将鼠标指针移到 A3 单元格右下角，在填充手柄上按下鼠标左键向下拖动到 A22 单元格，选中的区域即可自动填充指定格式的递增序列，如图 8-83 所示。

▲	A	B	C	D	E	F	G	H
19	017							
20	018							
21	019							
22	020							
23								

图 8-83　填充序号

接下来设置数据有效性，指定数据的输入范围。

（5）选中 B 列单元格，在"数据"菜单选项卡中单击"有效性"按钮，在弹出的"数据有效性"对话框中设置允许条件为"整数"，数据条件为"介于"，且最小值和最大值分别为 1 和 12，如图 8-84 所示。

图 8-84　设置月份的有效性条件

（6）单击"确定"按钮关闭对话框，可以看到 B1 单元格左上角显示警告图标。单击该图标，可以查看警告原因是 B1 单元格的内容不符合预设的有效性条件，如图 8-85 所示。

图 8-85　查看警告内容

此时，可选择"忽略错误"命令，也可以置之不理，在设置完其他列的有效性条件后一并处理。

（7）选中 C 列单元格，在"数据"菜单选项卡中单击"有效性"按钮，在弹出的"数据有效性"对话框中设置允许条件为"整数"，数据条件为"介于"，且最小值和最大值分别为 1 和 31，如图 8-86 所示。然后单击"确定"按钮关闭对话框。

（8）在工作表的 J2：J9 单元格区域输入所有费用类别的选项，如图 8-87 所示。

（9）选中 D 列单元格，单击"有效性"按钮，在弹出的"数据有效性"对话框中设置允许条件为"序列"，然后单击"来源"文本框右侧的"选择"按钮，在工作表中选择上一步输入的费用类别区域，再单击"还原"按钮恢复对话框，如图 8-88 所示。

图 8-86 设置日期的有效性条件

图 8-87 输入费用类别的选项

图 8-88 设置费用类别的有效性条件

（10）单击"确定"按钮关闭对话框。将鼠标指针移到 D 列单元格上时（除 D1、D2 单元格），单元格右侧显示下拉箭头按钮。单击该按钮，可以在弹出的费用类别列表中选择需要的选项，如图 8-89 所示。

	A	B	C	D	E	F	G	H
1				公司费用支出记录表				
2	序号	月	日	费用类别	产生部门	支出金额	摘要	负责人
3	001							
4	002			办公费用				
5	003			招聘培训				
6	004			餐饮费				
7	005			业务拓展				
8	006			差旅费				
9	007			会务费				
10	008			设备修理				
11	009			福利				

图 8-89 费用类别列表

（11）选中 E 列单元格，单击"有效性"按钮 打开"数据有效性"对话框。设置允许条件为"序列"，然后在"来源"文本框中输入部门的序列值，各项之间以英文的逗号分隔，如图 8-90 所示。设置完成后，单击"确定"按钮关闭对话框。

图 8-90 设置部门的有效性条件

此时，由于 B2、C2、D2 和 E2 单元格中的内容与对应列指定的数据有效性有冲突，左上角显示绿色的三角图标，如图 8-91 所示。

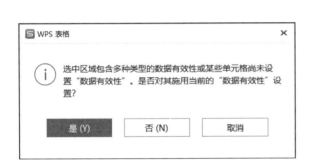

图 8-91 工作表效果 1

（12）选中 A1、B2、C2、D2 和 E2 单元格，单击"有效性"按钮 有效性，弹出如图 8-92 所示的提示对话框。

（13）单击"是"按钮弹出"数据有效性"对话框，设置允许条件为"任何值"，如图 8-93 所示。

图 8-92 提示对话框   图 8-93 设置数据有效性条件

（14）单击"确定"按钮关闭对话框，可以看到 B2、C2、D2 和 E2 单元格左上角的绿色三角图标消失，如图 8-94 所示。

图 8-94 工作表效果 2

（15）在单元格中填充内容，最终效果如图 8-79 所示。

8.3.4 圈释无效数据

设置单元格数据的有效性之后，还可以很直观地检查单元格中输入的数据是否有效。

在指定单元格区域输入数据后，WPS 将按照"数据有效性"对话框中设置的限制范围对工作表中的数值进行判断，并标记所有无效数据的单元格。

（1）在"数据"菜单选项卡中单击"有效性"下拉按钮 有效性，在弹出的下拉菜单中选择"圈释无效数据"命令，即可在包含无效输入值的单元格上标注一个红色的验证标识圈，如图 8-95 所示。

图 8-95　圈释无效数据

（2）更正无效输入值之后，验证标识圈随即消失。

如果要清除所有验证标识圈，应在"有效性"下拉菜单中单击"清除验证标识圈"命令。

8.4　美化工作表

在工作表中录入数据后，为便于阅读和理解，通常还要设置工作表的格式，例如设置数据的对齐方式、调整行高和列宽、添加表格边框和底纹等等。格式化工作表可以使表格数据清晰、整齐、有条理，不仅增添表格的视觉感染力，还能增强表格数据的可读性。

8.4.1　设置对齐方式

默认情况下，单元格中不同类型的数据对齐方式也会有所不同。为使表格数据排列整齐，通常会修改单元格数据的对齐方式。利用"开始"菜单选项卡中如图 8-96（a）所示的对齐功能按钮，可以很方便地设置单元格内容的对齐方式。

（1）选中要设置对齐方式的单元格或区域，将鼠标指针移到对齐功能按钮上，可以查看按钮的功能提示，如图 8-96（b）所示。

（2）单击需要的对齐按钮，即可应用格式。

如果要对单元格内容进行更多的格式控制，可以打开"单元格格式"对话框进行设置。

（3）在单元格上右击，在弹出的快捷菜单中选择"设置单元格格式"命令，打开相应的对话框，然后切换到如图 8-97 所示的"对齐"选项卡。

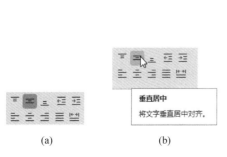

(a)　　　　(b)

图 8-96　对齐方式功能按钮

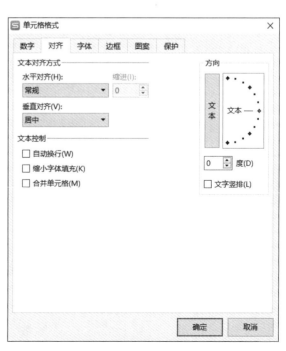

图 8-97　"对齐"选项卡

（4）分别在"水平对齐"和"垂直对齐"下拉列表框中选择一种对齐方式。

"对齐"下拉列表框中的对齐方式比菜单选项卡中的对齐按钮更全面，如图 8-98 和图 8-99 所示。其中，带有"缩进"字样的选项还可以设置对齐的缩进量。

（5）在"文本控制"区域进一步设置文本格式选项。

如果希望在保持行距不变的前提下显示单元格中的多行文本，可以选中"缩小字体填充"复选框，效果如图 8-100 所示。

图 8-98　水平对齐方式　　　　图 8-99　垂直对齐方式　　　　图 8-100　"缩小字体填充"效果

注意　　如果先选中了"自动换行"复选框，"缩小字体填充"复选框将不可用。使用"缩小字体填充"选项容易破坏工作表整体的风格，最好不要采用这种办法显示多行或长文本。

（6）在"方向"区域设置文本的排列方向。

除了可以直接设置竖排文本或指定旋转角度，还可以用鼠标拖动方向框中的文本指针直观地设置文本的方向。

提示：　　在"度"数值框中输入正数可以使文本顺时针旋转，输入负数则逆时针旋转。

8.4.2　设置边框和底纹

默认情况下，WPS 工作表的背景颜色为白色，各个单元格由浅灰色网格线进行分隔，但网格线不能打印显示。为单元格或区域设置边框和底纹，不仅能美化工作表，而且可以更清楚地区分单元格。

（1）选中要添加边框和底纹的单元格或区域。

（2）切换到"开始"菜单选项卡，单击"格式"下拉按钮 ，在弹出的下拉菜单中选择"单元格"命令打开"单元格格式"对话框，然后切换到如图 8-101 所示的"边框"选项卡设置边框线的样式、颜色和位置。

设置边框线的位置时，在"预置"区域单击"无"选项可以取消已设置的边框，单击"外边框"选项可以在选定区域四周显示边框，单击"内部"选项可以设置分隔相邻单元格的网格线样式。

在"边框"区域的预览草图上单击，或直接单击预览草图四周的边框线按钮，即可在指定位置显示或取消显示边框。

（3）切换到如图 8-102 所示的"图案"选项卡，在"颜色"列表框中选择底纹的背景色，在"图案样式"下拉列表框中选择底纹图案，在"图案颜色"下拉列表框中选择底纹的前景色。

如果"颜色"列表中没有需要的背景颜色，可以单击"其他颜色"按钮，在打开的"颜色"对话框中选择一种颜色，或单击"填充效果"按钮，在如图 8-103 所示的"填充效果"对话框中自定义一种渐变颜色。

（4）设置完成后，单击"确定"按钮关闭对话框。

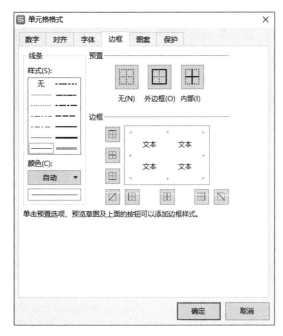

图 8-101 "边框"选项卡

图 8-102 "图案"选项卡

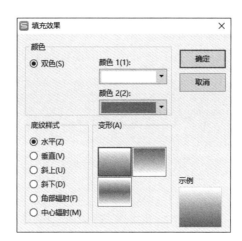

图 8-103 "填充效果"对话框

8.4.3 套用样式

所谓样式，实际上就是一些特定属性的集合，如字体大小、对齐方式、边框和底纹等。使用样式可以在不同的表格区域一次应用多种格式，快速设置表格元素的外观效果。WPS 预置了丰富的表格样式和单元格样式，单击即可一键改变单元格的格式和表格外观。

（1）如果要套用单元格样式，应选择要格式化的单元格，在"开始"菜单选项卡中单击"格式"下拉按钮，在弹出的下拉菜单中选择"样式"命令，即可在级联菜单中看到如图 8-104 所示的单元格样式列表。单击需要的样式图标，即可在选中的单元格中应用指定的样式。

（2）如果要套用表格样式，应选择要格式化的表格区域，或选中其中一个单元格，在"开始"菜单选项卡中单击"表格样式"命令按钮，弹出如图 8-105 所示的样式列表。

（3）单击需要的样式，弹出如图 8-106 所示的"套用表格样式"对话框。"表数据的来源"文本框中将自动识别并填充要套用样式的单元格区域，可以根据需要修改。

如果选择的单元格区域包含标题行，可以在"标题行的行数"下拉列表框中指定标题的行数；如果没有标题行，则选择 0。

图 8-104 单元格样式

图 8-105 表格样式列表

图 8-106 "套用表格样式"对话框

如果要将选中的单元格区域转换为表格，应选择"转换成表格，并套用表格样式"单选按钮；如果第一行是标题行，应选中"表包含标题"复选框，否则 WPS 会自动添加以"列 1""列 2"……命名的标题行。

 注意 将普通的单元格区域转换为表格后，有些操作将不能进行，例如分类汇总。

（4）单击"确定"按钮，即可关闭对话框，并应用表格样式。

"仅套用表格样式"和"转换成表格，并套用表格样式"的效果分别如图 8-107 和图 8-108 所示。

	A	B	C	D
1	资源	碳排放因子	传统住宅	装配式住宅
2	钢材	2	110.08	109
3	混凝土	260.2	0.2	1.13
4	木材	0.2	2.892	0.84
5	砂浆	1.13	18.306	3.0284
6	保温材料	11.2	34.272	17.36
7	能源	0.68	8.35	5.39

图 8-107 仅套用表格样式的效果

	A	B	C	D
1	资源	碳排放因子	传统住宅	装配式住宅
2	钢材	2	110.08	109
3	混凝土	260.2	0.2	1.13
4	木材	0.2	2.892	0.84
5	砂浆	1.13	18.306	3.0284
6	保温材料	11.2	34.272	17.36
7	能源	0.68	8.35	5.39

图 8-108 转换成表格的效果

> **提示：** 选中表格中的任意一个单元格，菜单功能区会显示"表格工具"菜单选项卡，单击其中的"转换为区域"按钮 转换为区域，可在保留样式的同时将表格转换为普通区域，筛选按钮也随之消失。

如果要删除套用的样式，应选择含有套用格式的区域，在"开始"菜单选项卡中单击"格式"下拉按钮 🖱，在弹出的下拉菜单中选择"清除"命令，然后在级联菜单中选择"格式"命令。

8.4.4 定制新样式

如果用户觉得直接套用预置的样式有千篇一律之感，可以自定义样式以创建独具特色的表格外观。

（1）在"开始"菜单选项卡中单击"表格样式"下拉按钮 ⊞ 表格样式，在弹出的样式列表底部单击"新建表格样式"命令，弹出如图8-109所示的"新建表样式"对话框。

（2）在"名称"文本框中输入新样式的名称。

（3）在"表元素"列表框中选择要定义格式的表元素，然后单击"格式"按钮，弹出如图8-110所示的"单元格格式"对话框。

图8-109 "新建表样式"对话框

图8-110 "单元格格式"对话框

（4）在"字体"选项卡中设置表元素的字体格式，在"边框"选项卡中设置表元素的边框样式，在"图案"选项卡中设置表元素的填充效果。设置完成后单击"确定"按钮关闭对话框。

（5）在"表元素"列表框中选择其他要设置格式的元素，按照与步骤（3）和步骤（4）相同的方法设置表元素的格式。

（6）如果希望将自定义的样式设置为当前工作簿默认的表格样式，应在"新建表样式"对话框中选中"设置为此文档的默认表格样式"复选框。

（7）单击"确定"按钮关闭对话框。

此时，在表格样式列表中可以看到自定义的样式，单击即可应用。

如果要创建单元格样式，可在单元格样式列表底部单击"新建单元格样式"命令，打开如图8-111所示的"样式"对话框。输入样式名称后，单击"格式"按钮打开"单元格格式"对话框进行设置。

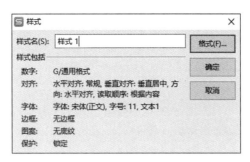

图 8-111　"样式"对话框

套用其他工作簿的样式

在工作簿中创建单元格样式之后，不需要重复定义，就可以在其他的工作簿中应用。

（1）打开要应用样式的工作簿（目标工作簿）和已定义样式的工作簿（源工作簿），在目标工作簿中单击"开始"菜单选项卡中的"格式"下拉按钮。

（2）在弹出的下拉菜单中选择"样式"命令，然后在级联菜单中选择"合并样式"命令，打开如图 8-112 所示的"合并样式"对话框。

图 8-112　"合并样式"对话框

（3）在"合并样式来源"列表框中选择源工作簿，单击"确定"按钮关闭对话框。

如果两个工作簿中有相同的样式，则弹出提示对话框，询问是否合并具有相同名称的样式。如果要用复制的样式替换活动工作簿中的样式，应单击"是"按钮；如果要保留活动工作簿的样式，应单击"否"按钮。

此时在目标工作簿的单元格样式下拉列表中可以看到在源工作簿中定义的样式。

上机练习——产品报价单

对于一份看似简单的报价单，如果善于利用 WPS 表格内置的样式，可以很轻松地将其制作成美观的数据表。本节练习美化一个产品报价单，通过对操作步骤的详细讲解，读者可以掌握设置单元格底纹和边框，以及自定义表格样式美化数据表的方法。

8-4　上机练习——产品报价单

首先打开要进行格式化的数据表，设置行高和对齐方式；然后设置单元格的边框样式修饰数据表的标题；最后自定义表格样式美化表格。最终效果如图8-113所示。

图8-113　套用单元格样式的效果

操作步骤

（1）打开要设置表格样式的工作表，如图8-114所示。

（2）选中包括标题在内的所有数据行，在"开始"菜单选项卡中单击"行和列"下拉按钮，在弹出的下拉菜单中选择"行高"命令，打开"行高"对话框。设置行高为20磅，如图8-115所示。设置完成后，单击"确定"按钮关闭对话框。

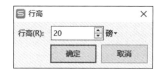

图8-114　报价单初始效果　　　　　　　　　　　图8-115　设置行高

（3）将鼠标指针移到第一行的行号下方，指针显示为双向箭头时，按下鼠标左键向下拖动，调整第一行的行高为42。拖动时，光标右下角实时显示当前的行高，如图8-116所示。

图8-116　调整第一行的行高

（4）选中标题文本，在浮动工具栏中设置字体为"方正姚体"，字号为20，字形加粗，颜色为黑色，如图8-117所示。

（5）选中A1单元格，在"开始"菜单选项卡中单击"填充颜色"按钮，设置单元格的底纹颜色为"钢蓝，着色1，浅色40%"；单击"边框"按钮，在弹出的下拉菜单中选择"上框线和双下框线"，效果如图8-118所示。

图 8-117 设置文本格式

图 8-118 设置 A1 单元格底纹和边框的效果

（6）在"开始"菜单选项卡中单击"表格样式"下拉按钮，在弹出的样式列表底部单击"新建表格样式"命令，打开"新建表样式"对话框。在"名称"文本框中输入样式名称 newstyle，如图 8-119 所示。

（7）在"表元素"列表框中选择"第一行条纹"，单击"格式"按钮打开"单元格格式"对话框。切换到"边框"选项卡，设置样式为单实线，边框线位置为上边框，如图 8-120 所示；切换到"图案"选项卡，设置填充颜色为白色。

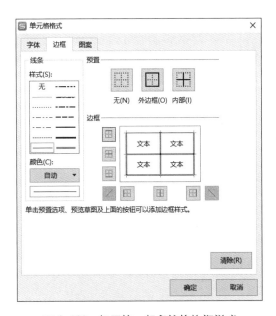

图 8-119 "新建表样式"对话框   图 8-120 设置第一行条纹的边框样式

（8）单击"确定"按钮返回"新建表样式"对话框，可以看到定义的表元素格式和预览效果，如图 8-121 所示。

（9）在"表元素"列表框中选择"第二行条纹"，单击"格式"按钮打开"单元格格式"对话框。切换到"图案"选项卡，设置填充颜色为浅蓝色，如图 8-122 所示。

图 8-121　第一行条纹的格式

图 8-122　设置第二行条纹的填充颜色

（10）单击"确定"按钮返回"新建表样式"对话框，可以看到定义的表元素格式和预览效果，如图 8-123 所示。

（11）在"表元素"列表框中选择"标题行"，单击"格式"按钮打开"单元格格式"对话框。在"字体"选项卡中，设置字形为"粗体"，下划线样式为"单下划线"，颜色为白色，如图 8-124 所示。切换到"图案"选项卡，设置填充颜色为黑色。

图 8-123　第二行条纹的格式

图 8-124　设置标题行的字体格式

（12）单击"确定"按钮返回"新建表样式"对话框，可以看到定义的表元素格式和预览效果，如图 8-125 所示。

（13）单击"确定"按钮关闭对话框。选中要应用表格式的数据区域，在"开始"菜单选项卡中单击"表格样式"下拉按钮，在弹出的下拉菜单中单击自定义的表格样式，即可应用，如图 8-126 所示。

图 8-125　标题行的格式和预览效果

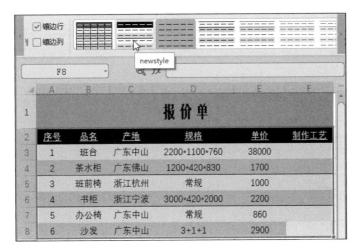

图 8-126　应用自定义表格样式

8.4.5　应用表格主题

除了样式，使用主题也可以轻松格式化表格外观。主题是字体样式、配色组合、形状效果组合在一起形成的界面设计方案，它与样式类似，可以一键格式化表格。

（1）选中工作表中的任一单元格，在"页面布局"菜单选项卡上可以看到主题设置相关的功能按钮，如图 8-127 所示。

（2）单击"主题"下拉按钮，弹出如图 8-128 所示的主题列表。

（3）单击需要的主题，即可将其应用到工作表中。例如，应用"角度"主题前、后的表格效果如图 8-129 所示。

图 8-127　主题功能按钮

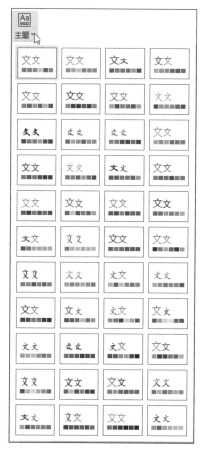

图 8-128 主题列表

	A	B	C	D
1	资源	碳排放因子	传统住宅	装配式住宅
2	钢材	2	110.08	109
3	混凝土	260.2	0.2	1.13
4	木材	0.2	2.892	0.84
5	砂浆	1.13	18.306	3.0284
6	保温材料	11.2	34.272	17.36
7	能源	0.68	8.35	5.39

	A	B	C	D
1	资源	碳排放因子	传统住宅	装配式住宅
2	钢材	2	110.08	109
3	混凝土	260.2	0.2	1.13
4	木材	0.2	2.892	0.84
5	砂浆	1.13	18.306	3.0284
6	保温材料	11.2	34.272	17.36
7	能源	0.68	8.35	5.39

图 8-129 应用"角度"主题前、后的效果图

 注意　WPS 表格中的主题应用范围为工作簿，也就是说，如果在一个工作表中应用了某个主题，则该工作簿中的其他工作表以及后续新建的工作表也将自动应用指定的主题。

如果 WPS 表格内置的主题不符合设计需要，还可以自定义主题字体、配色方案和主题效果，从而快速创建风格统一，又略有差异的工作簿。

（1）设置主题颜色。在"页面布局"菜单选项卡中单击"颜色"下拉按钮 颜色，在如图 8-130 所示的颜色列表框中选择一种配色方案。

（2）设置主题字体。在"页面布局"菜单选项卡中单击"字体"下拉按钮 字体，在如图 8-131 所示的字体列表框中选择表格中的标题字体与正文字体的组合。

（3）如果要更改当前主题的效果，应在"页面布局"菜单选项卡中单击"效果"下拉按钮，在如图 8-132 所示的"效果"列表框中选择。

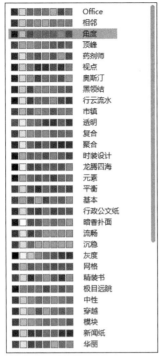

图 8-130 "颜色"列表框

图 8-131 "字体"列表框

图 8-132 "效果"列表框

答 疑 解 惑

1. 如何取消显示网格线?

答:打开"选项"对话框,在"窗口选项"区域取消选中"网格线"复选框。

2. 怎样更改网格线的颜色?

答:打开"选项"对话框,在"窗口选项"区域底部的"网格线颜色"下拉列表框中选择需要的颜色。

3. 单元格中显示的日期是"2022 年 3 月",怎样将日期显示为"2022 年 03 月"?

答:在单元格上右击,在弹出的快捷菜单中选择"设置单元格格式"命令,打开"单元格格式"对话框。在"数字"选项卡中选择"自定义",然后在右侧的"类型"中选中 YYYY" 年 "M" 月 ",修改为:YYYY" 年 "MM" 月 "。

4. 修改数字格式后,单元格中的数据显示为"####",为什么?

答:单元格数据显示为"####"是因为单元格宽度不够,调整单元格至合适的列宽,即可完全显示单元格中的数据。

5. 要使用填充手柄复制数据,将鼠标指针移动到单元格右下角的填充手柄上按下鼠标左键,却不能拖动,该如何处理?

答:打开"选项"对话框,切换到"编辑"选项界面,然后在"编辑设置"区域选中"单元格拖放功能"复选框。

6. 在录入数据时,要求数值保留 2 位小数,能不能录入数据时 WPS 自动设置小数点?

答:WPS 支持自动设置小数点。

打开"选项"对话框，在"编辑"选项界面选中"自动设置小数点"复选框，然后在"位数"数值框中指定小数位数。

设置完成后，单击"确定"按钮关闭对话框。此时在单元格中输入数字时，将自动转换为保留指定位数的小数，例如输入1，如果设置小数位置为2，则自动转换为0.01。

学习效果自测

一、选择题

1. 在 WPS 表格的单元格中可输入（　　　）。
   A. 字符　　　　　　　　B. 中文　　　　　　　　C. 数字　　　　　　　　D. 以上都可以

2. 默认情况下，输入的数字在单元格中（　　　）显示。
   A. 左对齐　　　　　　　B. 右对齐　　　　　　　C. 居中　　　　　　　　D. 不确定

3. 在单元格中输入邮政编码 050081 时，应输入（　　　）。
   A. 050081'　　　　　　B. "050081"　　　　　　C. '050081　　　　　　D. 050081

4. 下列关于行高和列宽的说法，正确的是（　　　）。
   A. 单位都是厘米　　　　　　　　　　　　B. 单位都是毫米
   C. 都是相对的数值，不是确切值　　　　　D. 以上说法都不正确

5. 使用"单元格格式"对话框的（　　　）选项卡可以改变单元格的底纹。
   A. 对齐　　　　　　　　B. 字体　　　　　　　　C. 数字　　　　　　　　D. 图案

6. 在 WPS 表格中，将鼠标指针移到单元格右下角的填充手柄上时，指针的形状为（　　　）。
   A. 双箭头　　　　　　　B. 白十字　　　　　　　C. 黑十字　　　　　　　D. 黑矩形

7. 在工作表中录入数据时，单元格中的内容还会在（　　　）显示。
   A. 编辑栏　　　　　　　B. 标题栏　　　　　　　C. 工具栏　　　　　　　D. 菜单栏

二、判断题

1. 在单元格中输入负数时，不能使用括号将数值的负号单独括起来，只需将负号放在数值的前面即可。（　　　）

2. 在进行替换操作时，必须先单击"查找下一个"或"查找全部"按钮，否则不能进行替换。（　　　）

3. 查找替换时，只能在当前工作表内进行查找替换，而不能在整个工作簿中进行。（　　　）

4. 在 WPS 2022 中，只能设置表格的边框，不能设置单元格边框。（　　　）

5. 在 WPS 表格中，如果套用了一种表格样式，就不能对表格格式进行修改和清除。（　　　）

三、填空题

1. 在 WPS 表格中修改数据的格式，可以使用"单元格格式"对话框中的　　　　　　　　选项卡。

2. 默认情况下，如果在单元格中输入 10/2/10，可能显示为　　　　　　　　。

3. 在 WPS 表格中选中一个单元格或单元格区域后，选定区域的右下角出现一个绿色方块，这个绿色方块叫作　　　　　　　　。

4. 如果在单元格输入 10，将其格式修改为"短日期"格式后，将显示的内容为　　　　　　　　。

5. 在 WPS 表格中，如果要在单元格中输入分数 3/4，应该输入　　　　　　　　。

6. 如果要在工作表中输入负数 –158，可以在单元格中输入　　　　　　　　或　　　　　　　　。

四、操作题

新建一个工作表，执行以下操作：

（1）指定单元格区域 B3：E5 的有效数据类型为"小数"，且上、下限分别为 60.00、75.00。

（2）指定单元格区域 C6：E6 的有效数据类型为"字符"，且长度在 6~12 之间。

（3）使用填充柄在单元格区域 A7：E8 填入数据 200。

（4）自定义序列"北京、上海、天津、重庆、武汉、济南、香港、台湾"，并填充到单元格区域 F3：F10。

第 9 章

数 据 计 算

本章导读

　　WPS 2022 的表格组件具有非常强大的计算功能，可以运用公式和函数对工作表数据进行计算与分析。修改数据源之后，还能自动更新计算结果。

学习要点

❖ 运算符的优先级

❖ 常用的单元格引用类型

❖ 在公式中使用名称和单元格引用

❖ 审核计算结果

❖ 使用函数进行复杂计算

9.1 公式计算规则

计算数据都要遵循一定的规则。在 WPS 表格组件中，公式由运算符和操作数组成，通过运算符对操作数进行特定类型的运算。常用的操作数表达形式有：常量、单元格地址、名称、函数。

9.1.1 运算符

运算符是用于对一个或一个以上操作数进行特定计算操作的符号。WPS 表格常用的运算符有 4 类：算术运算符、比较运算符、字符串连接运算符和引用运算符。每类运算符都执行特定类型的运算。

1. 算术运算符

算术运算符通常用于完成基本的数学运算，如表 9-1 所示。

表 9-1　算术运算符列表

算术运算符（说明）	含义（示例）
+（加号）	加法运算（26+53）
−（减号）	减法运算（56−18）、负号（−2）
*（星号）	乘法运算（7*9）
/（正斜线）	除法运算（21/5）
%（百分号）	百分比（25%）
^（插入符号）	乘幂运算（8^2）

2. 比较运算符

比较运算符用于比较两个值，返回一个逻辑值 TRUE 或 FALSE，如表 9-2 所示。

表 9-2　比较运算符列表

比较运算符（说明）	含　义
=（等号）	等于
>（大于号）	大于
<（小于号）	小于
>=（大于等于号）	大于或等于
<=（小于等于号）	小于或等于
<>（不等号）	不相等

3. 字符串连接运算符

字符串连接运算符（&）将多个文本字符串连接为一个字符串，如表 9-3 所示。

表 9-3　字符串连接运算符

运算符（说明）	含义（示例）
&（和号）	将两个文本连接起来生成一个连续的文本（"WPS"&"2022" = "WPS2022"）

4. 引用运算符

引用运算符用于将单元格区域进行合并计算，如表 9-4 所示。

表 9-4　引用运算符

运算符（说明）	含义（示例）
:（冒号）	区域运算符，包括在两个引用之间的所有单元格的引用（B3:B12）

续表

运算符（说明）	含义（示例）
,（逗号）	联合运算符，将多个引用合并为一个引用(SUM(B5:B15,D5:D15))
（空格）	交叉运算符，产生对两个引用共有的单元格的引用（B7:D7 C6:C8）

9.1.2　运算符的优先级

如果一个公式中同时用到了多个运算符，则 WPS 按表 9-5 所示的优先顺序（从高到低）进行运算。对于优先级相同的运算符，则从左到右进行计算。

注意　　运用（ ）可以改变运算的优先次序。

表 9-5　公式中运算符的优先级

运算符	说明
:（冒号）（单个空格），（逗号）	引用运算符
−	负号（例如 −1）
%	百分比
∧	乘幂
* 和 /	乘和除
+ 和 −	加和减
&	连接两个文本字符串（连接）
= ＜ ＞ <= >= <>	比较运算符

9.1.3　类型转换

在计算过程中，每个运算符都会针对特定类型的数据进行运算。如果输入的数据类型与所需的类型不一致，WPS 会尝试将数值进行类型转换，如表 9-6 所示。

表 9-6　常见数值类型转换

公式示例	产生结果	说明
="12"+"3"	"15"	加号运算符的操作数应为数字。当使用文本型数值进行计算时，WPS 会自动将它们转换为数字
="$12.00"+3	15	当运算符对应的操作数应为数字时，WPS 会将其中的文本项自动转换成数字
="It's"&TRUE	It'sTRUE	当运算符对应的操作数应为文本时，WPS 会将数字和逻辑型数值转换成文本

9.2　使用公式计算数据

公式是对数据进行计算的等式，在公式中可以引用同一工作表中的单元格、同一工作簿中不同工作表的单元格，或者其他工作簿中的单元格。

9.2.1　输入与编辑公式

输入公式的操作类似于输入文本数据，不同的是公式应以等号（＝）开头，然后是操作数和运算符组成的表达式。

（1）选中要输入公式的单元格。

（2）在单元格或编辑栏中输入"＝"，然后在"＝"后输入公式内容。例如，输入"=120*2"，表示求两个数相乘的积，如图 9-1 所示。

 注意 输入公式时如果不以等号开头，WPS 会将输入的公式作为单元格内容填入单元格。如果公式中有括号，必须在英文状态或者是半角中文状态下输入。

（3）按 Enter 键或者单击编辑栏中的"输入"按钮✓，即可在单元格中得到计算结果，在编辑栏中仍然显示输入的公式，如图 9-2 所示。

图 9-1　输入公式　　　　　　　　　　　　图 9-2　得到计算结果

（4）如果要修改输入的公式，应单击公式所在的单元格，在单元格或编辑栏中编辑公式，方法与修改文本相同。修改完成后，按 Enter 键完成操作，单元格中的计算结果将自动更新。

（5）如果要删除公式，选中公式所在的单元格，按 Delete 键即可。

在 WPS 表格中，对单元格中的公式也可以像单元格中的其他数据一样进行复制和移动操作，方法相同，本节不再赘述。

 注意 复制公式时，公式中的绝对引用不改变，但相对引用会自动更新；移动公式时，公式中的单元格引用并不改变。有关单元格的引用在下一节进行讲解。

9.2.2　引用单元格进行计算

本节所说的引用，是指使用单元格地址标识公式中使用的数据的位置。在公式中可以引用同一工作表中的单元格、同一工作簿中不同工作表的单元格，甚至其他工作簿中的单元格。使用引用可简化工作表的修改和维护流程。

默认情况下，WPS 使用 A1 引用样式，使用字母标识列（从 A 到 Ⅳ，共 256 列）和数字标识行（从 1 到 65536）标识单元格的位置，示例如表 9-7 所示。

表 9-7　A1 引用样式示例

引 用 区 域	引 用 方 式
列 E 和行 3 交叉处的单元格	E3
在列 E 和行 3 到行 10 之间的单元格区域	E3:E10
在行 5 和列 A 到列 E 之间的单元格区域	A5:E5
行 5 中的全部单元格	5:5
行 5 到行 10 之间的全部单元格	5:10
列 H 中的全部单元格	H:H
列 H 到列 J 之间的全部单元格	H:J
列 A 到列 E 和行 10 到行 20 之间的单元格区域	A10:E20

 提示： WPS 2022 还支持 R1C1 引用样式，同时统计工作表中的行和列，这种引用样式对于计算位于宏内的行和列很有用。在 WPS 表格的"选项"对话框中切换到"常规与保存"选项界面，选中"R1C1 引用样式"复选框，即可打开 R1C1 引用样式。

在 WPS 表格中，常用的单元格引用有三种类型，下面分别进行介绍。

1. 相对引用

相对引用是基于公式和单元格引用所在单元格的相对位置。在公式中引用单元格时，可以直接输入单元格的地址，也可以单击该单元格。

例如，在计算第一种商品的金额时，可以直接在 F2 单元格中输入"=D2*E2"，也可以在输入"="后，单击 D2 单元格，然后输入乘号"*"，再单击 E2 单元格，如图 9-3 所示。按 Enter 键得到计算结果。

如果公式所在单元格的位置改变，则引用也随之自动调整。例如，使用填充手柄将 F2 单元格中的公式"=D2*E2"复制到 F3 和 F4 单元格，F3 和 F4 单元格中的公式将自动调整为"=D3*E3"和"=D4*E4"，如图 9-4 所示。

SUM	× ✓ fx	=D2*E2			
	A	B	C	D	E	F
1	订单号	品名	规格	单价	数量	金额
2	1	茶叶	50g	120	2	=D2*E2
3	2	砂糖桔	500g	8	3	
4	3	糖果	500g	29.8	3	

图 9-3　在公式中引用单元格

F2		fx	=D2*E2
	D	E	F
1	单价	数量	金额
2	120	2	=D2*E2
3	8	3	=D3*E3
4	29.8	3	=D4*E4

图 9-4　复制相对引用的效果

> **提示：**
> 默认情况下，单元格中显示的是计算结果，如果要查看单元格中输入的公式，可以双击单元格，或者选中单元格后在编辑栏中查看。
>
> 如果要查看的公式较多，可以在英文输入状态下，按 Ctrl+"`"键，显示当前工作表中输入的所有公式；再次按 Ctrl+"`"键，隐藏公式，显示所有单元格中公式计算的结果。
>
> 使用"公式"菜单选项卡中的"显示公式"按钮 显示公式，也可以显示或隐藏单元格中的所有公式。

如果移动 F2：F4 单元格区域的公式，单元格中的公式不会变化。

2. 绝对引用

顾名思义，绝对引用是指引用的地址是绝对的，不会随着公式位置的改变而改变。绝对引用在单元格地址的行、列引用前显示有绝对地址符"$"。

例如，将 G2 单元格中的公式"=$E$2*$F$2"复制到 G3：G4，可以看到 G3：G4 单元格中的公式也是"=$E$2*$F$2"，如图 9-5 所示。也就是说，复制绝对引用的公式后，公式中引用的仍然是原单元格数据。

	E	F	G
1	数量	金额	
2	2	=D2*E2	=$E$2*$F$2
3	3	=D3*E3	=$E$2*$F$2
4	3	=D4*E4	=$E$2*$F$2

图 9-5　复制包含绝对引用的公式

移动包含绝对引用的公式时，单元格中的公式不会变化。

3. 混合引用

混合引用与绝对引用类似，不同的是单元格引用中有一项为绝对引用，另一项为相对引用，因此，可分为绝对引用行（采用 A$1、B$1 等形式）和绝对引用列（采用 $A1、$B1 等形式）。

如果复制混合引用，那么相对引用自动调整，而绝对引用不变。例如，如果将一个混合引用"=B$3"从 E3 复制到 F3，它将自动调整为"=C$3"；如果复制到 F4 单元格，也自动调整为"=C$3"，因为列为相对引用，行为绝对引用。

如果移动混合引用，则公式不会变化。

教你一招

引用其他工作表中的单元格

如果要引用同一工作簿中其他工作表中的单元格,则在引用的单元格名称前面加上工作表名称和"!"号,工作表名称可以使用英文单引号引用,也可以省略,WPS 表格默认都会加上单引号。

例如,要引用同一个工作簿中名为 newSheet 的工作表的 B2:B10 单元格区域,使用 "newSheet!B2:B10" 表示。

如果要引用其他工作簿中的单元格,除了要在引用的单元格名称前面加上工作表名称和"!"号之外,还要加上工作簿的名称,且名称使用英文的中括号"[ ]"引用。

例如,要引用名为 newFile.xlsx 的工作簿中 firstSheet 工作表中的 C2：C9 单元格区域,使用 "[newFile. xlsx]firstSheet!C2:C9" 表示。

上机练习——年会费用预算表

本节练习使用公式计算年会各个项目的预算费用,以及费用总计。通过对操作步骤的详细讲解,帮助读者掌握使用单元格引用输入公式、复制公式,以及修改填充格式的操作方法。

9-1 上机练习——年会费用预算表

首先打开创建的预算表,在单元格中输入公式计算第一个项目的总价;然后使用填充手柄将公式复制到其他单元格,得到计算结果;接下来修改填充选项,使表格样式不变;最后输入公式计算预算总额。最终结果如图 9-6 所示。

项目	数量	单价（元）	总价（元）	备注
		年会费用预算表		
请柬	60	￥2	￥90	
海报	12	￥25	￥300	
易拉宝	6	￥100	￥600	
场地费	1	￥1,500	￥1,500	
服装	30	￥120	￥3,600	
灯光、音响	1	￥1,000	￥1,000	
道具	10	￥5	￥50	
零食	100	￥20	￥2,000	
酒水	30	￥60	￥1,800	
水果	20	￥8	￥160	
奖品	100	￥15	￥1,500	
租车	3	￥500	￥1,500	
总计			￥14,100.00	

图 9-6 年会费用预算表

操作步骤

（1）打开已创建的费用预算计算表,如图 9-7 所示。

（2）单击 D3 单元格,在单元格中直接输入公式 "=B3*C3",如图 9-8 所示。

（3）按 Enter 键,或单击编辑栏中的"输入"按钮☑,即可得到计算结果。将鼠标指针移到 D3 单元格右下角,在填充手柄上按下鼠标左键向下拖动到 D14 单元格释放,可得到其他项目的预算费用,如

图 9-9 所示。

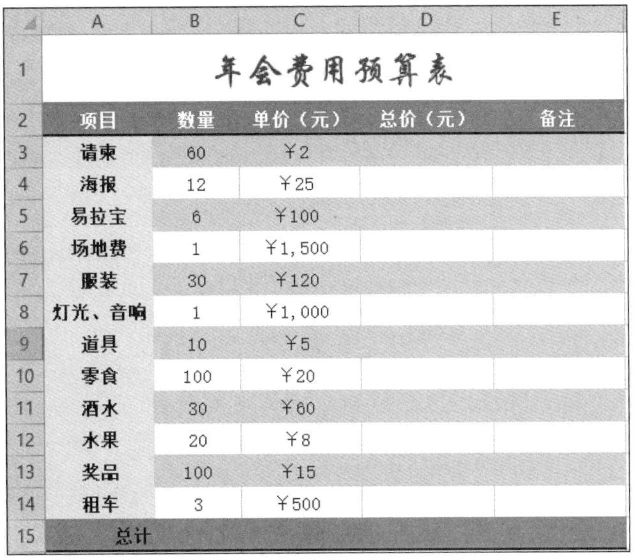

图 9-7　工作表初始效果

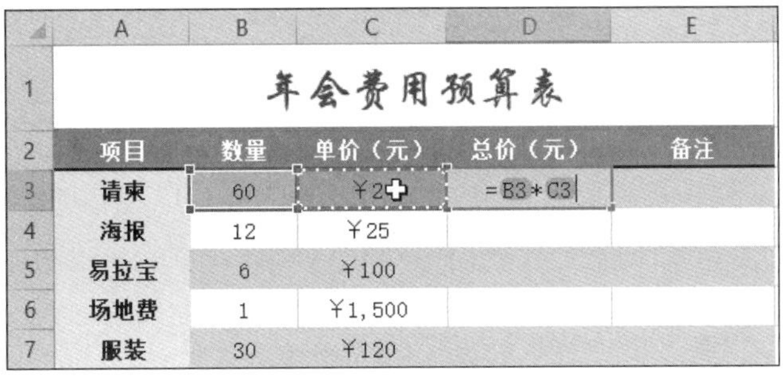

图 9-8　输入计算公式

图 9-9　填充公式的效果

此时可以看到，拖动填充手柄复制时，不仅复制了公式，还复制了初始单元格的格式。

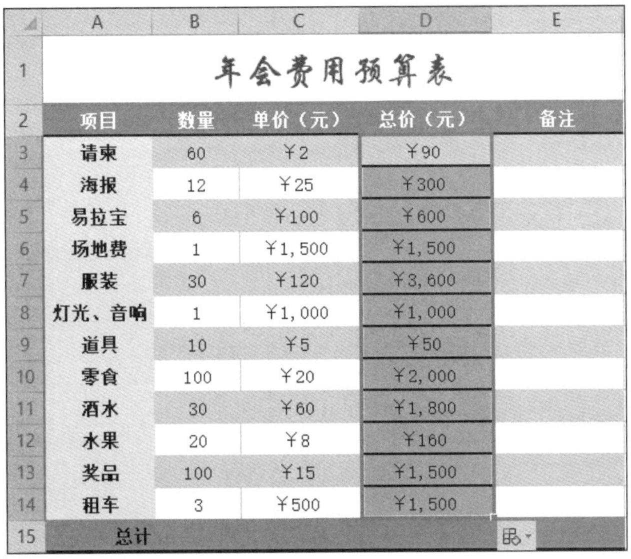

（4）单击 D14 单元格右下角的"自动填充选项"下拉按钮 ，在弹出的下拉菜单中选择"不带格式

填充"单选按钮，如图 9-10 所示。

11	酒水	30	￥60	￥1,800	
12	水果	20	￥8	￥160	
13	奖品	100	￥15	￥1,500	
14	租车	3	￥500	￥1,500	
15	总计			昂▾	

○ 复制单元格(C)
○ 仅填充格式(F)
● 不带格式填充(O)
○ 智能填充(E)

图 9-10　修改自动填充选项

此时可以看到，填充公式的单元格样式恢复到初始效果。

（5）选中 B15 单元格，输入"="后，单击 D3 单元格，然后输入"+"，单击 D3 单元格，再输入"+"，单击 D4 单元格……依次类推，输入完整的计算公式"=D3+D4+D5+D6+D7+D8+D9+D10+D11+D12+D13+D14"，如图 9-11 所示。

	A	B	C	D	E	F
1		**年会费用预算表**				
2	项目	数量	单价（元）	总价（元）	备注	
3	请柬	60	￥2	￥90		
4	海报	12	￥25	￥300		
5	易拉宝	6	￥100	￥600		
6	场地费	1	￥1,500	￥1,500		
7	服装	30	￥120	￥3,600		
8	灯光、音响	1	￥1,000	￥1,000		
9	道具	10	￥5	￥50		
10	零食	100	￥20	￥2,000		
11	酒水	30	￥60	￥1,800		
12	水果	20	￥8	￥160		
13	奖品	100	￥15	￥1,500		
14	租车	3	￥500	￥1,500		
15	=D3+D4+D5+D6+D7+D8+D9+D10+D11+D12+D13+D14					

图 9-11　输入公式计算总额

提示：

如果学习了函数，可以直接使用求和函数简化公式的输入过程。

（6）按 Enter 键，或单击编辑栏中的"输入"按钮 ✓，即可得到计算结果，如图 9-6 所示。

9.2.3　函数的构成

如果要进行一些复杂的计算，可以使用 WPS 预定义的内置公式——函数。函数使用称为参数的初始数值按特定的顺序或结构执行简单或复杂的计算，并自动返回计算结果。

函数的结构如图 9-12 所示。

（1）结构。函数以等号"="开始，后面紧跟函数名称（例如 ROUND）和左括号，然后以英文逗号分隔参数（例如 A10 和 2），最后是右括号。

（2）函数名称。它用于区分函数。自定义函数的名称必须以字母开头，可由

=ROUND(A10, 2)

ROUND(**number**, num_digits)

图 9-12　函数的结构

字母、数字、下划线组合而成，但不能使用单元格地址或 VBA 的保留字，名称中间不能包含句点或类型声明字符。

注意	输入内置的函数名称时可以不区分大小写，自定义的函数名称区分大小写。

（3）参数。参数可以是数字、文本、逻辑值（例如 TRUE 或 FALSE）、数组、错误值（例如 #N/A）或单元格引用。指定的参数必须为有效参数值。参数也可以是常量、公式或其他函数。

（4）参数工具提示。在输入内置函数时，会显示一个带有语法和参数的工具提示，显示该函数的完整结构。

9.2.4　使用函数计算数据

在单元格中输入函数时，使用"插入函数"对话框有助于用户尤其是初学者了解函数结构，并正确设置函数参数。

（1）选中要输入函数的单元格。

（2）在编辑栏中单击"插入函数"按钮 *fx*，弹出如图 9-13 所示的"插入函数"对话框。

图 9-13　"插入函数"对话框

（3）在"选择类别"下拉列表框中选择需要的函数类别，然后在"选择函数"列表框中选择需要的函数，在对话框底部可以查看对应函数的语法和说明。

提示：　　如果对需要使用的函数不太了解或者不会使用，可以在"插入函数"对话框顶部的"查找函数"文本框中输入一条自然语言，例如"排名"，在"选择函数"列表框中可以看到相关的函数列表，例如 RANK、RANK.AVG、RANK.EQ。

（4）单击"确定"按钮，弹出如图 9-14 所示的"函数参数"对话框。输入参数的单元格名称或单元格区域，或者单击参数文本框右侧的 按钮，在工作表中选择参数所在的数据区域。

图 9-14　"函数参数"对话框

（5）参数设置完成后，单击"确定"按钮，即可输入函数，并得到计算结果，如图 9-15 所示。

图 9-15　插入函数并计算

如果用户对函数的语法、结构比较熟悉，借助工具提示也可以很方便地在单元格中输入函数，如图 9-16 所示。输入完成后，按 Enter 键即可得到计算结果。

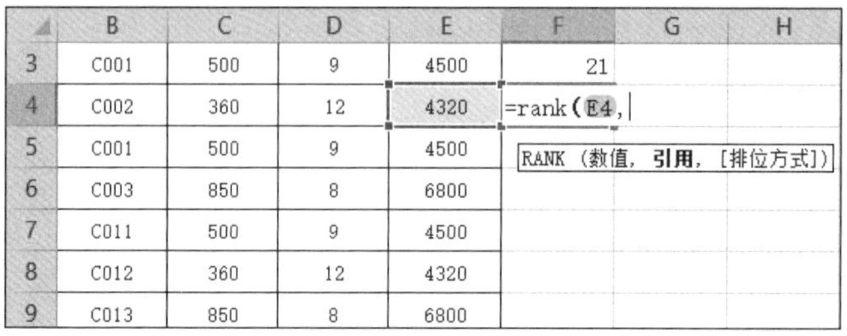

图 9-16　输入函数

9.2.5　使用名称简化引用

如果需要经常引用某个区域的数据，可以用有意义的名称表示该区域。在公式中使用名称可以使公式更清晰易懂。例如，公式"= 利润 *（100% - 税率）"要比公式"=D3*(100%-$B$11)"更容易理解。

（1）在工作表中选中要定义名称的单元格区域。

（2）在编辑栏左侧的名称框中输入名称后按 Enter 键，结果如图 9-17 所示。

此时，选中指定的单元格区域，在名称框中显示的是指定的名称，而不是左上角的单元格地址。

图 9-17　在名称框中命名单元格区域

单元格或区域的名称应遵循以下规则。

（1）是以字母或下划线开头的字母、数字、句号和下划线的组合。

（2）不能与单元格引用相同。

注意（3）不能包含有空格。

（4）最多可以包含 255 个字符。

（5）不区分大小写，否则后创建的名称替换先创建的名称。

如果希望 WPS 自动根据选定区域的首行、最左列、末行或最右列创建名称，可选中单元格区域后，在"公式"菜单选项卡中单击"指定"按钮⊞指定，在弹出的如图 9-18 所示的"指定名称"对话框中指定名称创建的位置。

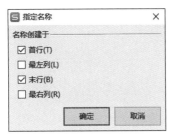

图 9-18　"指定名称"对话框

❖ "首行"和"末行"：以选中区域首（末）行的单元格内容为名称命名其他单元格区域。如果选中的区域包含多列，则分别以各列首（末）行的单元格内容为名称命名各列数据。

例如，选中单元格区域 D1：E4，指定名称创建于"首行"后，将创建两个名称分别命名两列数据。在"公式"菜单选项卡中单击"名称管理器"按钮，可打开相应的对话框查看创建的名称和引用位置，如图 9-19 所示。

图 9-19　名称创建于"首行"的效果

❖ "最左列"和"最右列"：以选中区域最左（右）列的单元格内容为名称命名其他单元格区域。如果选中的区域包含多行，则分别以各行最左（右）列的单元格内容为名称命名各列数据。

（3）如果要修改名称的引用位置，应打开如图 9-20 所示的"名称管理器"对话框，选中名称后，在对话框底部的"引用位置"文本框中修改或重新选择引用位置；如果要修改名称，应单击"编辑"按钮，打开如图 9-21 所示的"编辑名称"对话框进行修改。

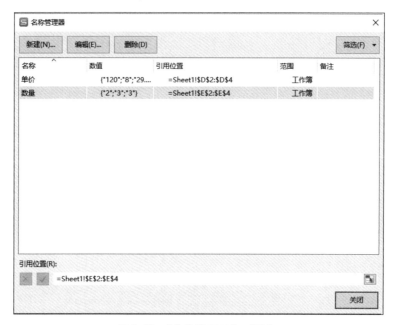

图 9-20　"名称管理器"对话框

（4）如果不再需要某个区域的命名，可在"名称管理器"对话框的名称列表中选中要删除的名称，然后单击"删除"按钮。

（5）如果要在已定义的名称中查找特定条件的名称，可以单击"筛选"按钮，在如图 9-22 所示的下拉列表框中指定筛选条件。

图 9-21　"编辑名称"对话框

图 9-22　"筛选"下拉列表框

9.2.6　使用数组公式

本节之前介绍的公式都是执行单个计算，并且返回单个结果。在 WPS 2022 中，一个矩形的单元格区域可以共用一个公式，通过同一个公式执行多个计算，并返回一个或多个结果，也就是利用数组公式进行计算。

（1）选中用于存放计算结果的单元格或单元格区域。

如果希望数组公式返回一个结果，则单击需要输入数组公式的单元格；如果希望数组公式返回多个结果，则选定需要输入数组公式的单元格区域。

（2）输入公式，如图 9-23 所示。

这里要提请读者注意的是，该公式中的参数是两个由单元格区域组成的数组。

注意　数组公式中的每个数组参数必须有相同数量的行和列。

（3）按 Ctrl+ Shift+ Enter 键结束输入，得到计算结果，如图 9-24 所示。

SUM		× ✓ fx	=D2:D4*E2:E4		
	D	E	F	G	H
1	单价	数量	金额		
2	120	2	=D2:D4*E2:E4		
3	8	3			
4	29.8	3			

图 9-23　输入公式

F4		⊕ fx	{=D2:D4*E2:E4}		
	D	E	F	G	H
1	单价	数量	金额		
2	120	2	240		
3	8	3	24		
4	29.8	3	89.4		

图 9-24　数组公式的计算结果

 注意　输入数组公式后，WPS 会自动在公式两侧插入大括号"{"和"}"，这是数组公式区别于普通公式的重要标志。

上机练习——年度销售额统计表

 练习目标　本节练习计算年度销售总额，以及各个月份的销售额占总产值的百分比。通过对操作步骤的详细讲解，帮助读者掌握使用函数进行计算、为单元格或区域指定名称，以及使用数组公式进行批量计算的操作方法。

9-2　上机练习——年度销售额统计表

 设计思路　首先打开统计表，使用求和函数计算年度销售总额；然后为得到的计算结果指定名称；最后使用数组公式和单元格的名称引用，得到各月份的销售额占总产值的百分比。结果如图 9-25 所示。

	A	B	C
1	某公司年度销售额统计表		
2	月份	销售额（万元）	占总产值百分比
3	1月	￥160.00	1.21%
4	2月	￥540.00	4.07%
5	3月	￥980.00	7.38%
6	4月	￥1,200.00	9.04%
7	5月	￥1,680.00	12.65%
8	6月	￥1,370.00	10.32%
9	7月	￥954.00	7.18%
10	8月	￥1,086.00	8.18%
11	9月	￥827.00	6.23%
12	10月	￥1,580.00	11.90%
13	11月	￥1,890.00	14.23%
14	12月	￥1,011.00	7.61%
15	销售总额	￥13,278.00	

图 9-25　年度销售额统计表

 操作步骤

（1）打开销售额统计表，如图 9-26 所示。

（2）单击 B15 单元格，在单元格中输入公式"=SUM(B3:B14)"，如图 9-27 所示，表示计算 B3：B14
单元格区域的总和。

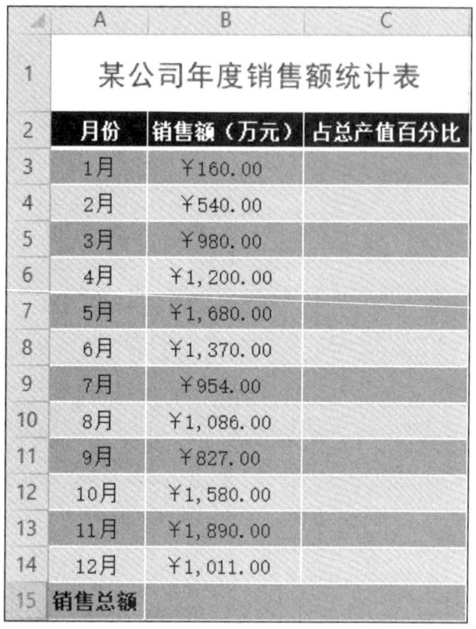

图 9-26　统计表初始效果

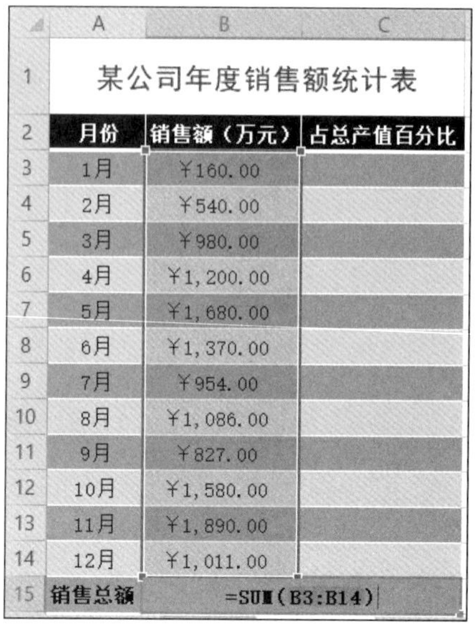

图 9-27　输入函数

（3）按 Enter 键，或单击编辑栏中的"输入"按钮 ✓，即可得到计算结果，如图 9-28 所示。

（4）选中 B15 单元格，在编辑栏左侧的名称框中输入名称"销售总额"，如图 9-29 所示。输入完成后，
按 Enter 键确认。

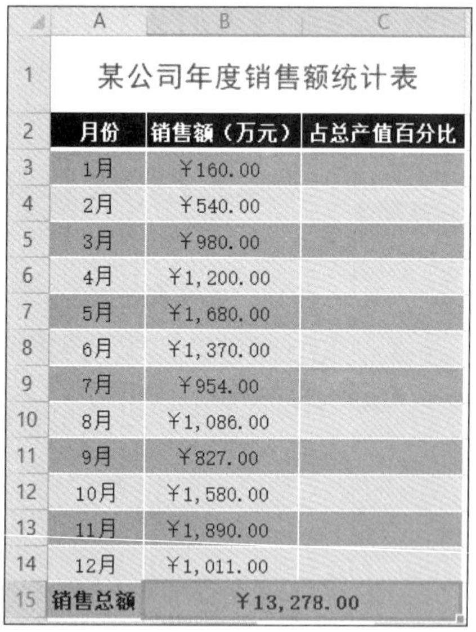

图 9-28　计算销售总额

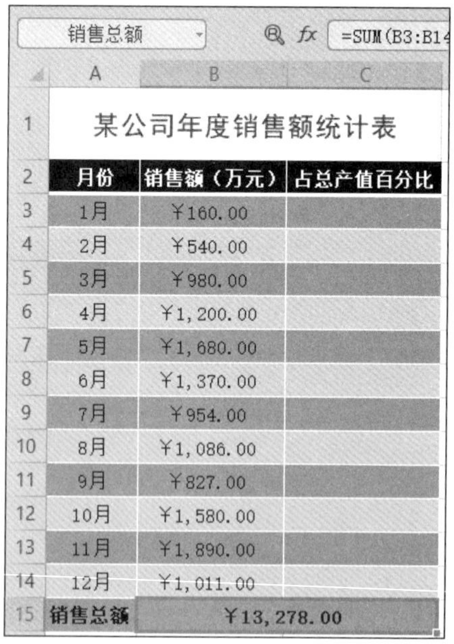

图 9-29　指定单元格的名称

（5）选中 C3：C14 单元格区域，输入公式"=B3:B14/销售总额"，然后按 Ctrl+Shift+Enter 键结束输入。
此时，编辑栏中的公式左右两侧自动添加"{"和"}"，选中的单元格区域中自动填充计算结果，如图 9-30
所示。

图 9-30　利用数组公式进行计算

9.2.7　检查、调试公式

在包含大量计算公式的数据表中,逐项检查公式是一件很烦琐的事情。利用 WPS 提供的"错误检查"和公式审核工具,可以很轻松地查看输入的公式与引用单元格之间的关系,从而快速找出错误所在。

（1）如果包含公式的单元格中显示的不是计算结果,而是如表 9-8 所示的错误值,表示用户使用的公式在语法上存在错误。

表 9-8　错误提示及可能原因

错 误 提 示	产生错误的原因
#DIV/0!	在公式中的分母位置使用了零值
#N/A	当前输入的参数不可用,导致公式或函数内找不到有效参数
#NAME	Excel 无法识别公式或函数中的文本
#NULL!	公式或函数中出现了两个不相交的区域的交点
#NUM!	在函数或公式中使用了错误的数值表达式
#REF!	单元格引用无效
#VALUE!	在函数或公式中输入了不能运算的参数,或单元格中的内容包含不能运算的对象

（2）在"公式"菜单选项卡中单击"错误检查"按钮 ⊙ 错误检查▾ ,弹出如图 9-31 所示的"错误检查"对话框。

图 9-31　"错误检查"对话框

该对话框中显示单元格中出错的公式,以及出错的原因。

提示: 单击"错误检查"对话框中的"选项"按钮,可以打开"选项"对话框,更改与公式计算、性能和错误处理相关的选项。

(3)根据给出的错误原因在编辑栏中修改错误,"显示计算步骤"按钮变为"继续"按钮,其他按钮变为不可用状态。

(4)如果错误还没有修正,则依次单击"继续"按钮和"显示计算步骤"按钮,打开"公式求值"对话框,显示引用的单元格以及求值公式。单击"求值"按钮,对引用的单元格进行求值,结果以斜体显示;单击"步入"按钮,显示引用的单元格区域,如图9-32所示。

(5)在"错误检查"对话框中单击"忽略错误"按钮,返回到工作表中,自动忽略单元格中的错误值。此时再单击"错误检查"按钮,发现不能检查到该错误了。

(6)如果单元格中没有显示明显的错误值,可以利用追踪工具查看活动单元格是否引用了正确的单元格或区域进行计算。在"公式"菜单选项卡中单击"追踪引用单元格"按钮,显示由直接为活动单元格提供数据的单元格指向活动单元格的追踪线,如图9-33所示。

图9-32 "公式求值"对话框

图9-33 追踪引用单元格

提示: 双击追踪线可以选定追踪线另一端的单元格;使用组合键Ctrl+"["可以定位到所选单元格的引用单元格。

在"公式"菜单选项卡中单击"移去箭头"按钮,可以隐藏追踪箭头。

(7)如果要查看哪些单元格的值受活动单元格的影响,在"公式"菜单选项卡中单击"追踪从属单元格"按钮,显示由活动单元格指向受其影响的单元格的追踪线,如图9-34所示。

图9-34 追踪从属单元格

9.3 实例精讲——房贷分期还款计算器

本节练习制作一个简单的购房贷款计算器，基于等额本息分期付款方式计算每期还款额，每期还款中包含的本金和利息，以及还款总额。通过对操作步骤的详细讲解，帮助读者进一步掌握函数的基本结构，为单元格定义名称，以及使用函数进行数据计算的方法。

9-3 实例精讲——房贷分期还款计算器

首先打开工作表，为计算要用到的参数指定名称；然后利用"插入函数"对话框选择年金函数 PMT，输入参数计算每期还款额；接下来使用函数列表中的 IPMT 和 PPMT 函数分别计算任意给定期数应支付的利息额和本金；最后输入公式计算还款总额。最终结果如图 9-35 所示。

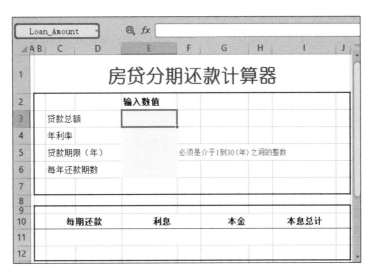

图 9-35 分期还款计算器

操作步骤

（1）打开已创建基本布局的工作表，选中 E3 单元格，在编辑栏左侧的名称框中输入"Loan_Amount"，然后按 Enter 键，如图 9-36 所示。

图 9-36 输入单元格名称

（2）按照与步骤（1）相同的方法，为单元格 E4、E5 和 E6 分别指定名称。在"公式"菜单选项卡中单击"名称管理器"按钮 ，可以查看当前工作簿中定义的所有名称，如图 9-37 所示。

图 9-37 "名称管理器"对话框

接下来在单元格中插入函数进行计算，首先计算每期还款额。

（3）选中 C11 单元格，在"公式"菜单选项卡中单击"插入函数"按钮，打开"插入函数"对话框。在"选择类别"下拉列表框中选择"财务"，然后在"选择函数"列表框中选择函数 PMT，对话框底部显示该函数的语法和说明，如图 9-38 所示。

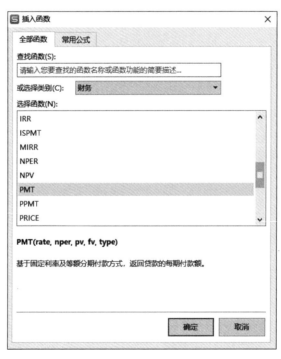

图 9-38 选择函数

（4）单击"确定"按钮弹出"函数参数"对话框，输入各个参数值，如图9-39所示。

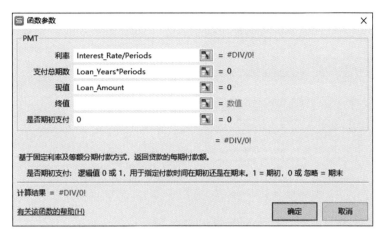

图 9-39　输入参数

PMT 函数（即年金函数）基于固定利率及等额分期付款方式，返回贷款的每期付款额，包括本金和利息。语法如下：

PMT(rate, nper, pv, [fv], [type])

❖ rate：贷款的各期利率。

❖ nper：该项贷款的付款总期数。

注意
　　rate 和 nper 的单位应保持一致。例如，同样是四年期年利率为 12% 的贷款，如果按月支付，rate 应为 12%/12，nper 应为 4*12；如果按年支付，rate 应为 12%，nper 应为 4。

❖ pv：现值，或一系列未来付款的当前值的累积和，也称为本金。

❖ fv：可选参数，表示未来值或在最后一次付款后希望得到的现金余额，如果省略，则假设其值为 0。

❖ type：可选参数，用逻辑值 0 或 1 指示各期的付款时间是在期初还是期末。

（5）参数设置完成后，单击"确定"按钮关闭对话框。此时，在单元格中可以看到计算结果，在编辑栏中可以看到插入的函数，如图9-40所示。

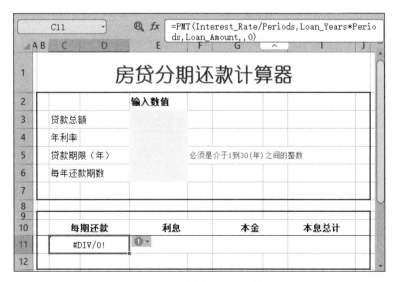

图 9-40　插入 PMT 函数

由于本例中还没有参与计算的参数值，所以利率为空，计算结果报错。

接下来使用 IPMT 函数计算每期还款额中包含的利息。

（6）单击单元格 E11，在"公式"菜单选项卡中单击"财务"下拉按钮 ，在弹出的下拉菜单中选择 IPMT 函数，在弹出的"函数参数"对话框中输入参数，如图 9-41 所示。拖动滚动条，设置各期的付款时间在期初（值为 1）。

图 9-41　输入函数参数

IPMT 函数基于固定利率及等额分期付款方式，返回投资或贷款在某一给定期限内的利息偿还额。语法如下：

IPMT(rate，per，nper，pv，fv，type)

其中，参数 per 用于计算利息的期数（1 到 nper 之间），其他参数与 PMT 函数相同。

（7）单击"确定"按钮关闭对话框，在编辑栏中可以看到输入的函数"=IPMT(Interest_Rate/Periods,12/Periods,Loan_Years* Periods,-Loan_Amount,1)"。双击单元格，在单元格中也可以查看插入的函数，并显示语法提示，光标所在位置的参数以粗体显示，如图 9-42 所示。

图 9-42　查看插入的函数

接下来使用 PPMT 函数计算每期还款中包含的本金。

（8）选中 G11 单元格，在单元格中输入函数

"=PPMT(Interest_Rate/Periods,12/Periods,Loan_Years*Periods,-Loan_Amount,1)"

输入时，WPS表格会显示一个带有语法和参数的工具提示，如图9-43所示。输入完成后，按Enter键结束。

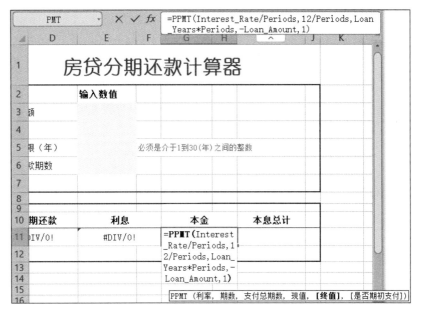

图9-43　输入公式

PPMT函数基于固定利率及等额分期付款方式，返回在某一给定期间内的本金偿还额。语法如下：

PPMT(rate，per，nper，pv，fv，type)

计算出每期还款额、利息和本金之后，有多种方式计算贷款期间的支付总额。本例使用每期还款额乘以还款总期数计算等额本息还款方式下的还款总和。

（9）选中I11单元格，在单元格中输入公式"=C11*Periods*Loan_Years"，按Enter键，或单击编辑栏上的"输入"按钮，得到计算结果，如图9-44所示。

图9-44　计算还款总和

（10）根据计算需要，输入贷款总额、年利率、货款期限和每年还款期数，即可得到每期还款额、利息、本金和本息总额，如图9-35所示。

答 疑 解 惑

1. 相对引用和绝对引用有什么相同点和区别?

答:移动相对引用和绝对引用时,引用不会发生变化。两者的区别在于,复制时,相对引用会随着复制的方向不同而发生不同的变化;而绝对引用无论公式复制到什么位置都不会发生变化。

2. 怎样在包含公式的单元格中始终显示公式?

答:在"公式"菜单选项卡中单击"显示公式"按钮,或按组合键 Ctrl+"`"。

3. 如何隐藏单元格中的零值?

答:单击"文件"菜单选项卡中的"选项"命令打开"选项"对话框,在"视图"选项界面的"窗口选项"区域,取消选中"零值"复选框,然后单击"确定"按钮关闭对话框。

学习效果自测

一、选择题

1. 在单元格中输入 "=" 中国 "&"China"" 后按 Enter 键,显示结果为(　　　)。

A."中国" & "China"　　　　　　　　　　B. 中国 China

C. #NAME ?　　　　　　　　　　　　　D. 中国 &China

2. 单元格引用方式不包括(　　　)。

A. 相对引用　　　　B. 绝对引用　　　　C. 混合引用　　　　D. 直接引用

3. 如果要引用第 6 行的绝对地址,D 列的相对地址,则引用为(　　　)。

A. D$6　　　　　　B. D6　　　　　　C. $D$6　　　　　　D. $D6

4. 下列关于单元格中的公式的说法,不正确的是(　　　)。

A. 只能显示公式的值,不能显示公式

B. 能自动计算公式的值

C. 公式的计算结果随引用单元格值的变化而变化

D. 公式中可以引用其他工作簿中的单元格

5. D3 单元格中的数值为 70,则公式 "=D3<=60" 的运算结果为(　　　)。

A. FALSE　　　　　B. TRUE　　　　　C. 错误　　　　　D. 正确

6. 在单元格 F3 中,求 A3、B3 和 C3 三个单元格数值的和,不正确的形式是(　　　)。

A. =$A$3+$B$3+$C$3　　　　　　　　B. SUM(A3,C3)

C. =A3+B3+C3　　　　　　　　　　　D. SUM(A3:C3)

7. 在文明班级卫生得分统计表中,总分和平均分是通过公式计算出来的,如果改变二班的卫生得分,则(　　　)。

A. 要重新修改二班的总分和平均分　　　B. 重新输入计算公式

C. 总分和平均分会自动更正　　　　　　D. 会出现错误信息

8. 假设 A1 单元格中的公式为 "=AVERAGE(B1:F6)",删除 B 列之后,A1 单元格中的公式将自动调整为(　　　)。

A. =AVERAGE (#REF!)　　　　　　　　B. =AVERAGE (C1:F6)

C. =AVERAGE (B1:E6)　　　　　　　　D. =AVERAGE (B1:F6)

9. 在 B1 单元格和 C1 单元格中存放有不同的数值,并且 B1 单元格已命名为"总量",B2 单元格中有公式 "=A2/ 总量"。若重新将"总量"指定为 C1 单元格的名字,则 B2 单元格中的(　　　)。

A. 公式与内容均变化   B. 公式变化，内容不变

C. 公式不变，内容变化   D. 公式与内容均不变

二、填空题

1. WPS 2022 中的运算符主要有 _____、_____、_____ 和 _____4 种。

2. 在单元格中输入公式或函数时，应以前导符 _____ 开头。

3. 如果要在单元格中输入 15 除以 17 的计算结果，可输入 _____。

4. 使用区域运算符"："表示 A5 到 F10 之间所有单元格的引用为 _____。

5. 公式 "="89"+"20">120" 的计算结果为 _____。

6. 若单元格 E2=10，E3=20，E4=30，则函数 SUM(E2，E4) 的值为 _____；函数 SUM(E2：E4) 的值为 _____。

第 10 章

数据的常规处理与分析

本章导读

　　作为一款电子表格应用工具，WPS表格具有强大的数据处理与分析能力，可以对数据进行排序、筛选、分类汇总，以及使用条件格式突出显示特定数据等。

学习要点

- ❖ 数据排序的基本规则与常用的排序方法
- ❖ 对数据进行高级筛选
- ❖ 创建简单分类汇总和多级分类汇总
- ❖ 分级显示汇总结果
- ❖ 设置条件格式突出显示特定数据

10.1 对数据进行排序

在实际应用中，有时会对工作表中的数据按某种方式进行排序，以查看特定的数据，增强可读性。

10.1.1 默认排序规则

在排序数据之前，读者有必要先了解表格数据的默认排序规则，以便于选择正确的排序方式。

WPS 表格默认根据单元格中的数据值进行排序，在按升序排序时，遵循以下规则。

❖ 文本以及包含数字的文本按 0~9~a~z~A~Z 的顺序排序。如果两个文本字符串除了连字符不同，其余都相同，则带连字符的文本排在后面。

❖ 按字母先后顺序对文本进行排序时，从左到右逐个字符进行排序。

❖ 在逻辑值中，False 排在 True 前面。

❖ 所有错误值的优先级相同。

❖ 空格始终排在最后。

提示：　　在 WPS 表格中排序时可以指定是否区分大、小写。在对汉字排序时，既可以根据汉语拼音的字母顺序进行排序，也可以根据汉字的笔画顺序进行排序。

在按降序排序时，除了空白单元格总是在最后以外，其他的排列次序反转。

10.1.2 按关键字排序

所谓按关键字排序，是指按数据表中的某一列的字段值进行排序，这是排序中最常用的一种排序方法。

（1）单击待排序数据列中的任意一个单元格。

（2）在"数据"菜单选项卡中单击"升序" 按钮或"降序" 按钮，即可依据指定列的字段值按指定的顺序对工作表中的数据行重新进行排列，如图 10-1 所示。

	A	B	C	D
1		**存货记录表**		
2	货物名称	单价	数量	总成本
3	A	¥240.00	20	¥4,800.00
4	B	¥150.00	35	¥5,250.00
5	C	¥240.00	28	¥6,720.00
6	D	¥450.00	15	¥6,750.00

	A	B	C	D
1		**存货记录表**		
2	货物名称	单价	数量	总成本
3	B	¥150.00	35	¥5,250.00
4	A	¥240.00	20	¥4,800.00
5	C	¥240.00	28	¥6,720.00
6	D	¥450.00	15	¥6,750.00

图 10-1 按"单价"升序排列前、后的效果

按单个关键字进行排序时，经常会遇到两个或多个关键字相同的情况，例如图 10-1 中的货物 A、C 的单价。如果要分出这些关键字相同的记录的顺序，就需要使用多关键字排序。例如，在单价相同的情况下，按数量升序排序。

如果在排序后的数据表中单击第二个关键字所在列的任意一个单元格，重复步骤（2），数据表将按指定的第二个关键字重新进行排序，而不是在原有基础上进一步排序，如图 10-2 所示。

针对多关键字排序，WPS 提供了"排序"对话框，不仅可以按单列或多列排序，还可以依据拼音、笔画、颜色或条件格式图标排序。

	A	B	C	D
1		**存货记录表**		
2	货物名称	单价	数量	总成本
3	D	¥450.00	15	¥6,750.00
4	A	¥240.00	20	¥4,800.00
5	C	¥240.00	28	¥6,720.00
6	B	¥150.00	35	¥5,250.00

图 10-2 在单价升序排列的基础上按数量升序排列

（1）选中数据表中的任一单元格，在"数据"菜单选项卡中单击"排序"按钮 ，打开"排序"对话框。

（2）设置主要关键字、排序依据和排序方式，如图 10-3 所示。

图 10-3 "排序"对话框

（3）单击"添加条件"按钮，添加一行次要关键字条件，用于设置次要关键字、排序依据和排序方式，如图 10-4 所示。

图 10-4 添加条件

（4）如果要调整主要关键字和次要关键字的次序，可选中主要条件，单击"下移"按钮 ，或者选中次要条件，单击"上移"按钮 。

（5）如果需要添加多个次要关键字，则重复步骤（3），设置关键字、排序依据和排序方式。

（6）如果要利用同一关键字按不同的依据排序，可以选中已定义的条件，然后单击"复制条件"按钮，并修改条件。

（7）如果要删除某个排序条件，应在选中该条件后单击"删除条件"按钮。

（8）设置完成后，单击"确定"按钮关闭对话框，即可完成排序操作。例如，按单价升序排列后，再按数量降序排列的效果如图 10-5 所示。

	A	B	C	D	E
1			存货记录表		
2	货物名称	单价	数量	总成本	购入日期
3	B	¥150.00	35	¥5,250.00	2019年4月27日
4	C	¥240.00	28	¥6,720.00	2019年2月24日
5	A	¥240.00	20	¥4,800.00	2019年3月18日
6	D	¥450.00	15	¥6,750.00	2019年4月15日

图 10-5 多关键字排序结果

按笔画排序汉字

如果要排序的单元格值为文本，则默认情况下按文本字母或拼音先后顺序进行排序。如果单元格值为汉字，还可以依据汉字的笔画进行排序。

（1）在待排序的数据表中单击任意一个单元格，在"数据"菜单选项卡中单击"排序"按钮，打开"排序"对话框。

（2）设置排序关键字之后，单击对话框顶部的"选项"按钮，打开如图10-6所示的"排序选项"对话框。在"方式"区域选择"笔画排序"单选按钮，然后单击"确定"按钮。

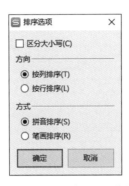

图 10-6　"排序选项"对话框

10.1.3　自定义条件排序

在实际应用中，有时需要将工作表数据按某种特定的顺序排列。例如：按产品等级"优、良、中"的顺序查看产品信息，或按照部门名称"财务部、经营部、研发部、人事部、生产部、企划部"的顺序查阅各部门的收支情况。利用自定义序列排序功能，解决这类问题轻而易举。

（1）在数据表中选中任意一个单元格，单击"数据"菜单选项卡中的"排序"按钮，打开"排序"对话框。

（2）在"主要关键字"下拉列表框中选择排序的关键字，"排序依据"选择"数值"，然后在"次序"下拉列表框中选择"自定义序列"，如图10-7所示，弹出"自定义序列"对话框。

图 10-7　选择"自定义序列"命令

注意　自定义排序只能作用于"主要关键字"下拉列表框中指定的数据列。

（3）在"自定义序列"列表框中选择"新序列"，在"输入序列"文本框中输入序列项，序列项之间用 Enter 键分隔，如图10-8所示。

（4）序列输入完成后单击"添加"按钮，将输入的序列添加到"自定义序列"列表框中，且新序列自动处于选中状态。然后单击"确定"按钮返回"排序"对话框，可以看到排列次序指定为创建的序列，如图10-9所示。

图 10-8　"自定义序列"对话框

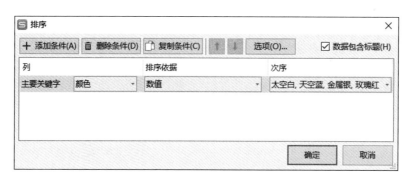

图 10-9　按指定序列进行排序

（5）单击"确定"按钮，即可按指定序列排序，如图 10-10 所示。

图 10-10　按自定义序列排序前、后的效果

10.2　筛 选 数 据

面对数据庞杂的数据表格，如何快速、便捷地定位特定条件的数据是数据分析者很关心的一个问题。利用 WPS 提供的筛选功能，可以只显示满足指定条件的数据行，暂时隐藏不符合条件的数据行，对于复

杂条件的筛选，还支持原始数据与筛选结果同屏显示。

10.2.1　自动筛选

自动筛选是按指定的字段值筛选符合条件的数据行，适用于筛选条件简单的情况。

（1）选中要筛选数据的单元格区域。

如果数据表的首行为标题行，可以单击数据表中的任意一个单元格。

（2）在"数据"菜单选项卡中单击"自动筛选"按钮 ，此时，数据表的所有列标志右侧都会显示一个下拉按钮 ，如图10-11所示。

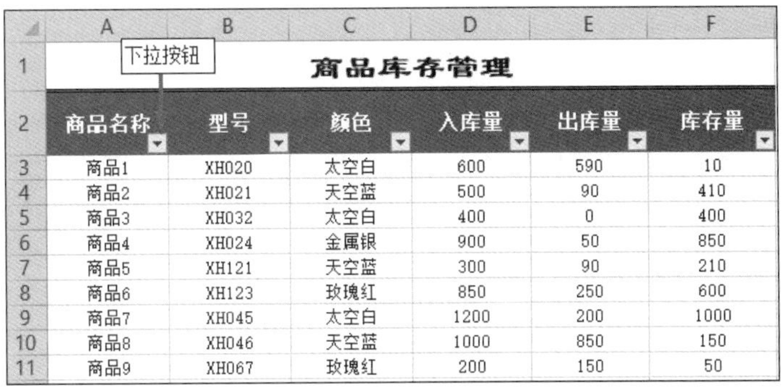

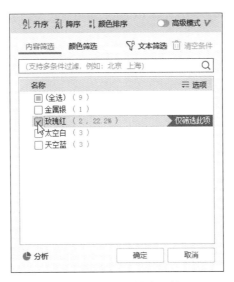

图10-11　自动筛选

（3）单击筛选条件对应的列标题右侧的下拉按钮，在弹出的下拉列表框中选择要筛选的内容，如图10-12所示。选中"全选"复选框可取消筛选。

图10-12　设置筛选条件

如果当前筛选的数据列中为单元格设置了多种颜色，可以切换到"颜色筛选"选项卡按单元格颜色进行筛选。

（4）如果要对筛选结果进行排序，可单击自动筛选下拉列表框顶部的"升序""降序"或"颜色排序"按钮。

（5）单击"确定"按钮，即可显示符合条件的筛选结果，如图10-13所示。从图中可以看出，筛选结果的行号显示为蓝色，筛选字段名称右侧显示筛选图标 ，不符合条件的数据行则自动隐藏。

图 10-13　数据筛选结果

自动筛选时，可以设置多个筛选条件。

（6）在其他数据列中重复步骤（3）～步骤（5），指定筛选条件。

提示：
　　如果筛选数据后，在数据表中添加或修改了一些数据行，单击"数据"菜单选项卡中的"重新应用"按钮 🔽重新应用，可更新筛选结果。

如果要取消筛选，显示数据表中的所有数据行，应在"数据"菜单选项卡中单击"全部显示"按钮 🔽全部显示。

10.2.2　自定义条件筛选

如果要在同一列中筛选指定范围内的数据，或使用两个交叉或并列的条件进行筛选，可以自定义自动筛选。

（1）选中要筛选数据的单元格区域，在"数据"菜单选项卡中单击"自动筛选"按钮 🔳条件格式，然后单击筛选条件对应的列标题右侧的下拉按钮 🔽，弹出自动筛选下拉列表框。

（2）如果要在指定的范围内筛选数据，例如"颜色"包含"红"或"库存量"介于100~200，可单击"文本筛选"按钮 🔽文本筛选 或"数字筛选"按钮 🔽数字筛选，在弹出的下拉列表框中选择条件，如图10-14或图10-15所示。

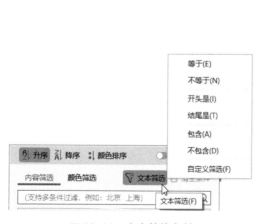

图 10-14　文本筛选条件

图 10-15　数字筛选条件

提示：
　　如果要筛选的字段值是文本，则显示文本筛选条件；如果要筛选的字段值是数字，则显示数字筛选条件。

（3）在下拉列表框中选择筛选条件，或者直接单击"自定义筛选"命令，打开如图10-16所示的"自定义自动筛选方式"对话框。

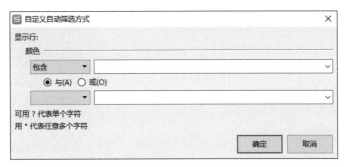

图 10-16　"自定义自动筛选方式"对话框

（4）在"显示行"下方的条件下拉列表框中选择筛选条件，并设置条件值。如果要设置两个条件进行筛选，还应选择条件之间的逻辑关系。

❖　与：筛选同时满足指定的两个条件的数据行。

❖　或：筛选满足任一条件的数据行。

（5）设置完成后，单击"确定"按钮关闭对话框。

10.2.3　高级筛选

如果需要筛选的字段较多，筛选条件也比较复杂，可以使用高级筛选功能简化筛选流程，提高工作效率。与自动筛选不同，使用高级筛选时，必须先建立一个具有列标志的条件区域，指定筛选的数据要满足的条件。

（1）在工作表的空白位置设置条件标志，并在条件标志的下一行输入要匹配的条件，如图 10-17 所示。

条件区域不一定包含数据表中的所有列字段，但条件区域中的字段必须是数据表中的列标题字段，且必须与数据表中的字段保持一致。作为条件的公式必须能得到 TRUE 或 FALSE 之类的结果。

注意　最好不要在数据区域的下方构建条件区域，而是放在数据区域的起始位置或两侧，以免后续添加数据行时覆盖条件区域。

（2）在"数据"菜单选项卡中单击"自动筛选"按钮右下方的扩展按钮 ，弹出如图 10-18 所示的"高级筛选"对话框。

图 10-17　设置筛选条件区域

图 10-18　"高级筛选"对话框

（3）在"方式"区域选择保存筛选结果的位置。

❖　在原有区域显示筛选结果：将筛选结果显示在原有的数据区域，筛选结果与自动筛选结果相同。

❖　将筛选结果复制到其他位置：在保留原有数据区域的同时，将筛选结果复制到指定的单元格区域显示。

（4）"列表区域"文本框自动填充数据区域，单击右侧的 按钮可以在工作表中重新选择筛选的数据区域。

（5）单击"条件区域"文本框右侧的 按钮，在工作表中选择条件区域所在的单元格区域，选择时应包含条件列标志和条件。也可以直接输入条件区域的单元格引用。

注意　输入条件区域的单元格引用时，必须使用绝对引用。

（6）如果选择了"将筛选结果复制到其他位置"单选按钮，应单击"复制到"文本框右侧的 按钮，在工作表中选择筛选结果首行显示的位置。

（7）如果不显示重复的筛选结果，则选中"选择不重复的记录"复选框。

（8）设置完成后，单击"确定"按钮，即可在"复制到"文本框中指定的单元格区域开始显示筛选结果，如图 10-19 所示。

型号	颜色	入库量	出库量	库存量
XH020	太空白	600	590	10
XH021	天空蓝	500	90	410
XH032	太空白	400	0	400
XH024	金属银	900	50	850
XH121	天空蓝	300	90	210
XH123	玫瑰红	850	250	600
XH045	太空白	1200	200	1000
XH046	天空蓝	1000	850	150
XH067	玫瑰红	200	150	50
型号	颜色	入库量	出库量	库存量
XH020	太空白	600	590	10
XH123	玫瑰红	850	250	600
XH046	天空蓝	1000	850	150

出库量 >200　条件区域
列表区域
"复制到"区域
筛选结果

图 10-19　筛选结果

高级筛选也支持多条件交叉或并列筛选数据，读者尤其要注意不同逻辑关系的条件的设置方法。

（1）如果要筛选同时满足多个条件（即逻辑"与"）的数据行，条件区域的各个条件应显示在同一行，如图 10-20 所示。

型号	颜色	入库量	出库量	库存量
XH020	太空白	600	590	10
XH021	天空蓝	500	90	410
XH032	太空白	400	0	400
XH024	金属银	900	50	850
XH121	天空蓝	300	90	210
XH123	玫瑰红	850	250	600
XH045	太空白	1200	200	1000
XH046	天空蓝	1000	850	150
XH067	玫瑰红	200	150	50

出库量 >200　库存量 <160
两个条件显示在一行，表示逻辑"与"关系

图 10-20　设置高级筛选条件

在"数据"菜单选项卡中单击"自动筛选"按钮右下方的扩展按钮 ，打开"高级筛选"对话框，选择保存筛选结果的位置和条件区域后，单击"确定"按钮，即可在指定的单元格区域显示筛选结果的第一行。如图 10-21 所示为筛选出库量大于 200，且库存量小于 160 的数据行的结果。

（2）如果要筛选满足指定的多个条件之一（即逻辑"或"）的数据行，条件区域的各个条件应在不同行输入。如图 10-22 所示为筛选出库量大于 200，且库存量小于 160 的数据行，或者入库量大于 600 的数据行。

型号	颜色	入库量	出库量	库存量		出库量	库存量
XH020	太空白	600	590	10		>200	<160
XH021	天空蓝	500	90	410			
XH032	太空白	400	0	400			
XH024	金属银	900	50	850			
XH121	天空蓝	300	90	210			
XH123	玫瑰红	850	250	600			
XH045	太空白	1200	200	1000			
XH046	天空蓝	1000	850	150			
XH067	玫瑰红	200	150	50			
型号	颜色	入库量	出库量	库存量			
XH020	太空白	600	590	10			
XH046	天空蓝	1000	850	150			

图 10-21　交叉条件的筛选结果

型号	颜色	入库量	出库量	库存量		出库量	库存量	入库量
XH020	太空白	600	590	10		>200	<160	
XH021	天空蓝	500	90	410				
XH032	太空白	400	0	400				>600
XH024	金属银	900	50	850				
XH121	天空蓝	300	90	210				
XH123	玫瑰红	850	250	600				
XH045	太空白	1200	200	1000				
XH046	天空蓝	1000	850	150				
XH067	玫瑰红	200	150	50				

条件区域

图 10-22　设置筛选条件

在"高级筛选"对话框中选择筛选结果的保存位置和条件区域后，单击"确定"按钮，筛选结果如图 10-23 所示。

型号	颜色	入库量	出库量	库存量		出库量	库存量	入库量
XH020	太空白	600	590	10		>200	<160	
XH021	天空蓝	500	90	410				
XH032	太空白	400	0	400				>600
XH024	金属银	900	50	850				
XH121	天空蓝	300	90	210				
XH123	玫瑰红	850	250	600				
XH045	太空白	1200	200	1000				
XH046	天空蓝	1000	850	150				
XH067	玫瑰红	200	150	50				
型号	颜色	入库量	出库量	库存量				
XH020	太空白	600	590	10				
XH024	金属银	900	50	850				
XH123	玫瑰红	850	250	600				
XH045	太空白	1200	200	1000				
XH046	天空蓝	1000	850	150				

图 10-23　并列条件的筛选结果

上机练习——查找特定条件的产品

本节练习使用单条件和多条件高级筛选查找特定的数据记录，通过对操作步骤的详细讲解，帮助读者进一步掌握使用单条件和多条件对数据进行高级筛选的方法，加深对条件"与"和"或"的理解。

10-1　上机练习——查找特定条件的产品

首先设置单一条件筛选具有保湿效果的产品；然后添加条件，筛选有保湿效果，且规格大于等于 40ml 的产品；最后再添加一个筛选条件，查找有保湿效果，且规格大于等于 40ml 的产品，或者 2022 年 6 月之后上市的产品。最终效果如图 10-24 所示。

	A	B	C	D	E	F	G	H	I	J
1										
2	序号	产品名称	规格	产品描述	上市日期	价格				
3	1	玫瑰香水	10ml	美白保湿	2022年6月	￥120		产品描述	规格	上市日期
4	2	VC爽肤水	500ml	保湿紧致	2022年3月	￥98		*保湿*	>=40ml	
5	3	珍珠霜	40ml	保湿淡纹	2022年2月	￥169				>2022年6月
6	4	眼部紧肤膜	40ml	消除黑眼圈	2022年3月	￥138				
7	5	净白化妆水	100ml	美白锁水	2022年6月	￥88				
8	6	清透平衡露	150ml	锁水调水油	2022年9月	￥69				
9	7	清润唇膏	10ml	滋润	2022年12月	￥39				
10	8	深层清洁洁面乳	150ml	深层清洁	2022年8月	￥66				
11	9	保湿防晒露	100ml	锁水防晒	2022年8月	￥109				
12	10	水质凝露	50ml	保湿滋润	2022年4月	￥129				
13										
14	序号	产品名称	规格	产品描述	上市日期	价格				
15	2	VC爽肤水	500ml	保湿紧致	2022年3月	￥98				
16	3	珍珠霜	40ml	保湿淡纹	2022年2月	￥169				
17	6	清透平衡露	150ml	锁水调水油	2022年9月	￥69				
18	7	清润唇膏	10ml	滋润	2022年12月	￥39				
19	8	深层清洁洁面乳	150ml	深层清洁	2022年8月	￥66				
20	9	保湿防晒露	100ml	锁水防晒	2022年8月	￥109				
21	10	水质凝露	50ml	保湿滋润	2022年4月	￥129				

图 10-24　高级筛选结果

操作步骤

（1）打开"产品信息表"，如图 10-25 所示。

图 10-25　产品信息表

首先查找有保湿效果的产品，也就是"产品描述"中包含"保湿"的记录。

（2）在 H3 单元格中输入条件列标题"产品描述"，然后在 H4 单元格中输入条件值"* 保湿 *"，如图 10-26 所示。

（3）选中数据表中的任意一个单元格，在"数据"菜单选项卡中单击"自动筛选"按钮右下方的扩展按钮，打开"高级筛选"对话框。在"方式"区域选择"将筛选结果复制到其他位置"单选按钮，"条件区域"选择单元格区域 H3：H4；"复制到"区域选择原数据表下方第二行，如图 10-27 所示。

（4）设置完成后，单击"确定"按钮关闭对话框，即可在指定位置显示筛选结果，如图 10-28 所示。

	A	B	C	D	E	F	G	H
1								
2	序号	产品名称	规格	产品描述	上市日期	价格		
3	1	玫瑰香水	10ml	美白保湿	2022年6月	￥120		产品描述
4	2	VC爽肤水	500ml	保湿紧致	2022年3月	￥98		*保湿*
5	3	珍珠霜	40ml	保湿淡纹	2022年2月	￥169		
6	4	眼部紧肤膜	40ml	消除黑眼圈	2022年3月	￥138		
7	5	净白化妆水	100ml	美白锁水	2022年6月	￥88		
8	6	清透平衡露	150ml	锁水调水油	2022年9月	￥69		
9	7	清润唇膏	10ml	滋润	2022年12月	￥39		
10	8	深层清洁洁面乳	150ml	深层清洁	2022年8月	￥66		
11	9	保湿防晒露	100ml	锁水防晒	2022年8月	￥109		
12	10	水质凝露	50ml	保湿滋润	2022年4月	￥129		
13								
14	序号	产品名称	规格	产品描述	上市日期	价格		
15	1	玫瑰香水	10ml	美白保湿	2022年6月	￥120		
16	2	VC爽肤水	500ml	保湿紧致	2022年3月	￥98		
17	3	珍珠霜	40ml	保湿淡纹	2022年2月	￥169		
18	10	水质凝露	50ml	保湿滋润	2022年4月	￥129		

图 10-26　设置条件区域

图 10-27　"高级筛选"对话框

	A	B	C	D	E	F	G	H
1								
2	序号	产品名称	规格	产品描述	上市日期	价格		
3	1	玫瑰香水	10ml	美白保湿	2022年6月	￥120		产品描述
4	2	VC爽肤水	500ml	保湿紧致	2022年3月	￥98		*保湿*
5	3	珍珠霜	40ml	保湿淡纹	2022年2月	￥169		
6	4	眼部紧肤膜	40ml	消除黑眼圈	2022年3月	￥138		
7	5	净白化妆水	100ml	美白锁水	2022年6月	￥88		
8	6	清透平衡露	150ml	锁水调水油	2022年9月	￥69		
9	7	清润唇膏	10ml	滋润	2022年12月	￥39		
10	8	深层清洁洁面乳	150ml	深层清洁	2022年8月	￥66		
11	9	保湿防晒露	100ml	锁水防晒	2022年8月	￥109		
12	10	水质凝露	50ml	保湿滋润	2022年4月	￥129		
13								
14	序号	产品名称	规格	产品描述	上市日期	价格		
15	1	玫瑰香水	10ml	美白保湿	2022年6月	￥120		
16	2	VC爽肤水	500ml	保湿紧致	2022年3月	￥98		
17	3	珍珠霜	40ml	保湿淡纹	2022年2月	￥169		
18	10	水质凝露	50ml	保湿滋润	2022年4月	￥129		

图 10-28　单条件筛选结果

接下来在筛选出来的保湿产品中进一步筛选规格大于或等于40ml的产品。

（5）修改条件区域，在I列增加筛选条件，且两个条件的条件值在同一行，表明逻辑"与"关系，也就是应同时满足指定的两个条件，如图10-29所示。

	A	B	C	D	E	F	G	H	I
1									
2	序号	产品名称	规格	产品描述	上市日期	价格			
3	1	玫瑰香水	10ml	美白保湿	2022年6月	￥120		产品描述	规格
4	2	VC爽肤水	500ml	保湿紧致	2022年3月	￥98		*保湿*	>=40ml

图 10-29　修改筛选条件

（6）选中数据表中的任意一个单元格，在"数据"菜单选项卡中单击"自动筛选"按钮右下方的扩展按钮，打开"高级筛选"对话框。在"方式"区域选择"将筛选结果复制到其他位置"单选按钮；"条件区域"选择H3：I4；"复制到"文本框保留上一步筛选的设置，如图10-30所示。

（7）单击"确定"按钮，即可在指定位置开始显示"产品描述"中包含"保湿"，且"规格"大于等于 40ml 的产品记录，如图 10-31 所示。

图 10-30 "高级筛选"对话框

序号	产品名称	规格	产品描述	上市日期	价格		产品描述	规格
1	玫瑰香水	10ml	美白保湿	2022年6月	￥120			
2	VC爽肤水	500ml	保湿紧致	2022年3月	￥98		*保湿*	>=40ml
3	珍珠霜	40ml	保湿淡纹	2022年2月	￥169			
4	眼部紧肤膜	40ml	消除黑眼圈	2022年3月	￥138			
5	净白化妆水	100ml	美白锁水	2022年6月	￥88			
6	清透平衡露	150ml	锁水调水油	2022年9月	￥69			
7	清润唇膏	10ml	滋润	2022年12月	￥39			
8	深层清洁洁面乳	150ml	深层清洁	2022年8月	￥66			
9	保湿防晒露	100ml	锁水防晒	2022年8月	￥109			
10	水质凝露	50ml	保湿滋润	2022年4月	￥129			
序号	产品名称	规格	产品描述	上市日期	价格			
2	VC爽肤水	500ml	保湿紧致	2022年3月	￥98			
3	珍珠霜	40ml	保湿淡纹	2022年2月	￥169			
10	水质凝露	50ml	保湿滋润	2022年4月	￥129			

图 10-31 多条件筛选结果

接下来在上一步筛选的基础上扩大筛选范围，查找"产品描述"中包含"保湿"，且"规格"大于或等于 40ml 的产品记录，或者"上市日期"为 2022 年 6 月之后的记录。

（8）修改条件区域，在 J 列增加条件，且条件值与前两个条件不在同一行，表明该条件与前两个条件是逻辑"或"的关系，如图 10-32 所示。

序号	产品名称	规格	产品描述	上市日期	价格		产品描述	规格	上市日期
1	玫瑰香水	10ml	美白保湿	2022年6月	￥120		产品描述	规格	上市日期
2	VC爽肤水	500ml	保湿紧致	2022年3月	￥98		*保湿*	>=40ml	
3	珍珠霜	40ml	保湿淡纹	2022年2月	￥169				>2022年6月

图 10-32 修改条件区域

（9）选中数据表中的任意一个单元格，在"数据"菜单选项卡中单击"自动筛选"按钮右下方的扩展按钮，打开"高级筛选"对话框。在"方式"区域选择"将筛选结果复制到其他位置"单选按钮；"条件区域"选择 H3:J5；"复制到"文本框保留上一步筛选的设置，如图 10-33 所示。

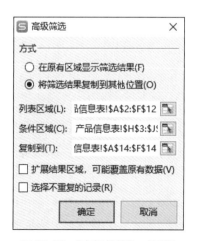

图 10-33 "高级筛选"对话框

（10）设置完成后，单击“确定”按钮关闭对话框，即可在指定位置开始显示筛选结果，如图 10-24 所示。

10.3 汇总分析数据

对数据进行排序后，通常还会将数据按指定的字段进行分类汇总，分级显示分析数据。对数据行分类汇总之后，如果修改了其中的明细数据，汇总数据会随之自动更新。

提示： 在 WPS 中对数据进行汇总有两种方法，一种是在数据表中添加自动分类汇总，另一种是利用数据透视表汇总和分析数据。本节只介绍第一种方法，第二种方法将在下一章讲解。

10.3.1 简单分类汇总

简单分类汇总是指对数据表中的某一列进行一种方式的汇总。

（1）打开要进行分类汇总的数据表。

注意 WPS 根据列标题分组数据并进行汇总，因此进行分类汇总的数据表的各列应有列标题，并且没有空行或者空列。

（2）按汇总字段对数据表进行排序。选中要进行分类的列中的任意一个单元格，在“数据”菜单选项卡中单击“升序”或“降序”按钮，对数据表进行排序。

按汇总列对数据表进行排序，可以将同类别的数据行组合在一起，这样便于对包含数字的列进行汇总。例如，要汇总显示员工医疗费用中的各项费用的报销金额，则按“医疗种类”排序数据表，如图 10-34 所示。

（3）选中要进行汇总的数据区域，在“数据”菜单选项卡中单击“分类汇总”按钮，打开如图 10-35 所示的“分类汇总”对话框。

	A	B	C	D	E	F	G
2	编号	员工姓名	性别	所属部门	医疗种类	医疗费用	报销金额
3	4	王荣	女	广告部	住院费	¥ 900	¥ 675
4	8	张晴晴	女	广告部	住院费	¥ 800	¥ 600
5	9	徐小旭	男	销售部	针灸费	¥ 380	¥ 304
6	2	陆谦	男	销售部	药品费	¥ 250	¥ 200
7	5	谢小磊	男	研发部	药品费	¥ 330	¥ 264
8	6	白雪	女	人资部	药品费	¥ 200	¥ 160
9	11	杨小茉	女	财务部	药品费	¥ 550	¥ 440
10	12	黄岘	男	研发部	体检费	¥ 150	¥ 120
11	3	苏攸攸	女	人资部	输液费	¥ 320	¥ 256
12	7	肖雅娟	女	财务部	输血费	¥ 1,400	¥ 980
13	1	李想	男	研发部	手术费	¥ 1,500	¥ 1,050
14	10	赵峥嵘	男	研发部	理疗费	¥ 180	¥ 144

图 10-34 按“医疗种类”排序数据表

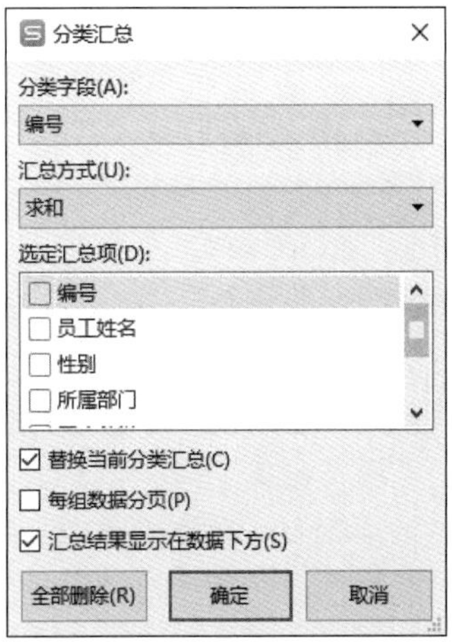

图 10-35 “分类汇总”对话框

（4）在“分类字段”下拉列表框中选择用于分类汇总的数据列标题。选定的数据列一定要与执行排序的数据列相同。

（5）在“汇总方式”下拉列表框中选择对分类进行汇总的计算方式。

（6）在“选择汇总项”列表框中选择要进行汇总计算的数值列。如果选中多个复选框，可以同时对多列进行汇总。

例如，要查看各种费用的报销金额，则选中"报销金额"复选框。

（7）如果之前已对数据表进行了分类汇总，希望再次进行分类汇总时保留先前的分类汇总结果，则取消选中"替换当前分类汇总"复选框。

（8）如果要分页显示每一类数据，应选中"每组数据分页"复选框。

（9）单击"确定"按钮关闭对话框，即可看到分类汇总结果。

例如，按医疗种类对报销金额进行求和汇总的结果如图 10-36 所示。

	编号	员工姓名	性别	所属部门	医疗种类	医疗费用	报销金额
3	4	王荣	女	广告部	住院费	￥ 900	￥ 675
4	8	张晴晴	女	广告部	住院费	￥ 800	￥ 600
5					住院费 汇总		￥ 1,275
6	9	徐小旭	男	销售部	针灸费	￥ 380	￥ 304
7					针灸费 汇总		￥ 304
8	2	陆谦	男	销售部	药品费	￥ 250	￥ 200
9	5	谢小磊	男	研发部	药品费	￥ 330	￥ 264
10	6	白雪	女	人资部	药品费	￥ 200	￥ 160
11	11	杨小茉	女	财务部	药品费	￥ 550	￥ 440
12					药品费 汇总		￥ 1,064
13	12	黄岘	男	研发部	体检费	￥ 150	￥ 120
14					体检费 汇总		￥ 120
15	3	苏侥侥	女	人资部	输液费	￥ 320	￥ 256
16					输液费 汇总		￥ 256
17	7	肖雅娟	女	财务部	输血费	￥ 1,400	￥ 980
18					输血费 汇总		￥ 980
19	1	李想	男	研发部	手术费	￥ 1,500	￥ 1,050
20					手术费 汇总		￥ 1,050
21	10	赵峥嵘	男	研发部	理疗费	￥ 180	￥ 144
22					理疗费 汇总		￥ 144
23					总计		￥ 5,193

图 10-36 分类汇总结果

10.3.2 多级分类汇总

对一列数据进行分类汇总后，还可以对这一列进行其他方式的汇总；或者在原有分类汇总的基础上，再对其他的字段进行分类汇总，从而生成多级分类汇总。

（1）打开已创建的简单分类汇总，选中数据区域，在"数据"菜单选项卡中单击"分类汇总"按钮，弹出"分类汇总"对话框。

（2）设置分类字段、汇总方式和汇总项。

如果要对同一列数据进行其他方式的汇总，分类字段和汇总项与简单汇总相同，修改汇总方式。例如，汇总各类医疗的报销金额后，再统计各类医疗的个数，设置如图 10-37 所示。

如果要对其他列数据进行分类汇总，则重新设置分类字段、汇总方式和汇总项。例如，汇总各类医疗的报销金额后，在此基础上再汇总各个部门的医疗费用，设置如图 10-38 所示。

（3）取消选中"替换当前分类汇总"复选框。

（4）单击"确定"按钮，即可显示多级汇总结果。对同一列数据进行不同方式的汇总结果如图 10-39 所示，分别对不同列数据进行分类汇总的结果如图 10-40 所示。

图 10-37　设置"分类汇总"对话框 1

图 10-38　设置"分类汇总"对话框 2

图 10-39　对同一列数据进行不同方式的汇总

图 10-40　对不同列数据进行分类汇总

10.3.3　分级显示汇总结果

创建简单分类汇总后的数据表分为三级显示，多级汇总的数据级别会更多。如果分类级数较多，则查看各级分类汇总之间的关系也会变得困难，利用数据表左上角的分级工具条 1 2 3 4 可以很方便地在各级数据之间进行切换，显示或隐藏每个分类汇总的明细数据。

（1）单击一级数据按钮 1 ，仅显示一级数据，即最终的总计数，其他数据自动隐藏，如图 10-41 所示。

1 2 3 4		A	B	C	D	E	F	G
	2	编号	员工姓名	性别	所属部门	医疗种类	医疗费用	报销金额
+	34				总计		¥ 6,960	
	35					总计		¥ 5,193

图 10-41　显示一级数据

（2）单击二级数据按钮 2 ，显示一级和二级数据，即最终的总计数和第一次分类汇总产生的分类汇总项，其他数据自动隐藏，如图 10-42 所示。

1 2 3 4		A	B	C	D	E	F	G
	2	编号	员工姓名	性别	所属部门	医疗种类	医疗费用	报销金额
+	6					住院费 汇总		¥ 1,275
+	9					针灸费 汇总		¥ 304
+	18					药品费 汇总		¥ 1,064
+	21					体检费 汇总		¥ 120
+	24					输液费 汇总		¥ 256
+	27					输血费 汇总		¥ 980
+	30					手术费 汇总		¥ 1,050
+	33					理疗费 汇总		¥ 144
−	34				总计		¥ 6,960	
	35					总计		¥ 5,193

图 10-42　显示前二级数据

（3）单击三级数据按钮 3 ，显示前三级的数据，即最终的总计数和第二次分类汇总产生的数据项，其他数据自动隐藏，如图 10-43 所示。

1 2 3 4		A	B	C	D	E	F	G
	2	编号	员工姓名	性别	所属部门	医疗种类	医疗费用	报销金额
+	5				广告部 汇总		¥ 1,700	
−	6					住院费 汇总		¥ 1,275
+	8				销售部 汇总		¥ 380	
−	9					针灸费 汇总		¥ 304
+	11				销售部 汇总		¥ 250	
+	13				研发部 汇总		¥ 330	
+	15				人资部 汇总		¥ 200	
+	17				财务部 汇总		¥ 550	
−	18					药品费 汇总		¥ 1,064
+	20				研发部 汇总		¥ 150	
−	21					体检费 汇总		¥ 120
+	23				人资部 汇总		¥ 320	
−	24					输液费 汇总		¥ 256
+	26				财务部 汇总		¥ 1,400	
−	27					输血费 汇总		¥ 980
+	29				研发部 汇总		¥ 1,500	
−	30					手术费 汇总		¥ 1,050
+	32				研发部 汇总		¥ 180	
−	33					理疗费 汇总		¥ 144
−	34				总计		¥ 6,960	
	35					总计		¥ 5,193

图 10-43　显示前三级数据

对数据表进行简单分类汇总后,第3级数据是数据表中的原始数据。如果创建了多级分类汇总,那么最后一级数据才是数据表中的原始数据。

(4)单击最后一级数据按钮,将显示全部明细数据。

上机练习——商品库存管理

本节练习利用分类汇总查看各种商品的颜色种类和最大库存量,通过对操作步骤的详细讲解,帮助读者进一步掌握创建多级分类汇总,以及查看汇总数据的操作方法。

10-2 上机练习——商品库存管理

首先将数据表按照商品名称进行排序;其次对各种商品的颜色进行计数汇总;然后在汇总的基础上对各种商品的库存量按最大值进行汇总;最后通过隐藏部分明细数据,查看各种商品的颜色种类和最大库存量。最终效果如图10-44所示。

1 2 3 4		A	B	C	D	E	F
	1			**商品库存管理**			
	2	**商品名称**	**型号**	**颜色**	**入库量**	**出库量**	**库存量**
	6	**A 最大值**					340
	7	**A 计数**		3			3
	10	**B 最大值**					600
	11	**B 计数**		2			2
	14	**C 最大值**					400
	15	**C 计数**		2			2
	18	**D 最大值**					510
	19	**D 计数**		2			2
	20	**总最大值**					600
	21	**总计数**		9			9

图 10-44　显示汇总结果

操作步骤

(1)打开要进行分类汇总的数据表,如图10-45所示。

	A	B	C	D	E	F
1			**商品库存管理**			
2	**商品名称**	**型号**	**颜色**	**入库量**	**出库量**	**库存量**
3	A	XS010	落日金	800	620	180
4	B	XS020	天空蓝	620	120	500
5	A	XS030	樱花粉	700	360	340
6	C	XS040	皓月灰	900	500	400
7	D	XS501	天空蓝	450	130	320
8	B	XS612	玫瑰红	850	250	600
9	D	XS703	太空白	980	470	510
10	C	XS726	皓月灰	1200	980	220
11	A	XS808	玫瑰红	460	180	280

图 10-45　数据表的初始效果

(2)选中数据表中的一个单元格,在"数据"菜单选项卡中单击"排序"按钮,打开"排序"对话框。然后在"主要关键字"下拉列表框中选择"商品名称",排序依据和次序保留默认设置,如图10-46

所示。

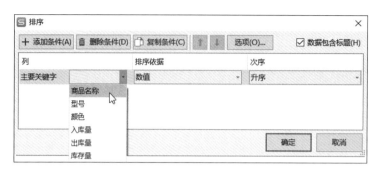

图 10-46 设置排序选项

（3）单击"确定"按钮关闭对话框。此时数据表按"商品名称"进行升序排列，如图 10-47 所示。

	A	B	C	D	E	F
1			商品库存管理			
2	商品名称	型号	颜色	入库量	出库量	库存量
3	A	XS010	落日金	800	620	180
4	A	XS030	樱花粉	700	360	340
5	A	XS808	玫瑰红	460	180	280
6	B	XS020	天空蓝	620	120	500
7	B	XS612	玫瑰红	850	250	600
8	C	XS040	皓月灰	900	500	400
9	C	XS726	皓月灰	1200	980	220
10	D	XS501	天空蓝	450	130	320
11	D	XS703	太空白	980	470	510

图 10-47 排序结果

（4）选中要进行分类汇总的数据区域，在"数据"菜单选项卡中单击"分类汇总"按钮，打开"分类汇总"对话框。设置分类字段为"商品名称"，汇总方式为"计数"，汇总项为"颜色"，如图 10-48 所示。

图 10-48 设置"分类汇总"对话框

（5）设置完成后，单击"确定"按钮关闭对话框，即可看到数据表按商品名称进行分类，并统计各种商品的颜色种类，如图 10-49 所示。

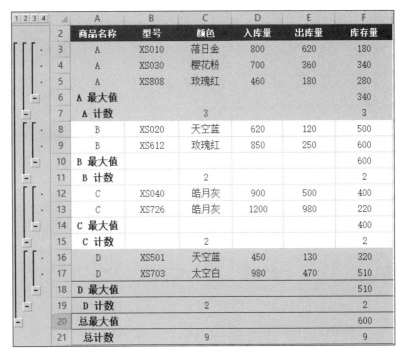

图 10-49　分类汇总结果

接下来在分类汇总的基础上，进一步汇总各种商品的最大库存。

（6）选中要进行分类汇总的数据区域，在"数据"菜单选项卡中单击"分类汇总"按钮 ，打开"分类汇总"对话框。设置分类字段为"商品名称"，汇总方式为"最大值"，汇总项为"库存量"。然后取消选中"替换当前分类汇总"复选框，如图 10-50 所示。

（7）单击"确定"按钮关闭对话框，即可看到每一种商品的最大库存量，如图 10-51 所示。

图 10-50　设置"分类汇总"对话框　　　　　图 10-51　多级分类汇总结果

（8）在数据表左上角的分级工具条中单击三级数据按钮 3，显示前三级的数据，即各种商品的颜色计数和最大库存量，其他数据自动隐藏，如图 10-44 所示。

10.3.4　查看明细数据

在分级显示中，除了可以使用分级按钮显示各级数据，还可以使用分级按钮下方树状结构上的展开

按钮 ➕ 和折叠按钮 ➖，显示或隐藏指定分类的明细数据。

例如，在显示二级数据的情况下，单击"药品费 汇总"左侧的 ➕ 按钮，即可显示药品费的明细数据，此时展开按钮 ➕ 变为折叠按钮 ➖，如图 10-52 所示。单击 ➖ 按钮可隐藏对应的明细数据。

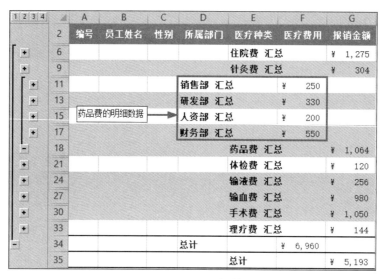

图 10-52　显示明细数据

> **⚠ 注意**　如果在分类汇总中修改了明细数据，汇总数据会自动更新。

利用"数据"菜单选项卡中的"显示明细数据"按钮 显示明细数据 和"隐藏明细数据"按钮 隐藏明细数据 ，也可以很方便地查看明细数据。

10.3.5　保存分类汇总数据

如果要在其他工作表中使用汇总数据，而不关心明细数据，可以将分类汇总后的汇总行数据复制到其他单元格或区域。

（1）选中要保存的分类汇总数据区域，在"开始"菜单选项卡中单击"查找"下拉按钮，在弹出的下拉菜单中选择"定位"命令。

（2）在弹出的"定位"对话框中，选择"可见单元格"单选按钮，如图 10-53 所示。然后单击"定位"按钮关闭对话框。

图 10-53　"定位"对话框

（3）按 Ctrl+C 键，复制单元格区域。然后新建一个工作表，单击要开始粘贴数据的单元格，按 Ctrl+V 键，得到复制结果，如图 10-54 所示。

	A	B	C	D	E	F	G
1	编号	员工姓名	性别	所属部门	医疗种类	医疗费用	报销金额
2					住院费 汇总		¥1,275
3					针灸费 汇总		¥ 304
4					药品费 汇总		¥1,064
5					体检费 汇总		¥ 120
6					输液费 汇总		¥ 256
7					输血费 汇总		¥ 980
8					手术费 汇总		¥1,050
9					理疗费 汇总		¥ 144
10				总计		¥6,960	
11					总计		¥5,193

图 10-54　复制结果

从图 10-54 中的行号可以看出，粘贴的数据仅为分类汇总结果，不包括明细数据。

10.3.6　清除分类汇总

如果不再需要分类汇总数据，可以将它清除，恢复为原始的数据表。

（1）单击分类汇总中的任意一个单元格，在"数据"菜单选项卡中单击"分类汇总"按钮，打开"分类汇总"对话框。

（2）单击对话框左下角的"全部删除"按钮，如图 10-55 所示。

图 10-55　"分类汇总"对话框

（3）单击"确定"按钮关闭对话框。

10.3.7　合并计算

除了分类汇总，利用合并计算功能也可以对数据进行分类、汇总，并将汇总结果单独显示在指定的单元格区域。

（1）打开一个要合并计算的工作表，选中要放置合并计算结果的单元格，然后在"数据"菜单选项卡中单击"合并计算"按钮，弹出"合并计算"对话框。

（2）在"函数"下拉列表框中选择汇总方式；在"引用位置"文本框中填充数据表中要参与合并计算的单元格区域；如果选择的单元格区域包含标签，则应在"标签位置"区域选择标签的位置，如图 10-56 所示。

图 10-56　"合并计算"对话框

（3）单击"确定"按钮关闭对话框，即可在指定区域显示合并计算的结果，如图 10-57 所示。

	性别	所属部门	医疗种类	医疗费用	报销金额			合并计算的结果	
2								医疗费用	报销金额
3	男	研发部	手术费	¥ 1,500	¥ 1,050		手术费	1500	1050
4	男	销售部	药品费	¥ 250	¥ 200		药品费	1330	1064
5	女	人资部	输液费	¥ 320	¥ 256		输液费	320	256
6	女	广告部	住院费	¥ 900	¥ 675		住院费	1700	1275
7	男	研发部	药品费	¥ 330	¥ 264		输血费	1400	980
8	女	人资部	药品费	¥ 200	¥ 160		针灸费	380	304
9	女	财务部	输血费	¥ 1,400	¥ 980		理疗费	180	144
10	女	广告部	住院费	¥ 800	¥ 600		体检费	150	120
11	男	销售部	针灸费	¥ 380	¥ 304				
12	男	研发部	理疗费	¥ 180	¥ 144				
13	女	财务部	药品费	¥ 550	¥ 440				
14	男	研发部	体检费	¥ 150	¥ 120				

图 10-57　合并计算结果

10.4　突出显示特定数据

利用条件格式可以使满足指定条件的单元格自动应用指定的底纹、字体、颜色等格式，或使用数据条、色阶或图标突出显示满足条件的单元格，从而增强数据的可读性。

10.4.1　设置条件格式

（1）选中要设置条件格式的单元格区域，通常是同一标题列的数据。

（2）如果要突出显示指定范围的单元格，可在"开始"菜单选项卡中单击"条件格式"按钮，在弹出的下拉菜单中选择"突出显示单元格规则"命令或"项目选取规则"命令，然后在级联菜单中选择条件规则，如图 10-58 所示。

选择条件规则后，将弹出对应的格式设置对话框，例如选择"介于"规则，弹出如图 10-59 所示的"介于"对话框。

设置要突出显示的数据范围之后，在"设置为"下拉列表框中设置符合条件的单元格显示格式，如图 10-60 所示。

图 10-58　突出显示单元格规则

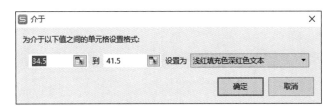

图 10-59　"介于"对话框

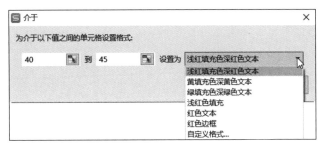

图 10-60　设置符合条件的单元格格式

提示：

如果在条件格式的数值框中输入公式，要加前导符"="。

WPS 提供了一些预置的格式，单击即可应用。也可以单击"自定义格式"命令打开"单元格格式"对话框设置格式。设置完成后，在工作表中可以看到应用条件格式的效果，如图 10-61 所示。单击"确定"按钮关闭对话框。

（3）如果要使用数据条、色阶或图标集直观地体现单元格数据的大小，应在"条件格式"下拉菜单中选择"数据条"命令或"色阶"命令，或者"图标集"命令，然后在级联菜单中选择格式样式，如图 10-62 所示。

▲	A	B	C	D	E
1	部门	姓名	年龄	职称	月薪
2	人事部	A	45	部门经理	8000
3	财务部	B	38	经济师	7800
4	销售部	C	31	职员	4500
5	研发部	D	35	工程师	9000
6	生产部	E	42	高级工程师	12000
7	企划部	F	36	部门经理	8000

图 10-61　突出显示"年龄"介于 40~45 之间的单元格

图 10-62　"数据条"级联菜单

选择一种填充样式或图标样式后，所选单元格区域即可根据单元格值的大小显示长短不一或颜色各异的数据条或图标，如图 10-63 所示。左图为使用数据条的效果，右图为使用"三色交通灯"图标集的效果。

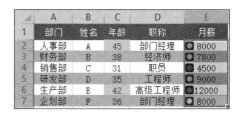

图 10-63　应用条件格式的效果

注意　如果对同一列数据设定了多个条件，且不只一个条件为真，则 WPS 自动应用最后一个为真的条件。例如，"条件 1"设置月薪大于或等于 8000 的单元格文本显示为绿色，"条件 2"设置月薪大于 9000 的单元格文本显示为红色，则月薪为 12000 的单元格将应用"条件 2"的设置，单元格文本显示为红色。

（4）如果要清除单元格区域的条件格式，则选中包含条件格式的单元格区域后，在"条件格式"下拉菜单中选择"清除规则"命令，然后在级联菜单中选择"清除所选单元格的规则"命令。如果要清除当前工作表中的所有条件格式，则选择"清除整个工作表的规则"命令。

10.4.2　管理条件规则

利用条件格式规则管理器，可以很方便地对当前工作簿中定义的所有条件格式进行编辑，还可以新建或删除条件格式。

（1）选中要修改的条件格式中的任一单元格，在"开始"菜单选项卡中单击"条件格式"下拉按钮，在弹出的下拉菜单中选择"管理规则"命令，弹出"条件格式规则管理器"对话框。

"条件格式规则管理器"对话框中默认仅显示当前所选的条件规则，在"显示其格式规则"下拉列表框中可以选择"当前工作表"，或当前工作簿中的其他工作表，显示对应范围中的条件规则，如图 10-64 所示。

图 10-64　显示当前工作表中的所有规则

（2）在"规则"区域选中要进行管理的规则，然后单击"编辑规则"按钮，在如图 10-65 所示的"编辑规则"对话框中更改条件的运算符、数值、公式及格式。修改完毕后，单击"确定"按钮返回"条件格式规则管理器"对话框。

（3）单击"上移"按钮█或"下移"按钮▼，可以修改条件格式的应用顺序。

（4）如果要删除当前选中的条件格式，应单击"删除规则"按钮。

（5）修改完成后，单击"确定"按钮关闭对话框。

图 10-65 "编辑规则"对话框

上机练习——月度考评表

本节练习使用条件格式查看月度考评表，通过对操作步骤的详细讲解，使读者进一步掌握使用突出显示单元格规则、数据条和色阶查看满足条件的单元格的方法，以及编辑规则的方法。

10-3 上机练习——月度考评表

首先使用突出显示单元格规则显示包含指定文本的考评项目；然后使用数据条直观显示各个评分项目的分值；接下来使用色阶显示各个评分项目的权重系数；最后修改规则，按指定格式显示满足条件的项目。最终效果如图10-66所示。

某部门月度考评表

项　目	评价内容	满分	评分	本栏总分	权重系数
考评月份					
被考评人		**职务**		**评价人**	
工作业绩（50分）	工作计划达成度	5			50.00%
	任务目标完成度	20			
	工作质量	15			
	工作效率	10			
工作技能（30分）	业务技能	10			30.00%
	沟通与协调能力	8			
	开拓与创新能力	8			
	执行与贯彻能力	4			
工作态度（10分）	工作服从性	3			10.00%
	团队意识及协作情况	4			
	工作的主动和积极状态	3			
工作素质（10分）	出勤情况	3			10.00%
	公司规章制度遵守情况	2			
	个人素养与职业道德操守	3			
	工作责任感及奉献精神	2			
合　计		100			

图 10-66 月度考评表

操作步骤

（1）打开已编制完成的"月度考评表"，如图 10-67 所示。

	A	B	C	D	E	F
1	某部门月度考评表					
2	考评月份					
3	被考评人		职务		评价人	
4	项　目	评价内容	满分	评分	本栏总分	权重系数
5	工作业绩（50分）	工作计划达成度	5			50.00%
6		任务目标完成度	20			
7		工作质量	15			
8		工作效率	10			
9	工作技能（30分）	业务技能	10			30.00%
10		沟通与协调能力	8			
11		开拓与创新能力	8			
12		执行与贯彻能力	4			
13	工作态度（10分）	工作服从性	3			10.00%
14		团队意识及协作情况	4			
15		工作的主动和积极状态	3			
16	工作素质（10分）	出勤情况	3			10.00%
17		公司规章制度遵守情况	2			
18		个人素养与职业道德操守	3			
19		工作责任感及奉献精神	2			
20	合　计		100			

图 10-67　工作表的初始效果

（2）选中 B5：B19 单元格区域，在"开始"菜单选项卡中单击"条件格式"下拉按钮，在弹出的下拉菜单中选择"突出显示单元格规则"命令，然后在级联菜单中选择"文本包含"命令，如图 10-68 所示。

（3）在弹出的"文本中包含"对话框中，设置包含的文本为"情况"，然后在"设置为"下拉列表框中选择预置的格式为"红色文本"，如图 10-69 所示。

图 10-68　选择"文本包含"命令

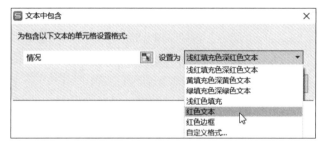

图 10-69　"文本中包含"对话框

（4）单击"确定"按钮关闭对话框，即可看到选定的单元格区域中，符合条件的单元格文本以指定的红色文本显示，如图 10-70 所示。

（5）选中 C5：C19 单元格区域，在"条件格式"下拉菜单中选择"数据条"命令，然后在级联菜单中的"渐变填充"区域选择"浅蓝色数据条"，单元格区域即依据其中的数据大小显示不同长度的数据条，效果如图 10-71 所示。

（6）选中 F5：F19 单元格区域，在"条件格式"下拉菜单中选择"色阶"命令，然后在级联菜单中选择"绿－黄－红色阶"，单元格区域即依据其中的数据大小划分为三个等级，填充不同的色块，效果如

图 10-72 所示。

接下来修改"文本包含"规则中突出显示的文本格式。

（7）在"条件格式"下拉菜单中选择"管理规则"命令，打开"条件格式规则管理器"对话框。在"显示其格式规则"下拉列表框中选择"当前工作表"，显示当前工作表中定义的所有规则，如图 10-73 所示。

（8）在规则列表中选中要修改的规则"单元格值包含'情况'"，然后单击"编辑规则"按钮打开"编辑规则"对话框，可以看到当前选中的规则的详细说明，如图 10-74 所示。

	A	B	C	D	E	F
1	某部门月度考评表					
2	考评月份					
3	被考评人		职务		评价人	
4	项　目	评价内容	满分	评分	本栏总分	权重系数
5	工作业绩（50分）	工作计划达成度	5			50.00%
6		任务目标完成度	20			
7		工作质量	15			
8		工作效率	10			
9	工作技能（30分）	业务技能	10			30.00%
10		沟通与协调能力	8			
11		开拓与创新能力	8			
12		执行与贯彻能力	4			
13	工作态度（10分）	工作服从性	3			10.00%
14		团队意识及协作情况	4			
15		工作的主动和积极状态	3			
16	工作素质（10分）	出勤情况	3			10.00%
17		公司规章制度遵守情况	2			
18		个人素养与职业道德操守	3			
19		工作责任感及奉献精神	2			
20	合　计		100			

图 10-70　设置"文本包含"规则的效果

	A	B	C	D	E	F
1	某部门月度考评表					
2	考评月份					
3	被考评人		职务		评价人	
4	项　目	评价内容	满分	评分	本栏总分	权重系数
5	工作业绩（50分）	工作计划达成度	5			50.00%
6		任务目标完成度	20			
7		工作质量	15			
8		工作效率	10			
9	工作技能（30分）	业务技能	10			30.00%
10		沟通与协调能力	8			
11		开拓与创新能力	8			
12		执行与贯彻能力	4			
13	工作态度（10分）	工作服从性	3			10.00%
14		团队意识及协作情况	4			
15		工作的主动和积极状态	3			
16	工作素质（10分）	出勤情况	3			10.00%
17		公司规章制度遵守情况	2			
18		个人素养与职业道德操守	3			
19		工作责任感及奉献精神	2			
20	合　计		100			

图 10-71　使用数据条显示分值

	A	B	C	D	E	F
1	某部门月度考评表					
2	考评月份					
3	被考评人		职务		评价人	
4	项 目	评价内容	满分	评分	本栏总分	权重系数
5	工作业绩 （50分）	工作计划达成度	5			50.00%
6		任务目标完成度	20			
7		工作质量	15			
8		工作效率	10			
9	工作技能 （30分）	业务技能	10			30.00%
10		沟通与协调能力	8			
11		开拓与创新能力	8			
12		执行与贯彻能力	4			
13	工作态度 （10分）	工作服从性	3			10.00%
14		团队意识及协作情况	4			
15		工作的主动和积极状态	3			
16	工作素质 （10分）	出勤情况	3			10.00%
17		公司规章制度遵守情况	2			
18		个人素养与职业道德操守	3			
19		工作责任感及奉献精神	2			
20	合 计		100			

图 10-72 使用色阶显示权重系数

图 10-73 显示当前工作表中的规则

图 10-74 "编辑规则"对话框

（9）单击"格式"按钮打开"单元格格式"对话框,切换到"字体"选项卡,设置字形"加粗 倾斜",如图 10-75 所示。

图 10-75 "单元格格式"对话框

（10）单击"确定"按钮返回"编辑规则"对话框,单击"确定"按钮返回"条件格式规则管理器"对话框,再单击"确定"按钮关闭对话框,工作表的最终效果如图 10-66 所示。

答 疑 解 惑

1. 如果对数据进行排序没有达到预期效果,该怎样处理?

答:（1）检查数据是否为数字格式;（2）检查数据是否设置为文本格式;（3）检查日期和时间的格式是否正确;（4）取消隐藏行和列。

2. 要进行分类汇总的数据表需要符合什么条件?

答:在使用分类汇总之前,需要保证数据表的各列有列标题,同一列中应该包含相同类型的数据,并且数据区域中没有空行或者空列。

3. 如果没有进行排序,直接对数据进行分类汇总,这样得出的汇总结果对吗?

答:在进行分类汇总时,分类字段必须是已经排好序的字段,否则最后汇总的结果是不正确的。

4. 为什么选择了数据区域,"分类汇总"按钮显示为灰色的,呈不可用状态?怎样处理?

答:可能是数据表在套用格式时,用户选择了"转换成表格,并套用表格样式"单选按钮,将数据区域转换为表格。

选中数据表中的任意一个单元格,在"表格工具"菜单选项卡中选择"转换为区域"命令就可以了。

5. 如何隐藏分级显示符号?

答:在"文件"菜单选项卡中单击"选项"命令打开"选项"对话框,在"视图"选项界面的"窗口选项"区域,取消选中"分级显示符号"复选框。然后单击"确定"按钮关闭对话框。

学习效果自测

一、选择题

1. 要快速找出"成绩表"中成绩排名前 20 名的学生，合理的方法是（　　）。

A. 对成绩表进行排序　　　　　　　　　B. 严格按成绩高低分录入

C. 逐条查看　　　　　　　　　　　　　D. 进行分类汇总

2. 一个数据表中只有"姓名""年龄"和"身高"三个字段，按"年龄"和"身高"排序后的结果如下：

姓　名	年　龄	身　高
李永宁	16	1.67
王晓军	18	1.72
林文皓	17	1.72
赵　城	17	1.75

则此排序操作的第二关键字是按（　　）设置。

A. 身高的升序　　　　B. 身高的降序　　　　C. 年龄的升序　　　　D. 年龄的降序

3. 在 WPS 表格中，分类汇总的默认汇总方式是（　　）。

A. 求和　　　　　　　B. 求平均　　　　　　C. 求最大值　　　　　D. 求最小值

4. 分类汇总数据之前，必须对数据表进行（　　）。

A. 有效性检查　　　　B. 排序　　　　　　　C. 筛选　　　　　　　D. 求和计算

5. 下面关于分类汇总的叙述错误的是（　　）。

A. 分类汇总前必须按某个关键字段排序数据

B. 分类汇总可以被删除

C. 分类汇总只能有一个关键字段

D. 汇总方式只能是求和

6. 关于数据筛选，下列说法正确的是（　　）。

A. 筛选条件只能是一个固定值

B. 只显示符合条件的行，其他行被删除

C. 只显示符合条件的行，其他行被隐藏

D. 筛选条件只能由系统设定

7. 下列关于"筛选"的叙述正确的是（　　）。

A. 自动筛选与高级筛选都可将结果显示在指定区域

B. 自动筛选的条件只能是一个，高级筛选的条件可以是多个

C. 不同字段之间进行"或"运算的条件是必须使用高级筛选

D. 如果所选条件出现在多列中，并且条件之间是"与"的关系，必须使用高级筛选

二、操作题

1. 建立一个学生成绩单，其中包括每个学生的学号、姓名、性别、语文成绩、数学成绩和英语成绩。运用本章学到的知识，对数据表按照语文成绩从高到低排序，如果语文成绩相同，则按数学成绩降序排列。

2. 在学生成绩单中筛选语文成绩大于或等于 90，或数学成绩大于或等于 95 的记录。

3. 运用分类汇总功能，统计各科成绩的平均值。

第 11 章

使用图表分析数据

本章导读

　　WPS 提供了将表格数据转换成图形的功能，能够用图形直观地描述统计结果，反映数据的趋势和对比关系，使数据易于阅读和评价，这种图形称为图表。

　　在 WPS 2022 中，可以基于工作表数据创建普通图表，进行简单的数据分析，也可以基于数据源创建数据透视表和数据透视图进行高级数据分析。

学习要点

❖ 创建图表并调整图表布局
❖ 编辑图表数据
❖ 添加趋势线
❖ 创建数据透视表
❖ 使用数据透视表查看明细数据
❖ 使用切片器筛选数据
❖ 创建数据透视图并筛选数据

11.1 创建图表展示数据

图表能将工作表数据之间的复杂关系用图形表示出来，与表格数据相比，能更加直观、形象地反映数据的趋势和对比关系，它是表格数据分析中常用的工具之一。

11.1.1 插入图表

（1）选择要创建为图表的单元格区域，在"插入"菜单选项卡中单击"图表"按钮 ，弹出如图 11-1 所示的"插入图表"对话框。

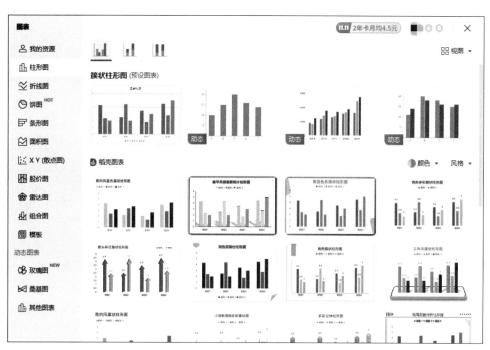

图 11-1 "插入图表"对话框

在左侧窗格中可以看到 WPS 2022 提供了丰富的图表类型，在右上窗格中可以看到每种图表类型还包含一种或多种子类型。

选择合适的图表类型能恰当地表现数据，更清晰地反映数据的差异和变化。各种图表的适用情况简要介绍如下。

- ❖ 柱形图：簇状柱形图常用于显示一段时间内数据的变化，或者描述各项数据之间的差异；堆积柱形图用于显示各项数据与整体的关系。
- ❖ 折线图：等间隔显示数据的变化趋势。
- ❖ 饼图：以圆心角不同的扇形显示某一数据系列中每一项数值与总和的比例关系。
- ❖ 条形图：显示特定时间内各项数据的变化情况，或者比较各项数据之间的差别。
- ❖ 面积图：强调幅度随时间的变化量。
- ❖ XY（散点图）：多用于科学数据，显示和比较数值。
- ❖ 股价图：描述股票价格走势，也可以用于科学数据。

注意 在制作股价图时，要注意数据源必须完整，而且排列顺序必须与图表要求的顺序一致。例如，要创建"成交量-开盘-盘高-盘低-收盘价"股价图，则选中的数据也应按照成交量、开盘、盘高、盘低、收盘价的顺序排列。

❖ 雷达图：用于比较若干数据系列的总和值。

❖ 组合图：用不同类型的图表显示不同的数据系列。

（2）选择需要的图表类型后，单击"插入"按钮，即可插入图表，如图11-2所示。

在编辑图表之前，读者有必要对图表的结构、相关术语和类型有一个大致的了解。

❖ 图表区：图表边框包围的整个图表区域。

❖ 绘图区：以坐标轴为界，包含全部数据系列在内的区域。

❖ 网格线：坐标轴刻度线的延伸线，以方便用户查看数据。主要网格线标示坐标轴上的主要间距，
次要网格线可以标示主要间距之间的间隔。

❖ 数据标志：代表一个单元格值的条形、面积、圆点、扇面或其他符号，例如图11-2中各种颜色
的条形。相同样式的数据标志形成一个数据系列。

将鼠标指针停在某个数据标志上，会显示该数据标志所属的数据系列、代表的数据点及对应的值，
如图11-3所示。

图11-2 插入的图表

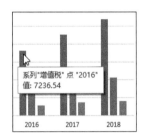

图11-3 显示数据标志的值及有关信息

❖ 数据系列：对应于数据表中一行或一列的单元格值。每个数据系列具有唯一的颜色或图案，使用
图例标示。例如，图11-2中的图表有3个数据系列，分别代表不同的税收。

❖ 分类名称：通常是行或列标题。例如，在图11-2的图表中，年份2013、2014……2018为分类名称。

❖ 图例：用于标识数据系列的颜色、图案和名称。

❖ 数据系列名称：通常为行或列标题，显示在图例中。

（3）创建的图表与图形对象类似，选中图表，图表边框上会出现8个控制点。将鼠标指针移至控制
点上，指针显示为双向箭头时，按下鼠标左键拖动，可调整图表的大小；将指针移到图表区或图表边框上，
指针显示为四向箭头时，按下鼠标左键拖动，可以移动图表。

提示：　　　如果要将图表移动到其他工作表中，应在要移动的图表上右击，在弹出的快捷菜单中选
择"移动图表"命令，然后在弹出的"移动图表"对话框中选择"新工作表"单选按钮，设置
新工作表的名称，如图11-4所示。设置完成后，单击"确定"按钮。

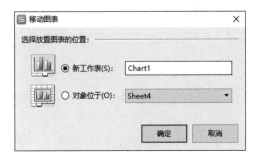

图11-4 "移动图表"对话框

11.1.2 调整图表布局

创建图表后，可以根据需要调整图表元素的位置，或在图表中添加、删除图表元素。WPS 2022 内置了一些图表布局，可以直接套用。切换到"图表工具"菜单选项卡，单击"快速布局"下拉按钮 ，在弹出的布局列表中单击一种布局方式，即可修改图表的布局，如图 11-5 所示。

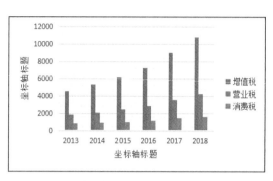

图 11-5　套用内置布局的效果

如果内置的布局没有理想的样式，还可以手动添加或删除图表元素，移动图表元素的位置。选中图表后，图表右侧显示如图 11-6 所示的快速工具栏。利用"图表元素"按钮可以很便捷地在图表中添加或删除元素。

单击"图表元素"按钮 ，在弹出的图表元素列表中选中要在图表中显示的元素，将指针移到右侧的级联按钮上，可进一步设置图表元素的选项，如图 11-7 所示。如果要在图表中删除某些元素，则取消选中该元素左侧的复选框。切换到"快速布局"选项卡，可以套用内置的布局样式。

如果用户习惯使用菜单命令，在"图表元素"菜单选项卡中单击"添加元素"下拉按钮 ，在如图 11-8 所示的菜单中也可以添加或删除图表元素。

例如，在图表中添加数据标签的效果如图 11-9 所示。

图 11-6　图表的快速工具栏　　图 11-7　添加图表元素　　图 11-8　"添加元素"下拉菜单

11.1.3 设置图表格式

创建图表后，通常会对图表的外观进行美化。WPS 2022 内置了一些颜色方案和图表样式，可以很方便地设置图表格式。

（1）单击"更改颜色"下拉按钮 ，在弹出的颜色列表中单击一种颜色方案，图表中的数据系列颜色随之更改，如图 11-10 所示。

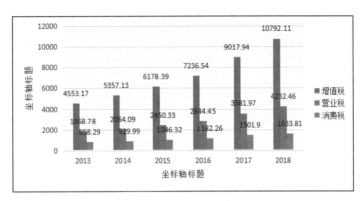

图 11-9　添加数据标签的效果

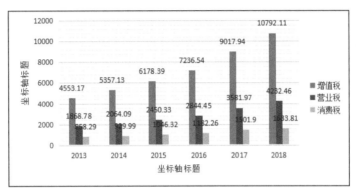

图 11-10　更改图表的颜色方案

（2）单击"图表样式"下拉列表框上的下拉按钮，在弹出的图表样式中单击需要的样式，即可套用样式格式化图表，如图 11-11 所示。

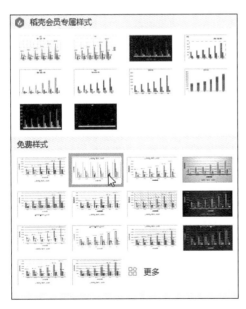

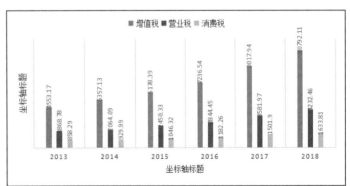

图 11-11　使用内置样式

利用图表右侧的"图表样式"按钮 ，也可以很方便地更改颜色方案，套用内置样式，如图 11-12 所示。

如果希望设置独特的图表样式，可以自定义各类图表元素的格式。

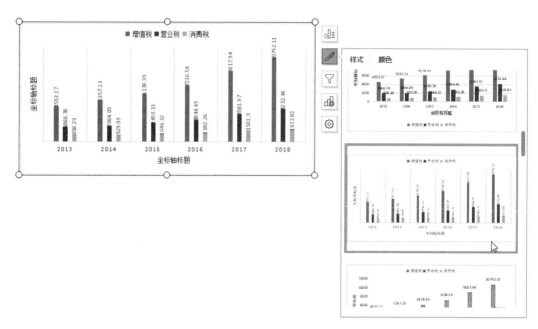

图 11-12　套用内置的图表样式

（1）在图表右侧的快速工具栏底部单击"设置图表区域格式"按钮▣,工作表编辑窗口右侧显示"属性"任务窗格，默认显示图表区的格式选项，如图 11-13 所示。

（2）单击"图表选项"右侧的下拉按钮，在弹出的下拉菜单中选择要设置格式的图表元素，如图 11-14 所示。

图 11-13　"属性"任务窗格

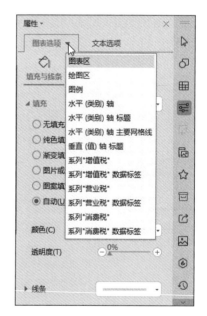

图 11-14　选择图表元素

（3）在"填充与线条"选项卡中设置图表元素的填充和轮廓样式；在"效果"选项卡中设置图表元素的外观特效；在"大小与属性"选项卡中可设置图表元素的大小、对齐等属性。

（4）切换到"文本选项"选项卡，在如图 11-15 所示的文本选项中可以设置图表元素中的文本格式。

例如，设置图表区的填充样式为"图片或纹理填充"，图片透明度为 60%，文本颜色为黑色，字号为 10 的效果如图 11-16 所示。

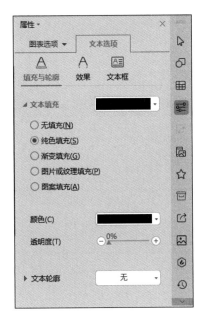

图 11-15　文本选项

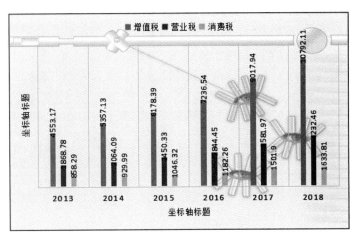

图 11-16　设置图表区格式的效果

11.1.4　编辑图表数据

创建图表后，可以随时根据需要在图表中添加、更改和删除数据。

（1）选中图表，在"图表工具"菜单选项卡中单击"选择数据"按钮 ，弹出如图 11-17 所示的"编辑数据源"对话框。

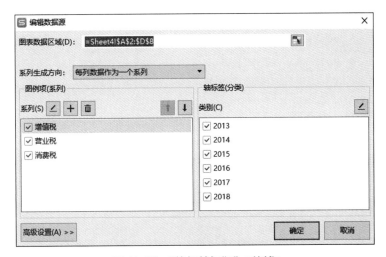

图 11-17　"编辑数据源"对话框

（2）如果要修改图表的数据区域，可单击"图表数据区域"文本框右侧的 按钮，在工作表中重新选择要包含在图表中的数据。

例如，在原有数据区域添加一列"关税"数据后的图表如图 11-18 所示。

（3）默认情况下，每列数据显示为一个数据系列，如果希望将每行数据显示为一个数据系列，应在"系列生成方向"下拉列表框中选择"每行数据作为一个系列"选项，如图 11-19 所示。

选中图表后，直接在"图表工具"菜单选项卡中单击"切换行列"按钮 ，也可切换图表行列的显示方式，如图 11-20 所示。

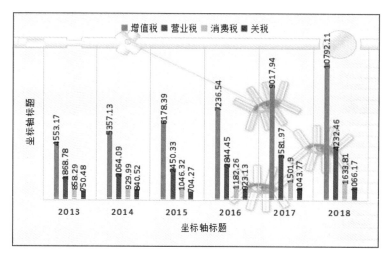

图 11-18 修改图表数据区域的效果

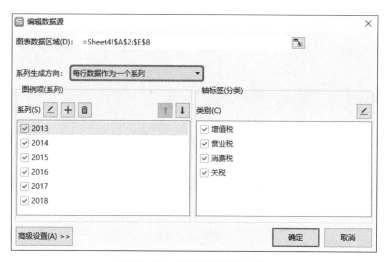

图 11-19 修改系列生成方向

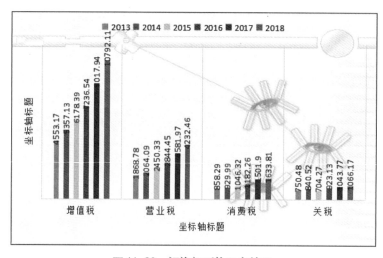

图 11-20 切换行列的图表效果

（4）如果要修改数据系列的名称和对应的值，可在"系列"列表框右侧单击"编辑"按钮，在如图 11-21 所示的"编辑数据系列"对话框中进行更改。设置完成后，单击"确定"按钮关闭对话框。

（5）如果要在图表中添加数据系列，应单击"添加"按钮，在如图 11-22 所示的"编辑数据系列"

对话框中指定系列名称和对应的系列值。设置完成后，单击"确定"按钮，即可在图表中显示添加的数据系列。

 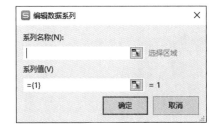

图 11-21 "编辑数据系列"对话框 1   图 11-22 "编辑数据系列"对话框 2

（6）如果要删除图表中的某些数据序列，应在"系列"列表框中选中要删除的数据序列，然后单击"删除"按钮，图表中对应的数据系列随之消失。

（7）如果希望图表中仅显示指定分类的数据，应在"类别"列表框中取消选中不要显示的类别复选框，然后单击"确定"按钮。

例如，仅显示近三年税收的图表效果如图 11-23 所示。

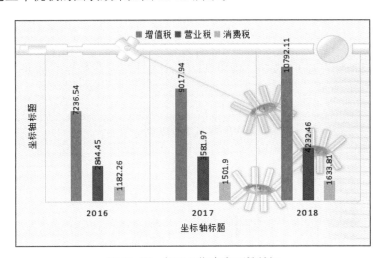

图 11-23 仅显示指定类别的数据

（8）如果要修改类别轴的显示标签，应单击"类别"列表框右侧的"编辑"按钮，在如图 11-24 所示的"轴标签"对话框中修改标签名称。设置完成后，单击"确定"按钮关闭对话框。

图 11-24 "轴标签"对话框

11.1.5 筛选图表数据

创建图表不仅可以直观地对比查看各个数据项，还能在图表中仅显示满足特定条件的数据。

（1）选中图表，在右侧的快速工具栏中单击"图表筛选器"按钮，在弹出的列表中选择要显示的数据系列和类别名称，如图 11-25 所示。

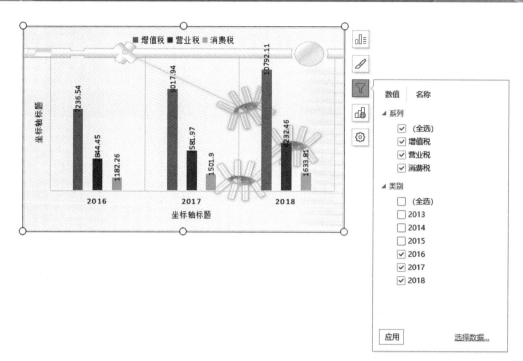

图 11-25　在图表中筛选数值

（2）设置完成后，单击"应用"按钮，即可在图表中显示指定的数据。例如，筛选近四年的增值税和营业税的结果如图 11-26 所示。

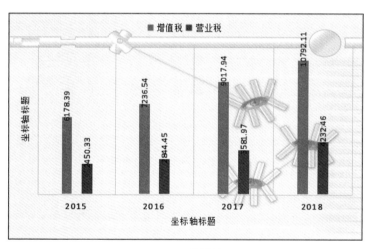

图 11-26　筛选结果

上机练习——销售数据对比分析图

　　本节练习使用图表直观地展示某店商品的销售数量和销售额，方便店主了解商品的销售情况。通过对操作步骤的详细讲解，帮助读者掌握创建图表，修改图表类型，添加图表元素，以及对图表进行美化的操作方法。

11-1　上机练习——销售
数据对比分析图

　　首先选中要创建图表的单元格区域创建柱形图；然后修改其中一个数据系列的图表类型，并使用"图表元素"按钮添加数据标签；最后选中各项图表元素，在对应的属性窗格中修改图表元素的显示外观。最终效果如图 11-27 所示。

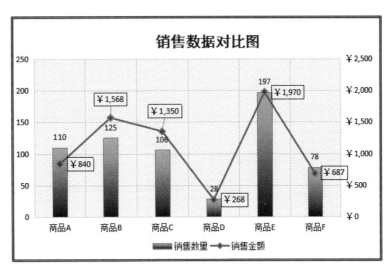

图 11-27 销售数据对比图

操作步骤

（1）打开已编制的销售数据对比表，如图 11-28 所示。

	A	B	C
1	某店销售数据对比表		
2	商品名称	销售数量	销售金额
3	商品A	110	￥840
4	商品B	125	￥1,568
5	商品C	106	￥1,350
6	商品D	28	￥268
7	商品E	197	￥1,970
8	商品F	78	￥687
9	总计	644	￥6,683

图 11-28 销售数据对比表

（2）选中要创建图表的 A2：C8 单元格区域，在"插入"菜单选项卡中单击"图表"按钮 ，在弹出的"插入图表"对话框中选择"簇状柱形图"，单击"插入"按钮，即可在工作表中插入指定类型的图表，如图 11-29 所示。

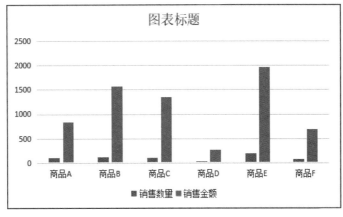

图 11-29 插入的簇状柱形图

由于销售数量相对于销售金额来说太小，不便于查看，因此接下来修改销售金额的图表类型。

（3）选中"销售金额"数据系列，右击，在弹出的快捷菜单中选择"更改系列图表类型"命令，弹出"更改图表类型"对话框。在"组合图"类别中选择"簇状柱形图－次坐标轴上的折线图"，如图 11-30 所示。

图 11-30　更改数据系列的图表类型

（4）单击"插入"按钮，即可看到销售金额数据系列以折线图显示，如图 11-31 所示。

（5）选中图表，在图表右侧的快速工具栏中单击"样式"按钮 ，在弹出的样式列表中选择"样式 5"，应用样式的图表效果如图 11-32 所示。

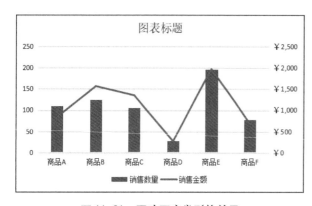

图 11-31　更改图表类型的效果

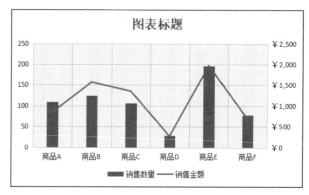

图 11-32　应用图表样式

（6）单击快速工具栏中的"图表元素"按钮 ，在弹出的元素列表中选中"数据标签"复选框，此时数据系列上显示数据点的值，如图 11-33 所示。

（7）切换到"开始"菜单选项卡，单击"字体颜色"下拉按钮 ，在弹出的颜色列表中选择黑色，将图表中的文字颜色修改为黑色。然后输入图表标题，设置字体为"华文细黑"，字号为 16，字形加粗，颜色为深蓝色，效果如图 11-34 所示。

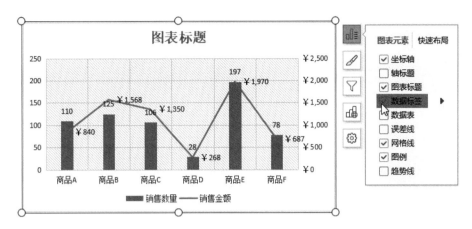

图 11-33　添加数据标签

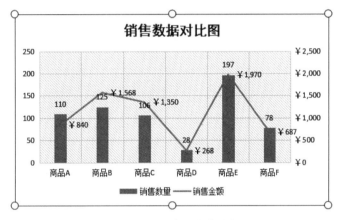

图 11-34　设置图表文本格式的效果

（8）在图表中双击"销售数量"数据系列，打开对应的属性窗格。切换到"填充与线条"选项卡，设置数据系列的填充方式为"渐变填充"，然后设置渐变光圈的颜色，效果如图 11-35 所示。

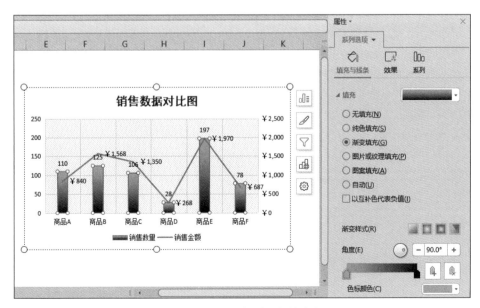

图 11-35　设置数据系列的填充效果

（9）单击折线选中"销售金额"数据系列，在对应的属性窗格中切换到"填充与线条"选项卡的"标记"选项，设置数据标记的类型为菱形，大小为 7，填充颜色为红色渐变，在图表中可以实时看到修改属性的效果，如图 11-36 所示。

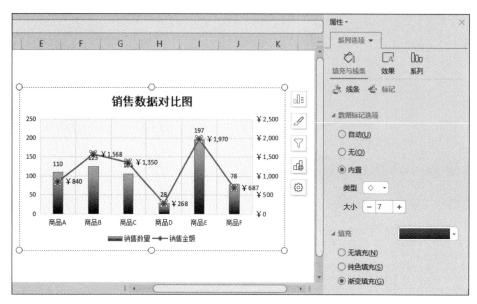

图 11-36　设置数据标记的选项和填充

（10）双击数据系列"销售金额"的一个数据标签，在对应的属性窗格中切换到"标签选项"选项卡，设置填充颜色为淡黄色，透明度为 50%，线条颜色为黑色，如图 11-37 所示。

（11）单击选中一个数据标签，按下鼠标左键拖动，调整数据标签的位置，效果如图 11-38 所示。

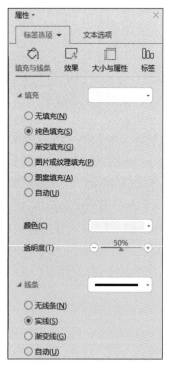

图 11-37　设置数据标签的填充与线条样式

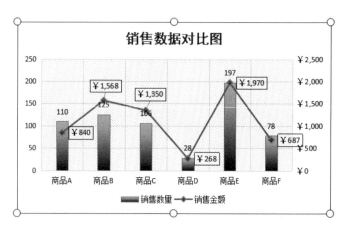

图 11-38　图表效果

（12）选中图表，在对应的属性窗格中切换到"填充与线条"选项卡，设置图表边框的线条样式为双实线，颜色为深蓝色，宽度为 2.25 磅，如图 11-39 所示。

图 11-39 设置图表边框的样式

（13）调整绘图区的大小，以及图例和图表标题的位置，最终效果如图 11-27 所示。

11.1.6 添加趋势线

在 WPS 表格中，趋势线是通过联结某一特定数据序列中各个数据点而形成的线，用于预测未来的数据变化。

（1）在图表中单击要添加趋势线的数据系列。

注意

　　并非所有类型的图表都可以添加趋势线。可以为非堆积型二维面积图、条形图、柱形图、折线图、股价图和 XY（散点图）的数据系列添加趋势线，不能为堆积图表、雷达图、饼图的数据系列添加趋势线。如果添加趋势线后，将图表类型更改为不支持趋势线的图表，则原有的趋势线将丢失。

（2）切换到"图表工具"菜单选项卡，单击"添加元素"下拉按钮 ，在弹出的下拉菜单中选择"趋势线"命令，弹出如图 11-40 所示的级联菜单。

（3）在级联菜单中选择趋势线类型。

WPS 提供了 4 种类型的趋势线，计算方法各不相同，用户可以根据需要选择不同的类型。

❖ 线性：适合增长或降低的速率比较稳定的数据情况。

❖ 指数：适合增长或降低速度持续增加，且增加幅度越来越大的数据情况。

❖ 线性预测：与"线性"相同，不同的是会自动向前推进 2 个周期进行预测。

❖ 移动平均：在已知的样本中选定一定样本量做数据平均，平滑处理数据中的微小波动，以更清晰地显示趋势。

如果需要更多的选择，可单击"更多选项"命令，打开趋势线"属性"任务窗格。切换到"趋势线"选项卡，可以看到更多的趋势线选项，如图 11-41 所示。

❖ 对数：适合增长或降低幅度一开始比较快，逐渐趋于平缓的数据。

❖ 多项式：适合增长或降低幅度波动较多的数据。

❖ 幂：适合增长或降低速度持续增加，且增加幅度比较恒定的数据情况。

图 11-40 "趋势线"级联菜单

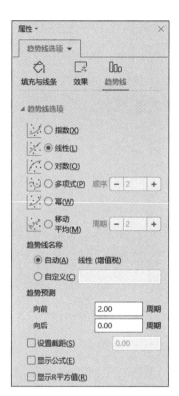

图 11-41 "趋势线"任务窗格

（4）如果要自定义趋势线名称，应选择"自定义"单选按钮，然后在右侧的文本框中输入一个有意义的名称，以便于区分不同数据系列的趋势线。

（5）如果要对数据序列进行预测，应在"趋势预测"区域设置前推或后推的周期。

（6）如果要评估预测的精度，则选中"显示 R 平方值"复选框。效果如图 11-42 所示。

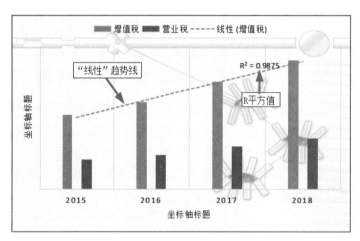

图 11-42 添加趋势线

R 平方值表示趋势预测采用的公式与数据的配合程度。R 平方值越接近于 1，说明趋势线越精确；R 平方值越接近于 0，说明回归公式越不适合数据。

（7）如果默认样式的趋势线不够醒目，应切换到"填充与线条"选项卡修改趋势线的外观样式。

添加趋势线之后，如果要修改趋势线，可双击趋势线打开对应的属性任务窗格进行修改。如果要删除趋势线，选中后按 Delete 键即可。

11.1.7　添加误差线

在统计分析科学数据时，常会用到误差线。误差线显示潜在的误差或相对于系列中每个数据的不确定程度。

（1）单击要添加误差线的数据系列，切换到"图表工具"菜单选项卡，单击"添加元素"下拉按钮，在弹出的下拉菜单中选择"误差线"命令，弹出如图 11-43 所示的级联菜单。

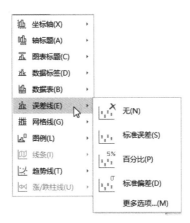

图 11-43　"误差线"级联菜单

（2）单击需要的误差线类型，即可在指定的数据系列上显示误差线，如图 11-44 所示。

（3）如果要进一步设置误差线的选项，可双击误差线打开如图 11-45 所示的"属性"任务窗格，设置误差线的方向、末端样式和误差量。

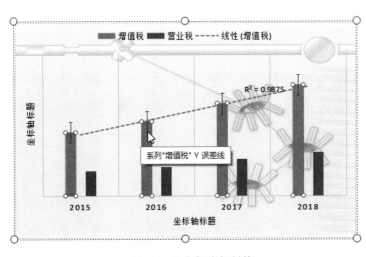

图 11-44　添加标准误差线

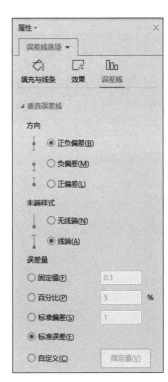

图 11-45　"误差线"任务窗格

（4）切换到"填充与线条"选项卡，更改误差线的外观样式。如果要删除误差线，选中误差线后，按 Delete 键即可。

11.2 利用数据透视表分析数据

数据透视表是一种以不同角度查看数据列表的动态工作表，可以对明细数据进行全面分析。它结合了分类汇总和合并计算的优点，可以便捷地调整分类汇总的依据，灵活地以多种不同的方式来展示数据的特征。

11.2.1 检查数据源

数据源是指为数据透视表提供数据的 WPS 数据表或数据库记录，至少应有两行。在创建数据透视表之前，检查数据源是否合乎规范是成功创建透视表的前提。规范的数据源应具有以下几个特征。

- ❖ 数据源的首行各列都有标题。WPS 将把数据源中的列标题作为"字段"名使用。
- ❖ 数据区域内不包含任何空行或空列。
- ❖ 每列仅包含一种类型的数据。
- ❖ 数据区域不包含分类汇总和总计。

 注意 本节所指的数据源是指来自 WPS 数据表的源数据，而不是需要开放式数据库连接（ODBC）或数据源驱动程序的外部数据源。

11.2.2 创建数据透视表

检查数据源之后，就可以基于数据源创建数据透视表了。

（1）选中要创建数据透视表的单元格区域，即数据源。

（2）在"数据"菜单选项卡中单击"数据透视表"按钮，弹出如图 11-46 所示的"创建数据透视表"对话框。

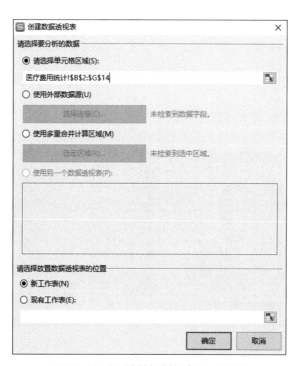

图 11-46 "创建数据透视表"对话框

（3）选择创建数据透视表的数据源。默认为选中的单元格区域，用户也可以自定义新的单元格区域、使用外部数据源或选择多重合并计算区域。

（4）选择放置数据透视表的位置。

✦ 新工作表：将数据透视表插入一张新的工作表中。

✦ 现有工作表：将数据透视表插入当前工作表中的指定区域。

（5）单击"确定"按钮，即可创建空白的透视表，工作表右侧显示"数据透视表"任务窗格，菜单功能区显示"分析"选项卡，如图 11-47 所示。

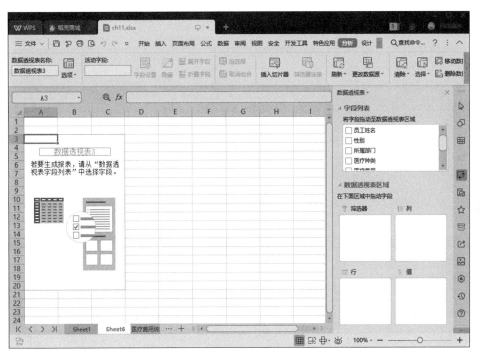

图 11-47　创建空白数据透视表

如果在新工作表中创建数据透视表，则默认起始位置为 A3 单元格；如果在当前工作表中创建数据透视表，则起始位置为指定的单元格或区域。

（6）在"数据透视表"任务窗格的"字段列表"区域选中需要的字段，拖放到"数据透视表区域"，即可自动生成数据透视表。

例如，将"所属部门"拖放到"筛选器"区域，"医疗种类"拖放到"列"区域，"员工姓名"拖放到"行"区域，"求和项：医疗费用"拖放到"值"区域，生成的数据透视表如图 11-48 所示。利用数据透视表可以很方便地查看各个员工的具体医疗费用及汇总数据。

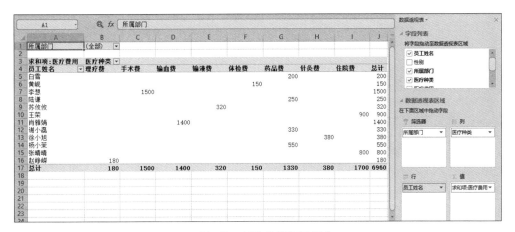

图 11-48　创建的数据透视表

11.2.3　数据透视表的组成

创建数据透视表之后，如果要对它进行查看或编辑，需要先了解其构成和相关的术语。数据透视表由字段、项和数据区域组成。

1. 字段

字段是从数据表中的字段衍生而来的数据的分类，例如图 11-49 中的 "所属部门" "求和项：医疗费用" "员工姓名" "医疗种类" 等。

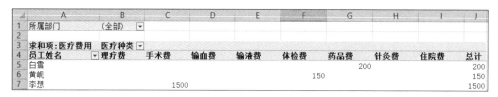

图 11-49　字段示例

字段包括页字段、行字段、列字段和数据字段。

- ❖ 页字段：用于对整个数据透视表进行筛选的字段，以显示单个项或所有项的数据。如图 11-49 中的 "所属部门"。
- ❖ 行字段：指定为行方向的字段。如图 11-49 中的 "员工姓名"。
- ❖ 列字段：指定为列方向的字段。如图 11-49 中的 "理疗费"。
- ❖ 数据字段：提供要汇总的数据值的字段。如图 11-49 中的 "求和项：医疗费用"。数据字段通常包含数字，用 Sum 函数汇总这些数据；也可包含文本，使用 Count 函数进行计数汇总。

2. 项

项是字段的子分类或成员。例如，图 11-49 中的 "白雪" "黄岘" 和 "李想"，以及其后的数据都是项。

3. 数据区域

数据区域是指包含行和列字段汇总数据的数据透视表部分。例如，图 11-49 中 C5：J7 为数据区域。

11.2.4　选择透视表元素

对于数据透视表，可以选择其中的数据，也可以仅选中其中的标签。

（1）单击数据透视表的任一单元格，在 "分析" 菜单选项卡中单击 "选择" 下拉按钮 ，在下拉菜单中选择 "整个数据透视表" 命令，可选中整个数据透视表。

此时，"选择" 下拉菜单中的其他菜单项变为可用状态，如图 11-50 所示。

（2）在 "选择" 下拉菜单中选择 "标签" 命令，即可选中数据透视表中的所有标签，如图 11-51 所示。

（3）在 "选择" 下拉菜单中选择 "值" 命令，即可选中数据透视表中的所有值，如图 11-52 所示。

图 11-50　"选择" 下拉菜单

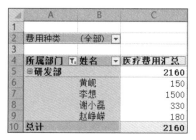

图 11-51　选中数据透视表中的标签　　　　图 11-52　选中数据透视表中的值

11.2.5　在透视表中筛选数据

利用数据透视表不仅可以很方便地按指定方式查看数据，还能查询满足特定条件的数据。

（1）单击筛选器所在的单元格（例如 B2）右侧的下拉按钮，弹出如图 11-53 所示的下拉菜单。

（2）单击选择要筛选的数据，如果要筛选多项，先选中"选择多项"复选框，然后在分类列表中选择要筛选的数据。单击"确定"按钮，数据透视表即可仅显示满足条件的数据。

例如，筛选财务部和销售部的医疗费用结果如图 11-54 所示。

图 11-53　筛选器下拉菜单　　　　　　　　　　　　图 11-54　筛选结果

（3）如果要对列数据进行筛选，应单击列标签右侧的下拉按钮，在如图 11-55 所示的下拉菜单中选择筛选数据，并设置筛选结果的排序方式。

除了可以严格匹配进行筛选外，还可以对行列标签和单元格值指定范围进行筛选。单击"标签筛选"命令，弹出如图 11-56 所示的级联菜单；单击"值筛选"命令，弹出如图 11-57 所示的级联菜单。

图 11-55　列标签下拉菜单　　　图 11-56　"标签筛选"级联菜单　　　图 11-57　"值筛选"级联菜单

（4）设置完成后，单击"确定"按钮，即可在数据透视表中显示筛选结果。例如，仅查看手术费的数据透视表如图 11-58 所示。

（5）使用筛选列数据的方法可以对行数据进行筛选。例如，筛选员工姓名中包含"小"字的数据行的结果如图 11-59 所示。

图 11-58　查看手术费的相关记录

图 11-59　筛选行数据的结果

11.2.6　编辑数据透视表

创建数据透视表之后，可以根据需要修改行（列）标签和值字段名称、排序筛选结果，以及设置透视表选项。

（1）修改数据透视表的行（列）标签和值字段名称。

数据透视表的行、列标签默认为数据源中的标题字段，值字段通常显示为"求和项：标题字段"，可以根据查看习惯修改标签名称。

双击行、列标签所在的单元格，当单元格变为可编辑状态时，输入新的标签名称，然后按 Enter 键。

双击值字段名称打开如图 11-60 所示的"值字段设置"对话框，在"自定义名称"文本框中输入字段名称。

在该对话框中还可以修改值字段的汇总方式，默认为"求和"。设置完成后，单击"确定"按钮关闭对话框。效果如图 11-61 所示。

图 11-60　"值字段设置"对话框

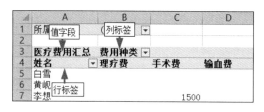

图 11-61　修改行、列标签和值字段

（2）排序行、列数据。

选中行标签或列标签，在"数据"菜单选项卡中单击"排序"按钮，弹出如图 11-62 所示的"排序（费用种类）"对话框。在这里可以按某个字段值升序或降序排列数据；如果希望拖动项目按任意顺序排列，应选择"手动（可以拖动项目以重新编排）"单选按钮。

选中数据区域的任一单元格后，单击"排序"按钮，可以打开如图 11-63 所示的"按值排序"对话框。在这里可以设置排序选项和方向，"摘要"区域显示对应的排序说明。

（3）设置数据透视表选项。

在数据透视表的任意位置右击，在弹出的快捷菜单中选择"数据透视表选项"命令，打开如图 11-64 所示的"数据透视表选项"对话框。

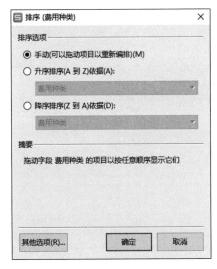

图 11-62 "排序"对话框

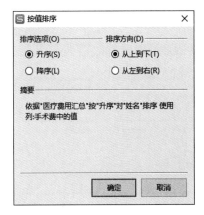

图 11-63 "按值排序"对话框

图 11-64 "数据透视表选项"对话框

在该对话框中可以设置数据透视表的名称、布局和格式、总计和筛选方式、显示内容,以及是否保存、启用源数据和明细数据。

上机练习——工资透视表

　　本节练习利用数据透视表在"员工工资表"众多的数据中查看各个部门的实发工资和缺勤情况。通过对操作步骤的详细讲解,使读者掌握创建透视表、使用数据透视表筛选数据,以及根据需要更改数据透视表布局的操作方法。

11-2　上机练习——工资透视表

　　首先选中要创建数据透视表的数据区域,创建空白的数据透视表;然后设置筛选字段、行标签、列标签和汇总项,查看指定部门的实发工资情况和缺勤情况;最后修改数据透视表的布局,按部门、姓名和缺勤情况筛选数据。结果如图 11-65 所示。

图 11-65　查看指定部门人员的实发工资

操作步骤

（1）打开已创建的员工工资表，如图 11-66 所示。

	姓名	部门	基础工资	绩效工资	应发工资	缺勤情况	缺勤扣款	实发工资
				员工工资表				
日期：	2022年8月							
	李想	市场部	￥3,000	￥2,800	￥5,800	2	（￥273）	￥5,527
	王文	研发部	￥6,000	￥3,800	￥9,800	0	￥0	￥9,800
	林珑	财务部	￥3,000	￥2,000	￥5,000	1	（￥136）	￥4,864
	丁宁	研发部	￥6,000	￥3,200	￥9,200	1	（￥273）	￥8,927
	张扬	人力资源部	￥3,200	￥2,400	￥5,600	0	￥0	￥5,600
	马林	企划部	￥3,200	￥2,900	￥6,100	1	（￥145）	￥5,955
	陈材	研发部	￥5,500	￥2,600	￥8,100	2	（￥500）	￥7,600
	高尚	市场部	￥3,200	￥3,000	￥6,200	1	（￥145）	￥6,055

图 11-66　员工工资表

（2）选中 A3：H11 单元格区域，在"插入"菜单选项卡中单击"数据透视表"按钮，打开"创建数据透视表"对话框。选择放置数据透视表的位置为"新工作表"，如图 11-67 所示。

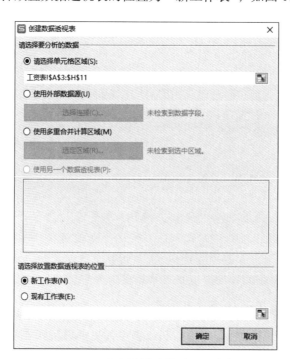

图 11-67　"创建数据透视表"对话框

（3）单击"确定"按钮关闭对话框，即可在自动新建的工作表中创建一个空白的数据透视表，并打开"数据透视表"窗格。在"字段列表"列表框中将"部门"和"缺勤情况"拖放到"筛选器"区域，"姓名"拖放到"行"区域，"求和项：实发工资"拖放到"值"区域，数据透视表将自动更新，如图11-68所示。

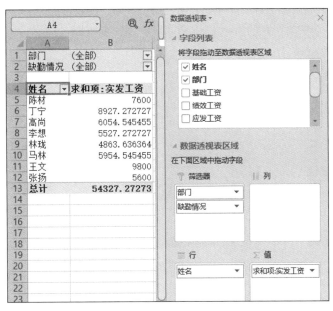

图11-68　设置数据透视表的布局

（4）选中数据透视表的数值单元格，在"开始"菜单选项卡中设置数字格式为"货币"，然后单击"减少小数位数"按钮 两次，不显示小数，如图11-69所示。

（5）选中整个数据透视表，在"开始"菜单选项卡中单击"表格样式"下拉按钮 ，在弹出的样式列表中选择一种样式，效果如图11-70所示。

（6）单击筛选字段"部门"右侧的下拉按钮，在弹出的设置面板中选中"研发部"，如图11-71所示。

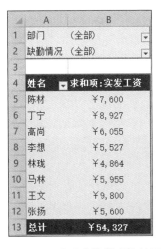

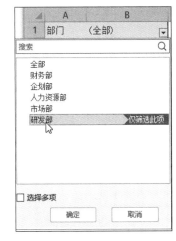

图11-69　修改单元格的数字格式　　　图11-70　套用表格样式的效果　　　图11-71　设置筛选字段

（7）单击"确定"按钮，即可查看"研发部"员工的实发工资，如图11-72所示。

（8）取消部门筛选字段，设置缺勤情况的筛选字段为0，单击"确定"按钮，可以查看全勤的员工记录，如图11-73所示。

接下来更改数据透视表的布局，以另一种方式查看员工工资情况。

（9）选中数据透视表中的任一单元格，右击，在弹出的快捷菜单中选择"显示字段列表"命令，打开

"数据透视表"窗格。将"部门"从"筛选器"区域拖放到"行"区域，将"姓名"字段从"行"区域拖放到"列"区域，如图11-74所示。

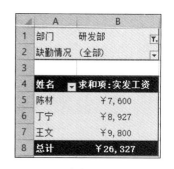

图11-72 "部门"为"研发部"的筛选结果

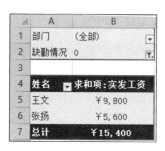

图11-73 "缺勤情况"为0的筛选结果

图11-74 更改数据透视表的布局

此时，在工作表中可以看到，数据透视表的布局自动变更，如图11-75所示。

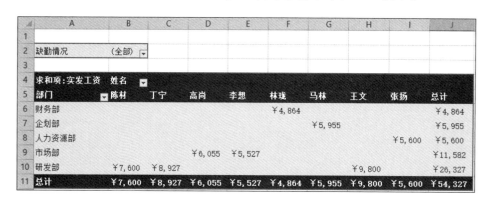

图11-75 更改布局的数据透视表效果

（10）将鼠标指针移到数据透视表的一个数值单元格，可以查看该值的明细数据，如图11-76所示。

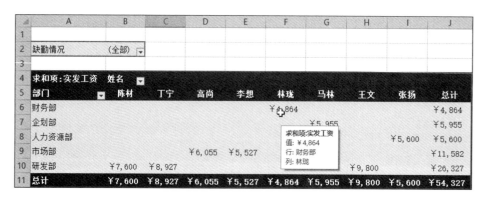

图11-76 查看明细数据

（11）单击行标签"部门"右侧的下拉按钮，在弹出的设置面板中取消选中"全部"复选框，然后选中"企划部"和"研发部"复选框，如图 11-77 所示。

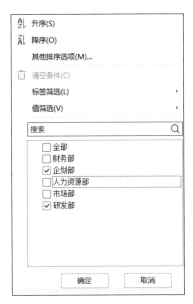

图 11-77　设置筛选字段

（12）单击"确定"按钮，即可查看指定部门的筛选结果，如图 11-65 所示。

11.2.7　查看明细数据

对于创建的数据透视表，可以根据查看需要，只显示需要的数据，隐藏暂时不需要的数据。执行以下操作之一显示或隐藏明细数据。

❖ 单击数据项左侧的折叠按钮 ▭，可以隐藏对应数据项的明细数据。此时折叠按钮变为展开按钮 ⊞，如图 11-78 所示。再次单击该按钮，则显示明细数据。

❖ 将鼠标指针停放在任意数据项的上方，将显示该项的详细内容，如图 11-79 所示。

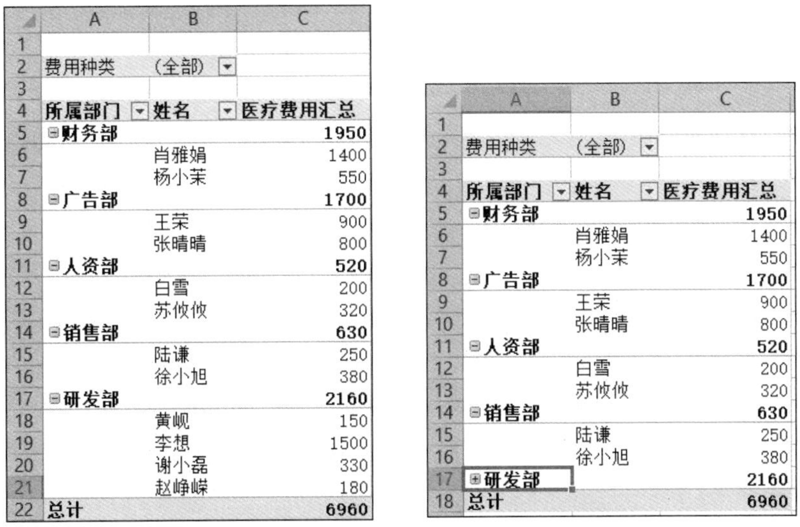

图 11-78　明细数据隐藏前、后的效果 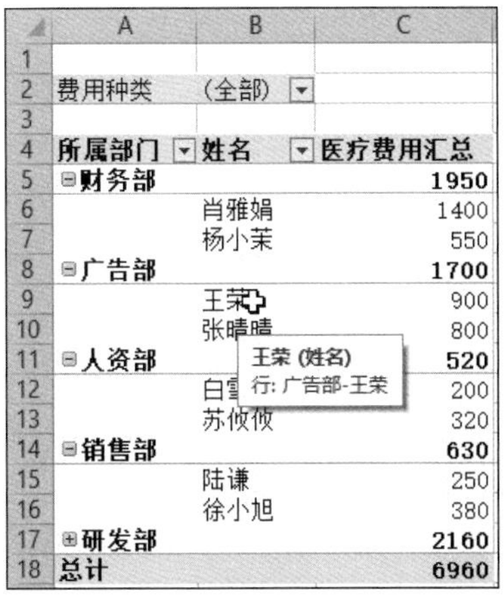 　　　　　图 11-79　查看明细数据

❖ 在数据透视表中双击要显示明细的数据项，弹出如图 11-80 所示的"显示明细数据"对话框，选择要显示的明细数据所在的字段，单击"确定"按钮，即可显示指定字段的明细数据。例如，选择"费用种类"后的数据透视表如图 11-81 所示。

图 11-80 "显示明细数据"对话框

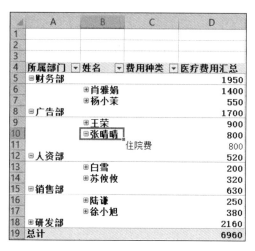

图 11-81 显示指定的明细数据

11.2.8 显示报表筛选页

在 WPS 中，除了可以在数据透视表中显示或隐藏明细数据外，还可以分页显示指定的筛选数据。

（1）选中数据透视表中的任意一个单元格，在"分析"菜单选项卡中单击"选项"下拉按钮，在弹出的下拉菜单中选择"显示报表筛选页"命令，打开如图 11-82 所示的"显示报表筛选页"对话框。

（2）在"显示所有报表筛选页"列表框中选择要显示的筛选页使用的字段，单击"确定"按钮，数据透视表所在的工作表左侧将增加多个工作表。

工作表的具体数目取决于筛选字段包含的项数，名称为筛选字段值，例如"手术费""体检费"等。

（3）切换到其中一个工作表（例如，名为"手术费"的工作表），在工作表中显示筛选字段为指定值的数据透视表，如图 11-83 所示。

图 11-82 "显示报表筛选页"对话框

图 11-83 "手术费"工作表

11.2.9 使用切片器筛选数据

在数据透视表中查看数据时，如果数据较多，可能要频繁地切换筛选，效率非常低。利用功能强大的可视化筛选工具——切片器，这类问题能轻松解决。

（1）选中数据透视表中的任意一个单元格。

注意 切片器只能用于数据透视表。

（2）在"分析"菜单选项卡中单击"插入切片器"按钮 ，弹出如图 11-84 所示的"插入切片器"对话框。

（3）在"插入切片器"对话框的字段列表中选择要筛选的字段，如果要插入多个切片器，可以同时选中多个字段。单击"确定"按钮，即可插入如图 11-85 所示的切片器。

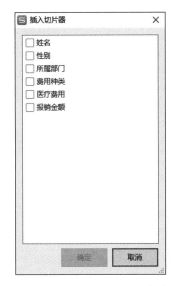

图 11-84　"插入切片器"对话框

图 11-85　插入的切片器

（4）在切片器中单击要筛选的数据字段，数据透视表即显示指定的筛选结果，如图 11-86 所示。

如果插入了多个切片器，单击其中一个切片器中的按钮，另一个切片器将实时显示对应的数据。例如，在"所属部门"切片器中单击"研发部"按钮，"医疗费用"切片器中高亮显示符合条件的数据，其他数据则灰显，如图 11-87 所示。

图 11-86　使用切片器筛选

图 11-87　利用多个切片器筛选数据

（5）选中切片器，菜单功能区自动切换到如图 11-88 所示的"选项"菜单选项卡，可以设置切片器的题注、尺寸、排列方式、显示的按钮列数，以及按钮的尺寸。

图 11-88　"选项"菜单选项卡

（6）单击"切片器设置"按钮，在如图 11-89 所示的"切片器设置"对话框中可以修改切片器的名称、页眉和排序筛选方式。

（7）如果要取消筛选数据，应单击切片器右上角的"清除筛选器"按钮 。

（8）如果要删除切片器，可在切片器上右击，在弹出的快捷菜单中选择相应的删除命令，如图 11-90 所示。

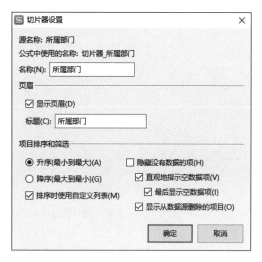

图 11-89 "切片器设置"对话框

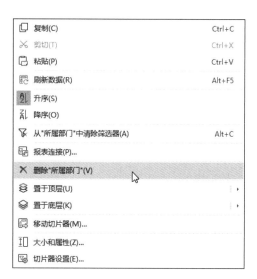

图 11-90 删除切片器

11.2.10 删除数据透视表

使用数据透视表查看、分析数据时，可以根据需要删除数据透视表中的某些字段。如果不再使用数据透视表，可以删除整个数据透视表。

（1）打开数据透视表。右击数据透视表中的任一单元格，在弹出的快捷菜单中选择"显示字段列表"命令，打开"数据透视表"任务窗格。

（2）执行以下操作之一删除指定的字段。

❖ 在透视表字段列表中取消选中要删除的字段复选框，如图 11-91 所示。

❖ 在"数据透视表区域"选中要删除的字段标签，右击，在弹出的快捷菜单中选择"删除字段"命令，如图 11-92 所示。

（3）如果要删除整个透视表，可选中数据透视表中的任一单元格，在"分析"菜单选项卡中单击"删除数据透视表"按钮 。

图 11-91 取消选中字段

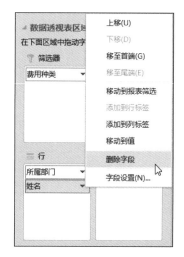

图 11-92 选择"删除字段"命令

11.3　使用数据透视图分析数据

数据透视图是一种交互式的图表，以图表的形式表示数据透视表中的数据。它不仅具有数据透视表方便和灵活的特点，而且与其他图表一样，能以一种更加可视化和易于理解的方式直观地反映数据，以及数据之间的关系。

11.3.1　创建数据透视图

（1）在工作表中单击任意一个单元格，在"插入"菜单选项卡中单击"数据透视图"按钮，弹出如图 11-93 所示的"创建数据透视图"对话框。

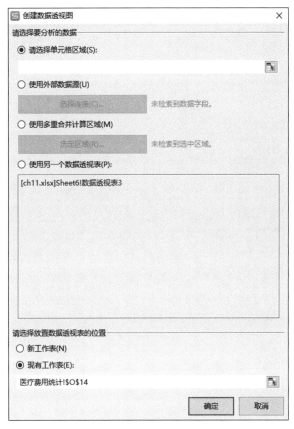

图 11-93　"创建数据透视图"对话框

（2）选择要分析的数据。

创建数据透视图有两种方法：一种是直接利用数据源（例如单元格区域、外部数据源和多重合并计算区域）创建；另一种是在数据透视表的基础上创建。

如果要直接利用数据源创建数据透视图，应选中需要的数据源类型，然后指定单元格区域或外部数据源。

如果要基于当前工作簿中的一个数据透视表创建数据透视图，则选择"使用另一个数据透视表"单选按钮，然后在下方的列表框中单击数据透视表名称。

（3）选择放置透视图的位置。

（4）单击"确定"按钮，即可创建一个空白数据透视表和数据透视图，工作表右侧显示"数据透视图"任务窗格，且菜单功能区自动切换到"图表工具"选项卡，如图 11-94 所示。

图 11-94　创建空白数据透视表和透视图

（5）设置数据透视图的显示字段。在"字段列表"中将需要的字段分别拖放到"数据透视图区域"的各个区域中。在各个区域间拖动字段时，数据透视表和透视图将随之发生相应的变化。

例如，将字段"所属部门"拖至"筛选器"区域，将字段"员工姓名"拖至"轴（类别）"区域，然后将"医疗费用"和"报销金额"字段拖至"值"区域，在工作表中可以看到创建的数据透视表和数据透视图，如图 11-95 所示。

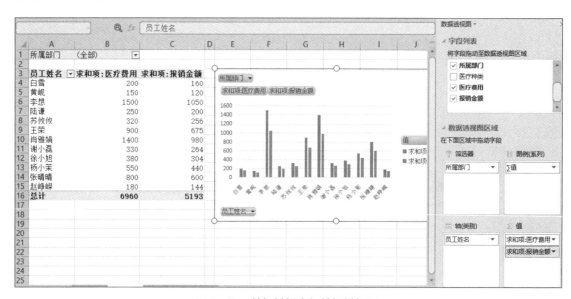

图 11-95　数据透视表与数据透视图

（6）WPS 默认生成柱形透视图，如果要更改图表的类型，则在"图表工具"菜单选项卡中单击"更改类型"按钮，在如图 11-96 所示的"更改图表类型"对话框中选择图表类型。

（7）插入数据透视图之后，可以像普通图表一样设置图表的布局和样式，如图 11-97 所示。

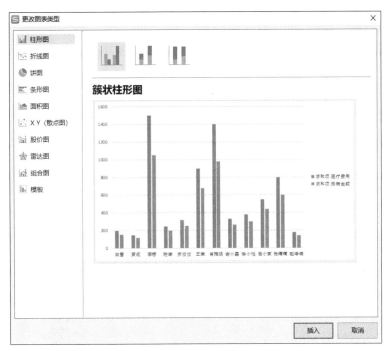

图 11-96　"更改图表类型"对话框

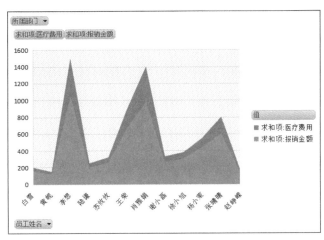

图 11-97　格式化数据透视图的效果

11.3.2　在透视图中筛选数据

数据透视图与普通图表最大的区别是：数据透视图可以通过单击图表上的字段名称下拉按钮，筛选需要在图表上显示的数据项。

（1）在数据透视图上单击要筛选的字段名称，在如图 11-98 所示的下拉菜单中选择要筛选的内容。如果要同时筛选多个字段，应选中"选择多项"复选框，再选择要筛选的字段。

（2）单击"确定"按钮，筛选的字段名称右侧显示筛选图标，数据透视图中仅显示指定内容的相关信息，数据透视表也随之更新，如图 11-99 所示。

（3）如果要取消筛选，应单击要清除筛选的字段右侧的下拉按钮，在弹出的下拉菜单中单击"全部"命令，然后单击"确定"按钮关闭对话框。

图 11-98　筛选字段

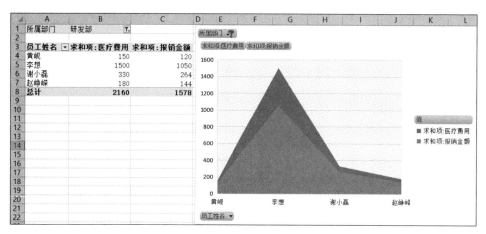

图 11-99　筛选结果

（4）如果要对图表中的标签进行筛选，应单击标签字段右侧的下拉按钮，在弹出的下拉列表中选择"标签筛选"命令，然后在如图 11-100 所示的级联菜单中选择筛选条件，并设置筛选条件。

　　例如，选择"包含"命令，将弹出如图 11-101 所示的对话框。如果要使用模糊筛选，可以使用通配符"？"代表单个字符，"*"代表任意多个字符。设置完成后，单击"确定"按钮，即可在透视图和透视表中显示对应的筛选结果。

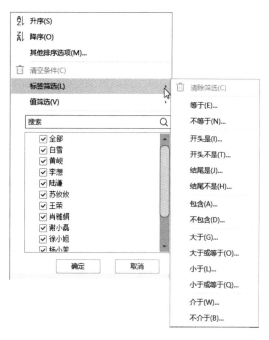

图 11-100　选择筛选条件

图 11-101　标签筛选

（5）如果要取消标签筛选，可以单击要清除筛选的标签右侧的下拉按钮，在弹出的下拉菜单中选择"清空条件"命令。

上机练习——人力资源流动分析图

　　本节练习利用数据透视图在"人力资源流动分析表"众多的数据中查看各个月份的新进率和流失率。通过对操作步骤的详细讲解，帮助读者掌握创建数据透视图、美化透视图，以及在透视图中筛选数据的方法。

11-3　上机练习——入力资源流动分析图

首先选中要创建数据透视图的数据区域，在"创建数据透视图"对话框中选择数据透视图的存放位置；然后在"数据透视图"窗格中设置数据透视图的布局；最后美化数据透视表和数据透视图，并筛选数据，结果如图11-102所示。

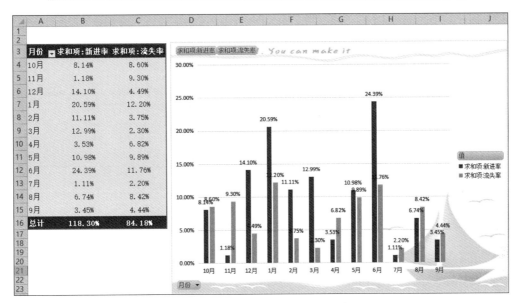

图 11-102　人力资源流动分析图表

操作步骤

（1）打开已编制的人力资源流动分析表，如图11-103所示。

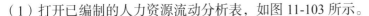

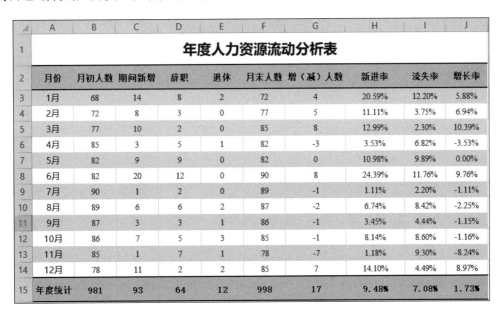

月份	月初人数	期间新增	辞职	退休	月末人数	增（减）人数	新进率	流失率	增长率
1月	68	14	8	2	72	4	20.59%	12.20%	5.88%
2月	72	8	3	0	77	5	11.11%	3.75%	6.94%
3月	77	10	2	0	85	8	12.99%	2.30%	10.39%
4月	85	3	5	1	82	-3	3.53%	6.82%	-3.53%
5月	82	9	9	0	82	0	10.98%	9.89%	0.00%
6月	82	20	12	0	90	8	24.39%	11.76%	9.76%
7月	90	1	2	0	89	-1	1.11%	2.20%	-1.11%
8月	89	6	6	2	87	-2	6.74%	8.42%	-2.25%
9月	87	3	3	1	86	-1	3.45%	4.44%	-1.15%
10月	86	7	5	3	85	-1	8.14%	8.60%	-1.16%
11月	85	1	7	1	78	-7	1.18%	9.30%	-8.24%
12月	78	11	2	2	85	7	14.10%	4.49%	8.97%
年度统计	981	93	64	12	998	17	9.48%	7.08%	1.73%

图 11-103　人力资源流动分析表

（2）选中要创建数据透视图的单元格区域A2:J14。在"插入"菜单选项卡中单击"数据透视图"按钮，打开"创建数据透视图"对话框。选择要进行分析的数据源，默认为选中的单元格区域，然后选择放置数据透视图的位置为"新工作表"，如图11-104所示。

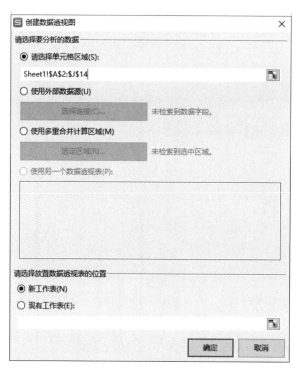

图 11-104 "创建数据透视图"对话框

（3）单击"确定"按钮，在新建的工作表中显示一个空白的数据透视表和透视图，并打开"数据透视图"窗格。在字段列表中将"月份"字段拖放到"轴（类别）"区域，将"新进率"和"流失率"字段拖放到"值"区域，工作表中的数据透视图同步更新，如图 11-105 所示。

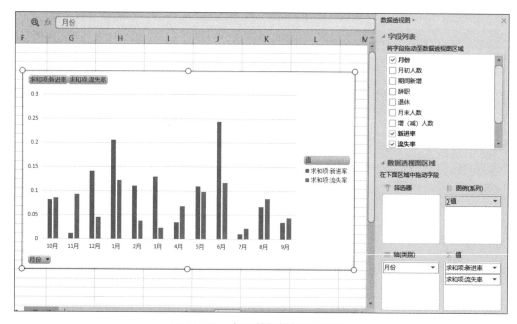

图 11-105 设置数据透视图的布局

此时，可以看到数据透视表也同步更新，如图 11-106 所示。

（4）选中数据透视表，设置行高为 20 磅；选中新进率和流失率对应的单元格区域，设置数字格式为"百分比"。然后单击"表格样式"下拉按钮，在弹出的样式列表中单击套用一种样式，效果如图 11-107 所示。

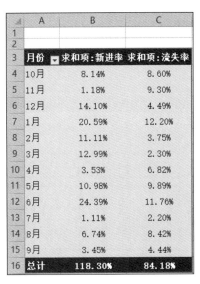

图 11-106　数据透视表

图 11-107　格式化数据透视表

接下来格式化数据透视图。

（5）选中图表，在图表右侧的快速工具栏中单击"图表样式"按钮，修改图表的配色方案和样式，效果如图 11-108 所示。

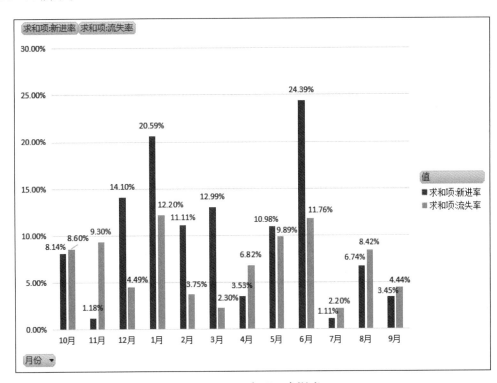

图 11-108　设置图表样式

（6）选中图表，在"开始"菜单选项卡中设置字体颜色为黑色，然后双击图表打开对应的属性窗格，设置图表的填充方式为图片填充，透明度为 50%，效果如图 11-109 所示。

（7）单击图表左下角的"月份"下拉按钮，在弹出的设置面板中取消选中"全部"复选框，然后选中要筛选的字段，如图 11-110 所示。

（8）单击"确定"按钮关闭对话框，即可在图表中显示筛选结果，如图 11-111 所示。

此时，工作区中的数据透视表也实时更新，显示筛选结果，如图 11-112 所示。

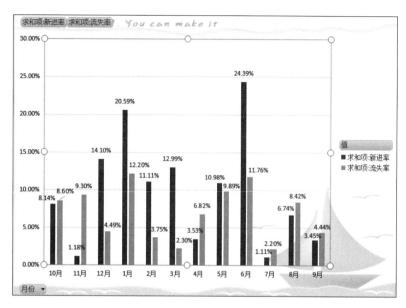

图 11-109　设置图表的背景效果

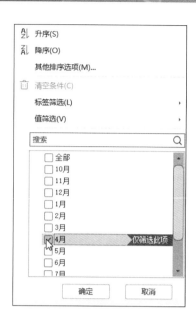

图 11-110　选择筛选字段

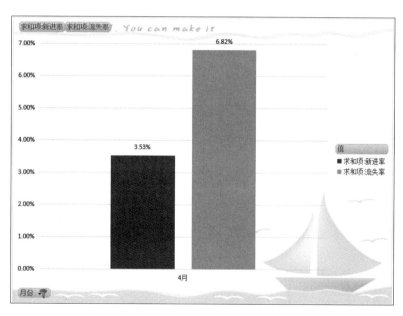

图 11-111　显示筛选结果

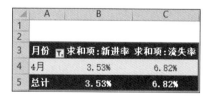

图 11-112　数据透视表

答 疑 解 惑

1. 如果要反映单个数据在所有数据构成的总和中所占的比例，使用哪种图表比较合适？最适合反映数据之间量的变化快慢的是哪种图表？

答：最适合反映单个数据在所有数据构成的总和中所占比例的图表类型是饼图；最适合反映数据之间量的变化快慢的图表类型是折线图。

2. 图表中沿水平坐标轴的文字不显示，或显示不完整，是什么原因？

答：可能是图表上没有足够的空间显示所有的坐标轴标志，调整图表的大小即可。

3. 在 WPS 表格中，设计数据透视表的基础数据表时有什么注意事项？

答：（1）数据透视表的数据源应该是标准的二维表，要有明确的列标题，且每个列标题下面存储同类型的数据。

（2）标题行中不能有空白的标题。

（3）如果有多个同类型数据，列标题最好不要重复。

（4）数据源中不能有合并的单元格。

（5）如果数据透视表有日期字段，应保证是 WPS 可识别的日期格式。

4. 基于数据透视表创建了一张数据透视图，为什么不能进行更改？

答：可能是删除了对应的数据透视表。删除数据透视表之后，与之关联的数据透视图将被冻结，不可再对其进行更改。

学习效果自测

一、选择题

1. 在利用图表呈现分析结果时，要描述全校男女同学的比例关系，最好使用（ ）。

    A. 柱形图   B. 条形图   C. 折线图   D. 饼图

2. 如果要直观地表达数据中的发展趋势，应使用（ ）。

    A. 散点图   B. 折线图   C. 柱形图   D. 饼图

3. 在 WPS 表格中，生成图表的数据源发生变化后，图表（ ）。

    A. 会发生相应的变化   B. 会发生变化，但与数据无关

    C. 不会发生变化   D. 必须进行编辑后才会发生变化

4. 如果删除工作表中与图表链接的数据，（ ）。

    A. 图表将被删除   B. 必须手动删除图表中相应的数据点

    C. 图表不会发生变化   D. 图表将自动删除相应的数据点

5. 创建图表时，若选定的区域有文字，文字一般作为（ ）。

    A. 图表中图的数据   B. 图表中行或列的坐标

    C. 图表数据含义的说明文本   D. 图表的标题

6. 在图表中，通常使用水平 X 轴作为（ ）。

    A. 排序轴   B. 数值轴   C. 分类轴   D. 时间轴

7. 在图表中，通常使用垂直 Y 轴作为（ ）。

    A. 分类轴   B. 数值轴   C. 文本轴   D. 公式轴

8. 在数据透视表的数据区域，默认的字段汇总方式是（ ）。

    A. 平均值   B. 乘积   C. 求和   D. 最大值

9. 创建的数据透视表可以放在（ ）。

    A. 新工作表中   B. 现有工作表中   C. A 和 B 都可   D. 新工作簿中

10. 下列关于数据透视表的说法正确的是（ ）。

    A. 对于创建好的数据透视表，只显示需要的数据，删除暂时不需要的数据

    B. 数据透视表的数据源中可以包含分类汇总和总计

    C. 数据透视表默认起始位置为 A1 单元格

    D. 删除数据透视表之后，与之关联的数据透视图将被冻结，不可再对其进行更改

二、操作题

1. 新建一个工作表并填充数据，然后利用工作表创建数据透视表。

2. 利用上一步创建的数据透视表建立一张数据透视图。

3. 完成后建立一个数据透视图副本，然后尝试删除源数据透视表。

第 12 章

审阅、打印工作簿

本 章 导 读

　　数据表制作好以后，通常要分发给其他用户查阅或协同处理。任何能够访问共享文件夹的用户都可以访问共享工作簿，因此需要对工作簿进行保护。在工作表的管理流程中，有时还需要打印工作表进行分发或要求填写、签字。能否打印出整齐、美观的表格，打印设置很关键。

学 习 要 点

- ❖ 保护、共享工作簿
- ❖ 添加修订和批注
- ❖ 设置打印区域
- ❖ 缩放打印
- ❖ 自定义分页位置
- ❖ 打印标题

12.1 保护工作簿

如果工作簿中包含财务、统计、预算等机密数据，为防止数据泄露或被非授权修改，就要对其进行有效的保护。

12.1.1 保护工作簿的结构

如果工作簿中包含重要的数据，可以通过密码对工作簿的结构进行保护，限制他人在工作簿中删除、移动或添加工作表。

（1）打开需要保护的工作簿，在"审阅"菜单选项卡中单击"保护工作簿"按钮 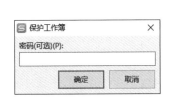，弹出如图 12-1 所示的"保护工作簿"对话框。

（2）在文本框中输入密码后，单击"确定"按钮，弹出如图 12-2 所示的"确认密码"对话框。

图 12-1 "保护工作簿"对话框

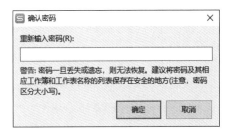

图 12-2 "确认密码"对话框

注意　密码区分大小写，如果密码丢失或忘记了，则无法恢复。

（3）单击"确定"按钮关闭对话框。此时，不能在该工作簿中添加、删除、复制或移动工作表。

提示：　保护工作簿的结构并不能保证其中的工作表不被修改。

（4）如果要取消保护工作簿,应在"审阅"菜单选项卡中单击"撤销工作簿保护"按钮,在弹出的"撤销工作簿保护"对话框中输入设置的密码,单击"确定"按钮即可。

12.1.2 保护工作表

若仅对工作簿的结构进行保护，他人仍然可以修改其中工作表中的数据。如果希望工作表中的数据不被随意引用或篡改，限制他人查看工作表中隐藏的行或列，可以对工作表或其中的部分区域进行保护。

（1）在需要进行保护的工作表名称标签上右击，在弹出的快捷菜单中选择"保护工作表"命令；或在"审阅"菜单选项卡中单击"保护工作表"按钮，打开如图 12-3 所示的"保护工作表"对话框。

（2）根据需要设置工作表的保护密码。

（3）在"允许此工作表的所有用户进行"下拉列表框中指定其他用户可对当前工作表进行的操作。

（4）单击"确定"按钮关闭对话框。如果设置了保护密码，将弹出如图 12-4 所示的"确认密码"对话框，再次输入密码，然后单击"确定"按

图 12-3 "保护工作表"对话框

钮完成设置。

此时修改工作表中的数据，将弹出如图 12-5 所示的警告对话框，提示用户当前工作表处于受保护状态。

如果要取消对工作表的保护，可右击工作表标签，在弹出的快捷菜单中选择"撤销工作表保护"命令。如果设置了保护密码，则应在弹出的"撤销工作表保护"对话框中输入密码，然后单击"确定"按钮关闭对话框。

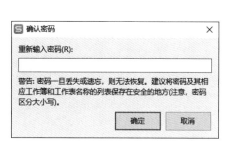

图 12-4 "确认密码"对话框

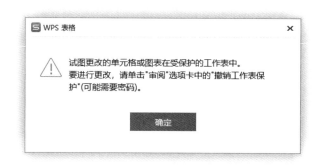

图 12-5 警告对话框

12.1.3 设置允许编辑区域

如果在保护工作表的同时，允许特定的某些用户对工作表的特定区域进行编辑，可以设置允许编辑区域。

（1）在"审阅"菜单选项卡中单击"允许用户编辑区域"按钮，弹出"允许用户编辑区域"对话框，如图 12-6 所示。

（2）单击"新建"按钮，弹出如图 12-7 所示的"新区域"对话框。在"标题"文本框中输入区域的标题，在"引用单元格"文本框中填充允许编辑的单元格区域，然后在"区域密码"文本框中输入保护密码，如图 12-7 所示。

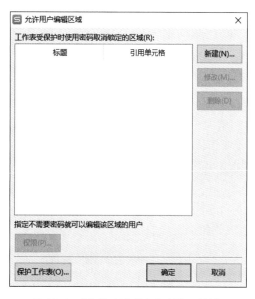

图 12-6 "允许用户编辑区域"对话框

图 12-7 "新区域"对话框

此时，所有用户都不具有访问指定区域的权限，接下来分配访问权限。

（3）单击"权限"按钮，弹出"区域1的权限"对话框，单击"添加"按钮，弹出"选择用户或组"对话框，如图12-8所示。

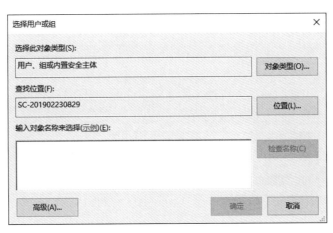

图12-8 "选择用户或组"对话框

（4）输入允许编辑区域的用户名或用户组，单击"确定"按钮关闭对话框，返回"区域1的权限"对话框，如图12-9所示。

（5）单击"确定"按钮返回"新区域"对话框。单击"确定"按钮，弹出"确认密码"对话框，重新输入密码后，单击"确定"按钮，返回"允许用户编辑区域"对话框，如图12-10所示。

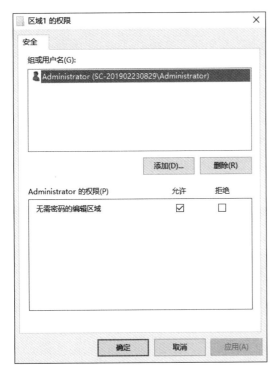

图12-9 "区域1的权限"对话框

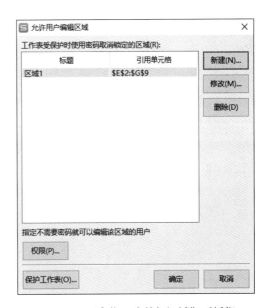

图12-10 "允许用户编辑区域"对话框

（6）单击"保护工作表"按钮，在弹出的"保护工作表"对话框中输入取消工作表保护使用的密码。单击"确定"按钮，在弹出的"确认密码"对话框中再次输入密码，单击"确定"按钮，完成设置。

此时，工作表处于保护状态，只有指定的用户才可以编辑工作表指定区域的内容。

12.2 审阅工作簿

收到他人分享的工作簿后，如果有编辑权限，可以对文档进行修订或添加批注。

12.2.1 共享工作簿

在输入庞杂的数据时，可能需要多人协作才能完成。此时，就需要将文档存放在一个共享文件夹中，方便其他用户录入数据，且录入的数据互不影响。

（1）打开要共享的工作簿，在"审阅"菜单选项卡中单击"共享工作簿"按钮 ，弹出如图 12-11 所示的"共享工作簿"对话框。

（2）选中"允许多用户同时编辑，同时允许工作簿合并"复选框，然后单击"确定"按钮关闭对话框。

此时，在工作簿的文档标签上可以看到"（共享）"字样，如图 12-12 所示。

图 12-11　"共享工作簿"对话框

图 12-12　共享的工作簿文档标签

（3）如果要取消共享工作簿，应在"审阅"菜单选项卡中单击"共享工作簿"按钮，在弹出的"共享工作簿"对话框中取消选中"允许多用户同时编辑，同时允许工作簿合并"复选框，单击"确定"按钮弹出如图 12-13 所示的提示对话框。

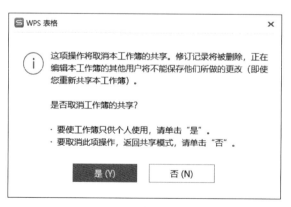

图 12-13　提示对话框

取消共享工作簿将删除其中的修订记录，正在编辑该工作簿的用户也不能保存所做的更改。单击"是"

按钮即可取消共享。

如果要将工作簿通过微信、邮件、QQ 等社交平台分享，或上传到 WPS 云盘、团队文件夹与他人共享，可以在"文件"菜单选项卡中单击"分享文档"命令，在如图 12-14 所示的"分享文档"对话框中将文档链接发送给指定好友，并指定好友的编辑权限。相关操作请参照第 6 章的相关介绍。

图 12-14 "分享文档"对话框

12.2.2 修订工作表

如果工作表中的数据有误或不完整，可以通过添加修订，记录修改过程，以方便他人或自己以后查阅。

（1）在"审阅"菜单选项卡中单击"修订"下拉按钮，在弹出的下拉菜单中单击"突出显示修订"命令，打开相应的对话框。

（2）选中"编辑时跟踪修订信息，同时共享工作簿"复选框，对话框中的其他选项变为可选状态，如图 12-15 所示。

（3）设置突出显示的修订选项，单击"确定"按钮关闭对话框。在工作表中修改数据后，对应的单元格左上角显示一个三角形，将鼠标指针移到该单元格上时，可以显示详细的修订信息，如图 12-16 所示。

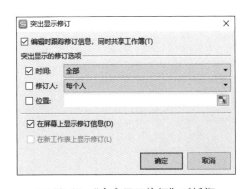

图 12-15 "突出显示修订"对话框

图 12-16 显示修订信息

12.2.3 添加批注

为一些包括特殊数据或公式的单元格添加批注，可以帮助用户记忆、理解相应单元格的信息。

（1）选中要添加批注的单元格，在"审阅"菜单选项卡中单击"新建批注"按钮，选中单元格右上角会出现一个红色的三角形，通过连接线显示一个黄色的批注框，第一行显示编辑者的名称，如

图 12-17 所示。

（2）在批注框中输入批注内容，然后单击其他的任一单元格，隐藏批注，如图 12-18 所示。

（3）按照上面的操作步骤，添加其他批注。

（4）如果要修改批注内容，在"审阅"菜单选项卡中单击"编辑批注"按钮，即可展开批注框进行操作。更改完成后，单击其他单元格。

（5）将鼠标指针移到添加了批注的单元格上，即可查看批注，如图 12-19 所示。在"审阅"菜单选项卡中单击"上一条"按钮或"下一条"按钮，可在当前工作表所有的批注之间进行导航。

图 12-17 添加批注　　　图 12-18 添加了批注的单元格　　　图 12-19 查看批注

在查看批注内容时会发现，将鼠标指针移到添加了批注的单元格上，批注会自动显示，移开则自动隐藏。如果工作表中的批注很多，移动鼠标查看批注会很麻烦。此时，可以显示工作表中的全部批注。

（6）在"审阅"菜单选项卡中单击"显示所有批注"按钮，即可显示工作表中的全部批注。再次单击"显示所有批注"按钮，可隐藏所有批注。

如果希望某个批注在鼠标指针移开后仍然一直显示，可选中批注所在的单元格，在"审阅"菜单选项卡中单击"显示/隐藏批注"按钮。再次单击该按钮可取消显示。

（7）如果不再需要某个批注，可以将其删除。方法为：选中要删除的批注所在的单元格，然后单击"批注"功能组中的"删除"命令按钮。

上机练习——生产成本分析表

 本节练习对编制的生产成本分析表进行修订和批注。通过对操作步骤的详细讲解，帮助读者掌握设置修订的显示选项，使用不同用户名添加批注，以及共享工作簿的操作方法。

12-1 上机练习——生产成本分析表

 首先设置突出显示修订选项，修改单元格值，并添加批注；然后修改用户名，对工作表进行修订和批注；最后显示工作表中的所有批注，效果如图 12-20 所示。

图 12-20 审阅工作表

操作步骤

（1）打开要与他人共享并进行审阅的工作表，如图 12-21 所示。

	某产品生产成本分析表			
编制单位：×××公司				
成本项目	2019年	2020年	2021年	2022年
直接材料	￥318	￥320	￥310	￥316
燃料及动力	￥372	￥380	￥370	￥375
直接人工	￥120	￥125	￥125	￥130
制造费用	￥108	￥110	￥105	￥115
单位成本	918	935	910	936

图 12-21　生产成本分析表

（2）在"审阅"菜单选项卡中单击"修订"下拉按钮，在弹出的下拉菜单中选择"突出显示修订"命令，打开"突出显示修订"对话框。选中"编辑时跟踪修订信息，同时共享工作簿"复选框，然后选中"修订人"复选框，如图 12-22 所示。

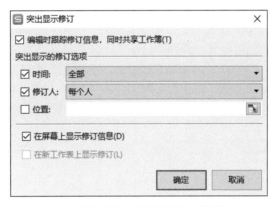

图 12-22　"突出显示修订"对话框

（3）单击"确定"按钮关闭对话框，修改 B4 单元格中的数值。修改完成后，单元格左上角显示一个三角形标记，将鼠标指针移到该单元格上，显示修订人、时间以及说明，如图 12-23 所示。

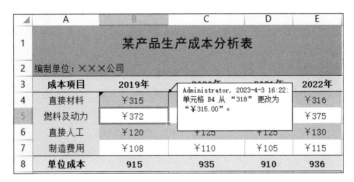

图 12-23　查看修订记录

（4）选中 A8 单元格，在"审阅"菜单选项卡中单击"新建批注"按钮，单元格右上角显示一个红色三角形标记，以及通过连接线指向所选单元格的批注框。在批注框中输入批注内容，如图 12-24 所示。

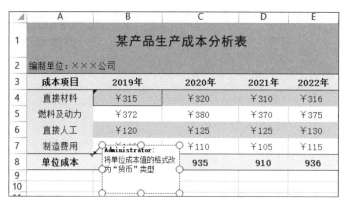

图 12-24　添加批注

（5）单击其他单元格或区域隐藏批注框。在"文件"菜单选项卡中单击"选项"命令，打开"选项"对话框。切换到"常规与保存"分类，在右侧的选项窗格中将用户名修改为"R Xu"，如图 12-25 所示。

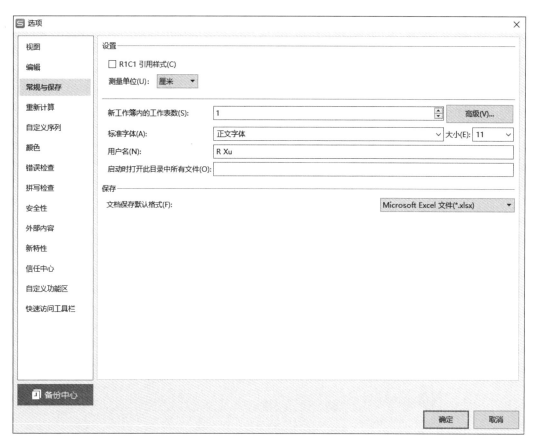

图 12-25　修改用户名

（6）设置完成后，单击"确定"按钮关闭对话框。此时可以看到以用户名"V Yang"修订的单元格左上角的修订标记的颜色发生了变化。

（7）选中 E2 单元格，在"审阅"菜单选项卡中单击"新建批注"按钮，单元格右上角显示一个红色三角形标记，以及通过连接线指向所选单元格的批注框。在批注框中输入批注内容，如图 12-26 所示。单击其他单元格或区域隐藏批注框。

（8）选中 C6 单元格，修改单元格中的数据。单元格左上角显示三角形修订标记，将鼠标指针移到修订过的单元格上，可查看修订信息，如图 12-27 所示。

图 12-26 以用户名 "R Xu" 添加批注

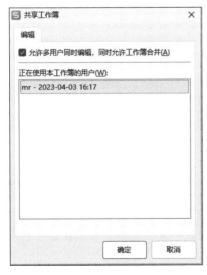

图 12-27 以用户名 "R Xu" 修订工作表

（9）在"审阅"菜单选项卡中单击"显示所有批注"按钮 显示所有批注，即可查看工作表中的所有批注，如图 12-20 所示。

（10）查看工作表后，如果要取消共享工作簿，应在"审阅"菜单选项卡中单击"共享工作簿"按钮 共享工作簿，打开"共享工作簿"对话框。取消选中"允许多用户同时编辑，同时允许工作簿合并"复选框，如图 12-28 所示。

（11）单击"确定"按钮关闭对话框，弹出如图 12-29 所示的提示对话框，提示用户取消共享后，将删除工作表中的修订记录，即可重新共享，正在编辑的用户也不能保存所做的更改。

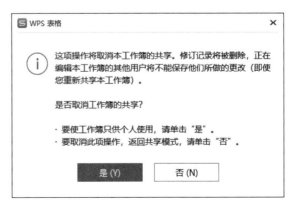

图 12-28 取消共享工作簿

图 12-29 提示对话框

（12）单击"是"按钮关闭对话框。

12.3 打印预览和输出

在工作表的管理流程中，通常要将制作好的工作表打印出来进行分发。在打印之前，应先设置工作表的页面属性和打印区域，并预览打印效果是否符合预期。

利用打印预览视图可以很方便地查看工作表的打印效果，并预览修改页面属性的实时效果。在"文件"菜单选项卡中单击"打印"命令，在弹出的级联菜单中选择"打印预览"命令，即可切换到打印预览视图，如图 12-30 所示。

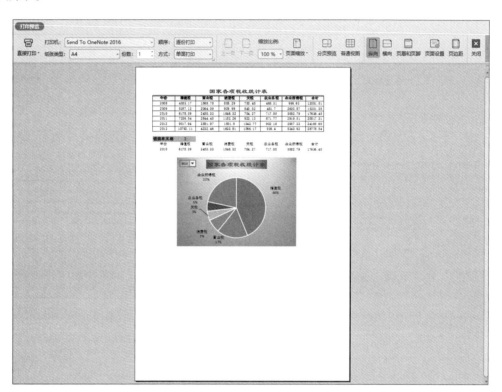

图 12-30　打印预览视图

12.3.1　设置页面属性

如果要使用指定的纸型、纸张方向、页边距打印工作表，可以修改页面设置。

（1）在打印预览视图中，单击"纵向"按钮□纵向或"横向"按钮□横向，即可修改纸张方向。

提示：

　　"纵向"和"横向"是相对于纸张而言的，并非针对打印内容。如果工作表的数据行较多而列较少，可以使用纵向打印；如果列较多而行较少，通常使用横向打印。

（2）单击"页面设置"按钮□弹出"页面设置"对话框，在"纸张大小"下拉列表框中可以选择一种内置的纸张规格，如图 12-31 所示。

注意

　　选择的纸张大小并非实际打印用纸的尺寸。选择的纸张大小不同，打印的数据表大小和位置也不同。

（3）如果要设置打印质量，应在"打印质量"下拉列表框中指定打印分辨率。

（4）在"起始页码"文本框中输入页码指定从哪一页开始打印。默认为"自动"。

图 12-31　选择纸张大小

（5）切换到"页边距"选项卡，在如图 12-32 所示的页边距选项中分别设置上、下、左、右边距值。

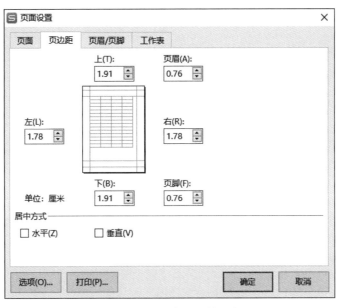

图 12-32　"页边距"选项卡

设置边距时，在对话框中间的边距预览图中可以查看设置效果。

（6）如果要在工作表中设置页眉和页脚，应分别在"页眉"和"页脚"数值框中设置页眉和页脚距页面顶端和底端的高度。

如果直接单击打印预览视图菜单功能区的"页边距"按钮，则各个方向的边距以及页眉、页脚的位置以水平和垂直的虚线显示，在某一条虚线上按下鼠标左键时显示边距名称和距离，如图 12-33 所示。按下鼠标左键拖动，即可调整边距值。

（7）在"居中方式"区域指定要打印的内容在页面中的居中对齐方式，可同时选中两个复选框。

（8）设置完成后，单击"确定"按钮关闭对话框。

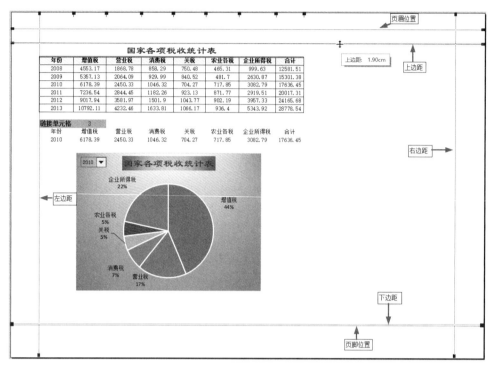

图 12-33　以可视化方式调整边距值

12.3.2　添加页眉和页脚

页眉是显示在每一个打印页顶部的工作表附加信息，例如单位名称和徽标；页脚是显示在每一个打印页底部的附加信息，例如页码和版权声明等。

（1）在打印预览视图的菜单功能区单击"页眉和页脚"按钮 ，打开"页眉 / 页脚"选项卡。

（2）如果要应用 WPS 预置的页眉和页脚样式，直接在"页眉"和"页脚"下拉列表框中选择即可，如图 12-34 所示。

图 12-34　使用预置的页眉 / 页脚样式

（3）如果要自定义个性化的页眉，可单击"自定义页眉"按钮弹出如图 12-35 所示的"页眉"对话框，分别将光标定位在"左""中""右"编辑框中，然后单击编辑框顶部的命令按钮插入相应的代码，或直接在编辑框中输入内容。

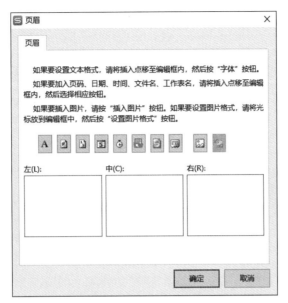

图 12-35 "页眉"对话框

例如，单击"日期"按钮，即可在当前编辑框中插入当前日期的域代码"&[日期]"。

（4）设置完成后，单击"确定"按钮关闭对话框，在"页眉"下拉列表框中自动选中自定义的页眉，页眉预览区显示页眉的效果。

（5）如果要自定义页脚，应单击"自定义页脚"按钮弹出如图 12-36 所示的"页脚"对话框，分别在"左""中""右"编辑框中输入或插入需要的内容。

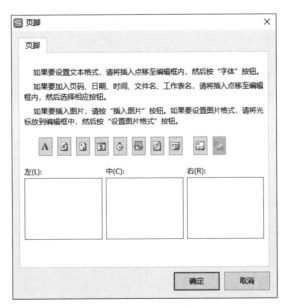

图 12-36 "页脚"对话框

（6）设置完成后，单击"确定"按钮返回到"页面设置"对话框。此时"页脚"下拉列表框中自动选中自定义的页脚，页脚预览区显示页脚的效果。

（7）设置页眉、页脚的属性。

❖ 奇偶页不同：选中该项后，可以分别设置奇数页和偶数页的页眉、页脚。

❖ 首页不同：选中该项后，可以设置首页的页眉、页脚与其他页不同。

（8）设置完毕，单击"确定"按钮关闭对话框。

12.3.3 设置缩放打印

在打印工作表时，还可以将工作表内容进行缩放。

（1）在打印预览视图中，单击"缩放比例"下面的下拉按钮，在如图 12-37 所示的"缩放比例"下拉列表框中选择工作表的缩放比例。

（2）如果希望工作表的宽度或高度能自动调整，以便全部数据行或数据列在一个页面上显示，应在打印预览视图中单击"页面缩放"下拉按钮 ，弹出如图 12-38 所示的下拉菜单。

图 12-37　设置缩放比例　　　　　　　　　　　图 12-38　设置显示比例

- ❖ 无缩放：按照工作表的实际大小打印。
- ❖ 将整个工作表打印在一页：将工作表缩小在一个页面上打印。
- ❖ 将所有列打印在一页：将工作表所有列缩小为一个页面宽，可能会将一页不能显示的行拆分到其他页。
- ❖ 将所有行打印在一页：将工作表所有行缩小为一个页面高，可能会将一页不能显示的列拆分到其他页。
- ❖ 自定义缩放：单击该命令，打开"页面设置"对话框。在"缩放"区域，可以指定将工作表按比例缩放，或调整为指定的页宽或页高，如图 12-39 所示。

图 12-39　缩放页面

12.3.4 设置打印区域

默认情况下，打印工作表时会打印整张工作表。如果只要打印工作表的一部分数据，就需要设置打印区域。

（1）在工作表编辑窗口中选定要打印的单元格或单元格区域。

如果要设置多个打印区域，可以选中一个区域后，按下 Ctrl 键选中其他区域。

（2）在"页面布局"菜单选项卡中单击"打印区域"下拉按钮 ，在弹出的下拉菜单中选择"设置打印区域"命令。

此时，选中的区域四周显示蓝色边框，其他区域灰显，如图 12-40 所示。切换到打印预览视图，可以看到仅打印选中的区域。

	A	B	C	D	E	F	G	H
1				国家各项税收统计表				
2	年份	增值税	营业税	消费税	关税	农业各税	企业所得税	合计
3	2008	4553.17	1868.78	858.29	750.48	465.31	999.63	12581.51
4	2009	5357.13	2064.09	929.99	840.52	481.7	2630.87	15301.38
5	2010	6178.39	2450.33	1046.32	704.27	717.85	3082.79	17636.45
6	2011	7236.54	2844.45	1182.26	923.13	871.77	2919.51	20017.31
7	2012	9017.94	3581.97	1501.9	1043.77	902.19	3957.33	24165.68
8	2013	10792.11	4232.46	1633.81	1066.17	936.4	5343.92	28778.54
9								
10	链接单元格	3						
11	年份	增值税	营业税	消费税	关税	农业各税	企业所得税	合计
12	2010	6178.39	2450.33	1046.32	704.27	717.85	3082.79	17636.45

图 12-40 设置打印区域

如果设置了多个打印区域，可以看到每个区域中显示分页说明，表明每个打印区域都在单独的一页打印，如图 12-41 所示。

	A	B	C	D	E	F	G	H
1				国家各项税收统计表				
2	年份	增值税	营业税	消费税	关税	农业各税	企业所得税	合计
3	2008	4553.17	1868.78	858.29	750.48	465.31	999.63	12581.51
4	2009	5357.13	2064.09	929.99	840.52	481.7	2630.87	15301.38
5	2010	6178.39	2450.33	1046.32	704.27	717.85	3082.79	17636.45
6	2011	7236.54	2844.45	1182.26	923.13	871.77	2919.51	20017.31
7	2012	9017.94	3581.97	1501.9	1043.77	902.19	3957.33	24165.68
8	2013	10792.11	4232.46	1633.81	1066.17	936.4	5343.92	28778.54
9								
10	链接单元格	3						
11	年份	增值税	营业税	消费税	关税	农业各税	企业所得税	合计
12	2010	6178.39	2450.33	1046.32	704.27	717.85	3082.79	17636.45

图 12-41 设置多个打印区域

（3）如果要取消打印选中的区域，可以单击"打印区域"按钮，在弹出的下拉菜单中选择"取消打印区域"命令。

不打印图形图表

如果在打印工作表时，不希望其中的图形图表也一起输出，可以执行以下操作后再打印。

（1）选中不需要打印的图形，右击，在弹出的快捷菜单中选择"设置对象格式"命令，打开对应的属性任务窗格。

如果选择的是图表，则在快捷菜单中选择"设置图表区域格式"命令，打开对应的属性任务窗格。

（2）切换到"大小与属性"选项卡，在"属性"区域取消选中"打印对象"复选框，如图 12-42 所示。

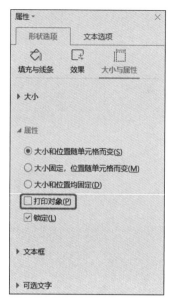

图 12-42 取消选中"打印对象"复选框

此时，执行打印操作，该形状不会被打印输出。

12.3.5 自定义分页位置

如果表格中的数据不能在一页中完全显示，则必须进行分页打印。WPS 默认对表格进行自动分页，将第一页不能显示的数据分割到后续的页面中进行显示。自动分页的效果通常不能完整地显示数据行的所有记录，需要重新定义分页位置。

（1）选中要放置分页符的单元格，在"页面布局"菜单选项卡中单击"分页符"下拉按钮 吕分页符▾ 。

（2）在弹出的下拉菜单中选择"插入分页符"命令，即可在指定的单元格左上角显示两条互相垂直的黑色虚线，即水平分页符和垂直分页符，如图 12-43 所示。

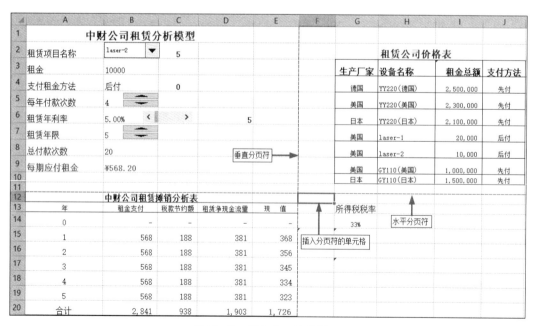

图 12-43 插入分页符的效果

（3）在"视图"菜单选项卡中单击"分页预览"按钮，可以看到以蓝色粗实线表示的分页符将工作表分成了四个页面，如图 12-44 所示。

图 12-44　分页预览

（4）将鼠标指针移到分页符上方，当指针变为双向箭头⟷或↕时，按下鼠标左键拖动，可以改变分页符的位置。

（5）在"视图"菜单选项卡中单击"普通"按钮，返回普通视图。

（6）如果要删除分页符，应选中分页符所在的单元格，在"页面布局"菜单选项卡中单击"分页符"按钮，然后在弹出的下拉菜单中选择"删除分页符"命令。如果要删除当前工作表中的所有分页符，则选择"重置所有分页符"命令。

提示：　重置所有分页符后，工作表中默认仍然显示自动分页符。如果要隐藏自动分页符，可以在"文件"菜单选项卡中单击"选项"命令，在打开的"选项"对话框的"窗口选项"区域取消选中"自动分页符"复选框，然后单击"确定"按钮关闭对话框。

上机练习——费用报销审批表

练习目标　本节练习设置费用报销审批表的分页位置，使整个工作表打印在一页中。通过对操作步骤的详细讲解，帮助读者掌握切换工作表视图、预览打印效果，以及自定义分页位置的方法。

12-2　上机练习——费用报销审批表

设计思路　首先在"打印预览"窗口查看要打印的工作表；然后切换到"分页预览"视图查看分页位置；最后手动调整分页符的位置，使工作表在一页中完整显示。最终效果如图 12-45 所示。

操作步骤

（1）打开编制的费用报销审批表，部分表格内容如图 12-46 所示。

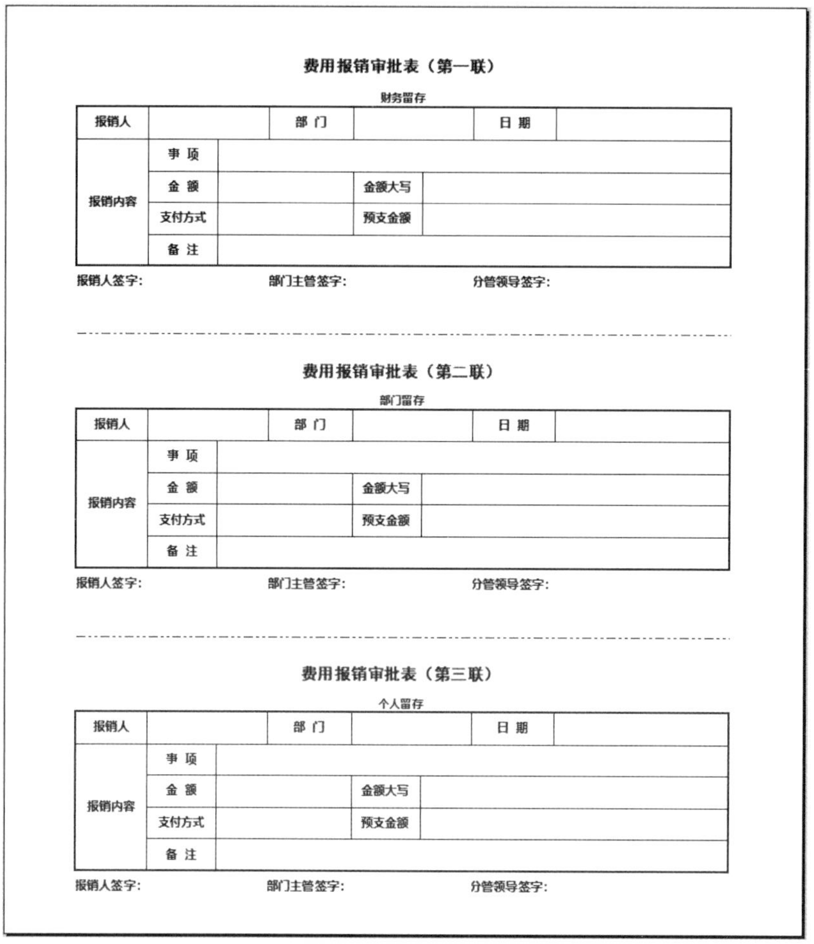

图 12-45　打印预览效果

图 12-46　费用报销审批表

首先预览打印效果，查看默认的打印设置是否符合要求。

（2）在"文件"菜单选项卡中单击"打印"命令，在级联菜单中选择"打印预览"命令，切换到如图 12-47 所示的"打印预览"窗口。

从图 12-47 中可以看到，由于审批表的宽度和高度超出了页面大小，因此有部分行和列没有显示，在状态栏上可以看到当前工作表被自动分为了 4 页。

（3）单击"分页预览"按钮 ，退出打印预览窗格，可以查看默认的分页位置和效果，如图 12-48 所示。

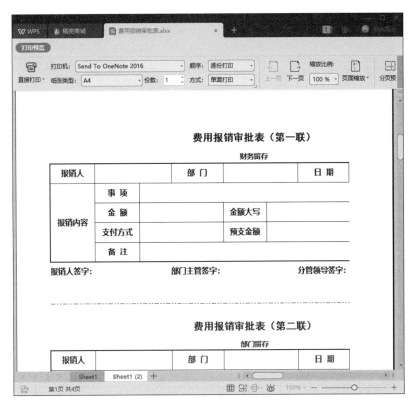

图 12-47　打印预览效果

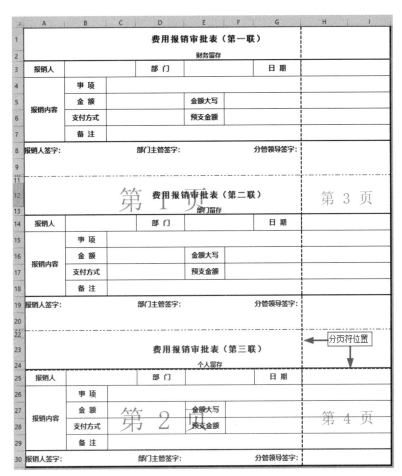

图 12-48　查看分页位置和效果

（4）将鼠标指针移到垂直分页符上，当指针显示为双向箭头时，按下鼠标左键拖动到 I 列右侧释放，可以看到页面调整为一页。

（5）在"文件"菜单选项卡中单击"打印"命令，在级联菜单中选择"打印预览"命令，切换到"打印预览"窗口，可以看到工作表完整地在一个页面中显示，如图 12-45 所示。

12.3.6　打印标题

对工作表进行分页以后，默认情况下只有第一页显示标题行，后续页不显示，查看后续页面的数据项很不方便。此时，可以设置打印标题。

（1）在"页面布局"菜单选项卡中单击"打印标题"按钮 ，弹出"页面设置"对话框，并自动切换到"工作表"选项卡。

（2）在"打印标题"区域，单击"顶端标题行"文本框或"左端标题列"文本框右侧的 按钮，在工作表中选择标题行或标题列，如图 12-49 所示。

图 12-49　设置要打印的标题

（3）设置完成后，单击"确定"按钮关闭对话框。

此时切换到打印预览视图，单击"下一页"按钮 ，可以看到后续页面都显示有设置的标题。

打印网格线和行号列标

默认情况下，工作表中的网格线和行号列标都不会被打印出来。如果要打印这些项目，可以进行以下操作。

（1）打开"页面设置"对话框，在"工作表"选项卡的"打印"区域，选中"网格线"复选框和"行号列标"复选框。

（2）单击"确定"按钮关闭对话框。

12.3.7　添加背景图片

WPS 工作表默认的背景颜色为白色，根据设计需要可以使用图片作为工作表的背景。

（1）在"页面布局"菜单选项卡中单击"背景图片"按钮 ，在"工作表背景"对话框中选择图片的来源。

（2）选中需要的图片后，单击"打开"按钮，即可将指定的图片设置为工作表的背景，如图12-50所示。

图12-50 设置背景图片的工作表

> **注意** 设置的背景图片并不能打印输出。如果希望背景图片也能同时输出，可以将图片放置在页眉或页脚中。

如果要删除背景图像，应在"页面布局"菜单选项卡中单击"删除背景"按钮 。

12.3.8 输出文件

设置好文件的页面属性后，就可以打印输出文件了。

（1）在"文件"菜单选项卡中单击"打印"命令，在级联菜单中选择"打印预览"命令进入打印预览视图。

利用如图12-51所示的工具按钮，可以快捷地设置打印机属性、打印份数和打印方式。

（2）在"份数"数值框中设置打印的份数。

（3）如果打印多份，可以在"顺序"下拉列表框中指定是逐份打印，还是逐页打印。

（4）在"方式"下拉列表框中可以指定打印的方式，可以单面打印，也可以手动双面打印。

（5）单击"直接打印"按钮 ，在如图12-52所示的下拉菜单中进一步设置打印选项，或直接打印输出。

图12-51 打印预览工具按钮

图12-52 "直接打印"下拉菜单

如果要进一步设置打印选项，应选择"打印"命令，在如图12-53所示的"打印"对话框中设置打印内容、范围和方式。

如果要直接输出当前工作表或指定的打印区域，应单击"直接打印"命令。

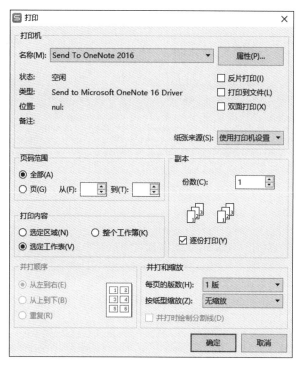

图 12-53 "打印"对话框

如果要输出当前工作簿中的所有工作表，应单击"打印整个工作簿"命令。

（6）打印完成后，单击菜单选项区的"关闭"按钮退出打印预览视图。

答 疑 解 惑

1. 怎样在工作表中插入一张图片作为底纹样式并打印输出？

答：工作表的背景图像不能被打印出来，要想将图片以工作表底纹的形式打印输出，可以将图片以页眉的形式插入工作表中。

2. 默认情况下，在工作表中放置的各种对象，例如图形、图片等所有对象在打印工作表时都会打印出来。若不想将工作表中的图片或者形状在打印时输出，该怎么办？

答：在工作表中选中不需要打印的对象，例如某个形状，右击，在弹出的快捷菜单中选择"设置对象格式"命令，弹出"设置形状格式"任务窗格。在"大小与属性"选项卡的"属性"区域，取消选中"打印对象"复选框，如图 12-54 所示。此时，执行打印操作，该形状不会被打印输出。

3. WPS 表格中默认显示自动分页符，如何删除？

答：在"文件"菜单选项卡中单击"选项"命令打开"选项"对话框，然后在"视图"选项卡的"窗口选项"区域取消选中"自动分页符"复选框。设置完成后，单击"确定"按钮关闭对话框。

4. 打印工作表时，工作表中的某些行或列被自动拆分打印到其他的页面，该如何处理？

答：可以执行以下操作之一：

（1）更改纸张方向；

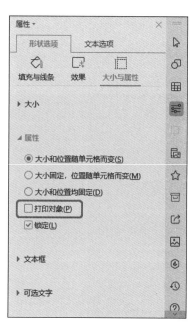

图 12-54 取消选中"打印对象"复选框

（2）调整分页符；

（3）设置将所有行或列打印在一页；

（4）缩小页边距。

5. 在设置打印区域时，有什么技巧？

答：（1）在用鼠标选择打印区域时，按下 Ctrl 键，可选择多个区域，但每个区域都是单独打印的。

（2）如果要将多个打印区域打印在一张纸上，可以先将这几个区域复制到同一个工作表中，然后打印工作表。

6. 如何打印超宽工作表？

答：打开"页面设置"对话框，在"工作表"选项卡中将打印顺序设置为"先行后列"，单击"确定"按钮即可。

7. 打印工作表时能打印行号和列标吗？

答：能。打开"页面设置"对话框，切换到"工作表"选项卡，在"打印"选项区域选中"行号列标"复选框，然后单击"确定"按钮，执行打印操作。

学习效果自测

选择题

1. 在 WPS 表格中，打印工作表之前就能看到实际打印效果的操作是（　　）。

　　A. 仔细观察工作表　　B. 打印预览　　　　　　C. 分页预览　　　　　　D. 按 F8 键

2. 如果要打印行号和列标，应该在"页面设置"对话框中的（　　）选项卡中进行设置。

　　A. 页面　　　　　　　B. 页边距　　　　　　　C. 页眉 / 页脚　　　　　D. 工作表

3. 下列关于打印工作簿的表述错误的是（　　）。

　　A. 一次可以打印整个工作簿　　　　　　　　B. 一次可以打印一个工作表

　　C. 可以只打印工作表中的某一页　　　　　　D. 不能只打印工作表中的一个区域

4. 如果想插入一条水平分页符，活动单元格应选择（　　）。

　　A. 任意一个单元格　　　　　　　　　　　　B. 第一行的单元格，A1 单元格除外

　　C. 第一列的单元格，A1 单元格除外　　　　D. A1 单元格

5. 有关打印工作表，以下说法错误的是（　　）。

　　A. 可以打印行号列标　　　　　　　　　　　B. 可以打印图表

　　C. 可以打印网格线　　　　　　　　　　　　D. 可以打印工作表背景图片

第13章

WPS演示的基本操作

本章导读

　　"演示"是 WPS Office 2022 应用软件的一个重要组件，能够整合文字、图形、图表、音频、视频等多种媒体形式，以电子展板的形式，直观、动态、形象地展示要表达的观点，广泛应用于方案策划、工作汇报、产品推广、节日庆典、教育培训等场合。

学习要点

❖ 演示文稿与幻灯片的联系
❖ 创建演示文稿
❖ 切换文稿视图
❖ 修改幻灯片版式
❖ 使用节管理幻灯片

13.1　演示文稿与幻灯片

演示文稿简称 PPT，是指利用演示应用程序制作的文档。WPS 演示的文件后缀名默认为 dps；PowerPoint 文件的后缀名默认为 ppt 或 pptx。

演示文稿包含的一页一页画面称为幻灯片，每张幻灯片都是相互独立又相互联系的，如图 13-1 所示。也就是说，演示文稿包含幻灯片，幻灯片的集合组成演示文稿。

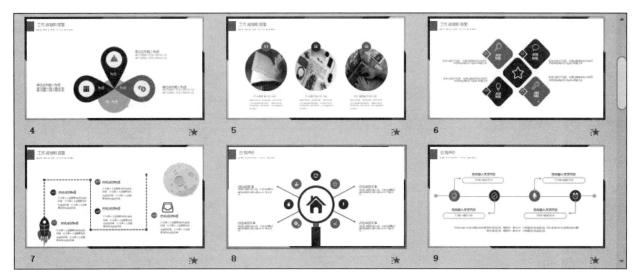

图 13-1　演示文稿中的部分幻灯片

一个完整的演示文稿应包含封面、目录、内容页和封底，结构复杂的演示文稿可能包含前言，每一节还有过渡页。内容页可以是文字、图形、图表、表格、视频等内容的组合。

不同用途的演示文稿制作的重点也不一样，例如辅助演讲类的文稿主要内容是文字和图片；自动展示类的文稿通常图文并茂，包含大量的动画演示、音频和视频。

13.2　演示文稿的基本操作

与其他文件类似，演示文稿的基本操作包括打开、新建、保存和关闭。

13.2.1　打开、关闭演示文稿

如果要查看或编辑一个已有的演示文稿，首先需要将其打开。

（1）在"文件"菜单选项卡中单击"打开"命令，或按快捷键 Ctrl+O，弹出如图 13-2 所示的"打开"对话框。

（2）在左侧的位置列表中单击文件所在的位置，浏览到文件所在路径，单击文件名称，然后单击"打开"按钮，即可打开指定的文件。

提示：　　如果要同时打开多个演示文稿，可按住 Ctrl 键在文件列表中单击需要的多个文件，然后单击"打开"按钮。

如果不再需要某个打开的演示文稿，应将其关闭以防止误操作。单击文件标签选项卡右上角的"关闭"按钮，如图 13-3 所示，即可关闭当前文件。

图 13-2 "打开"对话框

图 13-3 "关闭"按钮

13.2.2 创建演示文稿

在 WPS 2022 中，可以多种方式创建演示文稿，帮助不同层次的用户快速开始演示文稿的创作。

（1）启动 WPS 2022 后，在首页左侧窗格中单击"新建"命令，系统将打开一个标签名称为"新建"的界面选项卡，在功能区显示的功能组件列表中单击"演示"按钮 P。

（2）如果要新建一个空白的演示文稿，在模板列表中单击"新建空白文档"图标按钮，如图 13-4 所示，即可创建一个文档标签为"演示文稿 1"的空白文档，如图 13-5 所示。

图 13-4 单击"新建空白文档"按钮

图 13-5　WPS 演示的工作界面

与 WPS 文字相同，WPS 演示的菜单功能区以功能组的形式管理相应的命令按钮。大多数功能组右下角都有一个称为功能扩展按钮的图标⌐，将鼠标指针指向该按钮时，可以预览到对应的对话框或窗格；单击该按钮，可打开相应的对话框或者窗格。

WPS 演示默认以普通视图显示，左侧是幻灯片窗格，显示当前演示文稿中的幻灯片缩略图，橙色边框包围的缩略图为当前幻灯片。右侧的编辑窗格显示当前幻灯片。

"备注"窗格用于编辑或显示当前幻灯片的备注内容。单击状态栏上的"隐藏或显示备注面板"按钮≡，可切换"备注"窗格的显示状态。

状态栏位于应用程序窗口底部，左侧显示当前幻灯片的位置信息；中间为"隐藏或显示备注面板"按钮；右侧为视图方式、"显示比例"滑块及"缩放级别"按钮。

（3）如果要套用 WPS 预置的联机模板创建格式化的演示文稿，可进行以下操作：将鼠标指针移到"新建"选项卡的模板列表中的模板图标上，单击"免费使用"按钮或"使用该模板"按钮，即可开始下载模板，并基于模板新建一个演示文稿，如图 13-6 所示。

图 13-6　基于模板新建的演示文稿

13.2.3 保存演示文稿

在编辑演示文稿的过程中，随时进行保存是个很好的习惯，以免因为断电等意外导致数据丢失。

在 WPS 中保存演示文稿有以下 3 种常用的方法：

❖ 单击快速访问工具栏上的"保存"按钮 □；

❖ 按快捷键 Ctrl+S；

❖ 执行"文件"→"保存"命令。

如果文件已经保存过，执行以上操作时，将用新文件内容覆盖原有的内容；如果是首次保存文件，则弹出如图 13-7 所示的"另存文件"对话框，从中指定文件的保存路径、名称和类型。设置完成后，单击"保存"按钮关闭对话框。

图 13-7 "另存文件"对话框

13.2.4 切换文稿视图

WPS 演示能够以多种不同的视图显示演示文稿的内容，在一种视图中对演示文稿的修改和加工会自动反映在该演示文稿的其他视图中，从而使演示文稿更易于编辑和浏览。

图 13-8 演示文稿视图

在"视图"菜单选项卡的"演示文稿视图"区域可以看到 4 种查看演示文稿的视图方式，如图 13-8 所示。在状态栏上也可以看到对应的视图按钮。

1. 普通视图

普通视图是 WPS 2022 的默认视图，在普通视图中可以对整个演示文稿的大纲和单张幻灯片的内容进行编排与格式化。根据左侧窗格显示内容的不同，普通视图还可以分为幻灯片视图和大纲视图两种视图方式。

幻灯片视图如图 13-9 所示，左侧窗格按顺序显示幻灯片缩略图，右侧显示当前幻灯片。单击左侧窗格顶部的"大纲"按钮，可切换到"大纲"视图，如图 13-10 所示。大纲视图常用于组织和查看演示文稿的大纲。

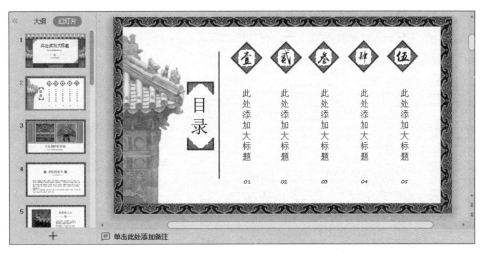

图 13-9　幻灯片视图

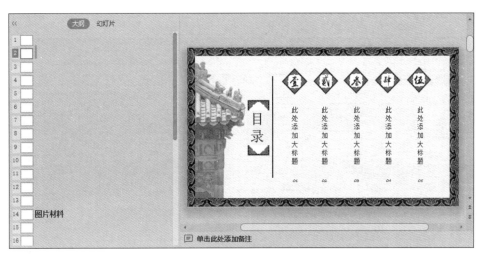

图 13-10　大纲视图

2. 幻灯片浏览视图

在幻灯片浏览视图中按次序排列缩略图，可以很方便地预览演示文稿中的所有幻灯片及相对位置，如图 13-11 所示。

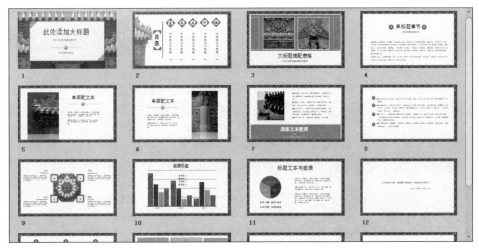

图 13-11　幻灯片浏览视图

使用这种视图不仅可以了解整个演示文稿的外观，还可以在其中轻松地按顺序组织幻灯片，尤其是在复制、移动、隐藏、删除幻灯片，以及设置幻灯片的切换效果和放映方式时很方便。

3. 备注页视图

如果需要在演示文稿中记录一些不便于显示在幻灯片中的信息，可以使用备注页视图建立、修改和编辑备注，输入的备注内容还可以打印出来作为演讲稿。

在备注页视图中，文档编辑窗口分为上、下两部分：上面是幻灯片缩略图，下面是备注文本框，如图 13-12 所示。

4. 阅读视图

阅读视图是一种全窗口查看模式，类似于放映幻灯片，不仅可以预览各张幻灯片的外观，还能查看动画和切换效果，如图 13-13 所示。

图 13-12　备注页视图

图 13-13　阅读视图

默认情况下，在幻灯片上单击可切换幻灯片，或插入当前幻灯片的下一个动画。在幻灯片上右击，在弹出的快捷菜单中选择"结束放映"命令，即可退出阅读视图。

13.3　幻灯片的基本操作

一个完整的演示文稿通常由一定数量的幻灯片组成，包含丰富的版式和内容。幻灯片的基本操作包括选取幻灯片、新建幻灯片、修改幻灯片版式、复制和移动幻灯片、删除幻灯片，以及使用节组织幻灯片，快速浏览幻灯片等。

13.3.1　选取幻灯片

要编辑演示文稿，首先应选取幻灯片。在普通视图、大纲视图和幻灯片浏览视图中都可以很方便地选择幻灯片。

在普通视图或幻灯片浏览视图中单击幻灯片缩略图，即可选中指定的幻灯片，如图13-14所示。选中的幻灯片缩略图四周显示橙色边框。

图13-14　在"幻灯片"窗格中选择幻灯片

在"大纲"窗格中，单击幻灯片编号右侧的图标选择幻灯片，如图13-15所示。

图13-15　在"大纲"窗格中选择幻灯片

 提示：　　先选中一张幻灯片，然后按住Shift键单击另一张幻灯片，可以选中两张幻灯片之间（并包含这两张）的所有幻灯片。如果按住Ctrl键单击，则可选中不连续的多张幻灯片。

13.3.2　新建、删除幻灯片

新建的空白演示文稿默认只有一张幻灯片，而要演示的内容通常不可能在一张幻灯片上完全展示，这就需要在演示文稿中添加幻灯片。通常在普通视图中新建幻灯片。

（1）切换到普通视图，将鼠标指针移到左侧窗格中的幻灯片缩略图上，缩略图底部显示"从当前开始"按钮和"新建幻灯片"按钮，如图13-16所示。

图13-16　在普通视图中新建幻灯片

（2）单击"新建幻灯片"按钮，或单击左侧窗格底部的"新建幻灯片"按钮 **＋** ，将展开"新建"面板，显示各类幻灯片的推荐版式，位于顶部的是与当前演示文稿配套的版式，如图13-17所示。

图 13-17　"新建"面板

（3）单击需要的版式，即可下载并创建一张新幻灯片，窗口右侧自动展开"设置"任务窗格，用于修改幻灯片的配色、样式和演示动画，如图13-18所示。

图 13-18　使用指定版式新建幻灯片

（4）在要插入幻灯片的位置右击，在弹出的快捷菜单中选择"新建幻灯片"命令，可以在指定位置新建一个不包含内容和布局的空白幻灯片，如图13-19所示。

此外，使用菜单命令也可以新建幻灯片。在左侧窗格中单击要插入幻灯片的位置，在"开始"菜单选项卡中单击"新建幻灯片"下拉按钮 ，在弹出的"新建"面板中选择幻灯片版式，即可在指定位置插入一张幻灯片。

删除幻灯片的操作很简单，选中要删除的幻灯片之后，直接按 Delete 键即可；或右击幻灯片，在弹出的快捷菜单中选择"删除幻灯片"命令。删除幻灯片后，其他幻灯片的编号将自动重新排序。

图 13-19　使用快捷菜单新建的幻灯片

13.3.3　修改幻灯片版式

新建幻灯片之后，用户还可以根据内容编排的需要修改幻灯片版式。

（1）选中要修改版式的幻灯片，在"开始"菜单选项卡中单击"版式"下拉按钮，弹出如图 13-20 所示的版式列表。

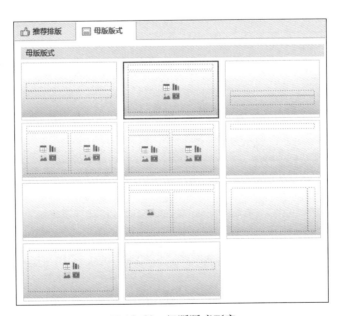

图 13-20　母版版式列表

（2）切换到"推荐排版"选项卡，可以看到 WPS 提供了丰富的文字排版和图示排版版式，还能更改配色，如图 13-21 所示。

（3）单击需要的版式，即可应用。例如，新建的空白幻灯片应用一种推荐排版的效果如图 13-22 所示。

图 13-21　推荐版式列表

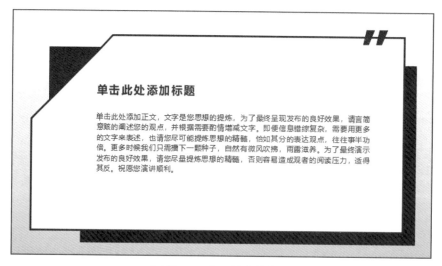

图 13-22　应用版式的效果

13.3.4　复制、移动幻灯片

制作版式或内容相同的多张幻灯片时，利用复制幻灯片可以提高工作效率。

（1）选择要复制的幻灯片。

如果要选择连续的多张幻灯片，应在选中要选取的第一张幻灯片后，按住 Shift 键单击要选取的最后一张幻灯片；如果要选择不连续的多张幻灯片，应在选中要选取的第一张幻灯片后，按住 Ctrl 键单击要选取的其他幻灯片。

（2）在选中的幻灯片上右击，在弹出的快捷菜单中选择"新建幻灯片副本"命令，即可在最后一张选中幻灯片下方按选择顺序生成与选中幻灯片相同的幻灯片。

例如，依次选中编号为 3 和 2 的幻灯片，复制生成编号为 4 和 5 的幻灯片，如图 13-23 所示。

如果要在其他位置使用幻灯片副本，应在选中幻灯片后，在"开始"菜单选项卡中单击"复制"按钮 ，然后单击要使用副本的位置，在"开始"菜单选项卡中单击"粘贴"下拉按钮 ，在如图 13-24 所示的下拉菜单中选择一种粘贴方式。

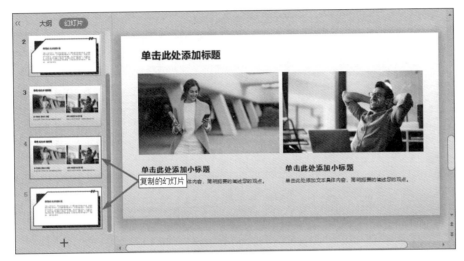

图 13-23　复制幻灯片　　　　　　　　　　　　　　　图 13-24　"粘贴"下拉菜单

❖ 带格式粘贴：按幻灯片的源格式粘贴。

❖ 粘贴为图片：以图片形式粘贴，不能编辑幻灯片内容。

❖ 匹配当前格式：按当前演示文稿的主题样式粘贴。

默认情况下，幻灯片按编号顺序播放，如果要调整幻灯片的播放顺序，就要移动幻灯片。

（1）选中要移动的幻灯片，在幻灯片上按下左键拖动，指针显示为 ，拖到的目的位置显示一条橙色的细线，如图 13-25 所示。

（2）释放鼠标，即可将选中的幻灯片移动指定位置，编号也随之重排，如图 13-26 所示。

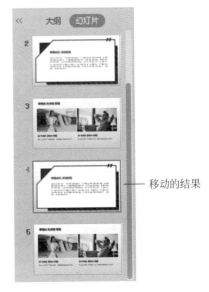

图 13-25　移动幻灯片　　　　　　　　　　　　　　　图 13-26　移动后的幻灯片列表

在不同演示文稿之间复制幻灯片

（1）打开要操作的两个演示文稿。

（2）在"视图"菜单选项卡中单击"重排窗口"下拉按钮，在弹出的下拉菜单中选择"垂直平铺"命令，则打开的演示文稿并排展示，如图 13-27 所示。

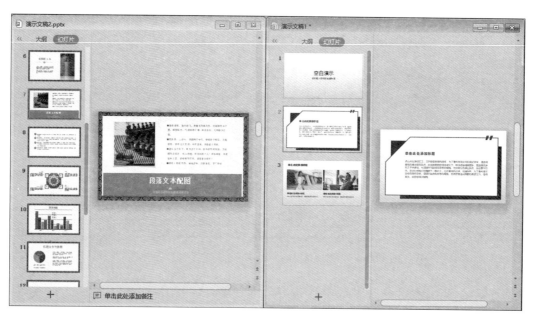

图 13-27　垂直平铺演示文稿

（3）选中要复制的一张或者多张幻灯片，用鼠标将其拖动至目标演示文档，即可复制幻灯片。副本自动套用当前演示文稿的主题，如图 13-28 所示。

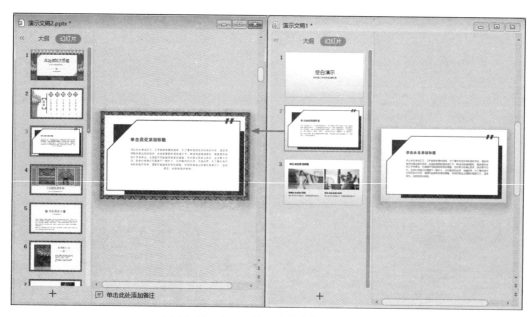

图 13-28　在不同演示文稿中复制幻灯片

13.3.5　隐藏幻灯片

如果暂时不需要某些幻灯片，但又不想删除，可以将其隐藏。隐藏的幻灯片在放映时不显示。

（1）在普通视图中选中要隐藏的幻灯片。

（2）在快捷菜单中选择"隐藏幻灯片"命令，或在"幻灯片放映"菜单选项卡中单击"隐藏幻灯片"按钮 。

此时，在左侧窗格中可以看到隐藏的幻灯片淡化显示，且幻灯片编号上显示一条斜向的删除线，如图 13-29 所示。

图 13-29　隐藏幻灯片

隐藏的幻灯片尽管在放映时不显示，但并没有从演示文稿中删除。选中隐藏的幻灯片后，再次单击"隐藏幻灯片"按钮即可取消隐藏。

13.3.6　播放幻灯片

如果要预览幻灯片的效果，可以播放幻灯片。

在 WPS 中，从当前选中的幻灯片开始播放的常用方法有以下四种。

❖ 在状态栏上单击"从当前幻灯片开始播放"按钮 ，可从当前选中的幻灯片开始放映。

❖ 按快捷键 Shift+F5。

❖ 在普通视图中，将鼠标指针移到幻灯片缩略图上，单击"从当前开始"按钮 。

❖ 在"幻灯片放映"菜单选项卡中，单击"从当前开始"按钮 。

如果要从演示文稿的第一张幻灯片开始播放，应在"幻灯片放映"菜单选项卡中单击"从头开始"按钮 。

播放幻灯片时，就像打开一台真实的幻灯放映机，在计算机屏幕上全屏呈现幻灯片。单击即可播放幻灯片的动画，没有动画则进入下一页。右击幻灯片，在弹出的快捷菜单中选择"结束放映"命令，即可退出幻灯片放映视图。

如果不希望全屏查看幻灯片效果，可以在状态栏上单击"阅读视图"按钮 ，在当前窗口中预览幻灯片，如图 13-30 所示。

右击幻灯片，在弹出的快捷菜单中选择"结束放映"命令，即可退出阅读视图。

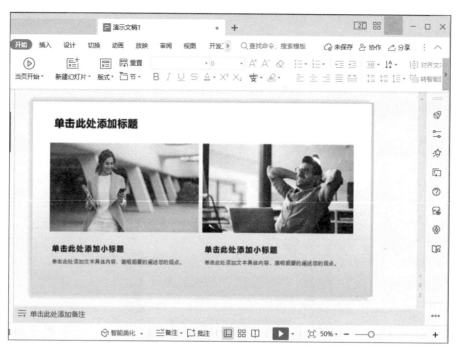

图 13-30　阅读视图

13.3.7　使用节管理幻灯片

如果演示文稿中的幻灯片很多，可以使用节组织、管理幻灯片。"节"相当于一个文件夹，可以包含一张或数张幻灯片，通过把幻灯片整理成组并命名，可以很方便地与他人协同创建演示文稿。

（1）打开一个已创建的演示文稿，并切换到幻灯片浏览视图。在普通视图中也可以添加节，但在幻灯片浏览视图中更方便。

（2）在要进行分节的位置右击，在弹出的快捷菜单中选择"新增节"命令，即可在指定点插入节标记。插入点前后的内容被分为两节，插入点之前的节为"默认节"，插入点之后的节默认为"无标题节"，且自动选中插入点右侧的幻灯片，如图 13-31 所示。

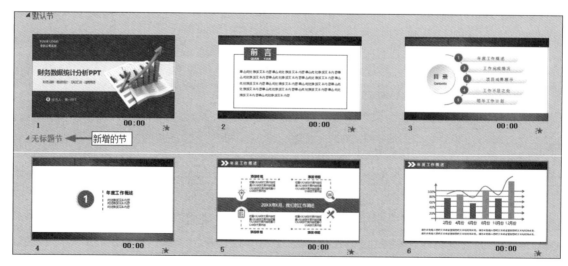

图 13-31　新增节

（3）如果要修改节名称，可在节名称上右击，在弹出的快捷菜单中选择"重命名节"命令，在如图 13-32 所示的"重命名节"对话框中输入节的名称，然后单击"重命名"按钮关闭对话框。

图 13-32 "重命名" 对话框

（4）按照步骤（2）和步骤（3）的方法，可以增加多个节管理幻灯片，如图 13-33 所示。

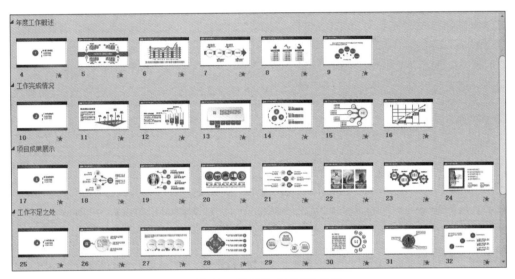

图 13-33 使用节对幻灯片分组

使用节对幻灯片进行分组后，为便于查看整个演示文稿的主体结构，可以折叠节内容。

（5）单击要折叠的节名称左侧的黑色小三角 ◢，即可折叠节内容。此时，节名称左侧的图标变为 ▶，节名称右侧显示折叠的幻灯片张数，如图 13-34 所示。

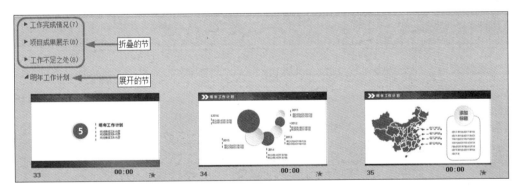

图 13-34 折叠节

如果要折叠演示文稿中的所有节，可以在任意一个节名称上右击，在弹出的快捷菜单中选择"全部折叠"命令。

（6）单击节名称左侧的 ▶ 按钮，即可展开对应节中的幻灯片。

如果要展开演示文稿中的所有节，可以在任意一个节名称上右击，在弹出的快捷菜单中选择"全部展开"命令。

使用节组织幻灯片后，还可随时根据演讲需要调整演讲主题的顺序。

（7）在需要调整顺序的节名称上右击，在弹出的快捷菜单中根据需要选择"向上移动节"或"向下移动节"命令，可调整节在演示文稿中的排列顺序，其中所有的幻灯片编号也相应地调整。

使用鼠标拖动的方法也可以很便捷地调整节的顺序。在需要调整顺序的节名称上按下鼠标左键并拖动，演示文稿中的所有节将自动折叠，拖动的目标位置显示一条橙色的细线，如图 13-35 所示。释放鼠标，即可将节移动到指定位置。

在演示文稿中，可以仅删除节，也可以在删除节的同时删除其中包含的所有幻灯片。

（8）如果不再需要某些节中的幻灯片，或取消对幻灯片进行分组，可在节名称上右击，在如图 13-36 所示的快捷菜单中根据需要选择相应的命令。

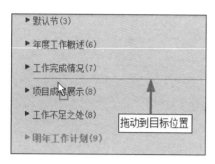

图 13-35　使用鼠标拖动调整节位置

图 13-36　快捷菜单

❖ 删除节：仅删除指定的节标记，该节中的幻灯片自动合并到上一节。

❖ 删除节和幻灯片：删除指定的节以及节中的所有幻灯片。

❖ 删除所有节：删除当前演示文稿中的所有节标记，保留其中的幻灯片。

答 疑 解 惑

1. 将在 WPS 2022 中精心制作的演示文稿分发给同事时，却因对方计算机上的 Office 版本太低不能正常播放，如何解决？

答：考虑到目前使用 PowerPoint 97-2003 的用户不在少数，在保存分发演示文稿时，可以保存为较低版本，方便其他用户观看。

（1）单击"文件"菜单选项卡中的"另存为"命令，打开"另存为"对话框。

（2）在"文件类型"下拉列表框中选择"Microsoft PowerPoint 97-2003 演示文稿（*.ppt）"，输入文件名后，单击"保存"按钮。

读者要注意的是，将演示文稿另存为较低的版本后，2022 版本中的一些动画效果和嵌入的音频或视频文件可能不能正常播放。

2. WPS 演示默认的撤销步数为 30，怎样修改可撤销的操作步数？

答：（1）在"文件"菜单选项卡中单击"选项"命令，打开"选项"对话框。

（2）切换到"编辑"选项界面，在"编辑选项"区域的"撤销/恢复操作步骤"数值框中输入需要的数值。

（3）设置完成后，单击"确定"按钮关闭对话框。

学习效果自测

一、选择题

1. WPS 演示是一种主要用于（　　　）的工具。

A. 画图　　　　　　　B. 文字处理　　　　　　　C. 制作幻灯片　　　　　　D. 绘制表格

2. 演示文稿的基本组成单元是（　　　　）。

    A. 文本　　　　　　　　B. 图形　　　　　　　　C. 超链点　　　　　　　D. 幻灯片

3. 在（　　　　）视图中，可以用鼠标拖动调整幻灯片的位置。

    A. 阅读　　　　　　　　B. 备注页　　　　　　　C. 幻灯片浏览　　　　　D. 幻灯片放映

4. 在 WPS 演示中，可以对幻灯片进行移动、删除、添加、复制、设置切换效果，但不能编辑幻灯片中具体内容的视图是（　　　　）。

    A. 阅读视图　　　　　　B. 幻灯片浏览视图　　　C. 普通视图　　　　　　D. 以上三项均不能

5. 对于在 WPS 演示中打开文件的说法，正确的是（　　　　）。

    A. 一次只能打开一个文件　　　　　　　　　　B. 最多能打开三个文件

    C. 能打开多个文件，但不能同时打开　　　　　D. 能同时打开多个文件

6. 关于备注页视图，下列叙述中正确的是（　　　　）。

    A. 在备注页视图中可以看到其他幻灯片的缩略图

    B. 备注信息在演讲时用作提示，因此在播放时以小字号显示

    C. 单击状态栏上的"隐藏或显示备注面板"按钮，可切换到备注页视图

    D. 备注信息在播放时不显示

7. 在（　　　　）视图中，编辑窗口显示为上下两部分，上部分是幻灯片，下部分是文本框，用于记录讲演时所需的一些提示要点。

    A. 备注页　　　　　　　B. 幻灯片浏览　　　　　C. 普通　　　　　　　　D. 阅读

8. 在幻灯片浏览视图中要选定连续的多张幻灯片，应先选中起始的一张幻灯片，然后按（　　　　）键，再选中末尾的幻灯片。

    A. Ctrl　　　　　　　　B. Enter　　　　　　　C. Alt　　　　　　　　D. Shift

9. 下列有关插入幻灯片的说法错误的是（　　　　）。

    A. 在"插入"菜单选项卡中单击"新建幻灯片"下拉按钮，在弹出的"新建"面板中选择版式

    B. 可以从其他演示文稿复制，粘贴在当前演示文稿中，从而插入新幻灯片

    C. 在幻灯片浏览视图下右击，在弹出的快捷菜单中选择"新建幻灯片"命令

    D. 在幻灯片浏览视图下单击要插入新幻灯片的位置，按 Enter 键

二、判断题

1. 在 WPS 演示的大纲窗格中，不可以插入幻灯片。（　　　　）

2. 在幻灯片浏览视图中复制某张幻灯片，可在按 Ctrl 键的同时用鼠标拖放幻灯片到目标位置。（　　　　）

三、填空题

1. WPS 2022 的演示文稿具有 ＿＿＿＿＿＿、＿＿＿＿＿＿、＿＿＿＿＿＿和＿＿＿＿＿＿4 种视图。

2. 普通视图的左侧窗格显示 ＿＿＿＿＿＿或＿＿＿＿＿＿，右侧窗格显示＿＿＿＿＿＿。

3. 幻灯片浏览视图以 ＿＿＿＿＿＿形式显示当前演示文稿中的所有幻灯片。

4. WPS 演示默认的视图方式是 ＿＿＿＿＿＿。

四、操作题

1. 新建一个演示文稿，分别使用菜单命令和快捷菜单新建幻灯片。

2. 使用不同的视图方式查看创建的演示文稿。

3. 选中不连续的两张幻灯片，然后复制幻灯片。

第 14 章

设计、美化幻灯片

本章导读

通常情况下，同一个演示文稿中的幻灯片应具有一致的外观。在 WPS 演示中，应用模板和母版可以帮助用户，尤其是初学者快速创建风格统一的演示文稿。

使用模板，不需要考虑版式、配色等设计元素，只需要在指定的位置插入相应的幻灯片元素，就可以快速完成一个演示文稿。母版是一种批量制作风格统一的幻灯片的利器，通过把相同的内容汇集到母版中，可以快速创建大量"似是而非"的幻灯片。

学习要点

- ❖ 套用模板格式化演示文稿
- ❖ 自定义母版
- ❖ 设计母版版式

14.1 应用模板格式化幻灯片

对于初学者来说，在创建演示文稿时，如果没有特殊的构想，要创作出专业水平的演示文稿，使用设计模板是一个很好的开始。使用模板可使用户集中精力创建文稿的内容，而不用考虑文稿的配色、布局等整体风格。

14.1.1 套用设计模板

设计模板决定了幻灯片的主要版式、文本格式、颜色配置和背景样式。

（1）打开演示文稿，切换到"设计"菜单选项卡。

（2）单击功能区最左侧的"魔法"按钮 ，当前演示文稿将随机地应用一种模板，如图 14-1 所示。

图 14-1　空白幻灯片套用模板的效果

此时，在演示文稿中新建幻灯片，新幻灯片也将自动套用指定的模板，如图 14-2 所示。

图 14-2　新建的幻灯片

（3）如果要应用 WPS 内置的或在线的设计模板，应在"设计"菜单选项卡的"设计方案"下拉列表框中选择需要的模板，如图 14-3 所示。单击"更多设计"按钮 ，可打开如图 14-4 所示的在线设计方案库，在海量模板中搜索合适的模板。

（4）单击模板图标，弹出对应的设计方案对话框，显示该模板中的所有版式页面，如图 14-5 所示。

图 14-3　选择设计模板

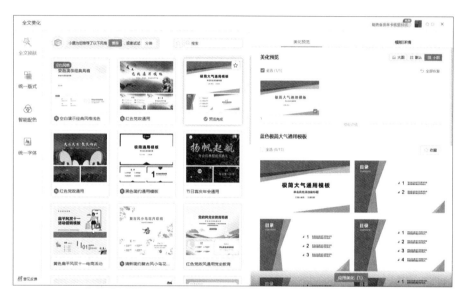

图 14-4　在线设计方案

图 14-5　模板的设计方案

（5）如果仅在当前演示文稿中套用模板的风格，应单击"应用本模板风格"按钮；如果要在当前演示文稿中插入模板的所有页面，应选中需要的版式页面，"应用本模板风格"按钮显示为"插入并应用"，单击该按钮。插入并应用模板风格的幻灯片效果如图14-6所示。

图14-6　插入并应用模板风格

（6）如果要套用已保存的模板或主题，应在"设计"菜单选项卡中单击"导入模板"按钮，弹出如图14-7所示的"应用设计模板"对话框。

图14-7　"应用设计模板"对话框

（7）在模板列表中选中需要的模板，单击"打开"按钮，选中的模板即可应用到当前演示文稿中的所有幻灯片，如图14-8所示。

（8）如果要取消当前套用的模板，应在"设计"菜单选项卡中单击"本文模板"按钮，在如图14-9所示的对话框中单击"套用空白模板"图标按钮，然后单击"应用当前页"按钮或"应用全部页"按钮。

图 14-8　应用模板前、后的效果

图 14-9　"本文模板"对话框

14.1.2　修改背景和配色方案

套用模板后，还可以修改演示文稿的背景样式和配色方案。

（1）如果要修改文档的背景样式，应单击"背景"下拉按钮，在如图 14-10 所示的背景颜色列表中单击需要的颜色。

（2）如果要对背景样式进行自定义设置，应在"背景"下拉菜单中选择"背景"命令，打开如图 14-11 所示的"对象属性"任务窗格进行设置。

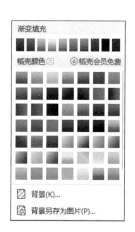

图 14-10　"背景"颜色列表

图 14-11　"对象属性"任务窗格

在"对象属性"任务窗格中可以看到，幻灯片的背景样式可以是纯色、渐变色、纹理、图案和图片。在一张幻灯片或者母版上只能使用一种背景类型。

　如果选中"隐藏背景图形"复选框，则母版的图形和文本不会显示在当前幻灯片中。在讲义的母版视图中不能使用该选项。

设置的背景默认仅应用于当前幻灯片，单击"全部应用"按钮，可以将其应用于当前演示文稿中的全部幻灯片和母版。单击"重置背景"按钮，取消背景设置。

❖ **纯色填充**：使用一种单一的颜色作为幻灯片背景颜色。

❖ **渐变填充**：使用由一种颜色逐渐过渡到另一种颜色的渐变色作为背景填充幻灯片。

渐变填充选项如图14-12所示。在"渐变样式"列表中可以选择颜色过渡的方式。在"角度"微调框中调整渐变色的旋转角度。选中色标，在"色标颜色"下拉列表框中选择填充颜色。在色标上按下鼠标左键并拖动，可以调整色标的位置，渐变色也随之自动更新。

如果要增加或删除渐变色中的颜色，可以单击"增加渐变光圈"按钮 或"删除渐变光圈"按钮 ，在当前色标相邻的位置添加一个色标或删除当前选中的色标。

❖ **图片或纹理填充**：将图片或内置的纹理作为背景进行填充。

> ⚠ **注意** 如果要将一幅图片作为纹理填充幻灯片背景，图片的上边界和下边界、左边界和右边界应能平滑衔接，才能有理想的填充效果。

❖ **图案填充**：使用指定背景色和前景色的图案填充幻灯片背景。

图案背景与纹理背景都是通过平铺一种图案来填充背景。不同的是，纹理可以是任意选择的图片，而图案只能是可以改变前景色和背景色的系统预置样式。

（3）如果要修改整个文档的配色方案，可单击"配色方案"下拉按钮 ，在如图14-13所示的颜色组合列表中单击需要的主题颜色。

图 14-12　渐变填充选项

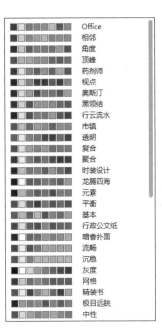

图 14-13　配色方案列表

选中的配色方案默认应用于当前演示文稿中的所有幻灯片，以及后续新建的幻灯片。

14.1.3　更改幻灯片的尺寸

使用不同的放映设备展示幻灯片，对幻灯片的尺寸要求也会有所不同。在WPS演示中可以很方便地修改幻灯片的尺寸，但最好在制作幻灯片内容之前，就根据放映设备确定幻灯片的大小，以免后期修改影响版面布局。

（1）在"设计"菜单选项卡中单击"幻灯片大小"下拉按钮 ，在如图14-14所示的下拉菜单中，根据放映设备的尺寸选择幻灯片的长宽比例。

（2）如果没有合适的尺寸，可以单击"自定义大小"命令，或在"设计"菜单选项卡中单击"页面设置"按钮 ，弹出如图14-15所示的"页面设置"对话框。

图 14-14　"幻灯片大小"
下拉菜单

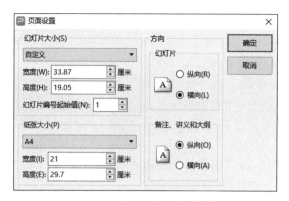

图 14-15 "页面设置"对话框

（3）在"幻灯片大小"下拉列表框中可以选择预设大小，如图 14-16 所示。如果选择"自定义"选项，可以在"宽度"和"高度"数值框中自定义幻灯片大小。

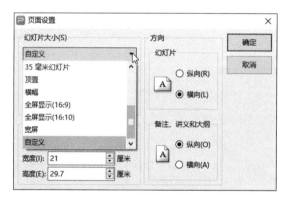

图 14-16 选择预设大小

提示：　在"页面设置"对话框中，"纸张大小"下拉列表框用于设置打印幻灯片的纸张大小，并非幻灯片的尺寸。

（4）修改幻灯片尺寸后，单击"确定"按钮，弹出如图 14-17 所示的"页面缩放选项"对话框。

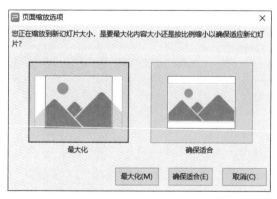

图 14-17 "页面缩放选项"对话框

（5）根据需要选择幻灯片缩放的方式，通常选择"确保适合"图标按钮。

14.1.4 保存模板并应用

如果希望当前的演示文稿套用一个已有的文稿背景样式、配色方案和版式，可以将演示文稿另存为模板，然后应用于其他演示文稿。

（1）打开要保存为模板的演示文稿，单击"文件"菜单选项卡上的"另存为"命令，打开"另存为"对话框。

（2）设置保存路径和文件名称后，在"文件类型"下拉列表框中选择一种模板类型，如图14-18所示。然后单击"保存"按钮关闭对话框。

图14-18 "另存为"对话框

（3）切换到应用模板的演示文稿，在"设计"菜单选项卡中单击"导入模板"按钮，在弹出的"应用设计模板"对话框中可以看到保存的模板文件，如图14-19所示。

图14-19 保存的模板

（4）选中保存的模板，单击"打开"按钮，即可将模板应用于当前演示文稿。

14.2 使用母版统一风格

母版存储演示文稿的配色方案、字体、版式等设计信息，以及所有幻灯片共有的页面元素，例如徽标、Logo、页眉/页脚等。修改母版后，所有基于母版的幻灯片自动更新。

设计幻灯片母版通常遵循以下几个原则。

（1）几乎每一张幻灯片都有的元素放在幻灯片母版中。如果有个别页面（如封面页、封底页和过渡页）不需要显示这些元素，可以隐藏母版中的背景图形。

（2）在特定的版式中需要重复出现且无须改变的内容，直接放置在对应的版式页。

（3）在特定的版式中需要重复，但是具体内容又有所区别，可以插入对应类别的占位符。

在"视图"菜单选项卡中，可以看到 WPS 演示提供了三种母版：幻灯片母版、讲义母版和备注母版，如图 14-20 所示。

图 14-20　母版视图

14.2.1　认识幻灯片母版

在"视图"菜单选项卡中单击"幻灯片母版"按钮 ，进入幻灯片母版视图，菜单功能区自动切换到"幻灯片母版"菜单选项卡，如图 14-21 所示。

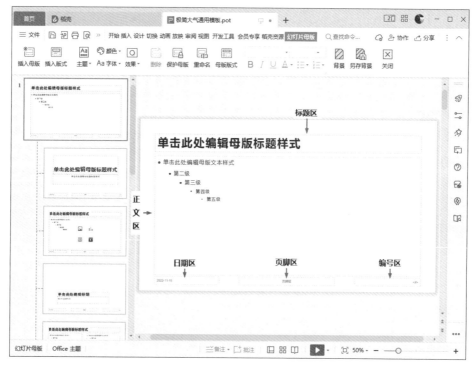

图 14-21　幻灯片母版视图

母版视图左侧窗格显示母版和版式列表，最顶端为幻灯片母版，控制演示文稿中除标题幻灯片以外的所有幻灯片的默认外观，例如文字的格式、位置、项目符号、配色方案以及图形项目。

右侧窗格显示母版或版式幻灯片。在幻灯片母版中可以看到 5 个占位符：标题区、正文区、日期区、页脚区、编号区。修改它们可以影响所有基于该母版的幻灯片。

❖ 标题区：用于格式化所有幻灯片的标题。
❖ 正文区：用于格式化所有幻灯片的主体文字、项目符号和编号等。
❖ 日期区：用于在幻灯片上添加、定位和格式化日期。
❖ 页脚区：用于在幻灯片上添加、定位和格式化页脚内容。
❖ 编号区：用于在幻灯片上添加、定位和格式化页面编号，例如页码。

幻灯片母版下方是标题幻灯片，通常是演示文稿中的封面幻灯片。标题幻灯片下方是幻灯片版式列表，包含在特定的版式中需要重复出现且无须改变的内容。对于在特定的版式中需要重复，但是具体内容又有所区别，可以插入对应类别的占位符。

 注意 最好在创建幻灯片之前编辑幻灯片母版和版式。这样，添加到演示文稿中的所有幻灯片都会基于指定版式。如果在创建各张幻灯片之后编辑幻灯片母版或版式，则需要在普通视图中将更改的布局重新应用到演示文稿中的现有幻灯片。

14.2.2 设计母版主题

主题是一组预定义的字体、配色方案、效果和背景样式。使用主题可以快速格式化演示文稿的总体设计。

（1）打开一个演示文稿。可以是空白演示文稿，也可以是基于主题创建的演示文稿。

（2）单击"视图"菜单选项卡中的"幻灯片母版"按钮 ，切换到"幻灯片母版"视图。

（3）如果要应用 WPS 内置的主题，应在"幻灯片母版"菜单选项卡中单击"主题"下拉按钮 ，在如图 14-22 所示的主题列表中单击需要的主题。

应用主题后，整个演示文稿的总体设计，包括字体、配色和效果都随之进行变化。

（4）如果要自定义文稿的总体设计，应分别单击"颜色"按钮、"字体"按钮和"效果"按钮，设置主题颜色、主题字体和主题效果。

（5）单击"背景"按钮 ，在编辑窗口右侧如图 14-23 所示的"对象属性"任务窗格中设置母版的背景样式。

图 14-22 内置的主题列表

图 14-23 "对象属性"任务窗格

与其他主题元素一样,设置幻灯片母版的背景样式后,所有幻灯片都自动应用指定的背景样式。例如,图片填充的背景效果如图 14-24 所示。

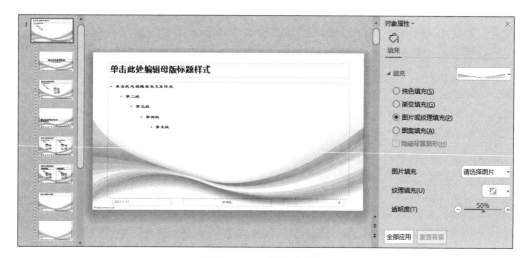

图 14-24　图片填充背景

通常情况下,标题幻灯片的背景与内容幻灯片的背景会有所不同,所以需要单独修改标题幻灯片的背景。

(6)选中幻灯片母版下方的标题幻灯片,在"幻灯片母版"菜单选项卡中单击"背景"按钮,打开"对象属性"任务窗格,修改标题幻灯片的背景。效果如图 14-25 所示。

图 14-25　修改标题幻灯片的背景

在图 14-25 中可以看出,修改标题幻灯片的背景样式后,其他幻灯片的背景不会改变。

14.2.3　设计母版文本格式

母版的文本包括标题文本和正文文本。

(1)选中标题文本,利用弹出的浮动工具栏,可以很方便地设置标题文本的字体、字号、字形、颜色和对齐方式等属性,如图 14-26 所示。

幻灯片母版默认将正文区的文本显示为五级项目列表,用户可以根据需要设置各级文本的样式,修改文本的缩进格式和显示外观。

(2)在正文区选中要定义格式的文本,在弹出的浮动工具栏中设置文本的字体、字号、字形、颜色和对齐方式。

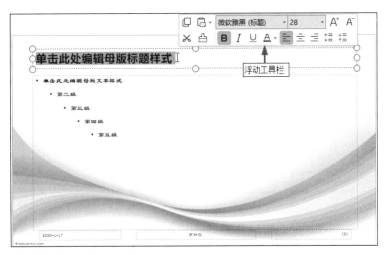

图 14-26　设置标题文本格式

（3）如果希望将某个级别的文本显示为普通的文本段落，应先选中文本，在"开始"菜单选项卡中单击"项目符号"下拉按钮 三，在弹出的下拉菜单中选择"无"，效果如图 14-27 所示。

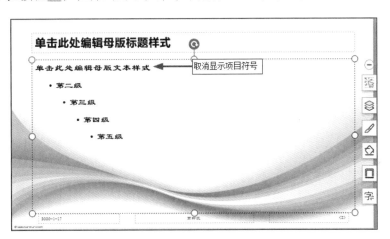

图 14-27　一级文本取消显示项目符号

（4）按照步骤（3）的方法修改其他级别的文本格式。

14.2.4　设计母版版式

幻灯片母版中默认设置了多种常见版式，用户还可以根据版面设计需要，添加自定义版式。在版式中插入页面元素，将自动调整为母版中指定的大小、位置和样式。

（1）在幻灯片母版视图的左侧窗格中定位要插入版式幻灯片的位置，然后在"幻灯片母版"菜单选项卡中单击"插入版式"按钮 ，即可在指定位置添加一个只有标题占位符的幻灯片，如图 14-28 所示。

WPS 演示中并不能直接插入新的占位符，如果要添加内容占位符，可复制其他版式中已有的占位符。

（2）在左侧窗格中定位到包含需要的占位符的版式，复制其中的占位符，然后粘贴到新建的版式中。例如，粘贴图片占位符的效果如图 14-29 所示。

（3）拖动占位符边框上的圆形控制手柄，可以调整占位符的大小；将鼠标指针移到占位符的边框上，当指针显示为四向箭头 时，按下鼠标左键并拖动，可以移动占位符；选中占位符，按 Delete 键可将其删除。

（4）重复步骤（2）和步骤（3），在新版式中添加其他占位符，并调整占位符的布局位置。例如，添加两个图片占位符和两个文本占位符的效果如图 14-30 所示。

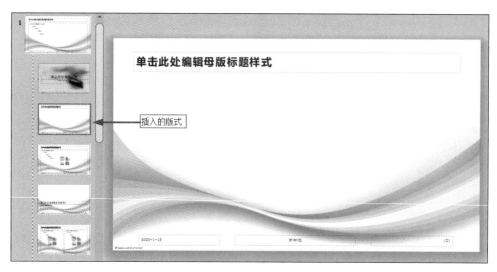

图 14-28　插入的版式幻灯片

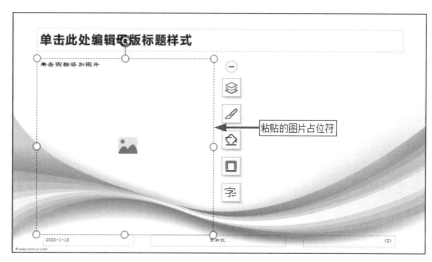

图 14-29　粘贴图片占位符

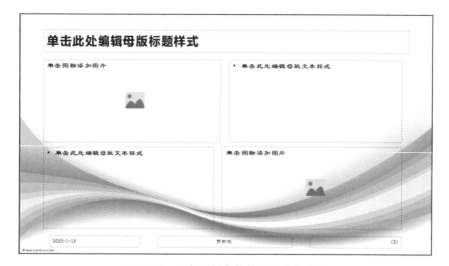

图 14-30　添加图片占位符和文本占位符

（5）选中占位符，在"绘图工具"菜单选项卡中可以设置它的外观样式。选中要设置格式的文本，利用浮动工具栏设置文本的格式。

默认情况下，版式幻灯片"继承"幻灯片母版中的日期区、页脚区和编号区。

（6）如果不希望在当前版式中显示日期区、页脚区和编号区的内容，则选中占位符后按 Delete 键，其他版式幻灯片不受影响。

 注意　　格式化"幻灯片编号"占位符时，应选中占位符中的"<#>"设置格式，千万不能将其删除，然后用文本框输入"<#>"；也不能用格式刷将其格式化为普通文本，否则会失去占位符的功能。

（7）设置完毕，在"幻灯片母版"菜单选项卡中单击"关闭"按钮，退出幻灯片母版视图。

此时，在"开始"菜单选项卡中单击"版式"下拉按钮，在弹出的母版版式列表中可以看到自定义的版式，如图 14-31 所示。

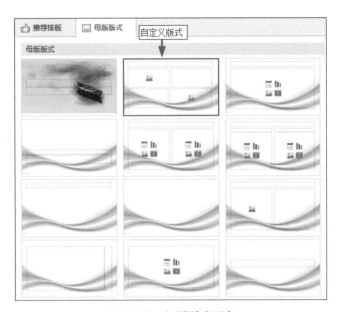

图 14-31　母版版式列表

在版式列表中单击自定义版式，当前的幻灯片版式即可更改为指定的版式。

 注意　　更改幻灯片母版，会影响所有应用母版的幻灯片；如果要使个别幻灯片的外观与母版不同，可以直接修改幻灯片。但是已经改动过的幻灯片，在母版中的改动对之就不再起作用。因此对于演示文稿，应该先改动母版来满足大多数的要求，再修改个别的幻灯片。

如果已经改动了幻灯片的外观，又希望恢复为母版的样式，可以在"开始"菜单选项卡中单击"重置"按钮。

14.2.5　添加页眉和页脚

页眉和页脚也是幻灯片的重要组成部分，常用于显示统一的信息，例如公司徽标、演讲主题或页码。

（1）切换到"幻灯片母版"视图，在母版列表中选中顶部的幻灯片母版。

（2）拖动母版底部的"日期""页脚"或"编号"占位符，可以移动占位符的位置。

（3）设置页眉、页脚元素的显示外观。选中占位符中的占位文本，在弹出的快速格式工具栏中设置文本格式；使用"绘图工具格式"菜单选项卡可以格式化占位符的外观。

在幻灯片母版中修改占位符或文本格式后，其他版式将自动更新。

幻灯片默认从 1 开始编号，可以指定编号起始值。

（4）在"设计"菜单选项卡中单击"页面设置"按钮，在弹出的"页面设置"对话框中设置幻灯片编号的起始值，如图14-32所示。设置完成后，单击"确定"按钮关闭对话框。

设置页眉、页脚的位置和格式后，就可以插入页眉、页脚内容了。

（5）在"幻灯片母版"菜单选项卡中单击"关闭"按钮，返回普通视图。在"插入"菜单选项卡中单击"页眉和页脚"按钮，打开如图14-33所示的"页眉和页脚"对话框。

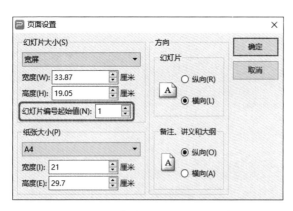

图14-32　修改幻灯片编号起始值

图14-33　"页眉和页脚"对话框

日期和时间、幻灯片编号、页脚分别对应于"预览"框中的三个实线方框。选中相应复选框，"预览"框中对应的方框线加粗显示。

 注意　预览框中页眉、页脚的位置由对应的母版决定，只能在母版中修改。

（6）如果希望插入的日期和时间自动更新，应选中"日期和时间"复选框，并选择"自动更新"单选按钮。

（7）如果要显示页脚内容，应选中"页脚"复选框，然后在下方的文本框中输入页脚内容。

（8）通常标题幻灯片中不显示编号和页脚，因此选中"标题幻灯片不显示"复选框。

（9）如果希望仅当前幻灯片显示设置的页脚内容，则单击"应用"按钮；如果要将页脚设置应用到所有幻灯片，则单击"全部应用"按钮。

14.2.6　备注母版和讲义母版

备注母版用于格式化备注页面，统一备注的文本格式。讲义可以帮助演讲者或观众了解演示文稿的总体概要。使用讲义母版，可以格式化讲义的页面布局和背景样式。

（1）单击"视图"菜单选项卡"母版视图"功能组中的"备注母版"按钮，切换到备注母版视图，如图14-34所示。单击"讲义母版"按钮，则进入如图14-35所示的讲义母版视图。

（2）在对应的母版菜单选项卡中，设置母版的页面方向、幻灯片大小和主题；设置页眉、日期、幻灯片图像、正文、页脚和页码等各个占位符在备注或讲义页中的可见性。

（3）在备注母版中选中要编辑的文本占位符，设置文本格式。对于讲义，可以设置每页包含的幻灯片数量。

（4）分别选中页眉区、日期区、页脚区和编号区，设置页眉和页脚的位置、格式，然后单击"关闭"按钮关闭母版视图。

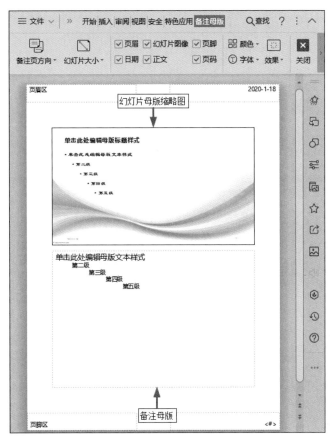

图 14-34 备注母版视图

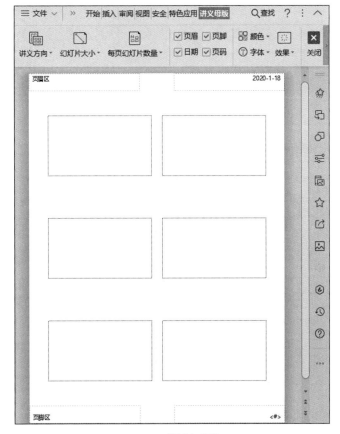

图 14-35 讲义母版视图

（5）在"插入"菜单选项卡中单击"页眉和页脚"按钮 ，打开"页眉和页脚"对话框，然后切换到如图 14-36 所示的"备注和讲义"选项卡，设置页眉和页脚的内容。

图 14-36 "备注和讲义"选项卡

（6）设置完成后，单击"全部应用"按钮，关闭对话框。

> **注意**　备注和讲义的页眉、页脚应该应用于整个演示文稿，不能仅应用于部分幻灯片。

14.3　实例精讲——读书季阅读分享

　　本节练习制作一个简单的阅读分享演示文稿。通过对操作步骤的详细讲解，帮助读者进一步掌握自定义母版和内容版式，统一幻灯片外观风格的操作方法。

　　首先新建一个空白的演示文稿，定义母版文本的字体、字号、显示颜色和对齐方式等格式；然后绘制线条装饰页面；接下来分别自定义过渡页版式和图文混排版式；最后基于母版版式创建幻灯片。最终效果如图 14-37 所示。

图 14-37　在幻灯片浏览视图中的效果

操作步骤

14.3.1　设计母版外观

在制作幻灯片之前，首先设计母版的外观和文本格式，以便统一整个演示文稿的风格。

14-1　设计母版外观

（1）新建一个空白的演示文稿，在"视图"菜单选项卡中单击"幻灯片母版"按钮，切换到幻灯片母版视图。

（2）选中标题占位符的文本，在浮动工具栏中设置字体为"微软雅黑"，字号为"24"，字形加粗，对齐方式为"居中对齐"，如图 14-38 所示。

图 14-38　设置母版标题文本的格式

（3）在"插入"菜单选项卡中单击"形状"下拉按钮，在弹出的下拉菜单中选择"直线"，绘制一条线段。双击绘制的线段打开"对象属性"窗格，在"填充与线条"选项卡中的"线条"下拉列表框中选择一种预设线条，颜色为黑色，如图 14-39 所示。

图 14-39　设置线条样式

（4）选中线条，按住 Ctrl 键拖动进行复制，然后拖动复制的线条，并利用智能参考线对齐线条，如图 14-40 所示。

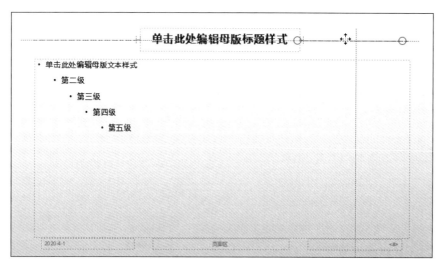

图 14-40 对齐线条

（5）选中内容占位符中的一级占位文本，在浮动工具栏中设置字体为"黑体"，字号为"20"，对齐方式为"左对齐"，如图 14-41 所示。然后在"幻灯片母版"菜单选项卡中单击"背景"按钮打开"对象属性"窗格，设置背景颜色为白色。

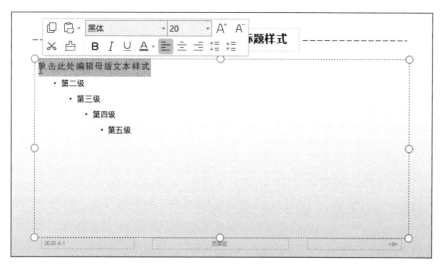

图 14-41 设置一级文本格式

至此，母版外观样式和文本格式设置完成。

14.3.2 设计封面页和过渡页版式

通常情况下，封面页和过渡页的版式与标题幻灯片、内容幻灯片都不同，因此应单独设计。

（1）选中标题幻灯片版式，在"对象属性"窗格中选中"隐藏背景图形"复选框，然后选择"图片或纹理填充"单选按钮，在"图片填充"下拉列表框中选择图片来源和背景图片，如图 14-42 所示。

（2）删除标题幻灯片版式中的副标题占位符，然后选中标题占位文本，在浮动工具栏中设置字体为

14-2 设计封面页和过渡页版式

"华文琥珀"，字号为"60"，颜色为深灰绿，对齐方式为居中，如图14-43所示。

图14-42 设置标题幻灯片的背景

图14-43 设置标题文本的格式

（3）将光标定位在标题幻灯片版式下方，单击"插入版式"按钮，新建一张内容版式幻灯片。在"对象属性"窗格中选中"隐藏背景图形"复选框，然后选择"图片或纹理填充"单选按钮，在"图片填充"下拉列表框中选择图片来源和背景图片，如图14-44所示。

图14-44 设置过渡页的背景

（4）选中标题占位符，移动占位符在幻灯片中的位置，然后选中占位文本，在浮动工具栏中设置字体为"华文行楷"，字号为"48"，字形加粗，颜色为茶色，对齐方式为"左对齐"，如图14-45所示。

图14-45　设置标题文本的格式

14.3.3　设计图文版式

本节制作两个常用的图文版式，读者可以按照本节的操作方法，根据排版需要自定义其他版式。

（1）将光标定位在过渡页版式下方，单击"插入版式"按钮，新建一张内容版式幻灯片。在母版窗格中定位到"图片与标题"版式，选中其中的图片占位符和文本占位符，然后复制、粘贴到新建的版式中，如图14-46所示。

14-3　设计图文版式

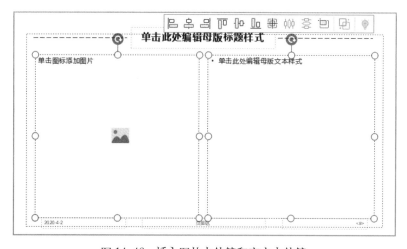

图14-46　插入图片占位符和文本占位符

（2）选中图片占位符，拖动变形柄上的控制手柄调整其大小；将鼠标指针移到变形框边框上，按下鼠标左键并拖动，调整占位符的位置。然后使用同样的方法调整文本占位符的大小和位置，结果如图14-47所示。

（3）选中图片占位符，按住Ctrl键拖动复制两个占位符，然后借助智能参考线排列图片占位符，如图14-48所示。

（4）选中文本占位符中的占位文本，在浮动工具栏中设置字体为"黑体"，字号为"20"，字形加粗，颜色为茶色，对齐方式为居中对齐，如图14-49所示。然后取消显示项目符号。

图 14-47　调整占位符的大小和位置

图 14-48　复制并排列图片占位符

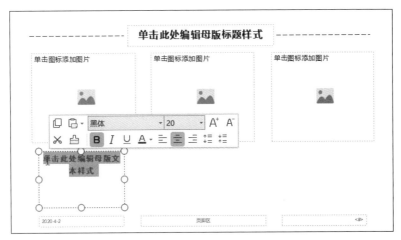

图 14-49　设置文本格式

（5）复制一个文本占位符，调整占位符的大小和位置之后，在浮动工具栏中设置字体为"黑体"，字号为"16"，对齐方式为居中，如图14-50所示。

（6）按住 Shift 键选中两个文本占位符，然后释放 Shift 键，按下 Ctrl 键拖动，复制文本占位符，并利用智能参考线对齐、排列占位符，效果如图14-51所示。

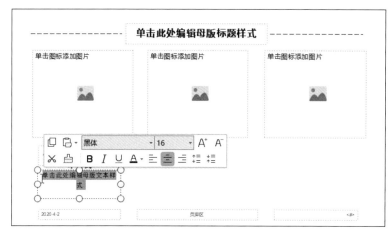

图 14-50　复制并设置文本占位符的格式

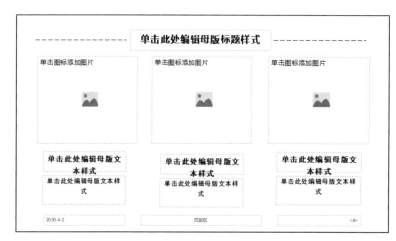

图 14-51　复制并排列文本占位符

接下来新建另一个图文版式。

（7）在母版窗格中选中上一步自定义的版式，右击，在弹出的快捷菜单中选择"复制"命令，然后在自定义版式下方右击，在弹出的快捷菜单中选择"粘贴"命令。仅保留第一列的占位符，删除多余的占位符。

（8）选中第一个文本占位符，设置字号为"28"，左对齐；选中第二个文本占位符，设置字号为"20"，左对齐。然后调整文本占位符和图片占位符的大小和位置，如图 14-52 所示。

图 14-52　自定义版式

至此，自定义版式制作完成。

（9）在"幻灯片母版"菜单选项卡中单击"关闭"按钮退出母版视图。

14.3.4　基于母版制作幻灯片

母版编辑完成后，就可以基于母版快速生成大量页面风格和布局相同的
页面了。

（1）在普通视图中选中标题幻灯片，单击标题占位符，输入标题文本，　　14-4　基于母版制作幻灯片
如图 14-53 所示。

图 14-53　输入标题文本

（2）新建一张幻灯片，单击"版式"下拉按钮，在版式列表中选择自定义的过渡页版式。然后单
击标题占位符，输入标题文本，如图 14-54 所示。

图 14-54　过渡页效果

（3）新建一张幻灯片，单击"版式"下拉按钮，在版式列表中选择自定义的一种图文版式。然后
单击文本占位符，输入标题文本和内容文本，如图 14-55 所示。

（4）单击图片占位符中的图标，在弹出的"插入图片"对话框中选择需要的图片，单击"打开"按钮，
即可在指定位置插入指定宽度或高度的图片，如图 14-56 所示。

（5）新建一张幻灯片，单击"版式"下拉按钮，在版式列表中选择自定义的一种图文版式。然后
单击文本占位符，输入标题文本和内容文本；单击图片占位符中的图标，插入图片，如图 14-57 所示。

图 14-55　在图文版式中输入文本

图 14-56　插入图片

图 14-57　制作图文幻灯片

（6）新建一张幻灯片，单击"版式"下拉按钮📷，在版式列表中选择自定义的过渡页版式。然后单击文本占位符，输入文本内容，如图 14-58 所示。

图 14-58 制作结束页

（7）在"视图"菜单选项卡中单击"幻灯片浏览"按钮 ，切换到幻灯片浏览视图，即可查看演示文稿的效果，如图 14-37 所示。

答 疑 解 惑

1. WPS 2022 提供了三种母版：幻灯片母版、备注母版和讲义母版，它们各自有什么作用？

答：幻灯片母版可以为标题幻灯片之外的其他幻灯片提供标题、文本、页脚的默认样式，以及统一的背景颜色或图案。

备注母版用于设置在幻灯片中添加备注文本的默认样式。

讲义母版提供打印排版设置，可以设置在一张纸上打印多张幻灯片时的讲义版面布局，以及页眉和页脚的样式。

2. 如果要把一幅图片的配色应用到演示文稿中，怎么提取图片中的颜色？

答：WPS 2022 提供了一个强大的颜色提取工具——取色器。使用取色器可以快速、准确地提取幻灯片编辑窗口任何位置的颜色。

提取编辑窗口之外的颜色，有两种常用的方法。

（1）将要提取颜色的区域截图并粘贴到幻灯片编辑窗口，然后使用取色器提取颜色。不过这种方式提取的颜色可能不精确。

（2）同屏显示 WPS 编辑窗口和要提取颜色的图片，激活取色器后，按下鼠标左键移动到要取色的图片区域释放。

学习效果自测

一、选择题

1. 下列关于幻灯片母版的说法错误的是（　　　）。

　A. 幻灯片母版与幻灯片模板是同一概念　　　B. 可以更改占位符的大小和位置

　C. 可以设置占位符的格式　　　　　　　　　D. 可以更改文本格式

2. 演示文稿中每张幻灯片都是基于某种（　　　）创建的，它预定义了新建幻灯片中各种占位符的布局。

　A. 视图　　　　　　　B. 版式　　　　　　　C. 母版　　　　　　　D. 模板

3. 在（　　　）中插入徽标可以使其在每张幻灯片上的位置自动保持相同。

  A. 讲义母版   B. 幻灯片母版   C. 标题母版   D. 备注母版

4. 可以通过（ ）在讲义中添加页眉和页脚。

  A. 标题母版   B. 幻灯片母版   C. 讲义母版   D. 备注母版

5. 如果在母版中加入了公司 Logo 图片，每张幻灯片都会显示此图片。如果不希望在某张幻灯片中显示此图片，可以（ ）。

  A. 在母版中删除图片

  B. 在幻灯片中删除图片

  C. 在幻灯片中设置不同的背景颜色

  D. 在幻灯片中进入"对象属性"任务窗格，选中"隐藏背景图形"复选框

6. 关于 WPS 演示的母版，以下说法错误的是（ ）。

  A. 可以自定义幻灯片母版的版式

  B. 可以对母版进行主题编辑

  C. 可以对母版进行背景设置

  D. 在母版中插入图片对象后，在幻灯片中可以根据需要进行编辑

7. 在 WPS 2022 中，新建演示文稿应用了一种设计模板，则新建幻灯片时，新幻灯片的配色将（ ）。

  A. 采用默认的配色方案   B. 采用已选定主题的配色方案

  C. 随机选择任意的配色方案   D. 需要用户指定配色方案

二、填空题

1. 如果要在每张幻灯片上显示公司名称，可在 _____ 中插入文本框，输入公司名称。

2. 在 WPS 2022 中，母版视图有三种：_____、_____ 和 _____。

3. 幻灯片母版上有 5 个默认的占位符：_____、_____、_____、_____ 和 _____。修改它们可以影响所有基于该母版的幻灯片。

4. 如果要统一演示文稿中所有幻灯片的背景，可以在"对象属性"任务窗格中设置背景后，单击 "_____"按钮。

5. 如果改动了幻灯片的外观，又希望恢复为母版的样式，可以单击"_____"菜单选项卡中的"_____"按钮。

三、操作题

1. 使用 WPS 2022 的在线模板新建一个演示文稿。

2. 打开一个完成的演示文稿，将其另存为模板。

3. 新建一个空白的演示文稿，自定义母版主题颜色、背景和字体，然后自定义两种内容版式。

4. 打开一个演示文稿，插入页脚和幻灯片编号。

第 15 章

制作文字幻灯片

本章导读

文本是传递信息的一种常用且很重要的媒介。WPS演示具有丰富的文字处理功能，利用不同的编排方式组织文本，即使纯文本幻灯片也能达到层次清晰、富有设计感。

学习要点

❖ 加注大纲标题

❖ 更改标题级别

❖ 输入文本并格式化

❖ 使用文本框

❖ 创建列表

15.1 编排文稿大纲

演示的内容通常包括多个并列的主题标题,一个主题标题还可能包含多个下级小标题。在普通视图中,利用大纲窗格可以很轻松地编排演示文稿的大纲标题、设置标题文本的层级。

15.1.1 加注大纲标题

演示文稿的大纲由组成演示文稿的所有幻灯片的标题和对应的层次小标题构成。幻灯片标题是幻灯片要表达的观点;层次小标题是对相应幻灯片标题的进一步说明,是幻灯片的主体部分,默认以项目符号开始。

(1)输入封面标题。切换到"普通"视图,在左侧窗格中单击"大纲"按钮,切换到大纲窗格,然后选中封面标题的占位文本,输入演示文稿的封面标题,右侧窗格中的标题随之更新,如图 15-1 所示。

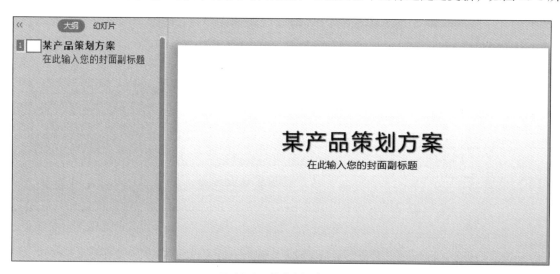

图 15-1 输入封面标题

(2)输入封面副标题。选中封面副标题的占位文本,输入副标题文本,如图 15-2 所示。

图 15-2 输入封面副标题

(3)如果已创建多张幻灯片,则选中幻灯片后,直接按步骤(1)的方法输入其他幻灯片的标题。如果当前演示文稿中仅有封面幻灯片，可新建幻灯片后，输入标题，如图 15-3 所示。

图 15-3　输入幻灯片标题

（4）将光标定位在标题文本右侧，按 Enter 键新建一张幻灯片，然后输入标题文本，如图 15-4 所示。

图 15-4　标题列表

15.1.2　更改标题级别

幻灯片标题输入完毕之后，就可以通过修改标题级别创建大纲层次。

（1）选中要显示为小标题的幻灯片，如图 15-5 所示。

如果没有创建小标题对应的幻灯片，应将光标定位于要添加小标题的幻灯片标题右侧，按照创建标题的方法新建幻灯片，并输入小标题名称。

（2）按 Tab 键，选中的幻灯片标题将自动向右缩进，以项目列表的形式合并到上一张幻灯片中，显示为小标题，如图 15-6 所示。

（3）如果要在当前幻灯片中添加其他小标题，应将光标定位于降级后的小标题文本右侧，按 Enter 键，然后输入标题文本。

（4）如果在最后一个标题下添加若干小标题后，要增加下一个标题，应在最后一个小标题右侧按 Enter 键，然后按 Shift+Tab 键，即可将插入点所在的标题升级。

图 15-5 选中要降级为小标题的幻灯片

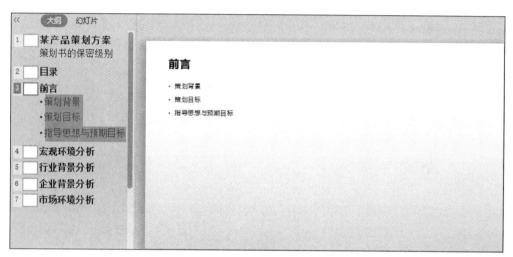

图 15-6 降级的效果

15.2 输入并格式化文本

编排好演示文稿的大纲之后，就可以在幻灯片中填充内容了。WPS 演示具有丰富的字处理功能，在普通视图中，可以很直观地创建丰富的文本效果。

15.2.1 在占位符中输入文本

在插入幻灯片时，WPS 演示会自动套用一种母版版式。占位符是指幻灯片版式结构图中显示的矩形虚线框，左上角显示提示文本，可以用于添加不同类型的页面元素。

例如图 15-7 所示的幻灯片包括三个占位符：一个显示标题文本的标题占位符，一个用于添加文本的文本占位符，一个可容纳文本、表格、图表、图片和媒体等多种元素的内容占位符。

（1）单击占位符中的任意位置，虚线边框四周显示控制手柄，提示文本消失，在光标闪烁处可以输入文本。输入的文本到达占位符边界时自动转行。

提示：

在 WPS 幻灯片中输入文本时只支持"插入"输入方式，不支持"改写"方式。

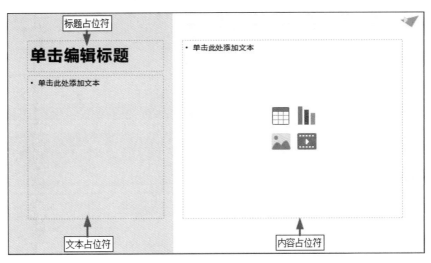

图 15-7　幻灯片中的占位符

（2）单击占位符中的图标按钮，弹出对应的插入对话框，可以插入表格、图表、图片和媒体元素。

（3）输入完毕，单击幻灯片的空白区域。

（4）如果要设置占位符的文本格式，可以双击占位符，利用如图 15-8 所示的浮动工具栏修改文本格式。

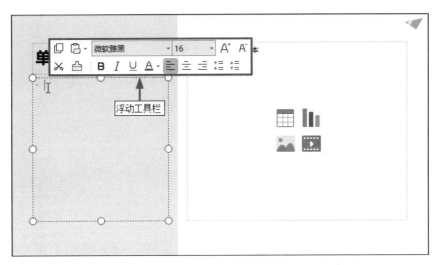

图 15-8　浮动工具栏

如果要设置更多的格式，可以选中文本后，利用如图 15-9 所示的"文本工具"菜单选项卡进行修改。

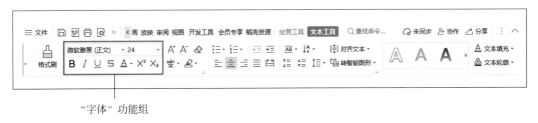

图 15-9　"文本工具"菜单选项卡

如果要更全面地设置文本格式，例如设置下划线和删除线的类型、指定上标和下标相对于文本中线的偏移量，可以在"文本工具"菜单选项卡中单击"字体"功能组右下角的扩展按钮，打开如图 15-10 所示的"字体"对话框进行设置。

图 15-10 "字体"对话框

使用图片填充文字

如果希望文本效果更丰富多彩，可以使用图片填充文字。

（1）选中要填充的文字，在"文本工具"菜单选项卡中单击"文本填充"下拉按钮 ，在弹出的下拉菜单中选择"图片或纹理"，选择图片来源弹出"选择纹理"对话框。

（2）选择图片存储的位置和路径后，单击需要的图片，然后单击"插入"按钮填充文本，并关闭对话框，效果如图 15-11 所示。

七色光　七色光

图 15-11　图片填充前、后的文字效果

嵌 入 字 体

如果 WPS 演示文稿中包含特殊字体，希望该文档在任何计算机上打开都能正常显示，可以执行以下操作。

（1）单击"文件"菜单选项卡中的"选项"命令，打开"选项"对话框。

（2）在"常规与保存"选项界面中，选中"将字体嵌入文件"复选框，然后单击"确定"按钮关闭对话框。

注意 选中"将字体嵌入文件"复选框后，默认情况下仅嵌入文档中所用的字符，以减小文件。如果希望其他人修改文档时，即使输入该文档中没有的字符，字体也能正常显示，应选择"嵌入所有字符"单选按钮。

15.2.2 使用文本框添加文本

如果要在占位符之外添加文本，例如给图片添加说明文字，可以使用文本框。文本框是一种显示文本的容器，可以自由灵活地移动、调整大小，创建风格各异的文本布局。

注意 文本框中的文本不显示在演示文稿的大纲中。

（1）在"插入"菜单选项卡中单击"文本框"下拉按钮 ，在如图 15-12 所示的下拉菜单中选择一种文本框样式。

两种文本框的不同点在于，横向文本框中的文本从左至右横向排列，竖向文本框中的文本自右向左纵向排列。

（2）当鼠标指针变成十字形╬时，按下鼠标左键拖动到合适大小后释放，即可绘制指定宽度或高度的文本框，右侧显示对应的快速工具栏，如图 15-13 所示。

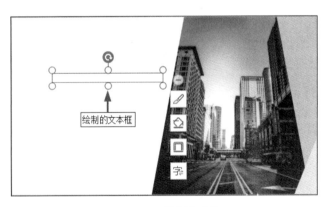

横向文本框(H)

竖向文本框(V)

图 15-12 "文本框"下拉菜单　　　　　　图 15-13 绘制文本框

注意 选择文本框样式后直接在幻灯片上单击也可添加文本框，但这种方式添加的文本框与按下鼠标左键绘制的文本框有所区别。绘制的文本框宽度（或高度）是固定的，也就是说，当输入的文本长度超出文本框宽度（或高度）时自动换行；单击插入的文本框宽度（或高度）是自适应的，将随输入文本的长度自动扩充，不会自动换行，要按 Enter 键强制换行。如果改变自适应文本框的大小，文本框宽度（或高度）会变为固定尺寸，不再自适应文本长度。

（3）在光标闪烁的位置输入文本，完成输入后，在文本框之外的任意位置单击或者按 Esc 键，退出文本输入状态。

（4）选中要设置格式的文本，利用浮动格式工具栏或菜单功能区的"文本工具"菜单选项卡，设置文本的格式，如图 15-14 所示。

（5）选中文本框，单击快速工具栏中的"形状样式"按钮 ，在弹出的样式列表中可以套用 WPS 预置的样式，设置文本框的轮廓和填充效果，如图 15-15 所示。

如果样式列表中没有理想的样式，可以在快速工具栏中分别单击"形状填充"按钮 和"形状轮廓"按钮 ，在弹出的下拉菜单中修改文本框的填充效果和轮廓样式。

图 15-14　设置文本框中的文本格式

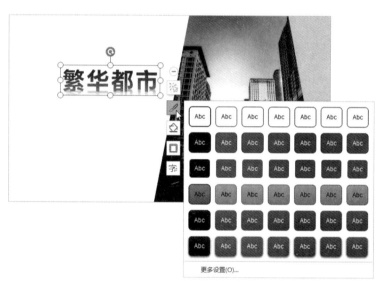

图 15-15　形状样式列表

（6）如果要为文本框添加特殊效果，应在选中文本框后，切换到"绘图工具"菜单选项卡，单击"形状效果"下拉按钮 [图] 形状效果▾，在弹出的效果列表中选择需要的效果，如图 15-16 所示。

除了设置文本框的填充、轮廓、效果等格式，通过修改文本框的尺寸、位置和旋转角度，以及文本的内部边界，还可以实现丰富多彩的文本版式。

（7）将鼠标指针移到文本框四周的控制手柄上，当指针变为双向箭头时，按下鼠标左键拖动到合适的大小释放，即可调整文本框的大小，其中的文本也随之重新排布，如图 15-17 所示。

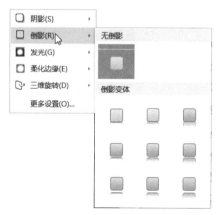

图 15-16　选择形状效果

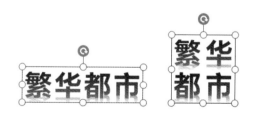

图 15-17　调整文本框大小前、后的效果

指定文本框的默认样式

在同一个演示文稿中，用途相同的文本框通常设置为相同的格式。如果每次插入文本框后都要重新设置文本框的格式，显然很烦琐。在 WPS 2022 中，可以将文本框已设置的格式指定为文本框的默认格式，后续插入的文本框自动应用指定的格式。

（1）插入一个文本框，设置文本框及文本格式。

（2）在文本框上右击，在弹出的快捷菜单中选择"设置自选图形的默认效果"命令。

此时，在幻灯片中插入新的文本框，并输入文本。可以看到新插入的文本框自动应用与指定文本框相同的格式设置。

替换演示文稿中的字体

要将演示文稿内的某种字体全部替换为另一种字体，若逐页逐个进行修改，则不仅费时费力，还容易遗漏。使用 WPS 2022 提供的"替换字体"功能，这个问题可以迎刃而解。

（1）打开要修改字体的演示文稿。

（2）在"开始"菜单选项卡中单击"替换"下拉按钮 ，在弹出的下拉菜单中单击"替换字体"命令，弹出如图 15-18 所示的"替换字体"对话框。

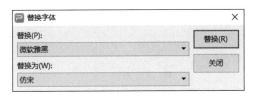

图 15-18　"替换字体"对话框

（3）在"替换"下拉列表框中选择要替换的字体；在"替换为"下拉列表框中选择要应用的新字体。

（4）单击"替换"按钮替换字体，然后单击"关闭"按钮关闭对话框。

15.2.3　使用特殊字符

在制作幻灯片时，如果要输入一些键盘上没有的特殊符号，可以利用 WPS 提供的插入符号功能，这样不必频繁切换到软键盘，即可实现。

（1）在"插入"菜单选项卡中单击"符号"下拉按钮 ，弹出如图 15-19 所示的下拉菜单。

（2）在如图 15-19 所示的下拉菜单中单击需要的符号，即可在光标处插入指定的符号。

（3）如果"符号"下拉菜单中没有需要的符号，可以单击"其他符号"命令，弹出如图 15-20 所示的"符号"对话框。

（4）如果要插入符号，可以在"符号"选项卡左上角的"字体"下拉列表框中选择字体，在右上角的"子集"下拉列表框中选择符号所属类别，然后在符号列表框中单击需要的符号。

图 15-19　"符号"下拉菜单

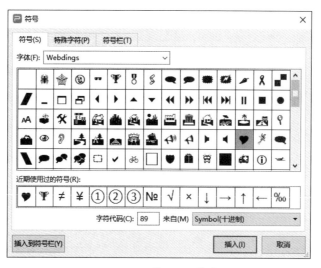

图 15-20 "符号"对话框

提示：

不同的字体对应的子集也不相同，某些特殊字符可能只在某种字体下存在。

（5）如果要插入特殊字符，应切换到如图 15-21 所示的"特殊字符"选项卡，在"字符"列表框中单击需要的字符。

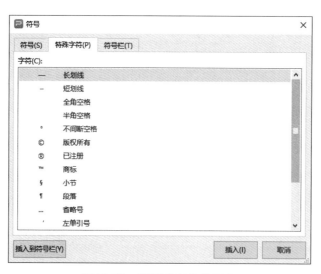

图 15-21 "特殊字符"选项卡

（6）单击"插入"按钮，"取消"按钮变为"关闭"按钮。选中的符号将显示在"近期使用过的符号"列表中。

提示：

如果要经常使用某个符号或字符，单击"插入到符号栏"按钮，可以将该符号或字符添加到"符号"下拉菜单中的"自定义符号"列表中。

（7）单击"关闭"按钮关闭对话框，即可插入指定的符号或字符。

15.2.4 插入公式

在一些数学课件或专业的学术研究演示文稿中，通常会涉及数学公式。WPS 2022 内置了公式编辑器，可以很方便地编辑公式。

（1）在"插入"菜单选项卡中单击"公式"按钮 $\sqrt{x}$ 公式 ，弹出如图 15-22 所示的公式编辑器，它内置了丰富的数学符号和公式结构。

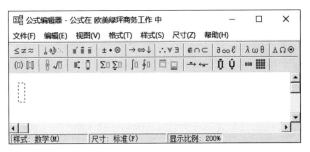

图 15-22　公式编辑器

（2）选择需要的公式结构和符号，并输入数字，幻灯片中显示公式占位符，如图 15-23 所示。

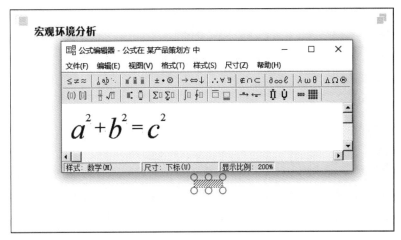

图 15-23　插入公式

（3）输入完成后，单击公式编辑器右上角的"关闭"按钮，即可关闭公式编辑器，并在公式占位符中显示输入的公式。

插入的公式与图片类似，将鼠标指针移到公式四周的变形框上，指针变为四向箭头时（如图 15-24 所示），按下鼠标左键拖动可以移动位置；将鼠标指针移到变形框上的控制手柄上，指针变为双向箭头时，按下鼠标左键拖动可以调整公式的大小。

$$a^2 + b^2 = c^2$$

图 15-24　插入的公式

15.2.5　添加备注

备注是对幻灯片内容进行解释、说明或补充的文字材料，不会显示在幻灯片中，它用于提示并辅助演讲。

（1）切换到普通视图，在编辑窗口的右下窗格中直接输入该页幻灯片的备注，如图 15-25 所示。

备注内容可以是提示文字，也可以是幻灯片中不便完整显示的详细内容。如果备注窗格不显示，则单击状态栏上的"备注"按钮 。

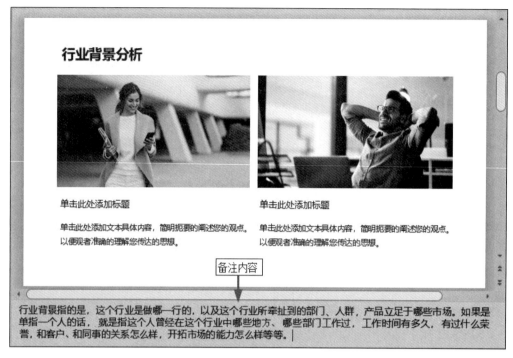

图 15-25　输入备注文本

注意　在备注窗格中不能插入图片、表格等内容。如果要插入这些内容，应使用备注页视图。

（2）如果要调整备注窗格的高度，应将鼠标指针移到备注窗格顶部的分隔线，指针变为纵向双向箭头时，按下鼠标左键拖动到合适的位置释放即可。

（3）如果要调整备注文本的格式，可选中文本，利用浮动工具栏进行设置。

提示：　有些格式设置在备注窗格中看不到效果，可以切换到备注页视图查看。如果在备注页中设置文本格式，则只能应用于当前页的备注。如果要在每个备注页都添加相同的内容，或使用统一的文本格式，可以使用备注母版。

15.2.6　设置文本段落格式

层次分明的段落格式，能够充分体现文本要表述的意图，激发观众的阅读兴趣。WPS 2022 在"开始"菜单选项卡和"文本工具"菜单选项卡中都提供了设置段落格式的工具按钮，如图 15-26 所示。使用这些工具按钮可以很方便地设置段落文本的对齐方式、行距和段间距，段落文本的方向，以及段落的缩进方式。

❖ ：水平对齐方式，从左至右依次为左对齐、居中对齐、右对齐、两端对齐和分散对齐。
❖ ：垂直对齐方式，包含顶端对齐、垂直居中和靠下对齐三种方式。
❖ ：字体对齐方式，用于对齐包含不同字体的段落文本，有如图 15-27 所示的四种方式。
❖ 和 ：减小和增大段落的缩进值。
❖ 和 ：增大和减小段落间距。
❖ ：段落的行间距。

图15-26　"段落"功能组

图15-27　"字体对齐方式"下拉菜单

如果要指定具体的段落缩进、间距和行距值，可以单击"段落"功能组右下角的扩展按钮，打开如图15-28所示的"段落"对话框进行设置。

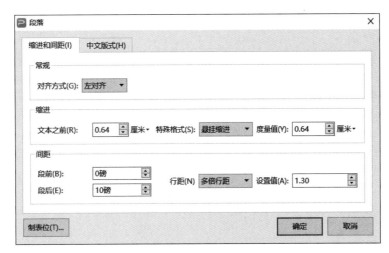

图15-28　"段落"对话框

该对话框中各个选项的意义与WPS文字中的"段落"对话框相同，在此不再赘述。

15.3　创 建 列 表

如果幻灯片中有一系列并列的文本内容或要点，可以使用项目符号或编号将这些内容创建为列表，使文本内容层次更加清晰，更具条理性。

"项目符号"和"编号"命令按钮位于"开始"菜单选项卡的"段落"功能组中，两者的区别在于：项目符号通常用于没有次序之分的多个项目；而编号则由阿拉伯数字、汉字或者英文字母标记多个项目的顺序。

15.3.1　创建项目列表和编号列表

创建列表最常用的操作是选定已有的多个段落，然后添加项目符号或者编号。

（1）选定要创建为列表的文本或者占位符。

（2）单击"开始"菜单选项卡中的"项目符号"按钮 或"编号"按钮 ，即可添加默认的项目符号或编号，如图15-29所示。

单击"项目符号"或"编号"命令按钮右侧的下拉按钮，在弹出的下拉菜单中可以选择内置的符号或编号样式，如图15-30（a）和（b）所示。

（3）如果要删除项目符号或编号，应选择"无"选项。

如果希望输入段落时，自动将输入的多个段落创建为列表，可以在第一个段落起始处按照步骤（2）的方法添加一种项目符号或编号，输入段落文本后按Enter键，即可自动新建一个空白的列表项。

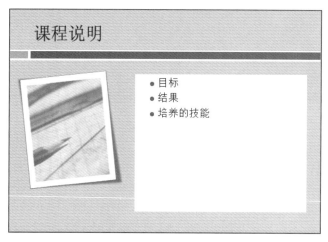

图 15-29　创建的项目列表

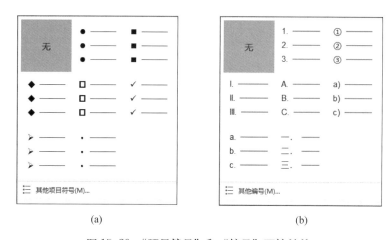

(a) (b)

图 15-30　"项目符号"和"编号"下拉菜单

15.3.2　修改列表符号

如果内置的项目符号或编号样式不能满足设计需要，可以修改内置符号或编号的大小和颜色，还可以将图片、特殊符号作为项目符号，并指定起始编号。

（1）选中要修改项目符号或编号的列表。

注意　　更改项目符号或编号时，应选择与此项目符号或编号相关的文本，而不是符号或编号本身。

（2）在"开始"菜单选项卡中单击"项目符号"或"编号"下拉按钮，在弹出的下拉菜单中选择"其他项目符号"命令或"其他编号"命令，分别打开如图 15-31（a）和（b）所示的"项目符号与编号"对话框。

（3）在"大小"数值框中设置符号或编号相对于文本的大小；在"颜色"下拉列表框中修改符号或编号的显示颜色。

（4）如果要指定编号列表的起始编号，应在"开始于"数值框中输入指定的值。

（5）如果要将图片定义为项目符号，应单击"图片"按钮，在弹出的"打开图片"对话框中选择需要的图片，然后单击"打开"按钮。

（6）如果要将其他特殊符号定义为项目符号，应单击"自定义"按钮，在弹出的"符号"对话框中选择一种符号，然后单击"确定"按钮。

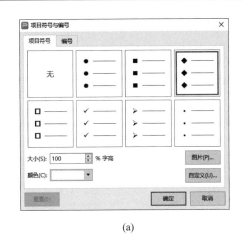
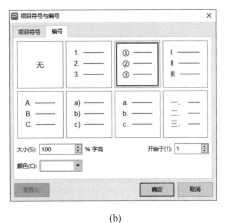

(a)   (b)

图 15-31　"项目符号与编号"对话框

15.3.3　更改列表项的级别

一个列表中通常包含多个层次的列表项。更改列表项目的层次级别有两种常用的方法，下面分别进行介绍。

1. 使用缩进命令按钮

（1）选中要修改层次级别的列表项，如图 15-32 所示。

（2）在"开始"菜单选项卡的"段落"区域，单击"增加缩进量"按钮，选中的列表项即可向右缩进，且文本字号自动缩小，表明层次关系，如图 15-33 所示。

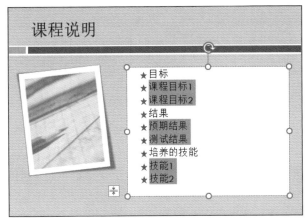

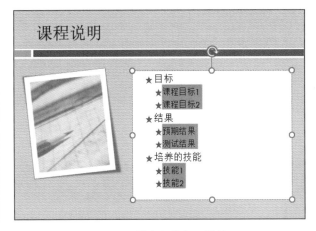

图 15-32　选中要修改的列表项   图 15-33　增大缩进级别的效果

单击"减少缩进量"按钮，选中的列表项将向左缩进，提高列表级别。

提示： 选中列表项后，按 Tab 键，一次可降低一个级别；按 Shift+Tab 键可提高一个级别。

2. 使用标尺上的缩进符号

拖动标尺上的缩进符号也可以更改列表项的级别。两个缩进符号中，靠左的缩进符号决定项目符号或者编号的位置，靠右的缩进符号决定文本的左缩进位置，如图 15-34 所示。

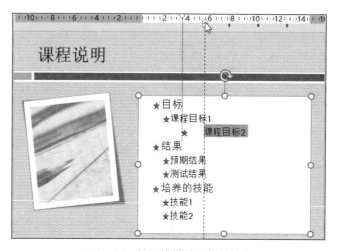

图 15-34　使用缩进符号调整缩进

15.4　实例精讲——小学语文微课

　　本节练习制作一个简单的小学语文微课演示文稿。通过对操作步骤的详细讲解，帮助读者进一步掌握在占位符中编辑文本、使用文本框添加文本、修改项目编号，以及设置文本格式和调整段落缩进的操作方法。

15-1　实例精讲——小学
语文微课

　　首先在占位符中输入幻灯片标题；然后使用横排文本框添加文本，设置文本对齐方式和行距，并编辑文本框的形状；接下来在文本框中插入带圈的数字符号，设置符号样式；最后自定义项目符号外观和缩进，排版目录页。最终效果如图 15-35 所示。

图 15-35　演示文稿效果

操作步骤

　　（1）打开一个已创建基本结构和布局的演示文稿，并定位到要插入文本的幻灯片，如图 15-36 所示。

图 15-36　幻灯片初始状态

（2）在标题幻灯片的占位符中单击插入定位点，然后输入文本，分别输入标题和副标题，效果如图 15-37 所示。

图 15-37　设置标题幻灯片的标题

（3）新建一张幻灯片，并套用自定义的版式，然后在标题占位符中输入幻灯片标题，如图 15-38 所示。

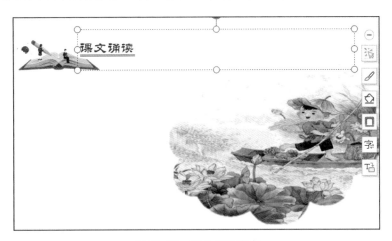

图 15-38　输入标题文本

（4）在"插入"菜单选项卡中单击"文本框"下拉按钮，在弹出的下拉菜单中选择"横向文本框"，绘制一个文本框。在文本框中输入文本，设置文本对齐方式为"分散对齐"，字体为"黑体"，字号为"28"，行距为"1.5"，效果如图 15-39 所示。

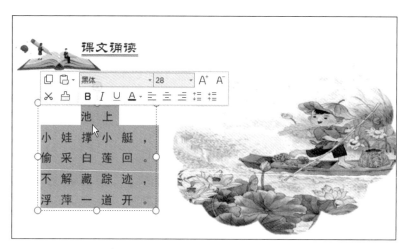

图 15-39　在文本框中输入文本的效果

为便于学生在诵读课文时正确断句停顿，接下来在诗文中添加符号标记断句位置。

（5）将光标置于第一行诗句中，在英文输入状态下输入"/"。选中输入的字符，设置字体为 Arial Black，字形加粗、倾斜，字号为"28"，颜色为深红色。采用同样的方法，在其他诗句中添加停顿字符，效果如图 15-40 所示。

图 15-40　添加停顿字符

（6）选中文本框，在"绘图工具"菜单选项卡中单击"填充"按钮 ，选择填充方式为"图片或纹理"，纹理选择"纸纹 2"。单击"轮廓"按钮 ，设置轮廓颜色为棕色，宽度为 2.25 磅，效果如图 15-41 所示。

（7）选中文本框，在"绘图工具"菜单选项卡中单击"编辑形状"按钮 ，在弹出的下拉菜单中选择"更改形状"命令，然后在形状列表中选择"竖卷轴"，效果如图 15-42 所示。

（8）新建一张幻灯片，并套用自定义的版式，然后在标题占位符中输入幻灯片标题。在"插入"菜单选项卡中单击"文本框"下拉按钮 ，在弹出的下拉菜单中选择"横向文本框"，绘制一个文本框。选中文本框，在"文本工具"菜单选项卡中单击"字体"功能组右下角的功能扩展按钮 ，打开"字体"对话框。设置字符间距为"加宽"，度量值为"20"磅，如图 15-43 所示。

（9）单击"确定"按钮关闭对话框。在文本框中输入文本，选中文本，利用浮动工具栏设置字体为"黑体"，字号为"40"，行距为"1.5"，效果如图 15-44 所示。

图 15-41　设置文本框的填充和轮廓效果

图 15-42　更改文本框的形状

图 15-43　设置字符间距

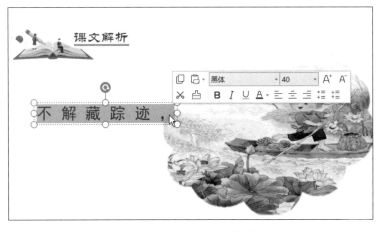

图 15-44　设置文本格式

（10）选中"解"字，在浮动工具栏设置字形加粗，颜色为深红色。将光标置于"解"字右侧，单击"插入"菜单选项卡中的"符号"下拉按钮 Ω，在下拉菜单中选择"其他符号"命令打开"符号"对话框。设置字体为 Wingdings 2，然后在符号列表框中选择带圈数字，如图 15-45 所示。

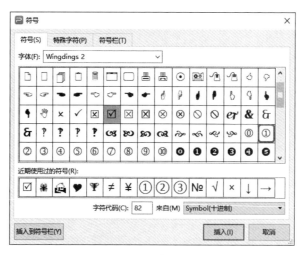

图 15-45　选择符号

（11）单击"插入"按钮插入选中的符号。然后选中插入的符号，在"开始"菜单选项卡中单击"上标"按钮 x^2，效果如图 15-46 所示。

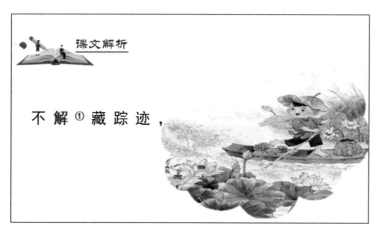

图 15-46　插入符号并设置为上标

（12）再次插入一个文本框，并输入文本，设置文本字体为"楷体"，字号为"28"，颜色为红色，效果如图 15-47 所示。

图 15-47　设置文本格式

（13）使用同样的方法，利用文本框插入第二句诗文，设置文本格式，并插入带圈的数字符号，如

图 15-48 所示。

图 15-48　插入文本和符号并格式化

接下来制作目录页。

（14）新建一张幻灯片，并套用自定义的目录页版式，然后单击标题占位符，输入标题文本"目录"，效果如图 15-49 所示。

图 15-49　输入目录页的标题文本

（15）插入一个文本框，输入目录项，设置行距为 1.5。然后利用浮动工具栏设置字体为"黑体"，字号为"28"，对齐方式为"左对齐"，效果如图 15-50 所示。

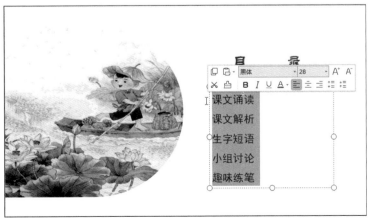

图 15-50　输入目录项

（16）选中输入的目录项，在"开始"菜单选项卡中单击"项目符号"按钮 ≡，在下拉菜单中选择"其他项目符号"命令，打开"项目符号与编号"对话框。选择一种项目符号之后，单击"自定义"按钮打开"符号"对话框，设置字体为 Wingdings 2，然后在符号列表框中选择一种符号，如图 15-51 所示。

图 15-51　选择符号

（17）单击"插入"按钮返回"项目符号与编号"对话框。设置符号大小为 120% 字高，颜色为深绿色，如图 15-52 所示。

图 15-52　设置符号大小和颜色

（18）单击"确定"按钮关闭对话框，即可在目录项左侧添加指定样式的项目符号，如图 15-53 所示。

从图 15-53 中可以看到，文本与项目符号之间的间距很小，影响美观，接下来利用标尺调整项目文本的缩进。

（19）在"视图"菜单选项卡中选中"标尺"复选框，在幻灯片编辑窗口显示标尺。选中要调整缩进的文本，拖动下方的缩进符号调整文本的左缩进位置，如图 15-54 所示。

（20）至此，演示文稿的几张主要幻灯片制作完成。切换到幻灯片浏览视图，可以查看演示文稿的效果，如图 15-35 所示。

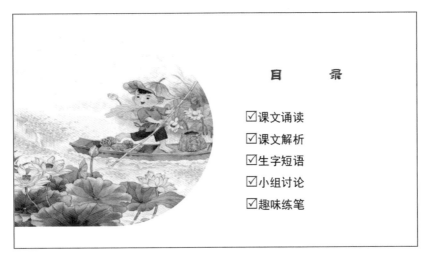

图 15-53　添加项目符号的效果

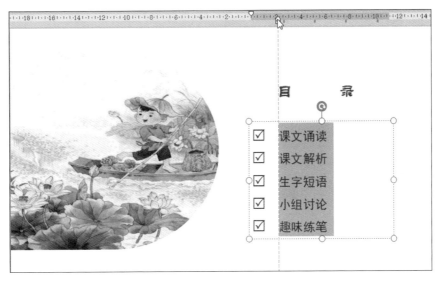

图 15-54　调整项目文本的缩进位置

答 疑 解 惑

1．新建的幻灯片中总是显示默认的占位符，如果一个一个地删除很烦琐，如何一次去除幻灯片中的所有默认占位符？

答：选中幻灯片，在"开始"菜单选项卡的"版式"下拉列表框中选择"空白"版式。

2．在演示文稿中使用了一些特别的字体美化文本，但复制到其他计算机上查看时，发现字体显示为常见的宋体了，怎样解决这个问题？

答：出现这种问题是因为其他计算机上没有安装演示文稿中使用的某些字体，可在保存演示文稿时嵌入使用的字体。

（1）在"文件"菜单选项卡中单击"选项"命令，打开"选项"对话框。

（2）切换到"常规与保存"分类，在右侧窗格中选中"将字体嵌入文件"复选框。

（3）单击"确定"按钮关闭对话框，然后保存演示文稿。

学习效果自测

一、选择题

1. 在 WPS 演示中，新建的幻灯片中显示的虚线框是（　　　）。

　　A. 占位符　　　　　　　　B. 文本框　　　　　　　　C. 图片边界　　　　　　　　D. 表格边界

2. 幻灯片中占位符的作用是（　　　）。

　　A. 表示文本的长度　　　　　　　　　　　　B. 限制插入对象的数量

　　C. 表示图形的大小　　　　　　　　　　　　D. 为文本、图形预留位置

3. 如果文本占位符中有光标闪烁，证明此时是（　　　）状态。

　　A. 移动　　　　　　　　B. 文字编辑　　　　　　　　C. 复制　　　　　　　　D. 文本框选取

4. 在普通视图下，要在当前幻灯片中制作"标题"文本，正确的操作是（　　　）。

　　A. 插入文本框后，在新建的文本框中输入标题内容

　　B. 在"版式"下拉列表框中选择"标题幻灯片"

　　C. 在"版式"下拉列表框中选择"空白"版式

　　D. 在"版式"下拉列表框中选择具有"标题"的版式

5. 选中一个项目列表项，按 Shift+Tab 键可以（　　　）。

　　A. 进入正文　　　　　　　　B. 使段落升级　　　　　　　　C. 使段落降级　　　　　　　　D. 交换正文位置

二、填空题

1. ＿＿＿＿＿＿＿＿是指创建新幻灯片时出现的虚线方框，这些方框代表一些待确定的对象。

2. 在文本中按＿＿＿＿＿＿键时，输入光标将自动移至下一个最近的默认制表符上，以方便对齐文本。

3. 如果要在占位符之外的区域添加文字，可以在幻灯片中插入＿＿＿＿＿＿＿。

4. 项目列表包括项目符号和编号，两者的区别在于：＿＿＿＿＿＿＿通常用于没有顺序之分的多个项目；而＿＿＿＿＿＿＿则用于有顺序限制的多个项目。

三、操作题

1. 新建一个演示文稿，添加多个分层标题。

2. 新建一张幻灯片，添加两级标题和相应的正文内容。

3. 在幻灯片中插入一个文本框，输入文本后，设置文本框的轮廓和填充效果。

4. 在幻灯片中插入一个特殊符号"🕷"。

5. 制作一个含有项目符号的演示文稿，然后自定义项目符号的大小和颜色。

第 16 章

制作图片型幻灯片

本章导读

　　图片和图形是一类极富表现力的媒体元素，不仅能丰富、美化幻灯片内容和视觉效果，而且能直观、形象地表达幻灯片内容要表述的观点。表格可以轻松地组织和显示信息，比较多组相关值；图表与工作数据关联，可以使人一目了然地查看数据的差异或变化趋势。因此，在制作幻灯片时，将图片、图形、表格和图表与文字结合起来，能获得意想不到的展示效果。

学习要点

- ❖ 插入与编辑图片
- ❖ 绘制、编辑形状和智能图形
- ❖ 编辑表格结构
- ❖ 编辑图表
- ❖ 排列页面对象

16.1 插入与处理图片

图片是演示文稿常用的对象，不仅可以吸引观众的注意力，而且其直观的表达力有时可以胜过洋洋洒洒千万字。

16.1.1 插入图片

在 WPS 演示中，使用"插入"菜单选项卡中的"图片"下拉按钮 插入图片的方法与 WPS 文字相同，在此不再赘述。

下面简要介绍使用占位符中的图片图标插入图片的方法。

（1）在幻灯片的内容占位符中单击图片图标 ，如图 16-1 所示，打开"插入图片"对话框。

图 16-1　单击图片图标

（2）选中需要的图片后，单击"打开"按钮，即可将指定图片插入幻灯片，如图 16-2 所示。

图 16-2　在占位符中插入图片

（3）如果要更换插入的图片，可以选中图片后，单击图片右下角的 按钮，或在"图片工具"菜单选项卡中单击"更改图片"按钮 ，打开"更改图片"对话框，选择需要的图片后，单击"打开"按钮，即可替换图片。

除了可以很方便地在同一张幻灯片中插入多张图片，WPS 2022 还支持将多张图片一次性分别插入多张幻灯片中。

（4）在"插入"菜单选项卡中单击"图片"下拉按钮，在弹出的下拉菜单中单击"分页插图"按钮，如图16-3所示。

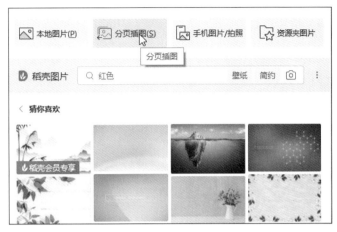

图16-3 单击"分页插图"按钮

（5）在弹出的"分页插入图片"对话框中，按住Ctrl键单击要插入的图片。如果要选中连续的图片，应按住Shift键单击第一张和最后一张图片。然后单击"打开"按钮，即可自动新建幻灯片，并分页插入指定的图片，如图16-4所示。

图16-4 分页插图的效果

提取演示文稿中的图片

如果要将其他演示文稿中精美的图片插入自己的演示文稿中，可以采用下面的方法提取演示文稿中的图片。

（1）将要提取图片的演示文稿的后缀名称pptx修改为rar。

（2）将文件解压缩到一个文件夹中，可以看到如图16-5所示的文件列表。

（3）双击打开ppt文件夹，然后双击其中的media文件夹，即可看到演示文稿中的所有图片。

图 16-5　解压后的文件列表

16.1.2　调整图片大小

通常情况下，插入的图片按原始大小显示，需要进行缩放以符合设计需要。

（1）选中插入的图片，在图片四周显示有 8 个圆形控制手柄和一个旋转控制手柄的变形框，如图 16-6 所示。

图 16-6　选中图片

（2）将鼠标指针移到变形框中点的控制手柄上，指针变为双向箭头时，按下鼠标左键拖动，可以调整图片的宽度（或高度），而高度（或宽度）保持不变。将鼠标指针移到变形框角上的控制手柄上按下鼠标左键并拖动，可以约束图片的宽高比进行缩放。

提示：　约束比例缩放图片时，默认以控制手柄对角上的顶点为基点进行缩放，如图 16-7（a）所示。按住 Ctrl 键的同时拖动变形框角上的控制手柄，可以图片的中心为基点进行缩放，如图 16-7（b）所示。

（3）将鼠标指针移到旋转手柄 ⟳ 上，指针显示为 ⟳。按下鼠标左键并拖动，可以图片中心点为轴旋转图片，如图 16-8 所示。释放鼠标左键，即可得到旋转后的图片，如图 16-9 所示。

(a)   (b)

图 16-7　约束比例缩放图片

图 16-8　旋转图片

图 16-9　旋转后的图片

如果幻灯片中有多张图片，缩放或移动其中一张图片时，会显示一条智能参考线，借助参考线可以很方便地对齐图片，或将图片缩放到等高或等宽，如图 16-10 所示。

如果不显示智能参考线，应在"视图"菜单选项卡中单击"网格和参考线"按钮 ⊞ 网格和参考线，在打开的"网格线和参考线"对话框中选中"形状对齐时显示智能向导"复选框，如图 16-11 所示。

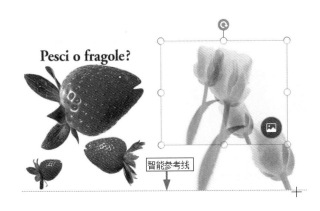

图 16-10　借助智能参考线缩放图片

图 16-11　"网格线和参考线"对话框

如果要精确调整图片的大小，可以利用"图片工具"菜单选项卡中如图 16-12 所示的"大小和位置"功能组进行设置。单击右下角的扩展按钮 ⌐，可展开如图 16-13 所示的"对象属性"窗格详细设置图片的大小和旋转角度。

如果要恢复图片的原始尺寸，应单击"重设大小"按钮 ⊠ 重设大小。

图 16-12 "大小和位置"功能组   图 16-13 "对象属性"窗格

16.1.3 裁剪图片

WPS 2022 具有强大的图片编辑功能，用户只需要进行简单的操作，就可以轻松地将图片进行创意十足的裁剪，丰富幻灯片的视觉效果。

（1）选中要裁剪的图片，如图 16-14 所示。

（2）如果要裁剪掉图片的某些区域，可在"图片工具"菜单选项卡中单击"裁剪"按钮，图片四周出现裁剪标记。将鼠标指针移到裁剪标记上，按下鼠标左键并拖动，标记要保留的区域，如图 16-15 所示。

> **提示：**
>
> 如果插入的是 GIF 图片，则不能进行裁剪操作。

（3）标记完成后，单击图片之外的区域，即可得到裁剪结果，如图 16-16 所示。

图 16-14 要裁剪的图片   图 16-15 标记要保留的区域   图 16-16 裁剪结果

（4）如果要将图片裁剪为某种形状，可在"图片工具"菜单选项卡中单击"裁剪"按钮，在"按形状裁剪"选项卡中单击需要的形状，例如"心形"。此时，在幻灯片缩略图中可以看到裁剪效果，如图 16-17 所示。单击图片之外的区域，即可得到裁剪效果。

除了可以裁剪图片区域和裁剪为形状，WPS 2022 还提供了一项很强大、实用的裁剪功能。用户不需要专业的图片编辑技巧，就可一键创建设计感十足的图片裁剪效果。

（5）选中要裁剪的图片，在"图片工具"菜单选项卡中单击"创意裁剪"下拉按钮，在弹出的裁剪效果下拉列表框中选择需要的效果，如图 16-18 所示。

（6）选中的图片即可裁剪为指定的艺术效果，如图 16-19 所示，并自动展开"设置"窗格。

图 16-17　将图片裁剪为形状

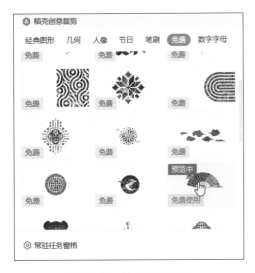
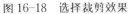

图 16-18　选择裁剪效果

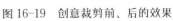

图 16-19　创意裁剪前、后的效果

（7）选中裁剪后的图片，图片下方出现"更换图片"和"裁剪效果"按钮，单击对应的按钮，即可在"设置"窗格中更改图片，或修改裁剪效果，如图 16-20 所示。

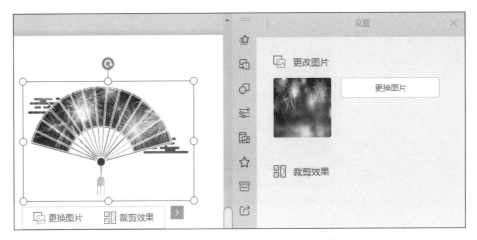

图 16-20　使用"设置"窗格编辑图片

提示：　　将图片进行创意裁剪后，图片将变为组合图形。选中图形，菜单功能区显示"绘图工具"菜单选项卡。将图形取消组合，可以看到图形的各个组成部分，如图 16-21 所示。

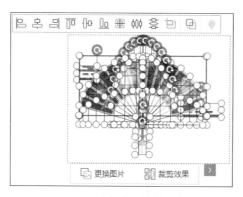

图 16-21　取消组合创意裁剪的图形

16.1.4　设置图片样式

（1）选中图片，在"图片工具"菜单选项卡中，利用如图 16-22 所示的"形状格式"功能组可以校正图片的亮度、对比度和颜色，透明化图片中的特定颜色，为图片添加轮廓和阴影、发光、倒影和三维等视觉效果。其具体操作与 WPS 文字的相关操作相同，此处不再赘述。

图 16-22　"形状格式"功能组

（2）如果对图片进行了创意裁剪，选中裁剪后的图形，菜单功能区会显示如图 16-23 所示的"绘图工具"菜单选项卡。从图中可以看到，WPS 2022 预置了一些图形样式。

图 16-23　"绘图工具"菜单选项卡

（3）如果要直接套用预置的样式，可单击样式下拉列表框右侧的下拉按钮，弹出如图 16-24 所示的样式列表。单击选择一种样式，选中的图形对象即可应用指定的效果。

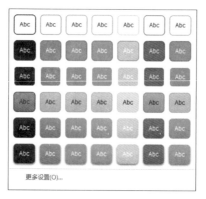

图 16-24　预置的样式列表

（4）如果希望自定义图形的轮廓和填充效果，可在"绘图工具"菜单选项卡中分别单击"轮廓"下拉按钮和"填充"下拉按钮。单击"形状效果"下拉按钮，可以设置图形的视觉效果。

16.2　绘制与编辑形状

WPS 2022 将常用的形状（即自选图形）分门别类组织在一起，即使用户没有经过专业的绘画训练，也可以轻松绘制美观的基本图形。

16.2.1　绘制自选图形

（1）单击"插入"菜单选项卡"插图"区域的"形状"按钮，弹出如图 16-25 所示的形状列表。

（2）单击需要的形状，指针变为十字形＋。在幻灯片中按下鼠标左键拖动到需要的大小时，释放鼠标，即可在指定位置绘制一个指定大小的形状，如图 16-26 所示。

图 16-25　形状列表

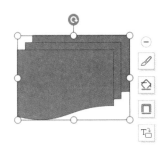

图 16-26　"流程图：多文档"形状

此时，菜单功能区显示如图 16-27 所示的"绘图工具"菜单选项卡。

图 16-27　"绘图工具"菜单选项卡

提示：　　　绘制直线（或箭头）时，按住 Shift 键可以保持直线或箭头呈垂直、水平或 45°的方向。绘制几何图形时，按住 Shift 键可以绘制正几何形状。

（3）如果要应用预置的形状样式，可单击"样式"下拉列表框右侧的下拉按钮，在弹出的样式列表中单击选择一种样式，选中的形状即可应用指定的效果。

（4）如果要自定义形状的样式，可单击"填充"下拉按钮，设置形状的填充效果；单击"轮廓"

下拉按钮□，设置轮廓线的颜色、粗细和样式；单击"形状效果"下拉按钮 形状效果，设置形状的视觉效果。

（5）如果要更全面地自定义形状的样式，应单击"形状格式"功能组右下角的扩展按钮 ，展开如图 16-28 所示的"对象属性"窗格，对形状的各个属性进行详尽的设置。

（6）如果要更改形状，可以在"绘图工具"菜单选项卡中单击"编辑形状"下拉按钮 编辑形状，在弹出的下拉菜单中选择"更改形状"命令，然后在弹出的形状列表中选择要替代的形状。

图 16-28　"对象属性"窗格

更改形状后，形状的大小、位置和设置的样式都保持不变。

16.2.2　在形状中添加文本

在形状中添加文本，作用类似于文本框，常用于在占位符之外添加文字标注和说明。

（1）选中要添加文本的形状，右击，在弹出的快捷菜单中选择"编辑文字"命令。此时，形状中显示光标插入点。

（2）输入文本，然后选中文本，在弹出的浮动工具栏中设置文本格式，如图 16-29 所示。

图 16-29　设置文本格式

注意　在形状中添加文本后，文本与形状会形成一个整体，不能单独移动文本的位置，而且文本较多时，部分文本可能不能显示。

（3）如果要修改形状中的文本，可直接单击文字部分进行编辑。

16.2.3　插入智能图形

WPS 中的智能图形与 Office 中的 SmartArt 图形相同，用于直观地表达和交流信息。WPS 2022 内置了丰富的智能图形，可以帮助用户轻松创建具有设计师水准的列表、流程图、组织结构图等图示。

（1）在"插入"菜单选项卡中单击"智能图形"按钮 智能图形，打开如图 16-30 所示的"选择智能图形"对话框。

（2）在左侧窗格中选择图形类型，然后在中间窗格中选择需要的图形，右侧窗格中将显示选中图形的简要说明。

（3）单击"确定"按钮，即可在幻灯片中插入指定类型的智能图形。例如，插入的"蛇形图片题注列表"如图 16-31 所示。

（4）单击智能图形中的文本占位符，可以直接输入文本，如图 16-32 所示。

（5）单击智能图形中的图片占位符，在打开的"插入图片"对话框中选择需要的图片，单击"打开"按钮，图片将以占位符指定的大小和样式显示，如图 16-33 所示。

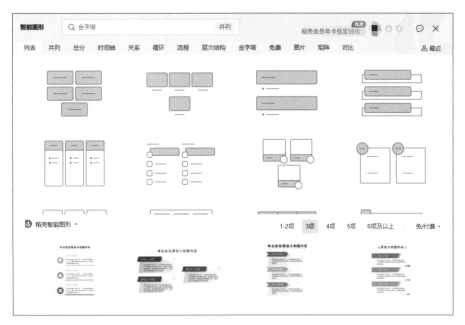

图 16-30 "选择智能图形"对话框

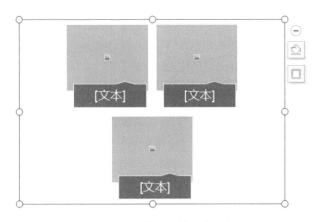

图 16-31 蛇形图片题注列表

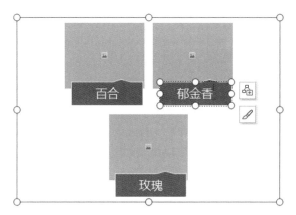

图 16-32 在智能图形中输入文本

智能图形默认的项目个数通常与实际需要不符，因此，需要在图形中添加或删除项目。

（6）如果要添加项目，应在要添加项目的邻近位置选中一个项目，在"设计"菜单选项卡中单击"添加项目"下拉按钮，弹出如图 16-34 所示的下拉菜单。选择要添加的项目相对于当前选中项目的位置，即可在图形中添加项目。

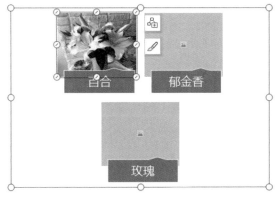

图 16-33 在智能图形中插入图片

在下方添加项目(W)

在上方添加项目(V)

在后面添加项目(A)

在前面添加项目(B)

添加助理(T)

图 16-34 "添加项目"下拉菜单

例如，选中"玫瑰"图片占位符后，在后面添加项目的效果如图 16-35 所示。

图 16-35　添加项目的效果

（7）如果要在智能图形中删除某个项目，可选中项目包含的文本占位符，然后按 Delete 键。

 注意　如果选中项目中的图片占位符，则按 Delete 键并不能删除选中的项目。

（8）如果要调整项目的排列顺序，应在选中项目后，单击"前移"按钮 ⬆前移 或"后移"按钮 ⬇后移。例如，将"百合"项目后移的效果如图 16-36 所示。

（9）对于有层次结构的智能图形，如果要调整项目的层级，可以选中项目后，在"设计"菜单选项卡中单击"降级"按钮 ⬅降级 或"升级"按钮 ⬅升级。

（10）单击智能图形的边框选中图形，单击"更改颜色"下拉按钮 ，在弹出的配色方案中单击需要的颜色方案，即可应用到智能图形，如图 16-37 所示。

图 16-36　调整项目顺序的效果

图 16-37　更改颜色的效果

16.3　编辑表格和图表

表格按行、列排布文本或者数据，是一种常用于比较多组相关值、罗列项目相关数据的信息组织形式。

16.3.1　插入表格

与 WPS 文字相同，在 WPS 演示文稿中，可以使用表格模型和"插入表格"对话框插入表格。

（1）切换到"普通"视图，单击"插入"菜单选项卡中的"表格"下拉按钮 。

（2）在弹出的表格模型中移动鼠标指针，表格模型顶部显示当前选择的行数和列数，如图 16-38 所示。单击即可在当前幻灯片中插入指定行列数的表格，且表格默认套用样式，如图 16-39 所示。

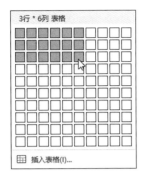

图 16-38   在表格模型中选择行数和列数

图 16-39   使用表格模型插入的表格

（3）如果习惯使用对话框创建表格，可以在如图 16-38 所示的下拉列表框中单击"插入表格"命令，弹出如图 16-40 所示的"插入表格"对话框。分别输入行数和列数后，单击"确定"按钮，即可插入一个自动套用样式的表格。

如果要利用 WPS 文字或者 WPS 表格中已制作好的表格，可以复制表格，然后粘贴到幻灯片中。

（4）单击要输入内容的单元格，然后在插入点输入文本。

在单元格中输入数据时，输入的内容到达单元格边界时自动换行。如果内容行数超过单元格高度，则自动向下扩充。

图 16-40   "插入表格"对话框

（5）单击其他单元格，输入内容。

 提示： 　默认情况下，按 Tab 键可以将插入点快速移到右侧相邻的单元格中；按 Shift+Tab 键可以选中左侧相邻单元格中所有的内容。如果插入点位于最后一行最右侧的单元格内容末尾，按 Tab 键将在表格的底部增加一个新行。

（6）输入完成后，单击表格之外的任意位置退出表格编辑状态。

（7）单击表格中的任意一个单元格，利用如图 16-41 所示的"表格样式"菜单选项卡可以设置表格样式。相关操作与在 WPS 文字中设置表格样式的方法相同，不再赘述。

图 16-41   "表格样式"菜单选项卡

16.3.2   选择表格元素

在对表格进行编辑之前，读者有必要了解一下在幻灯片中选择表格元素的常用操作方法。

❖ 选取表格：单击表格中的任意一个单元格，或表格的边框。

❖ 选取单元格：在单元格中单击。

❖ 选取单元格中的部分文本：在文本起始处按下鼠标左键，拖动至结束处释放。

❖ 选取整行：将鼠标指针移到该行最左侧或最右侧，指针变为 ➡ 或 ⬅，单击可选中一行，按下鼠标左键上下拖动可选取相邻的多行。

❖ 选取整列：将鼠标指针移到该列顶部或底部，指针变为 ⬇ 或 ⬆，单击可选中一列，按下鼠标左键左右拖动可以选取相邻的多列。

❖ 选取单元格区域：在起始单元格中按下鼠标左键拖动到结束单元格释放。如果选中一个单元格，按住 Shift 键单击另一个单元格，可以选中以这两个单元格为对角的矩形区域。

 注意 　使用 Shift+ 方向键也可以选取单元格区域。如果起始单元格中有文本，按住 Shift+ 方向键将选取单元格中的文本，文本选取完成后，才开始选取下一个单元格。

16.3.3　插入、删除行和列

如果插入的表格不能完全容纳数据项，或者有多余的空白行列，就需要添加或删除行列。在"表格工具"菜单选项卡中，利用如图 16-42 所示的功能组可以方便地插入、删除行和列。

图 16-42　"行和列"功能组

（1）单击要插入行或列的相邻位置，可以是单元格，也可以是单元格区域。

（2）在如图 16-42 所示的功能组中单击"在上方插入行"或"在下方插入行"按钮，即可在当前选中单元格的上方（或下方）插入空白行；单击"在左侧插入列"或"在右侧插入列"按钮，即可在当前选中单元格的左侧（或右侧）插入空白列。

 提示： 　插入的空白行（列）数与步骤（1）选中的单元格行（列）数相同。也就是说，如果在步骤（1）选中的是一个单元格，则增加一个空白行；如果选中的单元格处于相邻两行，则增加两个相邻的空白行。

（3）单击"删除"下拉按钮，在下拉菜单中选择"删除行"或"删除列"命令，即可删除选中的单元格所在的行或列。

 注意 　选中单元格区域后，按 Delete 键只能删除单元格中的内容。

16.3.4　合并与拆分单元格

如果要在表格中输入跨行或跨列的内容，或在一个单元格中输入多行（或多列）内容，就需要合并某些单元格，或将某个单元格拆分为多行（或多列）。

（1）选定要合并的多个相邻的单元格，在"表格工具"菜单选项卡中单击"合并单元格"按钮，即可将选中的多个单元格合并为一个单元格，效果如图 16-43 所示。

（2）选中要拆分的一个或多个单元格，在"表格工具"菜单选项卡中单击"拆分单元格"按钮，弹出如图 16-44 所示的"拆分单元格"对话框。设置将单元格拆分的行数和列数，单击"确定"按钮，即可将选中的每一个单元格都按指定设置进行拆分。

图 16-43　单元格合并前、后的效果　　　　　　　　图 16-44　"拆分单元格"对话框

将单元格拆分为多个单元格后，原单元格中的内容将显示在拆分后的单元格区域左上角的单元格中。

16.3.5　创建图表

图表是一种直观地表达数据关系的信息展示形式，在趋势预测、数据对比分析等演示文稿中有举足轻重的作用。

在 WPS 演示中使用图表的方法与在 WPS 文字中大致相同，下面简要介绍其操作步骤。

（1）在"插入"菜单选项卡中单击"图表"按钮 ⬛图表，打开如图 16-45 所示的"插入图表"对话框。

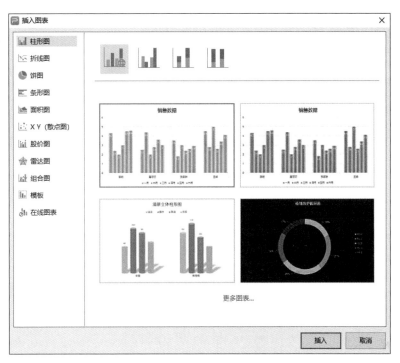

图 16-45　"插入图表"对话框

（2）在对话框左侧窗格中选择一种图表类型，然后在右上窗格中选择一种子类型，单击"插入"按钮，即可插入一个指定类型的示例图表，如图 16-46 所示。

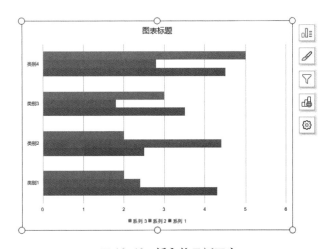

图 16-46　插入的示例图表

（3）在"图表工具"菜单选项卡中单击"编辑数据"按钮 ⬛编辑数据，即可启动 WPS 表格组件，显示示例图表对应的数据表，如图 16-47 所示。

（4）在数据表中编辑图表数据，幻灯片中的图表将随之自动更新。

（5）单击图表边框选中图表，然后单击图表右上角的"图表元素"按钮，在弹出的下拉菜单中选择要在图表中显示的元素，如图 16-48 所示。

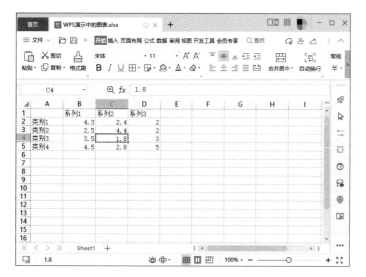

图 16-47　图表对应的数据表

图 16-48　图表元素级联菜单

（6）单击图表右侧快速工具栏中的"图表样式"按钮，在弹出的样式列表中可以直接套用内置的样式，如图 16-49 所示；切换到"颜色"选项卡，可以套用内置的配色方案。

如果要自定义图表元素的格式，可单击快速工具栏底部的"设置图表区域格式"按钮，在编辑窗口右侧展开如图 16-50 所示的"对象属性"窗格，在这里可以对每一个图表元素的属性进行设置。

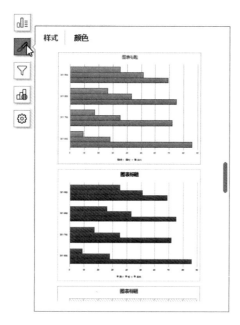

图 16-49　设置图表样式

图 16-50　"对象属性"窗格

16.4　排列页面对象

在幻灯片中插入多个页面对象之后，有时还需要对插入的对象进行对齐、调整叠放次序以及组合等操作。

16.4.1　对齐与分布

将多个图形进行对齐，或按某种方式在幻灯片中进行等距分布，可以使幻灯片版面更加整洁。

（1）按住 Ctrl 键或 Shift 键选中要对齐的多个对象，组合对象上方显示如图 16-51 所示的快速工具栏。

（2）在快速工具栏中单击需要的对齐或分布按钮。或者在"图片工具"或"绘图工具"菜单选项卡中单击"对齐"下拉按钮 ，在如图 16-52 所示的下拉菜单中单击需要的对齐或分布命令。

图 16-51　快速工具栏

图 16-52　"对齐"下拉菜单

16.4.2　叠放页面对象

如果幻灯片中的多个页面对象发生重叠，后添加的对象总是显示在先添加的对象之上，用户可以根据需要改变它们的层次关系。

（1）选中要改变层次的页面对象。

（2）在"开始"菜单选项卡中单击"排列"下拉按钮 ，在如图 16-53 所示的下拉菜单中选择需要的调整方式，即可完成操作。

此外，在"图片工具"菜单选项卡或"绘图工具"菜单选项卡中，单击"上移一层"下拉按钮 或"下移一层"下拉按钮 ，也可以很方便地调整叠放次序。

如果页面对象很多且相互重叠，不便于选择页面对象，可以打开"选择"窗格调整页面对象的叠放次序。

（3）在"图片工具"或"绘图工具"菜单选项卡中单击"选择窗格"按钮 ，打开如图 16-54 所示的选择窗格。

在这里可以看到当前幻灯片中的对象列表。

（4）单击对象名称，再单击"叠放次序"区域的按钮 或 ，即可更改对象的排列顺序。

（5）如果要修改对象的可见性，可单击对象名称右侧的 图标。单击"全部显示"或"全部隐藏"按钮，可以同时显示或隐藏当前幻灯片中的所有对象。

图 16-53 "排列"下拉菜单

图 16-54 选择窗格

16.4.3 组合图形对象

将多个图形组合在一起，就可以对它们进行统一的操作，也可以同时更改组合图形中所有图形的属性。

（1）按住 Shift 键或 Ctrl 键单击要组合的图形，此时图形上方显示如图 16-51 所示的快速工具栏。

（2）在快速工具栏中单击"组合"按钮，或者在"绘图工具"或"图片工具"菜单选项卡中单击"组合"按钮，即可将选中的所有图形组合为一个整体。

将图形进行组合后，仍然可以选中其中的单个图形进行缩放、移动和其他编辑操作，其他图形则不受影响，如图 16-55 所示。

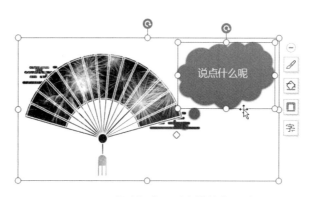

图 16-55 移动组合图形中的单个图形

（3）如果要撤销组合，应在选中组合图形后，单击"组合"按钮，在弹出的下拉菜单中选择"取消组合"命令。

16.5 实例精讲——企业宣传画册

本节练习制作一个简单的企业宣传画册。通过对操作步骤的详细讲解，帮助读者一步掌握在幻灯片中插入图片、绘制形状、插入智能图形和图表，以及编辑图片、图形和图表样式的操作方法。

设计
思路　　首先新建一个空白的演示文稿，在母版中设置背景图片、绘制形状修饰幻灯片；然后绘制形状、对图片进行创意裁剪制作标题幻灯片；接下来在新建的幻灯片中输入标题文本，插入图片，为图片添加边框和阴影效果，并调整图片的旋转角度；最后在新建幻灯片中插入智能图形、图片和饼图，并设置图形图表的样式。演示文稿的最终效果如图16-56所示。

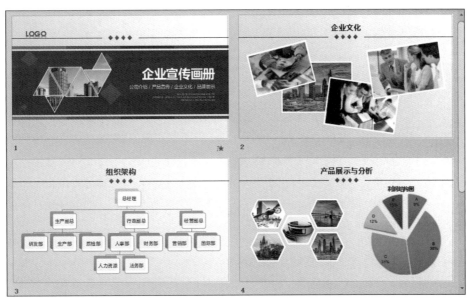

图16-56　演示文稿的浏览视图

操作步骤

16.5.1　设计母版

（1）新建一个空白的演示文稿，切换到幻灯片母版视图。选中幻灯片母版，在"幻灯片母版"菜单选项卡中单击"背景"按钮 ，打开"对象属性"窗格。设置填充方式为"图片或纹理填充"，如图16-57所示，然后在本地计算机上选择一幅图片进行填充。

16-1　设计母版

图16-57　设置填充选项

（2）删除幻灯片母版中的内容占位符，然后选中标题占位符中的文本，利用浮动工具栏设置字体为"微软雅黑"，字号为"32"，字形加粗，颜色为深蓝色，对齐方式为居中，如图16-58所示。

（3）切换到"插入"菜单选项卡，单击"形状"下拉按钮，在弹出的形状列表中选择"直线"，绘制一条线段。选中线条，设置线条样式为单实线，颜色为黑色，宽度为 1 磅，如图 16-59 所示。然后选中绘制的线条，按 Ctrl+C 键和 Ctrl+V 键复制、粘贴一条线段，并调整线条的位置。

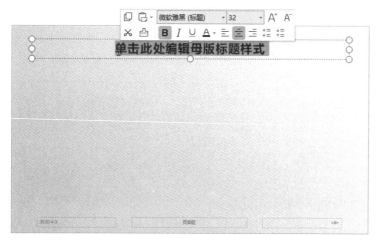

图 16-58　设置标题文本的格式

图 16-59　设置线条样式

（4）单击"形状"下拉按钮，在弹出的形状列表中选择"菱形"，绘制一个菱形。选中菱形，在"填充"下拉列表框中选择"红色 - 栗色渐变"，如图 16-60 所示。

（5）选中绘制的菱形，按住 Ctrl 键拖动，制作三个副本，然后利用智能参考线调整菱形的对齐和分布，效果如图 16-61 所示。

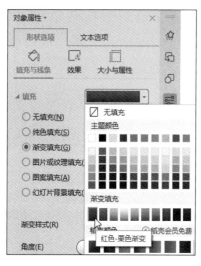

图 16-60　设置菱形的填充样式

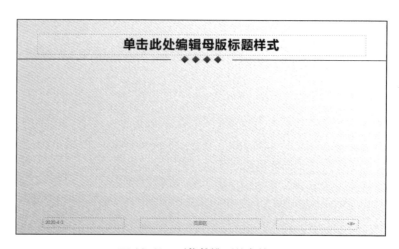

图 16-61　形状的排列分布效果

（6）单击"插入版式"按钮，新建的版式自动套用指定的文本格式和布局。

（7）在"幻灯片母版"菜单选项卡中单击"关闭"按钮返回普通视图。

16.5.2　制作标题幻灯片

（1）在"插入"菜单选项卡中单击"文本框"下拉按钮，绘制一个横向文本框，并输入文本 LOGO。选中文本，在"文本工具"菜单选项卡的"文本样式"下拉列表框中选择一种有倒影效果的样式，然后利用浮动工具栏修改字体、字号（32）和颜色（深红色），如图 16-62 所示。

16-2　制作标题幻灯片

图16-62　设置文本格式

（2）在"插入"菜单选项卡中单击"形状"下拉按钮，在弹出的形状列表中选择"矩形"，绘制一个矩形。选中矩形，在"绘图工具"菜单选项卡中单击"填充"下拉按钮，在下拉菜单中选择"其他填充颜色"命令打开"颜色"对话框，选择一种填充色，如图16-63所示。

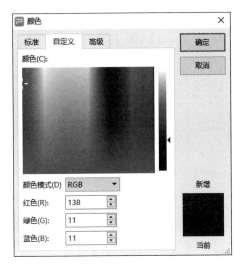

图16-63　选择填充颜色

（3）单击"确定"按钮关闭对话框，即可看到矩形的填充效果，如图16-64所示。

图16-64　矩形的填充效果

（4）再次绘制一个矩形，按住 Ctrl 键拖动复制三个矩形。然后拖动矩形排列成一行，并分别修改矩形的填充颜色，效果如图 16-65 所示。

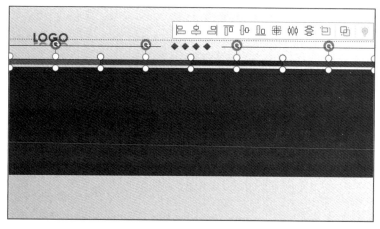

图 16-65　复制并排列矩形

（5）按住 Shift 键选中步骤（4）中排列成行的四个矩形，然后按 Ctrl 键拖动到大矩形下方释放，复制矩形，效果如图 16-66 所示。

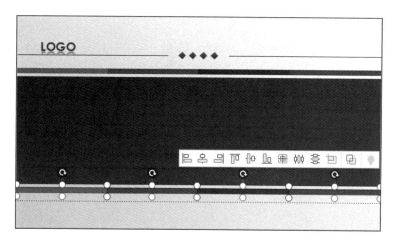

图 16-66　复制并排列形状

（6）在"插入"菜单选项卡中单击"形状"下拉按钮，在弹出的形状列表中选择"菱形"，按下鼠标左键拖动绘制一个菱形，如图 16-67 所示。

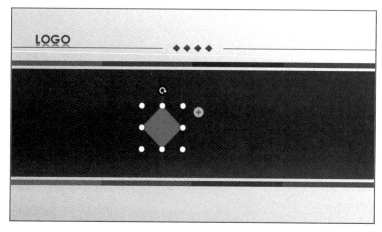

图 16-67　绘制菱形

（7）选中菱形，设置菱形无轮廓颜色，填充色为红色。然后按住 Ctrl 键复制四个菱形，并分别调整菱形的大小和位置，效果如图 16-68 所示。

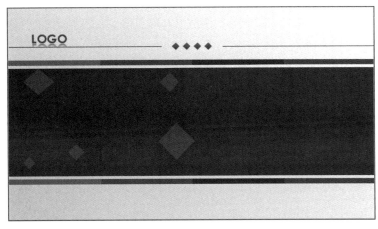

图 16-68　菱形的排列效果

（8）在"插入"菜单选项卡中单击"图片"下拉按钮 ，在本地计算机上选择一幅图片插入，然后调整图片的大小和位置，如图 16-69 所示。

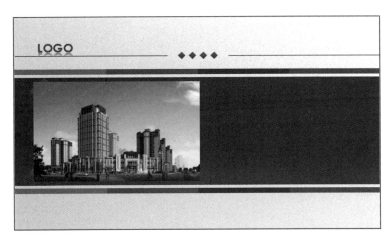

图 16-69　插入图片

（9）选中图片，在"图片工具"菜单选项卡中单击"创意裁剪"下拉按钮 ，在弹出的裁剪样式列表中单击需要的样式，即可裁剪图片，效果如图 16-70 所示。

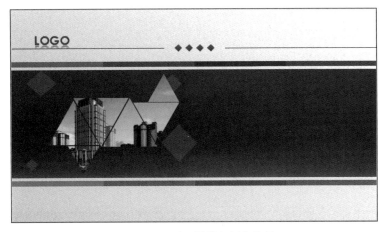

图 16-70　对图片进行创意裁剪

（10）选中裁剪后的图片，在"绘图工具"菜单选项卡中设置轮廓颜色为白色，线型为 2.25 磅。然后拖动裁剪图片中的各个形状，调整形状之间的间距，效果如图 16-71 所示。

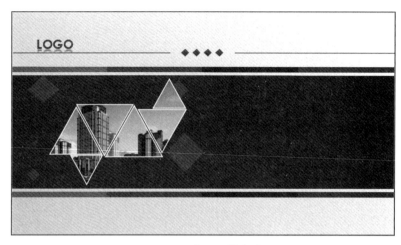

图 16-71　设置形状轮廓

（11）插入一个横向文本框，并输入文本。选中文本，设置字体为"微软雅黑"，字号为"54"，字形加粗，颜色为白色，对齐方式为右对齐，如图 16-72 所示。

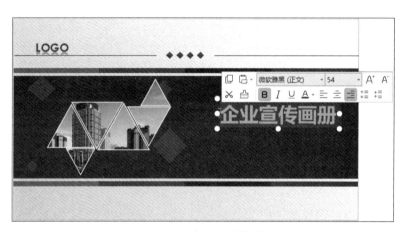

图 16-72　设置文本格式

（12）按照步骤（11）的方法插入其他两个文本框，输入文本后调整文本格式，效果如图 16-73 所示。

图 16-73　添加文本框并设置文本格式

至此，标题幻灯片制作完成，使用同样的方法可以完成结束页的制作。

（13）在标题幻灯片的缩略图上右击，在弹出的快捷菜单中选择"复制"命令，然后在标题幻灯片下方单击插入定位点，右击，在弹出的快捷菜单中选择"粘贴"命令。修改占位符中的标题文本，完成结束页，如图 16-74 所示。

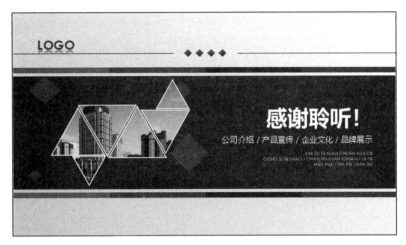

图 16-74　结束页

接下来制作内容幻灯片。

16.5.3　制作"企业文化"幻灯片

（1）新建一张幻灯片，幻灯片自动套用自定义的版式。在标题占位符中输入标题文本，然后在"插入"菜单选项卡中单击"图片"下拉按钮，在本地计算机上选择四张图片插入，并调整图片的大小和位置，如图 16-75 所示。

16-3　制作"企业文化"幻灯片

图 16-75　插入图片

（2）按住 Shift 键选中所有图片，在"图片工具"菜单选项卡中设置图片轮廓颜色为白色，轮廓粗细为 6 磅，效果如图 16-76 所示。

（3）分别将鼠标指针移到图片的旋转手柄上，按下鼠标左键并拖动，调整图片的旋转角度，效果如图 16-77 所示。

图 16-76　设置图片轮廓的效果

图 16-77　调整旋转角度

16.5.4　制作"组织架构"幻灯片

（1）新建一张幻灯片，单击标题占位符，输入标题文本"组织架构"。

（2）在"插入"菜单选项卡中单击"智能图形"按钮 智能图形，在弹出的"选择智能图形"对话框中选择"层次结构"分类中的"层次结构"图，单击"确定"按钮，即可插入对应的智能图形布局，如图 16-78 所示。

16-4　制作"组织架构"
幻灯片

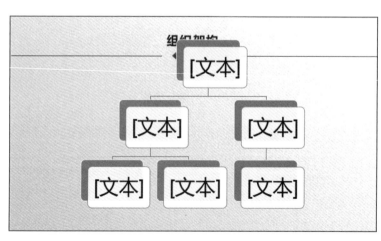

图 16-78　插入智能图形布局

（3）选中最顶层的项目，在"设计"菜单选项卡中单击"添加项目"按钮 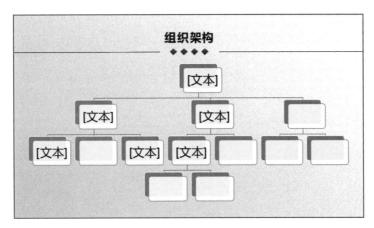添加项目，在弹出的下拉菜单中选择"在下方添加项目"命令；采用同样的方法，在第二层和第三层的项目下方添加项目，效果如图 16-79 所示。

图 16-79　添加项目

（4）单击项目中的文本占位符，输入文本内容，效果如图 16-80 所示。

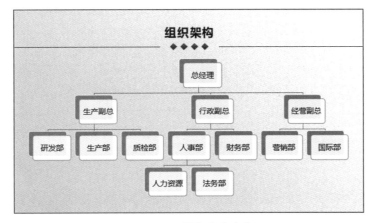

图 16-80　输入文本内容

（5）选中智能图形，在"设计"菜单选项卡中单击"更改颜色"下拉按钮弹出内置的配色方案，在"彩色"列表中选中最后一种配色方案；然后在"形状样式"下拉列表框中选择最后一种样式，效果如图 16-81 所示。

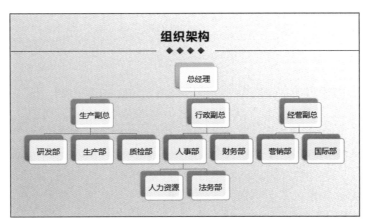

图 16-81　智能图形的最终效果

16.5.5 制作"产品展示与分析"幻灯片

（1）新建一张幻灯片，单击标题占位符，输入标题文本"产品展示与分析"。

（2）在"插入"菜单选项卡中单击"形状"下拉按钮，在形状列表中选择"六边形"，按下鼠标左键拖动绘制一个六边形。然后在"绘图工具"菜单选项卡中单击"轮廓"下拉按钮，设置轮廓颜色为白色，线型为6磅；单击"形状效果"下拉按钮，设置"右下斜偏移"阴影，效果如图16-82所示。

16-5 制作"产品展示与分析"幻灯片

（3）单击"填充"下拉按钮，在下拉菜单中选择"图片或纹理"命令，然后在本地计算机上选择一幅图片填充六边形，效果如图16-83所示。

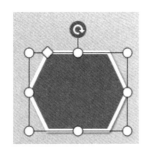

图16-82 设置形状轮廓

图16-83 形状的填充效果

（4）选中六边形，按住Ctrl键拖动，复制四个六边形。分别选中各个六边形，单击"填充"下拉按钮，在下拉菜单中选择"图片或纹理"命令，在本地计算机上选择一张图片填充六边形。然后拖动六边形，利用智能参考线对齐、排列各个形状，效果如图16-84所示。

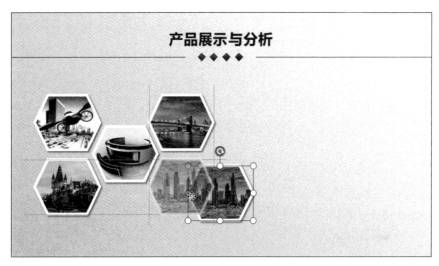

图16-84 排列形状

（5）切换到"插入"菜单选项卡，单击"图表"按钮，在弹出的"插入图表"对话框中选择图表类型为"饼图"，然后单击"插入"按钮关闭对话框，即可插入一个示例饼图，如图16-85所示。

（6）选中图表，在"图表工具"菜单选项卡中单击"编辑数据"按钮，启动WPS表格并打开一个工作表显示示例数据。根据需要修改类别名称和示例数据，如图16-86所示。

（7）数据编辑完成后，在幻灯片中可以看到自动更新的饼图。将图表标题修改为"利润结构图"，然后在图表右侧的快速工具栏中单击"图表样式"按钮，在弹出的样式列表中单击"样式15"和"样式17"，套用内置样式的效果如图16-87所示。

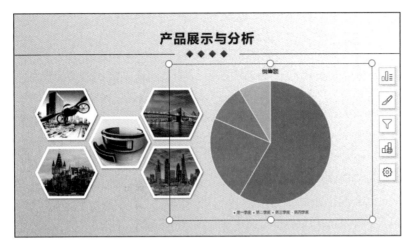

图 16-85　插入饼图　　　　　　　　　　　　图 16-86　编辑数据

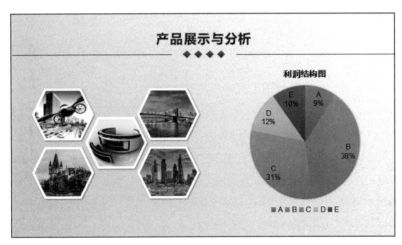

图 16-87　套用样式的图表

（8）选中图表标题，在浮动工具栏中设置字号为 24，字形加粗，颜色为深红色。然后调整绘图区的大小，拖动各个扇形分区调整位置，效果如图 16-88 所示。

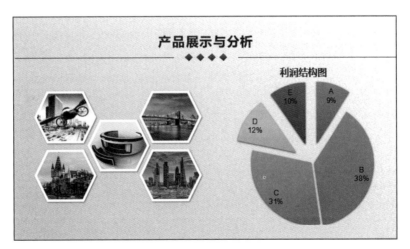

图 16-88　幻灯片最终效果

（9）切换到"视图"菜单选项卡，单击"幻灯片浏览"按钮 ，即可查看演示文稿的整体效果，如图 16-56 所示。

答 疑 解 惑

1. 当演示文稿中的图片较多时，文件的内存大小相应地也会很大，如何在不影响放映质量的情况下压缩演示文稿的大小？

答：通常图片占用较大的空间，因此可以压缩图片以减小演示文稿的内存大小。在压缩图片之前，建议将演示文稿另存一个副本，以备用于其他有高质量需求的演示场合。

（1）打开演示文稿，选中其中的任意一张图片。

（2）在"图片工具"菜单选项卡中，单击"压缩图片"按钮，弹出如图 16-89 所示的"压缩图片"对话框。

（3）在"应用于"区域选择要压缩的图片范围；在"更改分辨率"区域，根据需要选择演示文稿的用途。如果用于演示，则选择"网页/屏幕"单选按钮。

（4）设置完成后，单击"确定"按钮关闭对话框。

图 16-89　"压缩图片"对话框

2. 在形状中添加文字时，有时一行可以显示的文本却自动分成了两行，影响版式的美观。在不缩小字体和放大形状的前提下，怎样使形状中的文本显示在一行？

答：形状格式中默认设置了文本自动换行，取消选中该项即可。

（1）在形状上右击打开快捷菜单，选择"设置对象格式"命令，打开"对象属性"窗格。

（2）切换到"文本选项"选项卡，单击"文本框"按钮，在面板底部取消选中"形状中的文字自动换行"复选框。

3. 怎样在幻灯片中插入在 WPS 表格或 Excel 中制作好的电子表格？

答：WPS 演示支持在幻灯片中插入多种外部对象。执行以下步骤可以插入电子表格。

（1）在 WPS 表格或 Microsoft Excel 中将表格调整到适合在幻灯片中播放的大小，并隐藏网格线。

（2）在 WPS 演示中定位到要插入电子表格的幻灯片，单击"插入"菜单选项卡中的"对象"命令，在打开的"插入对象"对话框中选择"由文件创建"单选按钮，然后单击"浏览"按钮选中要插入的表格文件，如图 16-90 所示。

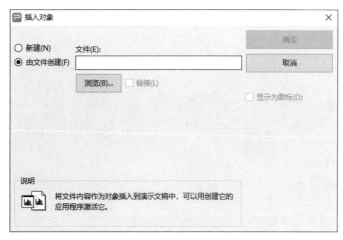

图 16-90　"插入对象"对话框

（3）单击"确定"按钮关闭对话框，即可将电子表格插入幻灯片中。

（4）双击插入的表格，可以进入电子表格的编辑状态。

4. 如果要制作一张展现优良天气随时间序列变化趋势的图表，选用什么类型的图表比较合适？

答：如果横坐标是时间序列，折线图更能反映趋势的变化。

5. 在制作图表时，如果横坐标的标签名称太长，影响图表的显示效果，怎么办？

答：可以将横坐标标签进行适当的旋转，操作步骤如下。

（1）双击图表中的横坐标，打开对应的"对象属性"窗格。

（2）切换到"大小与属性"选项卡，在"对齐方式"区域设置自定义旋转角度，如图 16-91 所示。

图 16-91   自定义旋转角度

学习效果自测

一、选择题

1. 关于在 WPS 演示中使用图片的操作，下列叙述不正确的是（　　　）。

　A. 幻灯片中的多张图片相互遮挡时，可在图片上右击，选择相应的命令调整先后顺序

　B. 按住 Shift 键拖动图片变形框角上的控制手柄，可以约束比例缩放图片

　C. 调整图片的大小，使其覆盖整个幻灯片，可作为幻灯片的背景

　D. 利用"压缩图片"命令可以减小演示文稿占用的存储空间

2. 下列有关在 WPS 演示中裁剪图片的说法，错误的是（　　　）。

　A. 裁剪图片是指将不希望显示的图片部分隐藏起来

　B. 当需要重新显示被隐藏的部分时，可以使用裁剪工具进行恢复

　C. 选中图片后，在"图片工具"菜单选项卡中单击"裁剪"按钮裁剪图片

　D. 按下鼠标右键向图片内部拖动时，可以隐藏图片的部分区域

3. 如果要选定多个图形，应先按住（　　　），然后单击要选定的图形对象。

　A. Alt 键　　　　　　　　B. Home 键　　　　　　　　C. Shift 键　　　　　　　　D. Ctrl 键

4. 在 WPS 演示中，下列关于表格的说法错误的是（　　　）。

　A. 可以在表格中插入新行和新列　　　　　　B. 可以合并不相邻的单元格

　C. 可以改变列宽和行高　　　　　　　　　　D. 可以修改表格的边框

5. 在 WPS 演示中，下列关于在幻灯片中插入图表的说法错误的是（　　　）。

　A. 可以直接通过复制和粘贴的方式将图表插入幻灯片中

　B. 在不含图表占位符的幻灯片中也可以插入图表

　C. 只能通过包含图表占位符的幻灯片插入图表

　D. 单击图表占位符可以插入图表

6. 在幻灯片中，如果生成图表的数据发生了变化，图表（　　　）。

    A. 会发生相应的变化　　　　　　　　　　　B. 会发生变化，但与数据无关

    C. 不会发生变化　　　　　　　　　　　　　D. 必须进行编辑后才会发生变化

7. 在 WPS 幻灯片中插入图表后，可通过"图表工具"菜单选项卡中的（　　　）命令改变图表的类型。

    A. 选择数据　　　　　　B. 编辑数据　　　　　　C. 更改类型　　　　　　D. 设置格式

8. 在 WPS 幻灯片中移动图表的方法是（　　　）。

    A. 将鼠标指针放在绘图区边线上，按下鼠标左键拖动

    B. 将鼠标指针放在图表变形手柄上，按下鼠标左键拖动

    C. 将鼠标指针放在图表内，按下鼠标左键拖动

    D. 将鼠标指针放在图表内，按下鼠标右键拖动

9. 关于对象的组合和取消组合，以下叙述正确的是（　　　）。

    A. 任何图片都可以通过取消组合分解为若干独立部分

    B. 对图片进行组合后，不能单独移动其中的某一张图片

    C. 图表不能进行组合

    D. 进行创意裁剪后的图片通过取消组合可分解为若干独立部分

二、填空题

1. 选中要绘制的形状后，在幻灯片中按下鼠标左键拖出一个矩形区域，可以确定形状的 _____。如果直接在幻灯片中单击，可插入一个 _____ 的形状。

2. 在形状上右击，在弹出的快捷菜单中选择"_____"命令，可以在形状中输入文本。

3. 选中幻灯片中的多张图片，在"_____"菜单选项卡中单击"_____"按钮，使用下拉菜单中的命令，可快速调整所选对象的对齐或分布。

4. 将插入点放在表格最后一行的最后一个单元格的末尾，按 _____ 键可以在表格的底部插入一行。

5. 将鼠标指针移到表格 _____，指针变为横向箭头时，单击可以选中一行；将鼠标指针移到表格 _____，指针变为竖向箭头时，单击可以选中一列。

6. 如果要在智能图形中删除某个项目，应选中项目包含的 _____ 占位符后，按 Delete 键。

三、操作题

1. 在演示文稿中插入一个形状，并在形状中添加文本，然后设置形状的填充颜色和轮廓样式。

2. 新建一张幻灯片，分别使用表格模型、"插入表格"命令插入一个 4 行 5 列的表格，并在表格中添加文本。

3. 合并上一题创建的表格的第 1 行和第 4 行单元格，然后将第 4 行单元格拆分为 3 列。

4. 在第二行下方插入一个空行，然后在第二列右方插入一个空列。

5. 使用智能图形创建新店开业的流程图，并进行美化。

第 17 章

制作动感幻灯片

本章导读

　　在演示文稿中添加内容之后，可以根据演讲需要，使幻灯片中的元素以动画形式出现，突出重点、控制演讲的流程；在切换幻灯片时，幻灯片以形式多变的效果无缝过渡；或在幻灯片中适量地添加音频和视频，增强演示文稿的趣味性和表达效果。

学习要点

- ❖ 设置动画效果
- ❖ 使用触发器
- ❖ 管理动画效果
- ❖ 添加切换效果
- ❖ 添加超链接和动作
- ❖ 剪裁音频和视频
- ❖ 控制音频和视频的播放方式

17.1　设置幻灯片动画

设置幻灯片动画，是指为幻灯片中的页面元素（例如文本、图片、图表、动作按钮、多媒体等）添加出现或消失的动画效果，并指定动画开始播放的方式和持续的时间。如果在母版中设置动画方案，整个演示文稿将有统一的动画效果。

17.1.1　添加动画效果

WPS 演示在"动画"菜单选项卡中内置了丰富的动画方案。使用内置的动画方案可以将一组预定义的动画效果应用于所选幻灯片对象。

（1）在普通视图中，选中要添加动画效果的页面对象。

（2）切换到"动画"菜单选项卡，在"动画"下拉列表框中可以看到如图 17-1 所示的动画方案列表。

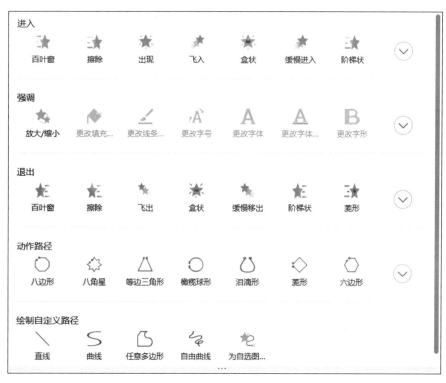

图 17-1　内置的动画方案

从图 17-1 可以看到，WPS 2022 预置了五大类动画效果：进入、强调、退出、动作路径以及绘制自定义路径。前三类用于设置页面对象在不同阶段的动画效果；"动作路径"通常用于设置页面对象按指定的路径运动；"绘制自定义路径"则用于自定义页面对象的运动轨迹。

（3）单击需要的动画方案，幻灯片编辑窗口播放动画效果，播放完成后，应用动画效果的页面对象左上方显示淡蓝色的效果标号，如图 17-2 所示。

此时，单击"动画"菜单选项卡中的"预览效果"按钮，可以在幻灯片编辑窗口再次预览动画效果。

如果应用动画效果的对象是包含多个段落的占位符或文本框，则所有的段落都自动添加同样的效果。例如，选中占位符添加"飞入"动画，除占位符应用该动画之外，其中的每一个段落都按顺序应用指定的动画，如图 17-3 所示。

（4）重复步骤（1）~步骤（3），为幻灯片中的其他页面对象添加动画效果。

（5）如果要为同一个页面对象添加多种动画效果，可在"动画"菜单选项卡中单击"自定义动画"

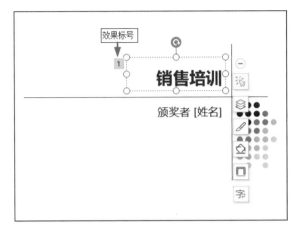

图 17-2   添加动画效果

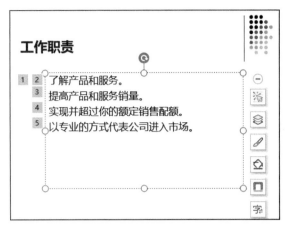

图 17-3   为占位符添加动画效果

按钮 ，打开如图 17-4 所示的"自定义动画"窗格。单击"添加效果"按钮，在弹出的动画列表中选择需要的效果。

 注意　如果利用"动画"菜单选项卡中的"动画"下拉列表框为同一个页面对象多次添加动画效果，后添加的动画将替换之前添加的动画。

（6）如果要删除幻灯片中的某个动画效果，可在幻灯片中单击动画对应的效果标号，然后按 Delete 键。

（7）如果要删除当前幻灯片中的所有动画，可在"动画"菜单选项卡中单击"删除动画"按钮☆删除动画，在弹出的删除提示对话框中单击"是"按钮。

除了丰富的内置动画，使用 WPS 2022 还能轻松地为页面对象添加创意十足的智能动画，即使不懂动画制作的人，或是办公新手，也能制作出酷炫的动感效果。

（8）选中要添加动画的页面对象。

（9）在"动画"菜单选项卡中单击"智能动画"按钮智能动画，弹出智能动画列表。将鼠标指针移到一种效果上，可预览动画的效果，如图 17-5 所示。

图 17-4   "自定义动画"窗格

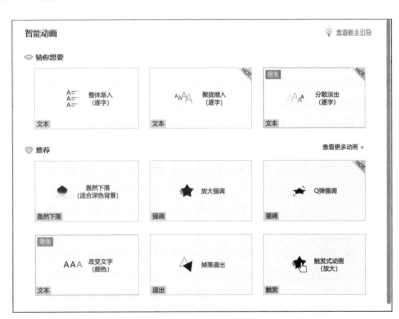

图 17-5   预览智能动画的效果

（10）单击需要的效果，即可将其应用于选中的页面对象。

17.1.2 设置效果选项

添加幻灯片动画之后，还可以修改动画使用的开始时间、方向和速度等选项，以满足设计需要。

（1）在幻灯片中单击要修改动画的页面对象，或直接单击动画对应的效果标号。当前选中的效果标号显示颜色变浅。

（2）在"动画"菜单选项卡中单击"动画窗格"按钮 ☆，打开如图 17-6 所示的"动画窗格"。

在动画列表框中，最左侧的数字表明动画的次序；序号右侧的鼠标图标 或时钟图标 表示动画的计时方式为"单击时"或"之后"。动画计时方式右侧为动画类型标记，绿色五角星 表示"进入动画"，黄色五角星 表示"强调动画"（在触发器中显示为黄色五角星），红色五角星 表示"退出动画"。动画类型标记右侧为应用动画的对象。将鼠标指针移到某一个动画上，可以查看该动画的详细信息，如图 17-7 所示。

如果一个占位符中有多个段落或层级文本，会默认折叠显示。单击效果列表窗格中的"展开内容"按钮 ，可查看、设置单个段落或层次文本的效果。单击"隐藏内容"按钮 可恢复到整个占位符模式。

（3）在"开始"下拉列表框中选择动画的开始方式，如图 17-8 所示。

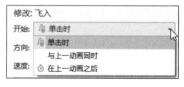

图 17-6　"动画窗格"　　　　图 17-7　查看动画信息　　　　图 17-8　设置动画播放的方式

默认为单击鼠标时开始播放。"之前"是指与上一动画同时播放；"之后"是指在上一动画播放完成之后开始播放。对于包含多个段落的占位符，该选项设置将作用于占位符中所有的子段落。

（4）设置动画的属性。如果选中的动画有"方向"属性，应在"方向"下拉列表框中选择动画的方向，如图 17-9 所示。

（5）设置动画的播放速度。在"速度"下拉列表框中选择动画的播放速度，如图 17-10 所示。

除了开始方式和速度等属性，WPS 2022 还允许用户自定义更多的效果选项。

（6）在"动画窗格"的效果列表框中，单击要修改选项设置的效果右侧的下拉按钮，弹出如图 17-11 所示的下拉菜单。

（7）在下拉菜单中选择"效果选项"命令，打开对应的"效果"选项卡，如图 17-12 所示。

（8）在"效果"选项卡的"设置"区域，设置效果的方向和平滑程度；在"增强"区域设置动画播放时的声音效果、动画播放后的颜色变化效果和可见性。如果动画应用的对象是文本，还可以设置动画文本的发送单位。

图 17-9　设置动画方向

图 17-10　设置动画的速度

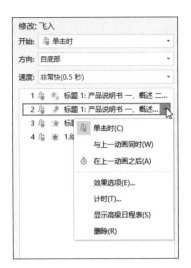

图 17-11　下拉菜单

（9）切换到"计时"选项卡，设置动画播放的开始、延迟、速度和重复方式，如图 17-13 所示。

（10）如果选中的对象包含多级段落，则切换到"正文文本动画"选项卡，设置多级段落的组合方式，如图 17-14 所示。

图 17-12　"效果"选项卡

图 17-13　"计时"选项卡

图 17-14　"正文文本动画"选项卡

（11）设置完毕，单击"确定"按钮关闭对话框。

（12）如果要调整同一张幻灯片上的动画顺序，应选中动画效果，单击"向前移动"按钮⬆或"向后移动"按钮⬇。

提示：

在"动画窗格"的效果列表框中按住 Ctrl 键或 Shift 键单击，可以选中多个动画效果。

（13）设置完成后，单击"播放"按钮 ⊙播放 ，可在幻灯片编辑窗口中预览当前幻灯片的动画效果；单击"幻灯片播放"按钮 ⬚幻灯片播放 ，可进入全屏放映模式，播放当前幻灯片的动画效果。

17.1.3　利用触发器控制动画

默认情况下，幻灯片中的动画效果在单击或到达排练计时开始播放，且只播放一次。使用触发器可控制指定动画开始播放的方式，并能重复播放动画。触发器的功能相当于按钮，可以是一张图片、一个形状、一段文字或一个文本框等页面元素。

（1）选中一个已添加动画效果的页面对象对应的效果标号，作为被触发的对象。

注意   只有当前选中的对象添加了动画效果，才能使用触发器触发动画。

（2）在"动画"菜单选项卡中单击"动画窗格"按钮打开"动画窗格"，然后在动画列表框中单击选定动画右侧的下拉按钮，在弹出的下拉菜单中选择"计时"命令，如图 17-15 所示。

（3）在弹出的对话框中单击"触发器"按钮，展开对应的选项，如图 17-16 所示。

（4）选择"单击下列对象时启动效果"单选按钮，然后在右侧的下拉列表框中选择触发动画效果的对象，如图 17-17 所示。

图 17-15　下拉菜单

图 17-16　显示触发器选项

图 17-17　选择触发对象

触发器的作用是单击某个页面对象（例如"心形 3"），播放步骤（1）中选定的页面对象应用的动画效果。

（5）设置完毕后，单击"确定"按钮关闭对话框。

此时，被触发的对象对应的效果标号显示为触发器标志 ✎，如图 17-18 所示。图中被触发的占位符中包含四个动画效果，设置触发动作后，对应的四个效果标号都显示为触发器标志。

在幻灯片中单击一个触发器标志，在"动画窗格"的动画列表框顶部可以看到该动画对应的触发器，如图 17-19 所示。

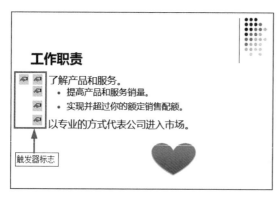
图 17-18　触发器标志

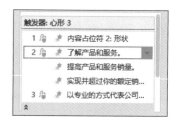
图 17-19　动画列表框

此时单击"动画窗格"底部的"幻灯片播放"按钮 🔊幻灯片播放 预览动画，可以看到，只有单击指定的触发器（例如"心形 3"），才会播放对应的动画效果；多次单击触发器，对应的动画将反复播放。如果单击触发器以外的对象，将跳过该动画效果的播放。利用触发器的这一特点，演讲者可以在放映演示文稿时决定是否显示某一对象。

（6）如果要删除某个触发器，可以选中触发器标志之后，直接按 Delete 键。或者打开效果对应的"计时"选项卡,在触发器选项中选择"部分单击序列动画"单选按钮,即可取消指定动画的触发器。

17.1.4   使用高级日程表

在 WPS 2022 中,利用高级日程表可以很直观地修改动画的开始时间、持续时间,从而控制动画的播放流程。

(1)在"动画"菜单选项卡中单击"动画窗格"按钮 ,打开"动画窗格"。

(2)在动画列表框中,单击任意一个动画右侧的下拉按钮,在弹出的下拉菜单中选择"显示高级日程表"命令,如图 17-20 所示。

此时,选中的动画对象右侧显示一个灰色的方块,称为时间方块,利用该方块可以精细地设置每项效果的开始和结束时间;效果列表框右下角显示时间尺,如图 17-21 所示。各个动画对象的时间方块与时间尺组成高级日程表。

> **提示:** 显示高级日程表之后,将鼠标指针移到效果列表框中的任一个动画对象上,可查看对应的时间方块。

图 17-20   选择"显示高级日程表"命令

图 17-21   显示高级日程表

(3)将鼠标指针移到时间方块的右边线上,指针显示为↔,按下鼠标左键并拖动,可以修改动画效果的结束时间,如图 17-22 所示。

如果时间方块太小或太大,不便于查看,可以单击时间尺左侧的"秒"下拉按钮,在弹出的下拉菜单中放大或缩小时间尺的标度。

(4)将鼠标指针移到时间方块的中间或左边线上,指针显示为↔,按下鼠标左键并拖动,可以在保持动画持续时间不变的同时,改变动画的开始时间,如图 17-23 所示。

图 17-22   修改动画的结束时间   图 17-23   修改动画的开始时间

17.2 设置幻灯片切换动画

设置幻灯片的切换动画可以很好地将主题或画风不同的幻灯片进行衔接、转场，增强演示文稿的视觉效果。

17.2.1 添加切换效果

切换效果是添加在相邻两张幻灯片之间的特殊效果，即在放映幻灯片时，以动画形式退出上一张幻灯片，切入当前幻灯片。

（1）切换到普通视图或幻灯片浏览视图。

在幻灯片浏览视图中，可以查看多张幻灯片，十分方便地在整个演示文稿的范围内编辑幻灯片的切换效果。

（2）选择要添加切换效果的幻灯片。

如果要选择多张幻灯片，可按住 Shift 键或 Ctrl 键单击需要的幻灯片。

（3）在"切换"菜单选项卡中的"切换效果"下拉列表框中选择需要的效果，如图 17-24 所示。

图 17-24　切换效果列表

（4）设置切换效果后，在普通视图的幻灯片编辑窗口中可以看到切换效果；在幻灯片浏览视图中，每张幻灯片的下方左侧为幻灯片编号，右侧显示效果图标 ★，如图 17-25 所示。

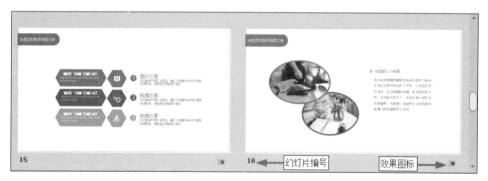

图 17-25　预览切换效果

（5）在普通视图的"切换"菜单选项卡中单击"预览效果"按钮，或单击状态栏上的"从当前幻灯片开始播放"按钮，可以预览从前一张幻灯片切换到该幻灯片的切换效果以及该幻灯片的动画效果。

17.2.2 设置切换选项

添加切换效果之后，用户可以修改切换效果的选项，如进入的方向和形态，以及切换速度、声音效果和换片方式等。

（1）选中要设置切换参数的幻灯片。

（2）在"切换"菜单选项卡中单击"切换效果"按钮，幻灯片编辑窗口右侧显示"幻灯片切换"窗格，如图 17-26 所示。

（3）在"效果选项"下拉列表框中选择效果的方向或形态。

图 17-26　"幻灯片切换"窗格

（4）在"速度"数值框中输入切换效果持续的时间。

（5）在"声音"下拉列表框中选择切换时的声音效果。

除了内置的音效，还可以从本地计算机选择声音效果。

（6）在"换片方式"区域选择切换幻灯片的方式。默认为单击鼠标时切换，也可以指定每隔特定时间后，自动切换到下一张幻灯片。

（7）如果要将切换效果和计时设置应用于演示文稿中所有的幻灯片，应单击"应用于所有幻灯片"按钮，否则仅应用于当前选中的幻灯片。如果希望将切换效果应用于与当前选中的幻灯片版式相同的所有幻灯片，则单击"应用于母版"按钮。

（8）单击"播放"按钮 ，在当前编辑窗口中预览切换效果；单击"幻灯片播放"按钮 ，可进入全屏放映模式预览切换效果。

17.3　创建交互动作

默认情况下，演示文稿中的幻灯片按编号顺序播放。通过添加超链接和动作按钮可创建交互式演示文稿，在放映幻灯片时灵活地跳转到指定的幻灯片，或其他文档或者程序中。

17.3.1　插入超链接

"超链接"是广泛应用于网页的一种浏览机制，在演示文稿中使用超链接，可在幻灯片之间进行导航，或跳转到其他文档或者应用程序。

（1）选中要建立超链接的对象。超链接的对象可以是文字、图标、各种图形等。

（2）在"插入"菜单选项卡中单击"超链接"按钮，打开如图 17-27 所示的"插入超链接"对话框。

（3）在"链接到："列表框中选择要链接的目标文件所在的位置，可以是现有文件或网页、本文档中的位置，也可以是电子邮件地址。

图 17-27 "插入超链接"对话框

如果要通过超链接在当前演示文稿中进行导航，应选择"本文档中的位置"选项，然后在幻灯片列表中选择要链接到的幻灯片，"幻灯片预览"区域显示幻灯片缩略图，如图 17-28 所示。

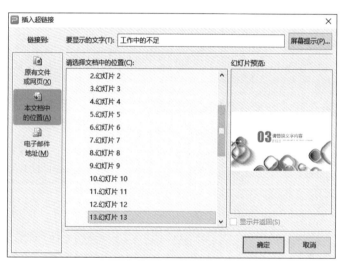

图 17-28 选择要链接的幻灯片

（4）在"要显示的文字"文本框中输入要在幻灯片中显示为超链接的文字。默认显示为在文档中选定的内容。

> **注意** 只有当要建立超链接的对象为文本时，"要显示的文字"文本框才可编辑。如果选择的是形状或文本框，则该文本框不可编辑。

（5）单击"屏幕提示"按钮，在如图 17-29 所示的"设置超链接屏幕提示"对话框中输入提示文本。放映幻灯片时，将鼠标指针移动到超链接上时将显示指定的文本。

（6）单击"确定"按钮关闭对话框，即可创建超链接。

此时在幻灯片编辑窗口中可以看到，超链接文本默认显示为

图 17-29 "设置超链接屏幕提示"对话框

主题颜色,且带有下划线。单击状态栏上的"阅读视图"按钮 预览幻灯片,将鼠标指针移到超链接对象上,指针显示为手形,并显示指定的屏幕提示,如图17-30所示。单击即可跳转到指定的链接目标。

图17-30　查看建立的超链接

 注意　　如果选择的超链接对象为文本框、形状或其他占位符,则其中的文本不显示为超链接文本。

创建超链接后,可以随时修改链接设置。

(7)右击超链接,在弹出的快捷菜单中选择"编辑超链接"命令,打开如图17-31所示的"编辑超链接"对话框。

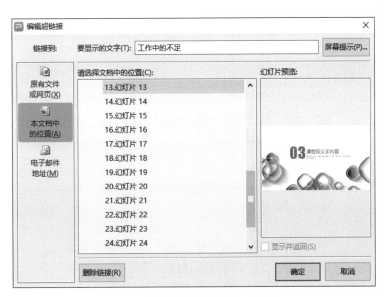

图17-31　"编辑超链接"对话框

(8)修改要链接的目标幻灯片或文件、要显示的文字,以及屏幕提示。该对话框与"插入超链接"对话框基本相同,在此不再赘述。

(9)如果要删除超链接,应单击"删除链接"按钮。

(10)设置完成后,单击"确定"按钮关闭对话框。

17.3.2 添加交互动作

与超链接类似，在 WPS 演示中还可以给当前幻灯片中所选对象设置鼠标动作，当单击或将鼠标指针移动到该对象上时，执行指定的操作。

（1）在幻灯片中选中要添加动作的页面对象。

（2）在"插入"菜单选项卡中单击"动作"按钮，弹出如图 17-32 所示的"动作设置"对话框。

（3）在"鼠标单击"选项卡中设置单击选定的页面对象时执行的动作。

各个选项的意义简要介绍如下。

❖ 无动作：不设置动作。如果已为对象设置了动作，选中该项可以删除已添加的动作。

❖ 超链接到：链接到另一张幻灯片、URL、其他演示文稿或文件、结束放映、自定义放映。

❖ 运行程序：运行一个外部程序。单击"浏览"按钮可以选择外部程序。

❖ 运行宏：运行在"宏列表"中指定的宏。

❖ 对象动作：打开、编辑或播放在"对象动作"列表内选定的嵌入对象。

❖ 播放声音：设置单击鼠标执行动作时播放的声音，可以选择一种预定义的声音，也可以从外部导入，或者选择结束前一声音。

（4）切换到如图 17-33 所示的"鼠标移过"选项卡，设置鼠标移到选中的页面对象上时执行的动作。

图 17-32 "动作设置"对话框

图 17-33 "鼠标移过"选项卡

（5）设置完成后，单击"确定"按钮关闭对话框。

此时单击状态栏上的"阅读视图"按钮 预览幻灯片，将鼠标指针移到添加了动作的对象上，指针显示为手形，如图 17-34 所示。单击即可执行指定的动作。

（6）如果要修改设置的动作，应在添加了动作的对象上右击，在弹出的快捷菜单中单击"动作设置"命令，打开如图 17-35 所示的"动作设置"对话框进行修改。修改完成后，单击"确定"按钮关闭对话框。

提示：

在快捷菜单中选择"编辑超链接"命令或"超链接"命令也可以修改动作设置。

图 17-34　添加动作的幻灯片预览效果

图 17-35　"动作设置"对话框

17.3.3　绘制动作按钮

除了文本超链接，为其他页面对象创建的超链接或设置的动作在页面上并不醒目。使用动作按钮可以明确表明幻灯片中存在可交互的动作。动作按钮是实现导航、交互的一种常用工具，常用于在放映时激活另一个程序，播放声音或影片，跳转到其他幻灯片、文件或网页。

（1）在"插入"菜单选项卡中单击"形状"下拉按钮，在弹出的形状列表底部，可以看到 WPS 2022 内置的动作按钮。将鼠标指针移到动作按钮上，可以查看按钮的功能提示，如图 17-36 所示。

图 17-36　内置的动作按钮

（2）单击需要的按钮，鼠标指针显示为十字形＋，按下鼠标左键在幻灯片上拖动到合适大小后释放，即可绘制一个指定大小的动作按钮，并弹出"动作设置"对话框，如图 17-37 所示。

图 17-37　绘制动作按钮

提示：

选中动作按钮后，直接在幻灯片上单击，可以添加默认大小的动作按钮。

（3）在"鼠标单击"选项卡中设置单击动作按钮时执行的动作；切换到"鼠标移过"选项卡设置鼠标移到动作按钮上时执行的动作。

该对话框与添加动作时的"动作设置"对话框相同，各个选项的意义不再赘述。

（4）设置完成，单击"确定"按钮关闭对话框。

（5）选中添加的动作按钮，在"绘图工具"菜单选项卡中修改按钮的填充、轮廓和效果外观。将鼠标指针移到动作按钮上时，指针显示为手形👆，如图 17-38 所示。

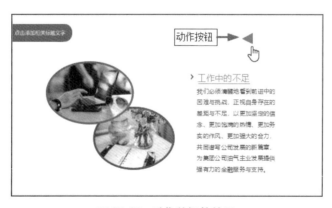

图 17-38　动作按钮的效果

（6）按照与上面相同的步骤，添加其他动作按钮，并设置动作按钮的动作。

与超链接类似，创建动作按钮之后，可以随时修改按钮的交互动作。

（7）如果要修改动作按钮的动作，可在动作按钮上右击，在弹出的快捷菜单中选择"动作设置"命令，打开"动作设置"对话框进行修改。完成后，单击"确定"按钮关闭对话框。

修改动作按钮的形状

如果 WPS 2022 预置的动作按钮形状不能满足设计需要，用户还可以修改按钮的形状。

（1）选择要修改的动作按钮，在"绘图工具"菜单选项卡中单击"编辑形状"下拉按钮《《<small>编辑形状·</small>。

（2）在弹出的下拉菜单中选择"更改形状"命令，弹出形状列表。

（3）在形状列表中选择要替换的形状。

此外，还可以利用"编辑形状"级联菜单中的"编辑顶点"命令，进一步自定义形状。

17.4   添加多媒体

如果幻灯片中需要讲解的内容比较多，不便于在幻灯片中完整展示，就可以使用音频、视频或 Flash 动画，这样不仅能简化页面，增强视觉效果，还能使讲解内容更直观易懂。

17.4.1   插入音频

在文字内容较多的幻灯片中，为避免枯燥乏味，可以在幻灯片中添加背景音乐，或为演示文本添加配音讲解。

（1）打开要插入音频的幻灯片，在"插入"菜单选项卡中单击"音频"下拉按钮◁))<small>音频</small>，弹出如图 17-39 所示的下拉菜单。

图 17-39   "音频"下拉菜单

（2）选择要插入音频的方式。

在 WPS 2022 中，不仅可以直接在幻灯片中嵌入音频，还能链接到音频。这两种方式的不同之处在于,将演示文稿复制到其他计算机上放映时,嵌入音频能正常播放;链接的音频必须将音频文件一同复制,并存放到相同的路径下才能播放。

单击"嵌入音频"或"链接到音频"命令,打开如图 17-40 所示的"插入音频"对话框,在本地计算机或 WPS 云盘中选择音频文件。

图 17-40 "插入音频"对话框

单击"嵌入背景音乐"和"链接背景音乐"命令,打开如图 17-41 所示的"从当前页插入背景音乐"对话框,在本地计算机或 WPS 云盘中选择音频文件。

图 17-41 "从当前页插入背景音乐"对话框

如果是稻壳会员,还可以直接在音频中心单击音频名称右侧的"点击插入音乐"按钮＋,将指定的音乐插入当前幻灯片中。

（3）单击"插入音频"或"从当前页插入背景音乐"对话框中的"打开"按钮，即可在幻灯片中显示音频图标◀和播放控件，如图17-42所示。

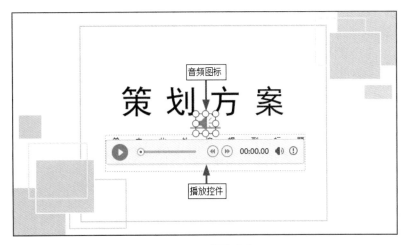

图17-42 插入音频

（4）将鼠标指针移到音频图标变形框顶点位置的变形手柄上，指针变为双向箭头时，按下鼠标左键并拖动，可以调整图标的大小；指针变为四向箭头 时，按下鼠标左键并拖动，可以移动图标的位置。

> **提示：**
> 如果不希望在幻灯片中显示音频图标，可以将音频图标拖放到幻灯片之外。

此时，单击音频图标或播放控件上的"播放／暂停"按钮▶，可以试听音频效果。利用播放控件还可以前进、后退、调整播放音量。

音频图标实质上是一张图片，可利用"图片工具"菜单选项卡更改音频图标、设置音频图标的样式和颜色效果，以贴合幻灯片风格。

（5）选中音频图标，在"图片工具"菜单选项卡中单击"更改图片"按钮 更改图片，在弹出的"更改图片"对话框中更换音频图标，效果如图17-43所示。

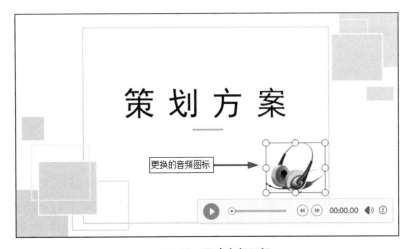

图17-43 更改音频图标

（6）利用"图片轮廓"和"图片效果"按钮修改音频图标的视觉样式。

17.4.2 编辑音频

在幻灯片中插入音频后，如果只希望播放其中的一部分，不需要启用专业的音频编辑软件对音频进行裁剪，在 WPS 演示中就可以轻松截取部分音频。此外，还可以对音频进行一些简单的编辑，例如设置播放音量和音效。

（1）选中幻灯片中的音频图标。

（2）在"音频工具"菜单选项卡中单击"剪裁音频"按钮，弹出如图 17-44 所示的"裁剪音频"对话框。

图 17-44　"裁剪音频"对话框

（3）将绿色的滑块拖放到开始音频的位置，将红色的滑块拖动到结束音频的位置。指定音频的起始点时，单击"上一帧"按钮或"下一帧"按钮，可以对起止时间进行微调。

（4）确定音频的起止点后，单击"播放"按钮，预览音频效果。

（5）在"音频工具"菜单选项卡中单击"音量"下拉按钮，在如图 17-45 所示的下拉菜单中选择设置放映幻灯片时，音频文件的音量等级。

（6）在"淡入"数值框中输入音频开始时淡入效果持续的时间，在"淡出"数值框中输入音频结束时淡出效果持续的时间。

（7）默认情况下，在幻灯片中插入的音频仅在当前页播放。如果希望插入的音频跨幻灯片播放，或单击时播放，就要设置音频的播放方式。

在"音频工具"菜单选项卡中单击"开始"下拉按钮，在弹出的下拉菜单中选择幻灯片放映时音频的播放方式，如图 17-46 所示。

图 17-45　设置音量级别

图 17-46　设置音频播放方式

（8）如果希望插入音频的幻灯片切换后，音频仍然继续播放，应选择"跨幻灯片播放"单选按钮，并指定在哪一页幻灯片停止播放。

（9）如果希望插入的音频循环播放，直到停止放映，则应选中"循环播放，直至停止"复选框。

（10）如果希望幻灯片在放映时，自动隐藏其中的音频图标，应选中"放映时隐藏"复选框。

（11）如果希望音频播放完成后，自动返回到音频开头，应选中"播放完返回开头"复选框，否则停止在音频结尾处。

17.4.3 插入视频剪辑

随着网络技术的飞速发展，视频凭借其直观的演示效果越来越多地应用于辅助展示和演讲。在 WPS

2022 中，可以很轻松地在幻灯片中插入视频，并对视频进行一些简单的编辑操作。

（1）选中要插入视频的幻灯片，在"插入"菜单选项卡中单击"视频"下拉按钮，弹出如图 17-47 所示的下拉菜单。

图 17-47 "视频"下拉菜单

（2）在"视频"下拉菜单中选择插入视频的方式。

❖ 嵌入本地视频：在本地计算机上查找视频，并将其嵌入幻灯片中。

❖ 链接到本地视频：将本地计算机上的视频以链接的形式插入幻灯片中。

❖ 网络视频：通过输入网络视频的地址，插入指定 URL 的视频。

（3）选中需要的视频文件后，单击"打开"按钮，即可在幻灯片中显示插入的视频和播放控件，如图 17-48 所示。

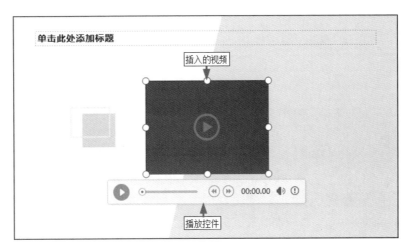

图 17-48 插入视频

（4）将鼠标指针移到视频顶点位置的变形手柄上，指针变为双向箭头时按下鼠标左键并拖动，调整视频文件的显示尺寸；指针变为四向箭头时，按下鼠标左键并拖动调整视频的位置。

注意 视频图标的大小范围是观看视频文件的屏幕大小。因此，调整视频尺寸时，应尽量保持视频的长宽比一致，以免影像失真。

此时，单击播放控件上的"播放 / 暂停"按钮，可以预览视频。利用播放控件还可以前进、后退、调整播放音量。

17.4.4 编辑视频

在 WPS 2022 中，可以像编辑图片样式一样修改视频剪辑的外观，根据需要截取视频片断，设置视频封面，以及设置视频的播放方式。

（1）选中插入的视频剪辑，在"图片工具"菜单选项卡中单击"图片轮廓"按钮和"图片效果"按钮，格式化视频框的颜色效果和样式，如图 17-49 所示。

（2）切换到"视频工具"菜单选项卡，单击"裁剪视频"按钮，打开如图 17-50 所示的"裁剪视频"对话框，分别拖动绿色滑块和红色滑块设置视频的起始点和结束点。

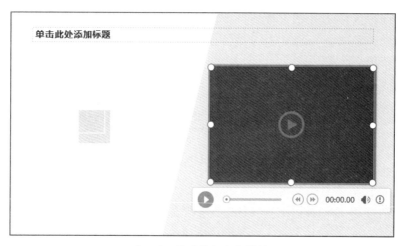

图 17-49 格式化视频框的效果

如果要精确定位时间，可单击"上一帧"按钮 ◀| 或"下一帧"按钮 |▶。裁剪完成后，单击"播放"按钮 ▶ 预览裁剪后的视频效果，然后单击"确定"按钮关闭对话框。

（3）如果要修改视频封面，应在"视频工具"菜单选项卡中单击"视频封面"下拉按钮 ▦，在弹出的下拉菜单中选择封面的来源，如图 17-51 所示。

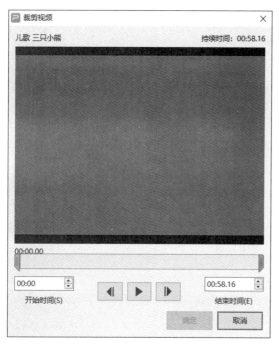

图 17-50 "裁剪视频"对话框

图 17-51 "视频封面"下拉菜单

视频封面是指视频还没有播放时显示的图片，默认为视频第一帧的图像，并显示播放按钮。选择"来自文件"命令，在打开的"选择图片"对话框中选择视频封面。暂停视频时，还可将视频的当前画面设置为视频封面。

（4）插入的视频剪辑默认按照单击顺序播放，幻灯片切换时，视频停止。如果希望幻灯片切入时，视频自动播放，应在"视频工具"菜单选项卡中单击"开始"下拉按钮，在弹出的下拉菜单中选择"自动"命令。

（5）单击"音量"下拉按钮 🔊，在弹出的下拉菜单中选择视频播放的音量级别。

（6）如果希望视频播放时全屏显示，应选中"全屏播放"复选框。

（7）如果希望视频播放前处于隐藏状态，应选中"未播放时隐藏"复选框。

（8）如果希望视频重复播放，直到幻灯片切换或人为中止，应选中"循环播放，直到停止"复选框。

（9）如果希望视频播放完毕后，返回到第一帧停止，而不是停止在最后一帧，应选中"播放完毕返回开头"复选框。

上机练习——解读《食品安全法》

 本节练习在幻灯片中使用视频详细讲解《食品安全法》。通过对操作步骤的详细讲解，帮助读者进一步掌握在幻灯片中插入视频、设置视频边框效果、添加视频封面，以及指定播放方式的操作方法。

17-1　上机练习——解读《食品安全法》

 首先在幻灯片中嵌入一个本地视频文件，并设置视频的边框样式、指定视频封面；然后插入智能图形排版说明文本；最后为视频指定播放方式。最终效果如图17-52所示。

图 17-52　幻灯片最终效果

操作步骤

（1）打开要插入视频的幻灯片，单击"插入"菜单选项卡中的"视频"下拉按钮 ，在弹出的下拉菜单中选择"嵌入本地视频"命令，打开"插入视频"对话框。选中需要的视频文件后，单击"插入"按钮，即可在幻灯片中央显示插入的视频，如图17-53所示。

图 17-53　插入视频剪辑

（2）选中视频，切换到"图片工具"菜单选项卡，单击"重设图片"按钮右下角的功能扩展按钮，打开"对象属性"窗格。在"填充与线条"选项卡中设置线条样式为"实线"，在"线条"下拉列表框中选择线条类型为上粗下细的复合型，然后设置线条颜色，宽度为12磅，如图17-54所示。

图 17-54　设置线条样式

此时，可以看到视频的效果如图 17-55 所示。

图 17-55　设置视频的边框样式

（3）选中视频，在"视频工具"菜单选项卡中单击"视频封面"下拉按钮，在弹出的下拉菜单中选择"来自文件"命令，从本地计算机中选择一张图片作为封面，效果如图 17-56 所示。

（4）调整视频位置后，切换到"插入"菜单选项卡，单击"智能图形"按钮打开"选择智能图形"对话框。选择"矩阵"分类中的"基本矩阵"，单击"确定"按钮插入对应的智能图形布局，然后调整智能图形的大小和位置，如图 17-57 所示。

（5）单击智能图形中的文本占位符，输入文本。然后选中智能图形，设置文本字体为"黑体"，效果如图 17-58 所示。

（6）切换到"设计"菜单选项卡，单击"更改颜色"下拉按钮，在弹出的配色方案中选择"彩色"列表中的第三种；然后在"形状样式"下拉列表框中选择第二种样式，效果如图 17-59 所示。

接下来指定视频剪辑的播放方式。

图 17-56　设置视频剪辑的封面

图 17-57　插入智能图形

图 17-58　设置智能图形中的文本格式

（7）选中视频，在"视频工具"菜单选项卡中选中"播放完返回开头"复选框，其他选项保留默认设置。

至此，幻灯片制作完成，将鼠标指针移到视频图标上时，显示播放控件；单击"播放"按钮，即可播放视频。

图 17-59　格式化智能图形

17.4.5　插入 Flash 动画

Flash 动画是一种将音乐、声效、动画以及富有新意的界面融合在一起的矢量动画，体积小，常用于网页中。在 WPS 2022 中可以像插入图片一样插入 Flash 动画。

（1）打开要插入 Flash 动画的幻灯片。

（2）在"插入"菜单选项卡中单击 Flash 按钮 Flash(F)，在弹出的"插入 Flash 动画"对话框中选择需要的 Flash 动画文件，然后单击"打开"按钮，即可插入指定的动画，如图 17-60 所示。

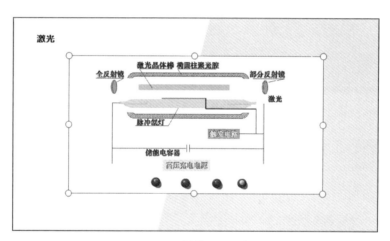

图 17-60　插入 Flash 动画

（3）单击状态栏上的"阅读视图"按钮，即可预览 Flash 动画的效果。

17.5　实例精讲——员工入职培训

本节练习为幻灯片对象添加动画效果和超链接，以及设置幻灯片的转场效果。通过对操作步骤的详细讲解，帮助读者进一步掌握设置幻灯片的动画特效和过渡效果实现动态切换，添加超链接和动作按钮进行页面导航，以及添加背景音乐的操作方法。

首先为标题幻灯片中的对象添加动画效果制作开场动画；然后插入音频文件，调整音频图标的显示外观；接下来利用超链接和动作按钮设置目录和导航动作；最后为各张幻灯片设置转场效果，并调整换片方式和时间。幻灯片的最终效果如图 17-61 所示。

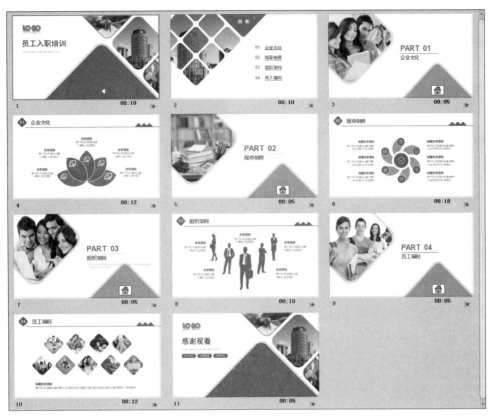

图 17-61 幻灯片效果

操 作 步 骤

17.5.1 创建封面动画

（1）打开已创建的员工入职培训演示文稿，定位到标题幻灯片，如图 17-62 所示。

17-2 创建封面动画

图 17-62 标题幻灯片

（2）选中幻灯片底部的三角形状，切换到"动画"菜单选项卡，在"动画"下拉列表框中选择"飞入"

效果。然后单击"动画窗格"按钮，打开"动画窗格"，设置动画开始时间为"与上一动画同时"，方向为"自底部"，速度为"快速（1秒）"，如图17-63所示。

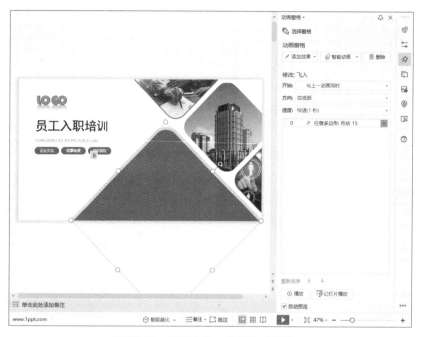

图17-63　设置底部三角形的动画选项

预览动画，可以看到三角形自幻灯片下方快速向上运动进入幻灯片。

（3）按住Shift键选中右侧的圆角矩形和三角形，在"动画窗格"中单击"添加效果"按钮，设置动画效果为"切入"，然后设置开始时间为"与上一动画同时"，方向为"自右侧"，速度为"非常快"，如图17-64所示。

（4）选中顶部的三角形，在"动画窗格"中单击"添加效果"按钮，设置动画效果为"切入"，然后设置开始时间为"在上一动画之后"，方向为"自顶部"，速度为"非常快"，如图17-65所示。

图17-64　设置右侧形状的动画选项

图17-65　设置顶部三角形的动画选项

预览动画时，可以看到三个形状同时以指定的动画方式进入幻灯片，不同的是方向不同。

（5）按住Shift键选中幻灯片左侧的Logo、标题和拼音标题三个文本框，在"动画窗格"中单击"添加效果"按钮，设置动画效果为"擦除"，然后设置开始时间为"在上一动画之后"，方向为"自左侧"，速度为"快速（1秒）"，如图17-66所示。

在预览时，可以看到三个文本框依次以"擦除"的方式出现。

（6）将形状组合"企业文化"拖放到幻灯片左侧，在"动画"下拉列表框中选择"绘制自定义路径"列表中的"直线"，按下鼠标左键拖动到合适位置释放，绘制一条运动路径。然后设置开始时间为"在上一动画之后"，速度为"快速（1秒）"，如图17-67所示。

图17-66　设置文本框的动画选项

图17-67　设置"企业文化"的动画路径和选项

提示：

绘制路径时，按住 Shift 键拖动鼠标，可使路径保持水平。

预览动画，可以看到形状组合"企业文化"从幻灯片左侧沿指定的路径进入幻灯片。

（7）将形状组合"规章制度"拖放到幻灯片左侧，在"动画"下拉列表框中选择"绘制自定义路径"列表中的"直线"，按下鼠标左键拖动到合适位置释放，绘制一条运动路径。然后设置开始时间为"与上一动画同时"，速度为"快速（1秒）"，如图17-68所示。

（8）将形状组合"组织架构"拖放到幻灯片左侧，在"动画"下拉列表框中选择"绘制自定义路径"列表中的"直线"，按下鼠标左键拖动到合适位置释放，绘制一条运动路径。然后设置开始时间为"与上一动画同时"，速度为"快速（1秒）"，如图17-69所示。

此时预览动画，可以看到三个形状组合同时从幻灯片左侧沿指定路径进入幻灯片。至此，封面动画制作完成。

（9）在"动画窗格"底部单击"播放"按钮 ▷ 播放 ，即可预览封面动画的效果。

图 17-68　设置"规章制度"的动画路径和选项

图 17-69　设置"组织架构"的动画路径和选项

17.5.2　添加背景音乐

17-3　添加背景音乐

（1）定位到标题幻灯片，在"插入"菜单选项卡中单击"音频"下拉按钮 ，在弹出的下拉菜单中选择"嵌入背景音乐"命令，打开"从当前页插入背景音乐"对话框。选中需要的音频文件后，单击"打开"按钮，即可在幻灯片中显示音频图标和播放控件。将音频图标拖放到幻灯片底部，如图 17-70 所示。

（2）选中音频图标，在"图片工具"菜单选项卡中单击"颜色"下拉按钮 ，在弹出的下拉菜单中选择"黑白"。单击"图片效果"下拉按钮 ，在下拉菜单中选择"阴影"命令，然后在级联菜单中选择"右下斜偏移"，效果如图 17-71 所示。

（3）切换到"音频工具"菜单选项卡，单击"音量"下拉按钮 ，在下拉菜单中设置音量级别为"低"。

由于在插入音频文件时，选择的插入方式是"嵌入背景音乐"，因此，在"音频工具"菜单选项卡中可以看到，音频的播放时间自动被设置为"自动"，跨幻灯片循环播放直到停止，且放映时隐藏音频图标，如图 17-72 所示。

图 17-70　插入音频

图 17-71　设置音频图标的样式

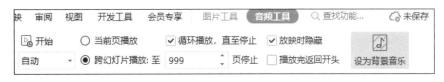

图 17-72　音频选项

17.5.3　制作目录、导航

（1）定位到目录幻灯片，如图 17-73 所示。

（2）选中要添加超链接的文本"企业文化"，在"插入"菜单选项卡中单击"超链接"按钮，打开"插入超链接"对话框。在"链接到"列表框中选择"本文档中的位置"，在"请选择文档中的位置"列表框中选择要链接到的幻灯片，本例选择"幻灯片 3"，然后单击"屏幕提示"按钮，在弹出的对话框中输入提示文字"企业文化"，如图 17-74 所示。设置完成后，单击"确定"按钮关闭对话框。

17-4　制作目录、导航

（3）按照与步骤（2）相同的方法，为其他三个目录项创建超链接。可以看到超链接文本下方显示下划线，如图 17-75 所示。

图 17-73 目录幻灯片

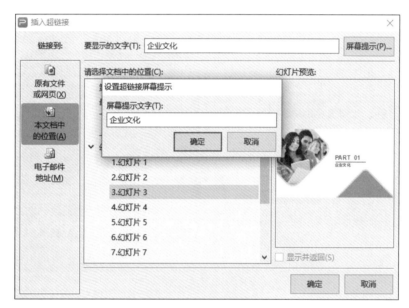

图 17-74 设置超链接选项

图 17-75 创建超链接的效果

（4）选中第一张过渡页（幻灯片3），在"插入"菜单选项卡中单击"形状"下拉按钮，在弹出的形状列表中选择"动作按钮：第一张"，按下鼠标左键绘制形状。释放鼠标后，在弹出的"动作设置"对话框的"鼠标单击"选项卡中，设置单击鼠标时的动作为"超链接到"，然后在下拉列表框中选择"幻灯片"，在弹出的"超链接到幻灯片"对话框中选择要链接到的"幻灯片2"（即目录页），如图17-76所示。

图 17-76　设置动作

（5）单击"确定"按钮关闭对话框。选中绘制的动作按钮，在"绘图工具"菜单选项卡的"形状样式"下拉列表框中选择第一行最后一列的样式"彩色轮廓 - 暗石板灰，强调颜色6"，效果如图17-77所示。

图 17-77　设置动作按钮的样式

（6）选中格式化后的动作按钮，按 Ctrl+C 键复制按钮，然后分别粘贴到其他三张过渡页上，如图 17-78 所示。

（7）切换回普通视图，定位到目录页，单击状态栏上的"阅读视图"按钮预览超链接的效果。将鼠标指针移到超链接上时，指针显示为手形，指针右下方显示屏幕提示文字，如图 17-79 所示。

（8）单击超链接，即可跳转到指定的幻灯片页面。将鼠标指针移到过渡页上的动作按钮上时，指针显示为手形，如图 17-80 所示。单击动作按钮，即可跳转到指定的目录页。

（9）预览完成，按 Esc 键返回普通视图。

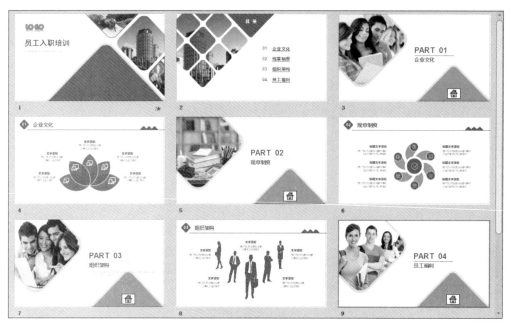

图 17-78　粘贴动作按钮

图 17-79　预览超链接的效果

图 17-80　动作按钮的预览效果

17.5.4　设置换片效果

（1）选中标题幻灯片，在"切换"菜单选项卡中单击"切换效果"按钮，打开"幻灯片切换"窗格。在"应用于所选幻灯片"列表框中选择"溶解"，设置速度为 00.70，然后在"换片方式"选项区域选中"每隔"复选框，并设置时间为 10 秒，如图 17-81 所示。　　　　　　　　　　　　　　　　　　　17-5　设置换片效果

（2）选中目录页，在"幻灯片切换"窗格中设置切换动画为"淡出"，效果选项为"平滑"，速度为 01.25，然后在"换片方式"选项区域选中"每隔"复选框，并设置时间为 10 秒，如图 17-82 所示。

（3）选中第 3 张幻灯片，然后按住 Shift 键单击倒数第二张幻灯片，选中除封面页、目录页和结束页的所有幻灯片。在"幻灯片切换"窗格中设置切换动画为"抽出"，效果选项为"从右"，速度为 01.25，如图 17-83 所示。

图 17-81　设置标题幻灯片的切换方式　　图 17-82　设置目录页的切换方式　　图 17-83　设置内容幻灯片的切换方式

由于各张幻灯片的播放时长不一样，因此没有选中"每隔"复选框，统一设置各张幻灯片的切换时间。

（4）根据各张幻灯片的播放时间，分别设置自动换片的时间间隔。

（5）切换到幻灯片浏览视图，可以查看各张幻灯片的播放时长，如图 17-61 所示。

答　疑　解　惑

1. 小组成员分工合作，共同制作一个演示文稿，如何快速将演示文稿的各个模块进行整合，并且便于各个小组成员修改各自负责的模块？

答：可以使用超链接功能将演示文稿的各个部分整合在一起。例如，在一个演示文稿中创建指向各个模块的超链接，放映时单击链接，跳转到相应的部分进行播放。

2. 演示文稿中的超链接文本下方默认显示下划线，有没有方法不显示下划线？

答：在 WPS 2022 中，如果超链接的载体为文本，则文本下方显示下划线；如果超链接的载体为图片、形状或文本框，则不显示下划线，且文本以默认的颜色显示。

因此，如果要去除超链接文本下方的下划线，可以在文本框（不是幻灯片版式中自带的占位符）中输入文本后，选中整个文本框设置超链接。

3. 在演示文稿中插入了视频剪辑，放映时，影片剪辑左右两边或上下显示有黑边，如何去除黑边？

答：演示文稿中的视频剪辑显示黑边，是因为视频的长宽比例与演示文稿的比例不一致。可以像编

辑图片一样调整视频播放窗口的大小。

4. 如果要在演示文稿中添加背景音乐，贯穿其中的所有幻灯片，应该如何设置？

答：在 WPS 演示中特意为设置背景音乐提供了操作命令。

（1）打开演示文稿，在"插入"菜单选项卡中单击"音频"下拉按钮。

（2）在弹出的下拉菜单中选择"嵌入背景音乐"或"链接背景音乐"命令，然后在弹出的"从当前页插入背景音乐"对话框中选择要嵌入或链接的背景音乐。

（3）单击"打开"按钮，弹出如图 17-84 所示的对话框，询问用户是否从第一页开始插入背景音乐。

图 17-84　提示对话框

（4）如果要从第一页开始插入背景音乐，则单击"是"按钮；如果要从当前页开始插入背景音乐，则单击"否"按钮。

此时，在"音频工具"菜单选项卡上可以看到，"开始"方式设置为"自动"，"跨幻灯片播放"复选框和"循环播放，直到停止"复选框自动被选中。

一个更简便的方法是在第一页幻灯片中插入音频，然后在"音频工具"菜单选项卡中单击"设为背景音乐"按钮 。

5. 在演示文稿中添加了音频文件，但放映时不播放，可能是什么原因？

答：在放映时不播放音频文件，排除音频开始播放的方式设置有问题，可能是幻灯片中设置了动画效果。

解决办法是打开"自定义动画"窗格，将音频文件移动到窗格顶部，作为第一个动画效果播放。

6. 在制作演示文稿时，希望在放映指定的多张幻灯片时播放背景音乐，放映其他幻灯片时不播放，如何设置？

答：可以按如下的操作步骤给指定的幻灯片添加背景音乐。

（1）在要开始播放背景音乐的幻灯片中插入音频文件。

（2）切换到"音频工具"菜单选项卡，在"开始"下拉列表框中选择"自动"。

（3）选中"跨幻灯片播放"单选按钮，在右侧的数值框中输入要停止播放的幻灯片编号。

7. 如何导出演示文稿中的所有音频和视频文件？

答：如果要一次导出演示文稿中的所有音频和视频文件，可将演示文稿另存一个副本，然后修改文件后缀名为 .rar。解压该文件后，即可在自动生成的 media 文件夹中看到所有的音频和视频资源。

学习效果自测

一、选择题

1. 下列关于 WPS 演示中动画功能的说法错误的是（　　　）。

　A. 各种对象均可设置动画　　　　　　　B. 动画的先后顺序不可改变

　C. 动画播放的同时可播放声音　　　　　D. 可将对象设置成播放后隐藏

2. 在一个包含多个对象的幻灯片中，选定某个对象设置"擦除"效果后，则（　　　）。
　　A. 该幻灯片的放映效果为"擦除"　　　　　　B. 该对象的放映效果为"擦除"
　　C. 下一张幻灯片放映效果为"擦除"　　　　　D. 上一张幻灯片放映效果为"擦除"

3. 有关动画出现的时间和顺序的调整，以下说法不正确的是（　　　）。
　　A. 动画必须依次播放，不能同时播放
　　B. 动画出现的顺序可以调整
　　C. 有些动画可设置为满足一定条件时再出现，否则不出现
　　D. 如果使用了排练计时，则放映时无须单击鼠标控制动画的出现时间

4. 幻灯片的切换方式是指（　　　）。
　　A. 在编辑新幻灯片时的过渡形式　　　　　　B. 在编辑幻灯片时切换不同视图
　　C. 在编辑幻灯片时切换不同的主题　　　　　D. 相邻两张幻灯片切换时的过渡形式

5. 在 WPS 幻灯片中建立超链接有两种方式：通过把某对象作为超链接载体和（　　　）。
　　A. 文本框　　　　　　B. 文本　　　　　　C. 图片　　　　　　D. 动作按钮

6. 在 WPS 演示中，激活动作的操作可以是鼠标"单击"和"（　　　）"。
　　A. 悬停　　　　　　B. 拖动　　　　　　C. 双击　　　　　　D. 右击

7. 在播放时要实现幻灯片之间的跳转，不可采用的方法是（　　　）。
　　A. 设置超链接　　　　B. 设置动作　　　　C. 设置动画效果　　　D. 添加动作按钮

8. 在 WPS 演示中，可对按钮设置多种动作，以下不正确的是（　　　）。
　　A. 链接到自定义放映　　　　　　　　　　　B. 运行外部程序
　　C. 不能打开网址　　　　　　　　　　　　　D. 结束放映

9. 在 WPS 演示中，为某一文字对象设置了超链接，以下说法不正确的是（　　　）。
　　A. 在演示该页幻灯片时，当鼠标指针移到文字对象上会变成手形
　　B. 在幻灯片编辑窗口中，当鼠标指针移到文字对象上会变成手形
　　C. 该文字对象的颜色以默认的主题效果显示
　　D. 可以改变文字的超级链接颜色

二、填空题

1. _____ 是在幻灯片之间设置的特殊效果；_____ 是在幻灯片对象上设置的特殊效果。

2. 如果希望单击幻灯片中的特定图片时才显示某个动画效果，否则不出现此动画，可设置 _____ 。

3. 如果放映幻灯片时，无法单击鼠标切换幻灯片，最可能的原因是换片方式未选中"_____"复选框。

4. 如果要删除一个动作按钮上已添加的单击鼠标时的动作，可以通过右键打开"动作设置"对话框，选中"_____"选项。

5. 在设置动作按钮的操作时，可以分别设置 _____ 和 _____ 两种鼠标状态下的操作。

6. 在 WPS 2022 中，幻灯片中的视频来源可以是 _____ ，也可以是 _____ 。

7. 在幻灯片中插入视频剪辑后，通过设置 _____ ，可以指定视频剪辑的预览图。

8. 在编辑幻灯片中的音频时，可以按 _____ 、_____ 、_____ 和 _____ 四个级别更改音频的音量。

9. 在幻灯片中插入音频后，选中"_____"按钮，可以使音频跨幻灯片循环播放，并在放映时自动隐藏。

三、操作题

1. 新建一张幻灯片，输入标题文本后，再输入一个段落文本，并插入一张图片。然后执行以下操作：

（1）设置文本动画，使标题文本逐字飞入幻灯片，完全显示后文本颜色显示为红色。

（2）设置段落文本淡入效果，动画播放后隐藏。

（3）设置动画效果，使图片旋转进入幻灯片后，显示紫色边框。

（4）在幻灯片中添加一个"笑脸"形状，单击"笑脸"形状播放图片的动画效果。

（5）经过 10 秒后，以"擦除"方式显示下一张幻灯片。

2. 在幻灯片中插入一幅图片，通过设置，使鼠标指针经过图片时显示屏幕提示，单击则打开一个网站。

3. 在幻灯片中创建一个动作按钮，放映幻灯片时单击该按钮可以打开一个文本文件。

4. 在幻灯片中插入一个影片剪辑，设置视频的预览图和外观样式。然后剪裁视频，并设置视频的播放方式，在放映幻灯片时，视频剪辑自动全屏播放，且播放完成后停止在第一帧。

5. 新建一张幻灯片，插入一段音频作为演示文稿的背景音乐。

第 18 章

放映、发布演示文稿

本章导读

　　演示文稿制作完成以后，就可以展示幻灯片了。在 WPS 2022 中，可以根据演讲需要和受众的不同，以不同的方式放映不同的幻灯片集合，还可以在放映时使用画笔标记重点。

　　除了在计算机上放映幻灯片，在如今数字化和网络化的媒介环境中，还可以将演示文稿输出为多种文件格式，在其他电子设备和网络中进行发布，或将备注、讲义、大纲打印成纸稿，以满足不同用户的办公需求。

学习要点

- ❖ 自定义演示文稿的放映内容
- ❖ 设置排练计时
- ❖ 控制放映流程
- ❖ 发布演示文稿

18.1 放映前的准备

在正式展示幻灯片之前，有时还需要对演示文稿进行一些设置，例如，面向不同需要的观众，展示不同的幻灯片内容；根据演讲进度控制幻灯片的播放节奏等。

18.1.1 自定义放映内容

演示文稿制作完成后，有时会需要针对不同的受众放映不同的幻灯片内容。使用 WPS 演示的自定义放映功能，不需要删除部分幻灯片或保存多个副本，就可以基于同一个演示文稿生成多种不同的放映序列，且各个序列版本相对独立，互不影响。

（1）打开演示文稿，在"幻灯片放映"菜单选项卡中单击"自定义放映"按钮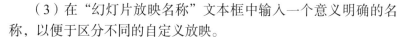，弹出如图 18-1 所示的"自定义放映"对话框。

如果当前演示文稿中还没有创建任何自定义放映，则窗口显示为空白；如果创建过自定义放映，则显示自定义放映列表。

（2）单击"新建"按钮，打开如图 18-2 所示的"定义自定义放映"对话框。

对话框中左侧的列表框显示当前演示文稿中的幻灯片列表，右侧窗格显示添加到自定义放映的幻灯片列表。

（3）在"幻灯片放映名称"文本框中输入一个意义明确的名称，以便于区分不同的自定义放映。

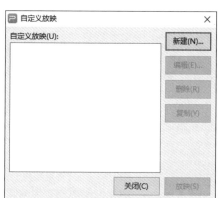

图 18-1 "自定义放映"对话框

（4）在左侧的幻灯片列表框中单击选中要加入自定义放映队列的幻灯片，按住 Shift 键或 Ctrl 键可在列表框中选中连续或不连续的多张幻灯片。然后单击"添加"按钮，右侧的列表框中将显示添加的幻灯片，如图 18-3 所示。

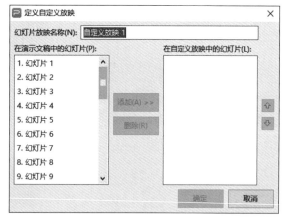

图 18-2 "定义自定义放映"对话框

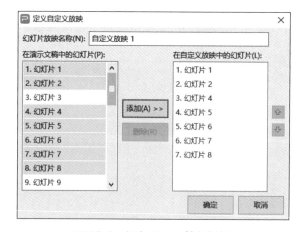

图 18-3 添加要展示的幻灯片

提示：

在 WPS 演示中，可以将同一张幻灯片多次添加到同一个自定义放映中。

（5）在右侧的列表框中选中不希望展示的幻灯片，单击"删除"按钮，可在自定义放映中删除指定的幻灯片，左侧的幻灯片列表不受影响。

（6）在右侧的列表框中选中要调整顺序的幻灯片，单击"向上"按钮或"向下"按钮，可以调整幻灯片在自定义放映中的放映顺序。

（7）设置完成后，单击"确定"按钮关闭对话框，返回到"自定义放映"对话框。此时，在窗口中可以看到已创建的自定义放映，如图 18-4 所示。

（8）如果要修改自定义放映，可单击"编辑"按钮打开"定义自定义放映"对话框进行修改；单击"删除"按钮可删除当前选中的自定义放映；单击"复制"按钮可复制当前选中的自定义放映，并保存为新的自定义放映；单击"放映"按钮，可全屏放映当前选中的自定义放映。

（9）设置完毕后，单击"关闭"按钮关闭对话框。

图 18-4　自定义放映列表

18.1.2　设置放映方式

WPS 2022 针对常用的演示用途提供两种放映模式，并提供对应的放映操作，可在不同的演示场景达到最佳的放映效果。

（1）打开演示文稿，在"幻灯片放映"菜单选项卡中单击"设置放映方式"按钮 ，打开如图 18-5 所示的"设置放映方式"对话框。

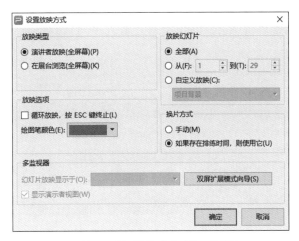

图 18-5　"设置放映方式"对话框

（2）在"放映类型"区域选择放映模式。

❖ 演讲者放映（全屏幕）：通常用于将幻灯片投影到大屏幕或召开文稿会议。演讲者对演示文档具有完全的控制权，可以干预幻灯片的放映流程。

❖ 在展台浏览（全屏幕）：适用于展览会场循环播放无人管理的幻灯片。在这种模式下，观众不能使用鼠标控制放映流程，除非单击超链接。

注意　使用"在展台浏览（全屏幕）"模式放映幻灯片时，演示文稿严格按照排练计时设置的时间放映，鼠标几乎毫无用处，无论单击还是右击，均不会影响放映，除非单击超链接或动作按钮。

（3）设置放映选项。

❖ 循环放映，按 Esc 键终止：幻灯片循环播放，直到按 Esc 键退出。

❖ 绘图笔颜色：设置绘图笔的颜色。在放映时可使用绘图笔在幻灯片上圈注。

（4）在"放映幻灯片"区域设置放映的范围。

默认从第一张播放到最后一张，也可以指定幻灯片编号进行播放。如果创建了自定义放映，还可以仅播放指定的幻灯片队列。

（5）在"换片方式"区域选择幻灯片的切换方式。

❖ 手动：通过鼠标或键盘控制放映进程。

❖ 如果存在排练时间，则使用它：按预定的时间或排练计时切换幻灯片。

（6）如果使用双屏扩展模式放映幻灯片，则应在"多监视器"区域设置放映幻灯片的监视器与放映演讲者视图的监视器，并根据需要选择是否显示演示者视图。

显示演示者视图时，演示者可以在屏幕上看到下一张幻灯片预览、备注等信息，方便控制幻灯片的放映进程，或运行其他程序，而观众只能看到放映的幻灯片。

（7）设置完成后，单击"确定"按钮关闭对话框。

18.1.3 添加排练计时

所谓"排练计时"，就是预演幻灯片时，系统自动记录每张幻灯片的放映时间。在放映幻灯片时，幻灯片严格按照记录的时间间隔自动进行放映，从而使演示变得有条不紊。

（1）打开演示文稿。

（2）在"幻灯片放映"菜单选项卡中单击"排练计时"按钮，即可全屏放映第一张幻灯片，并在屏幕左上角显示排练计时工具栏，如图 18-6 所示。

工具栏上各个按钮的功能简要介绍如下。

❖ "下一项"按钮 ：单击该按钮结束当前幻灯片的放映和计时，开始放映下一张幻灯片，或播放下一个动画。

❖ "暂停"按钮 ：暂停幻灯片计时。再次单击该按钮继续计时。

❖ 第一个时间框：显示当前幻灯片的放映时间。

❖ "重复"按钮 ：返回到刚进入当前幻灯片的时刻，重新开始计时。

❖ 第二个时间框：显示排练开始的总计时。

（3）排练完成后，单击计时工具栏右上角或按 Esc 键终止排练。此时将弹出如图 18-7 所示的对话框询问是否保存本次排练结果。单击"是"按钮，保存排练的时间；单击"否"按钮，取消本次排练计时。

图 18-6　排练计时工具栏　　　　　　　　图 18-7　询问对话框

此时切换到幻灯片浏览视图，在幻灯片右下方可以看到计时时间，如图 18-8 所示。

图 18-8　查看计时时间

18.2　控制放映流程

设置好幻灯片的放映内容和展示方式之后,就可以正式放映幻灯片,查看播放效果了。在放映过程中,用户还可以使用指针和画笔圈划要点, 根据演示需要暂停和结束放映。

18.2.1　启动放映

（1）打开要放映的演示文稿。

（2）如果要从第一张幻灯片开始放映,则在"幻灯片放映"菜单选项卡中单击"从头开始"按钮，或直接按快捷键 F5。

（3）如果要从当前幻灯片开始放映,应在状态栏上单击"从当前幻灯片开始播放"按钮，或在"幻灯片放映"菜单选项卡中单击"从当前开始"按钮，或直接按组合键 Shift+F5。

在普通视图的幻灯片窗格中, 单击幻灯片缩略图左下角的"从当前开始"按钮, 如图 18-9 所示, 也可以从当前幻灯片开始放映。

（4）如果要播放自定义放映,应在"幻灯片放映"菜单选项卡中单击"自定义放映"按钮，在弹出的"自定义放映"对话框中选择一个自定义放映,然后单击"放映"按钮, 如图 18-10 所示。

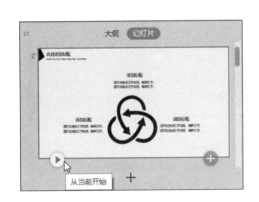

图 18-9　幻灯片缩略图

图 18-10　"自定义放映"对话框

18.2.2　切换幻灯片

在演示者全屏放映模式下放映幻灯片时,利用如图 18-11 所示的右键快捷菜单可以很方便地切换幻灯片。

单击"下一页"或"上一页"命令,可以在相邻的幻灯片之间进行切换;单击"第一页"或"最后一页"命令,可跳转到演示文稿第一页或最后一页进行播放。

如果要跳转到指定编号的幻灯片,或最近查看过的幻灯片开始播放,可以单击"定位"命令,在如图 18-12 所示的级联菜单中选择需要的幻灯片。

单击"幻灯片漫游"命令,在如图 18-13 所示的"幻灯片漫游"对话框中选择要播放的幻灯片,然后单击"定位至"按钮,即可跳转到指定的幻灯片进行放映。

单击"按标题"命令,在弹出的幻灯片标题列表中也可以定位需要的幻灯片, 如图 18-14 所示。

单击"以前查看过的"命令,可以跳转到最近查看过的幻灯片;单击"回退"命令,可以返回到最近一次放映的幻灯片。

单击"自定义放映"命令,在级联菜单中可以选择需要的自定义放映进行播放, 如图 18-15 所示。

此外,单击"幻灯片放映帮助"命令,打开"幻灯片放映帮助"对话框,可以查看切换幻灯片的一些快捷键，如图 18-16 所示。

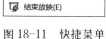

图 18-11　快捷菜单

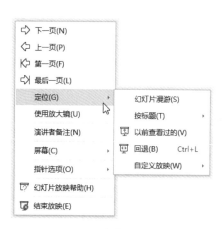

图 18-12　"定位"级联菜单

图 18-13　"幻灯片漫游"对话框

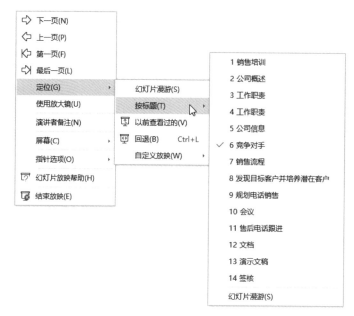

图 18-14　按标题定位

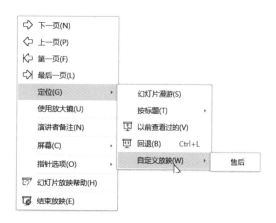

图 18-15　选择自定义放映

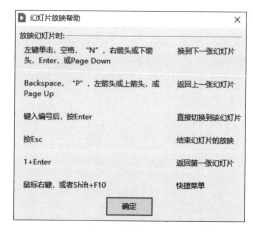

图 18-16　"幻灯片放映帮助"对话框

18.2.3 暂停与结束放映

在幻灯片演示过程中，演示者可以随时根据演示进程暂停播放，临时增添讲解内容，讲解完成后继续播放。

暂停放映幻灯片，常用的方法有以下三种：

❖ 按 S 键；
❖ 同时按大键盘上的 Shift 键和"+"键；
❖ 按小键盘上的"+"键。

 注意 并非所有幻灯片都能暂停 / 继续播放，前提是当前幻灯片的换片方式为经过一定时间后自动换片。

如果要继续放映幻灯片，应右击，在弹出的快捷菜单中选择"屏幕"命令，然后在级联菜单中选择"继续执行"命令，如图 18-17 所示。

如果要结束放映，应右击，在弹出的快捷菜单中选择"结束放映"命令，或直接按 Esc 键。

18.2.4 使用黑屏和白屏

在放映过程中，除了可以利用快捷键暂停放映外，使用黑屏或白屏也可以暂停放映，而且能像屏保一样隐藏放映的内容。

（1）在放映的幻灯片上右击，在弹出的快捷菜单中单击"屏幕"命令，然后在弹出的级联菜单中选择"黑屏"或"白屏"命令，如图 18-18 所示。

图 18-17 选择"继续执行"命令

图 18-18 "屏幕"级联菜单

 提示： 在放映模式下，按 W 键或"，"键，可进入白屏模式；按 B 键或"。"键，可进入黑屏模式。

（2）如果要退出黑屏或白屏，按键盘上的任意一个键，或者单击即可。

18.2.5 使用画笔圈划重点

在放映演示文稿时，为更好地表述讲解的内容，可以使用指针工具在幻灯片中书写或圈划重点。

（1）在放映幻灯片时右击，在弹出的快捷菜单中单击"指针选项"命令，在弹出的级联菜单中选择笔尖类型，如图 18-19 所示。

图 18-19 "指针选项"级联菜单

指针形状默认为箭头，用户可以根据需要选择圆珠笔、水彩笔和荧光笔。

（2）再次打开如图 18-19 所示的快捷菜单，在"指针选项"的级联菜单中单击"墨迹颜色"命令，设置墨迹颜色，如图 18-20 所示。

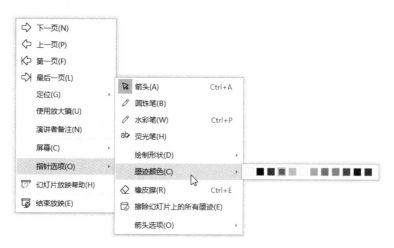

图 18-20 设置墨迹颜色

（3）按下鼠标左键在幻灯片上拖动，即可绘制墨迹，如图 18-21 所示。

（4）如果要修改或删除幻灯片上的笔迹，应在"指针选项"级联菜单中选择"橡皮擦"工具。当鼠标指针显示为⬦时，在创建的墨迹上单击，即可擦除绘制的墨迹。如果要删除幻灯片上添加的所有墨迹，应在"指针选项"级联菜单中选择"擦除幻灯片上的所有墨迹"命令。

（5）擦除墨迹后，按 Esc 键退出橡皮擦的使用状态。

（6）退出放映状态时，WPS 演示会弹出一个对话框，询问是否保存墨迹，如图 18-22 所示。如果不需要保存墨迹，应单击"放弃"按钮，否则单击"保留"按钮。

保留的墨迹可以在幻灯片编辑窗口中查看，在放映时也会显示。如果不希望在幻灯片上显示墨迹，在"审阅"菜单选项卡中单击"显示/隐藏标记"按钮，即可将其隐藏。

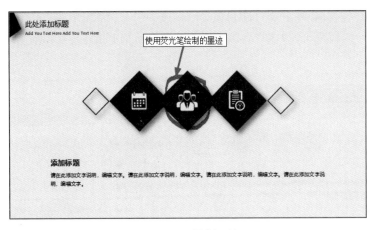

图 18-21　绘制墨迹

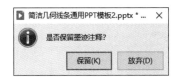

图 18-22　提示对话框

注意　　隐藏墨迹并不是删除墨迹，再次单击该按钮将显示幻灯片上的所有墨迹。

如果要删除幻灯片中的墨迹，应单击选中墨迹后，按 Delete 键。

18.3　输出演示文稿

WPS 2022 提供了多种输出演示文稿的方式，除了保存为 WPS 演示文件（*.dps）和 PowerPoint 演示文件（*.pptx 或 *.ppt），还可以转换为 PDF 文档、视频、PowerPoint 放映文件和图片等多种广泛应用的文档格式，以满足不同用户的需求。

18.3.1　转换为 PDF 文档

PDF 是 Adobe 公司用于存储与分发文件而发展起来的一种文件格式，能跨平台保留文件原有布局、格式、字体和图像，还能防止他人对文件进行更改。可以利用 Adobe Acrobat Reader 软件，或安装了 Adobe Reader 插件的网络浏览器阅读 PDF 文件。

（1）打开演示文稿，在"特色应用"菜单选项卡中单击"输出为 PDF"按钮，弹出如图 18-23 所示的"输出为 PDF"对话框。

图 18-23　"输出为 PDF"对话框

（2）选中要输出为 PDF 的文件，并指定保存 PDF 文件的目录。

（3）如果要设置输出内容和 PDF 文件的权限，应单击"高级设置"对话框，打开如图 18-24 所示的"高级设置"对话框。

图 18-24　"高级设置"对话框 1

（4）在"输出内容"选项区域选择要输出为 PDF 的幻灯片内容。如果选择"讲义"，还可以指定每一页上显示的幻灯片数量，以及幻灯片的排列方向，如图 18-25 所示。

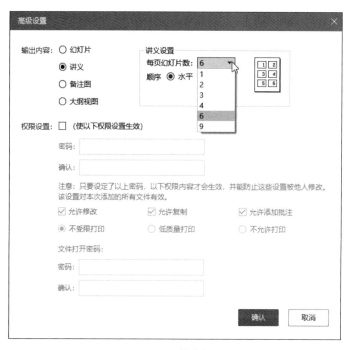

图 18-25　讲义设置

（5）如果要设置输出的 PDF 文件的权限，应选中"权限设置"右侧的复选框，并设置密码。然后设置文件的编辑权限，如图 18-26 所示。

图 18-26 "高级设置"对话框2

（6）设置完成后，单击"确认"按钮返回"输出为 PDF"对话框。然后单击"开始输出"按钮，开始创建 PDF 文档。

创建完成后，默认自动启动相应的阅读器查看创建的 PDF 文档。

18.3.2 输出为视频

在 WPS 2022 中，将演示文稿输出为 WebM 视频，可以很方便地与他人共享。即便对方的计算机上没有安装演示软件，也能流畅地观看演示效果。输出的视频保留所有动画效果和切换效果、插入的音频和视频，以及排练计时和墨迹笔划。

（1）打开演示文稿，在"特色应用"菜单选项卡中单击"输出为视频"按钮，打开如图 18-27 所示的"另存文件"对话框。

图 18-27 "另存文件"对话框

（2）指定视频保存的路径和名称，然后单击"保存"按钮，即可关闭对话框，并开始创建视频文件。

18.3.3　打包演示文稿

如果要查看演示文稿的计算机上没有安装 PowerPoint，或缺少演示文稿中使用的某些字体，可以将演示文档和与之链接的文件一起打包成文件夹或压缩文件。

（1）打开要打包的演示文稿，在"文件"菜单选项卡上单击"文件打包"命令，然后在级联菜单中选择打包演示文稿的方式，如图 18-28 所示。

图 18-28　"文件打包"级联菜单

（2）如果选择"将演示文档打包成文件夹"命令，则弹出如图 18-29 所示的"演示文件打包"对话框。输入文件夹名称与文件夹位置，如果要同时生成一个压缩包，应选中"同时打包成一个压缩文件"复选框，然后单击"确定"按钮。

图 18-29　"演示文件打包"对话框 1

打包完成后，弹出如图 18-30 所示的"已完成打包"对话框。单击"打开文件夹"按钮，可查看打包文件。

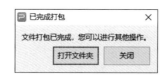

图 18-30　"已完成打包"对话框

（3）如果选择"将演示文档打包成压缩文件"命令，将弹出如图 18-31 所示的"演示文件打包"对话框。设置文件名称和路径后，单击"确定"按钮即可。

图 18-31　"演示文件打包"对话框 2

18.3.4 保存为放映文件

将制作好的演示文稿分发给他人观看时，如果不希望他人修改文件，或担心由于演示软件版本不同而影响放映效果，可以将演示文稿保存为 PowerPoint 放映。PowerPoint 放映文件不可编辑，双击即可自动进入放映状态。

（1）打开演示文稿，在"文件"菜单选项卡中单击"另存为"命令，然后在级联菜单中选择"Power-Point 97-2003 放映文件（*.pps）"命令。

（2）在弹出的"另存为"对话框中指定保存文件的路径和名称，然后单击"保存"按钮。

此时，双击保存的放映文件，即可开始自动放映。

 注意 如果要在其他计算机上播放放映文件，应将演示文稿链接的音频、视频等文件一起复制，并放置在同一个文件夹中。否则，放映文件时，链接的内容可能无法显示。

18.3.5 转为文字文档

将演示文稿转为文字文档，可作为讲义辅助演讲。

（1）打开要进行转换的演示文稿。

（2）单击"文件"菜单选项卡上的"另存为"命令，然后在级联菜单中选择"转为 WPS 文字文档"命令，打开如图 18-32 所示的"转为 WPS 文字文档"对话框。

图 18-32 "转为 WPS 文字文档"对话框

（3）选择要进行转换的幻灯片范围，可以是演示文稿中的所有幻灯片、当前幻灯片或选定的幻灯片，还可以通过输入幻灯片编号指定幻灯片范围。

（4）在"转换后版式"选项区域选择幻灯片内容转换到文字文件中的版式，在"版式预览"区域可以看到相应的版式效果。

（5）在"转换内容包括"选项区域设置要转换到文字文件中的内容。

 注意 将演示文稿导出为文字文档时，只能转换占位符中的文本，不能转换文本框中的文本。

（6）设置完成后，单击"确定"按钮关闭对话框。

18.3.6　打印演示文稿

打印演示文稿主要指打印演示文档的讲义、备注和大纲，以辅助演示者把握演示内容的提纲和要点，它不仅言简意赅，还图文并茂。

（1）在"文件"菜单选项卡中单击"打印"命令，然后在级联菜单中选择"打印预览"命令，切换到如图 18-33 所示的打印预览视图。

图 18-33　打印预览视图

（2）单击"幻灯片"下拉按钮 ，在弹出的下拉菜单中选择要打印的内容，如图 18-34 所示。

（3）默认情况下，会打印演示文稿中的所有幻灯片、讲义、备注或大纲。如果要指定打印范围，应单击"直接打印"下拉按钮 ，在下拉菜单中选择"打印"命令，然后在弹出的"打印"对话框的"打印范围"选项区域进行设置，如图 18-35 所示。

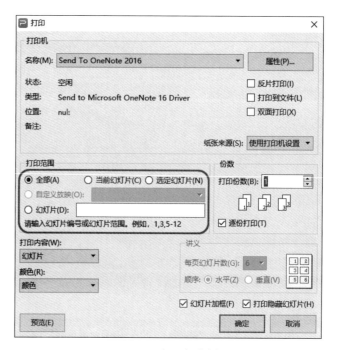

图 18-34　"幻灯片"下拉菜单

图 18-35　设置打印范围

（4）在"纸张类型"下拉列表框中选择打印的纸张规格，如图18-36所示。

（5）单击"横向"按钮 或"纵向"按钮 ，设置纸张的方向。

（6）如果演示文稿中有隐藏的幻灯片，默认情况下会打印隐藏幻灯片的讲义、备注或大纲。如果不希望打印，则取消选中"打印隐藏幻灯片"按钮 。

（7）如果希望打印幻灯片、讲义或备注时，幻灯片四周显示黑色线条边框，单击"幻灯片加框"按钮 ，效果如图18-37所示。

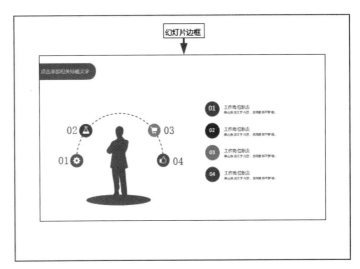

图18-36　纸张类型

图18-37　幻灯片加框的效果

（8）如果要在打印文件中添加页眉和页脚，可以单击"页眉和页脚"按钮 ，在如图18-38所示的"页眉和页脚"对话框中设置幻灯片、备注和讲义的页眉、页脚。设置完成后，单击"应用"或"全部应用"按钮关闭对话框。

图18-38　"页眉和页脚"对话框

　　页眉和页脚分别是显示在每一页打印页面顶部和底部的文档附加信息。应提醒读者注意的是，打印的内容不同，页脚的显示位置也不相同。

　　例如，打印幻灯片时，插入的页脚默认显示在幻灯片底部中间，如图 18-39 所示，并可以设置将页脚应用于当前幻灯片还是全部幻灯片。

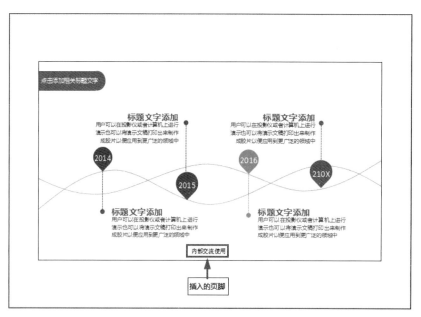

图 18-39　幻灯片页脚

　　如果打印讲义，则设置的页脚默认显示在页面左下角，如图 18-40 所示，且自动应用于所有打印页面。

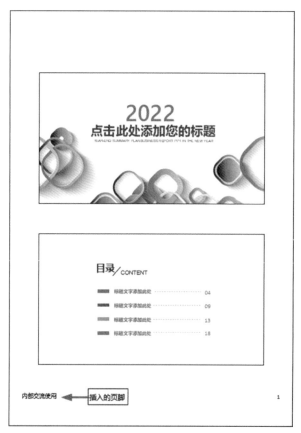

图 18-40　讲义的页脚

WPS 2022 默认以彩色模式显示幻灯片，用户可以根据打印需要切换为纯黑白模式。

（9）单击"颜色"下拉按钮 ，在弹出的下拉菜单中选择幻灯片的颜色效果。"颜色"模式和"纯黑白"模式的效果分别如图 18-41（a）和（b）所示。

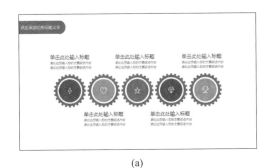
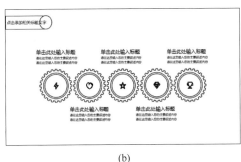

(a)　　　　　　　　　　　　　　　　(b)

图 18-41　"颜色"模式和"纯黑白"模式的效果

> **提示：**
> 　　如果演示文稿设置有背景，打印时最好选择"纯黑白"模式，以免影响打印效果。当然，如果要彩色打印，就另当别论了。

（10）在打印每页排列 4 张、6 张或 9 张幻灯片的讲义时，应单击"打印顺序"下拉按钮 ，选择打印顺序。

（11）在"份数"数值框中输入要打印的份数。如果要打印多份，在"顺序"下拉列表框中可以选择是逐份打印还是逐页打印。

（12）在"方式"下拉列表框中设置是否双面打印。

（13）设置完成后，单击"直接打印"按钮 开始打印输出。

答 疑 解 惑

1. 放映幻灯片时如何快速定位？

答：快速定位幻灯片的前提是需要大体记得每个章节的大概次序，这也是演讲前的必要准备工作。在幻灯片放映时按下幻灯片编号后，按 Enter 键；或者右击，选择"定位"命令，并在级联菜单中选择需要的幻灯片，即可快速定位到指定的幻灯片。

2. 在全屏放映演示文稿时，如何不退出放映就切换到另外一个窗口进行操作？

答：在放映状态下按 Alt+Tab 键，或者 Win+Tab 键，可以快速切换窗口。

3. 在放映演示文稿时，有时会不小心按下鼠标右键，弹出快捷菜单。能不能在放映时禁用快捷菜单？

答：如果要在放映幻灯片时禁用快捷菜单，可执行以下操作。

（1）单击"文件"菜单选项卡中的"选项"命令，打开"选项"对话框。

（2）选中"视图"分类，在右侧窗格的"幻灯片放映"区域取消选中"右键单击快捷菜单"复选框。

（3）单击"确定"按钮关闭对话框。

4. 在放映演示文稿时，有时会不小心按下鼠标左键，导致幻灯片跳转到其他位置，能不能在放映时禁用鼠标操作，使用键盘上的方向键控制播放？

答：要使用键盘上的方向键控制换片，可以执行以下操作。

（1）打开演示文稿，在"切换"菜单选项卡中单击"切换效果"按钮，打开"幻灯片切换"窗格。

（2）在"换片方式"选项区域取消选中"单击鼠标时"和"每隔"复选框。

（3）单击"应用于所有幻灯片"按钮，然后保存演示文稿。

5. 如果要将演示文稿中的幻灯片作为图片插入其他应用程序中，逐张截图不仅花费时间，而且影响分辨率，有没有快捷的处理方法？

答：WPS 2022 可以将演示文稿直接输出为 PNG、JPG、BMP 和 TIFF 等多种格式的图片。

（1）打开演示文稿，在"文件"菜单选项卡中单击"输出为图片"命令。

（2）在"输出为图片"对话框中选择输出图片的方式。可以逐页输出，也可以将各种图片合成长图。

（3）在"格式"下拉列表框中选择图片的输出格式。

（4）指定图片保存的路径，然后单击"输出"按钮，即可在指定的位置生成一个以文件名称命名的文件夹，其中包含以指定的图片格式保存的每一张幻灯片。

6. 如果要以相同的方式打印多个演示文稿，一个一个地进行页面和版式设置会很麻烦。有没有好的办法可以批量打印演示文稿？

答：如果要经常进行相同的打印设置，可以将其设置为默认的打印方式。

（1）单击"文件"菜单选项卡中的"选项"命令，打开"选项"对话框。

（2）切换到"打印"分类，在右侧窗格中选择"使用下列打印设置"单选按钮，然后设置相关的打印选项。

（3）设置完成后，单击"确定"按钮关闭对话框。

学习效果自测

一、选择题

1. 从当前幻灯片开始放映的快捷键是（　　）。
   A. Shift + F5　　　　　B. Shift + F4　　　　　C. Shift + F3　　　　　D. Shift + F2
2. 从第一张幻灯片开始放映的快捷键是（　　）。
   A. F2　　　　　B. F3　　　　　C. F4　　　　　D. F5
3. 要使幻灯片在放映时能够自动播放，需要设置（　　）。
   A. 动画效果　　　　　B. 排练计时　　　　　C. 动作按钮　　　　　D. 切换效果
4. 使用"在展台浏览（全屏幕）"模式放映幻灯片时，（　　）。
   A. 不能用鼠标控制，可以用 Esc 键退出
   B. 自动循环播放，可以看到菜单
   C. 不能用鼠标键盘控制，无法退出
   D. 右击无效，但双击可以退出
5. 下面有关播放演示文稿的说法，不正确的是（　　）。
   A. 可以针对不同的受众播放不同的幻灯片序列
   B. 在播放时按 W 键可以隐藏鼠标指针
   C. 可以保留在播放时绘制的墨迹
   D. 直接输入编号后按 Enter 键，可以直接跳转到该幻灯片
6. 在 WPS 2022 中，设置每张纸打印三张讲义，打印的结果是幻灯片（　　）。
   A. 从左到右顺序放置三张讲义
   B. 从上到下顺序放置在居中
   C. 从上到下顺序放置在左侧，右侧为注释空间
   D. 从上到下顺序放置在右侧，左侧为注释空间
7. 制作演示文稿之后，当不知道用来进行演示的计算机是否安装了 WPS 演示或 PowerPoint 时，将演示文稿（　　）比较安全。

A. 另存为自动放映文件   B. 设置为"在展台浏览"

C. 输出为视频   D. 输出为 PDF 文档

8. 关于在 WPS 2022 中打印幻灯片，以下说法不正确的是（   ）。

     A. 可以打印备注   B. 可以在每页纸上打印多张幻灯片

     C. 可以打印大纲   D. 可以添加页脚

9. 下列幻灯片元素中，不能打印输出的是（   ）。

     A. 幻灯片图片   B. 幻灯片动画

     C. 母版设置的企业 Logo   D. 幻灯片

二、填空题

1. 将演示文稿保存为 _____，以后只要打开该文件便自动进入放映状态，而且不可编辑。

2. 在 WPS 2022 中放映幻灯片时，如果不想让观众看见某些幻灯片，可以 _____ 或 _____。

3. 如果要终止放映幻灯片，可直接按 _____ 键。

4. 如果不希望在幻灯片上显示墨迹，可在"审阅"菜单选项卡中单击"_____"按钮。

三、操作题

1. 通过设置排练计时，使演示文稿自动播放。

2. 自定义一个幻灯片放映序列，并在放映时使用画笔圈注标题文字，然后设置黑屏。

3. 将演示文稿导出为文字文件。

4. 打开一个制作好的演示文稿，使用纯黑白模式横向打印幻灯片讲义，每页包含三张幻灯片。

附录　学习效果自测参考答案

第1章

选择题

1. C 　　　　　　2. A

第2章

一、选择题

1. C 　　　　2. D 　　　　3. C 　　　　4. C 　　　　5. B
6. A 　　　　7. C 　　　　8. B 　　　　9. D

二、填空题

1. 全屏显示　阅读版式　写作模式　页面视图　大纲视图　Web 版式
2. 视图　页宽　单页
3. 新建窗口
4. 拆分

三、操作题
略

第3章

一、选择题

1. C 　　　　2. C 　　　　3. A 　　　　4. B 　　　　5. A
6. C 　　　　7. C 　　　　8. A 　　　　9. D 　　　　10. D

二、填空题

1. 页边距　纸张　版式　文档网格　分栏
2. 页面布局
3. 插入

三、操作题
略

第4章

一、选择题

1. D 　　　　2. B 　　　　3. D 　　　　4. B 　　　　5. A
6. D 　　　　7. D 　　　　8. C 　　　　9. A

二、填空题

1. 布局选项

2. 图片工具　颜色

3. 横向　竖向　多行文字

第 5 章

一、选择题

1. C 2. A 3. B

二、填空题

1. 下一页　连续

2. 大纲级别

第 6 章

一、填空题

1. WPS 账号加密　密码保护　认证

2. 加密者　被授权的用户

3. 文档认证　文件 DNA

二、操作题

略

第 7 章

一、选择题

1. A 2. C 3. B 4. B 5. D
6. B 7. C 8. B 9. B 10. B
11. D 12. D

二、判断题

1. √ 2. √ 3. × 4. ×

三、填空题

1. 一

2. 工作表

3. 字母　数字

4. 复制　移动

5. 复制

6. 隐藏

7. 冻结首行

四、操作题

略

第 8 章

一、选择题

1. D 2. A 3. C 4. D 5. D
6. C 7. A

二、判断题

1. √ 2. × 3. × 4. × 5. ×

三、填空题

1. 数字

2. 2010/2/10

3. 填充手柄

4. 1900/1/10

5. 0　3/4

6. −158　（−158）

四、操作题

略

第9章

一、选择题

1. B	2. D	3. A	4. A	5. A	6. B
7. C	8. C	9. C			

二、填空题

1. 算术运算符　比较运算符　字符串连接运算符　引用运算符

2. =

3. =15/17

4. A5:F10

5. FALSE

6. 40　60

第10章

一、选择题

1.A	2.A	3.A	4.B	5.D
6.C	7.C			

二、操作题

略

第11章

一、选择题

1. D	2. B	3. A	4. D	5. B
6. C	7. B	8. C	9. C	10. D

二、操作题

略

第12章

选择题

1. B	2. D	3. D	4. C	5. D

第13章

一、选择题

1. C	2. D	3. C	4. B	5. D
6. D	7. A	8. D	9. D	

二、判断题

1.×   2.×

三、填空题

1.普通 阅读 幻灯片浏览 备注页

2.幻灯片缩略图 大纲 当前选中的幻灯片

3.缩略图

4.普通视图

四、操作题

略

第14章

一、选择题

1. A   2. B   3. B   4. C   5. D

6. D   7. B

二、填空题

1.幻灯片母版

2.幻灯片母版 讲义母版 备注母版

3.标题 正文 日期 页脚 幻灯片编号

4.全部应用

5.开始 重置

三、操作题

略

第15章

一、选择题

1. A   2. D   3. B   4. D   5. B

二、填空题

1.占位符

2.Tab

3.文本框

4.项目符号 编号

三、操作题

略

第16章

一、选择题

1. C   2. D   3. C   4. B   5. C

6. A   7. C   8. C   9. D

二、填空题

1.位置和大小 默认大小

2.编辑文字

3.图片工具 对齐

4.Tab

5. 左侧或右侧　顶部或底端

6. 文本

三、操作题
略

第 17 章

一、选择题

1. B	2. B	3. A	4. D	5. D
6. A	7. C	8. C	9. B	

二、填空题

1. 切换　动画

2. 触发器

3. 单击鼠标时

4. 无

5. 单击　移过

6. 本地视频　网络视频

7. 视频封面

8. 高　中等　低　静音

9. 设为背景音乐

三、操作题
略

第 18 章

一、选择题

1.A	2.D	3.B	4.A	5.B
6.C	7.C	8.B	9.B	

二、填空题

1. PowerPoint 放映

2. 自定义放映　隐藏幻灯片

3. Esc

4. 显示 / 隐藏标记

三、操作题
略